学ぶ人は、変えてゆく人だ。

目の前にある問題はもちろん、

人生の問いや、

社会の課題を自ら見つけ、

挑み続けるために、人は学ぶ。

「学び」で、

少しずつ世界は変えてゆける。

いつでも、どこでも、誰でも、

学ぶことができる世の中へ。

旺文社

JN017329

化　学

[化学基礎・化学]

基礎問題精講

五訂版

鎌田真彰・橋爪健作　共著

Basic Exercises in Chemistry

旺文社

はじめに

　　全国の入試問題を調べてみると一部の超難関大学を除いて，ほとんどの大学では標準レベルの問題が出題されています。つまり，標準レベルの問題を確実に解く力があれば，ほとんどの大学で十分合格点に届きますし，入試での合否を決めるのは標準レベルの問題なのです。まずは，この標準レベルの問題を確実に解くための「本物の基礎力」をつけることができるようにすることが重要です。

　　そこで，以下の2点に配慮して，『化学［化学基礎・化学］基礎問題精講［五訂版］』を加筆修正しました。

① 　入試で必要とされる内容を要領よく学習できる
② 　標準レベルの問題を解くための本物の基礎力をつける

　　また，本書では「なぜこうなるのか」という理由をできるだけくわしく示すことで暗記量をなるべく減らし，絶対に暗記しなければいけないところは暗記しやすくするなどの工夫を凝らしています。そのため，化学が苦手な人や，これから本格的に勉強を始めようと考えている人に，最適な演習書になっていると思います。

　　精講 の部分では，「なぜかな？」「どう考えて解けばいいのだろう？」と考えながら読み進め，**Point**，**解説** のところで再確認していくとよいでしょう。この勉強法をくり返すことで力がついてくるはずです。

　　なお，本書を十分に理解した上で解答できるようになれば，姉妹書の『化学［化学基礎・化学］標準問題精講［六訂版］』の方に進んでください。

　　みなさんが本書を十分に活用して，目標の大学に合格できることを期待しています。

鎌田 真彰

橋爪 健作

本書の特長と使い方

　本書は，国公立大2次・私立大の入試問題を徹底的に分析し，入試で頻出の標準的な問題の解き方を，わかりやすく，ていねいに解説したものです。『基礎問』といっても，決して「やさしい問題」ではありません。特に，入試での実戦力・応用力を身につけるために，おさえておく必要のある重要問題が厳選してありますので，本書をマスターすれば，さまざまな応用問題にも対応できる実力を十分に身につけることができます。

　本書は，3章17項目で構成されています。学習の進度に応じて，どの項目からでも学習できますので，自分にあった学習計画をたて，効果的に活用してください。

　化学基礎・化学の分野から，入試での実戦力・応用力を身につけるために必要な典型的な重要問題を厳選し，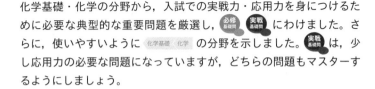にわけました。さらに，使いやすいように 化学基礎 化学 の分野を示しました。実戦基礎問は，少し応用力の必要な問題になっていますが，どちらの問題もマスターするようにしましょう。

　問題に関連する知識を整理し，必要に応じて，その知識を使うための実戦的な手段も説明しました。また，重要事項・必須事項については Point として示しました。

　解法の手順，問題の具体的な解き方をまとめ，出題者のねらいにストレートに近づく糸口を早く見つける方法を示しました。答は下に示してあります。解けなかった場合はもちろん，答えがあっていた場合も読んでおきましょう。

　章末に演習問題を掲載しました。必修基礎問 実戦基礎問 で身につけた実力をさらに定着させてください。解説 ・ 答 は巻末に示してあります。

著者紹介

鎌田真彰（かまたまさてる）
東進ハイスクール講師。明快な語り口と，日々の入試問題の研究で培われたツボをおさえた授業は，幅広い層の受験生から絶大な支持を得ている。著書に『大学受験Doシリーズ（理論化学，無機化学，有機化学）』（旺文社），『問題精講シリーズ（化学：入門，基礎，標準）』（共著，旺文社）などがある。

橋爪健作（はしづめけんさく）
東進ハイスクール講師・駿台予備学校講師。高校1年生から高卒クラスまで幅広く担当。その授業は基礎から応用まであらゆるレベルに対応するが，特に化学が苦手な受験生からは絶大な支持を受けている。著書に『大学受験Do Startシリーズ　橋爪のゼロから劇的にわかる（理論化学，無機・有機化学）』（旺文社），『問題精講シリーズ（化学：入門，基礎，標準）』（共著，旺文社）などがある。

目 次

第 Ⅰ 章 　 理 論 化 学

1．物質の成分と元素

2．物質の構成粒子

3．物質量

4．化学結合と結晶

5．気体

6．溶液の性質

7．化学反応とエネルギー

8．酸と塩基

9．酸化還元反応

5

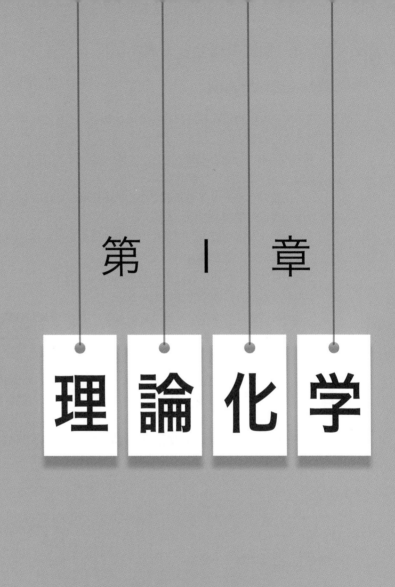

第 1 章

理論化学

1. 物質の成分と元素

1 混合物と純物質 〈化学基礎〉

問1 次の(ア)〜(カ)の物質から，化合物と混合物を，それぞれすべて選び，記号で答えよ。

(ア) エタノール　(イ) 塩酸　(ウ) オゾン

(エ) 石油　(オ) 二酸化炭素　(カ) 水

問2 次の記述のうち下線部が元素でなく単体を示しているものを，次のa〜eの中から一つ選びなさい。

a アルミニウムは地殻中に質量比で3番目に多く存在している。

b 過酸化水素は水素と酸素からできている。

c 空気中には窒素が体積百分率で約78%含まれている。

d カルシウムは骨に多く含まれている。

e リンの同素体には赤リンや黄リンがある。　(問1 工学院大，問2 関西医科大)

精　講 〈物質の分類〉

　　空気は，窒素 N_2 や酸素 O_2 などが混じり合った気体です。このように，2種類以上の物質が混じり合ったものを**混合物**，この混合物を分離・精製(➡p.11)して得られる各物質を**純物質**といいます。さらに，純物質は，1種類の元素でできている**単体**と2種類以上の元素からできている**化合物**に分類することができます。元素とは，物質を構成している原子の種類のことです。

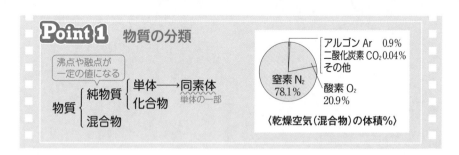

Point 1 物質の分類

〈乾燥空気(混合物)の体積%〉

単体と化合物の区別のコツ

単体と化合物は，次のように覚えておくと簡単に分類できます。

Point 2 単体と化合物

- 単　体：元素記号１種類だけで表すことができるもの
  （例）窒素 N_2，酸素 O_2，炭素 C，ナトリウム Na
- 化合物：元素記号２種類以上を使って表すことができるもの
  （例）二酸化炭素 CO_2，塩化ナトリウム NaCl

単体と元素の区別のコツ

単体と元素は同じ名称でよばれることが多く，どちらの意味で使っているのかを区別できるようにしましょう。

- **単体**：実際に存在する純物質　を表す
- **元素**：物質を構成する基本的な成分　を表す

Point 3 単体と元素

- 単体：実際に存在する純物質
- 元素：物質を構成する基本的な成分

同素体

炭素の単体には，宝石で有名なダイヤモンドや鉛筆の芯の材料に用いる黒鉛(こくえん)（グラファイト）があります（➡p. 57）。

ダイヤモンドは非常に硬く，電気を通しませんが，黒鉛は層状(そうじょう)にはがれやすく，電気をよく通します。ダイヤモンドや黒鉛のように，**同じ元素(この場合，炭素 C)からなる単体で，性質の異なる単体どうし**を互いに**同素体**(どうそたい)といいます。同素体の代表例を次ページの Point 4 に示します。

┌同素体の存在する元素は SCOP「スコップ」と覚える！

元素名	元素記号	単体名
硫黄	S	斜方硫黄 S_8，単斜硫黄 S_8，ゴム状硫黄 S_n
炭素	C	ダイヤモンド，フラーレン，黒鉛（グラファイト），カーボンナノチューブ
酸素	O	酸素 O_2，オゾン O_3
リン	P	赤リン P，黄リン P_4

フラーレン C_{60}　　　　　カーボンナノチューブ

問1　㋐　化学式 C_2H_5OH で表される化合物です。
　㋑　塩化水素 HCl を水 H_2O に溶かした混合物です。
　㋒　分子式 O_3 で表される単体で，酸素の同素体の一つです。
　㋓　石油は炭素と水素からなる化合物（炭化水素）が複数混じり合っていて，さらに硫化水素 H_2S などの硫黄化合物も含む混合物です。
　㋔　化学式 CO_2 で表される化合物です。
　㋕　化学式 H_2O で表される化合物です。
問2　a　金属アルミニウム（単体）ではなく，酸化アルミニウムなどのアルミニウムという元素を含む物質からできています。
　b　水素と酸素の2種類の元素からできた化合物で，化学式 H_2O_2 で表されます。
　c　単体の窒素 N_2 が含まれています。
　d　骨や歯は，リン酸カルシウムなどのカルシウムの元素を含んだ物質でできています。
　e　リンという元素からなる単体には，赤リンや黄リンなどの性質の異なるものがあります。

　問1　化合物：㋐，㋔，㋕　　混合物：㋑，㋓
　問2　c

実戦 基礎問

1 混合物の分離

化学基礎

次の(a)〜(f)の分離の方法として，ろ過，昇華法もしくは再結晶が最も適切であるものはどれか。それぞれ1つ選べ。

(a) 砂の混じった海水から，砂をとり出す。

(b) インクに含まれるいろいろな色素を分離する。

(c) 石油から，ガソリン，軽油および重油をとり出す。

(d) 植物の緑葉から，葉緑素（クロロフィル）をとり出す。

(e) 塩化ナトリウムとナフタレンの混合物から，ナフタレンをとり出す。

(f) 少量の硫酸銅（Ⅱ）を含む硝酸カリウムから，硝酸カリウムをとり出す。

(神戸薬科大)

精 講

分離と精製

物質の種類と性質の関係を調べるために，混合物に含まれる成分物質の性質の違いを利用して，**混合物から目的の物質をとり出す操作**を分離，とり出した物質から不純物をとり除いて，**純度をより高くする操作**を精製といいます。

混合物の分離・精製の方法

それぞれの純物質がもっている性質の違いを利用して，❶〜❺のような方法を使って混合物から純物質を分離・精製します。

❶ ろ過

液体とその液体に溶けにくい固体の混合物を，ろ紙などを使って分離する操作をろ過といいます。

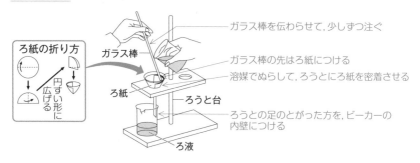

ろ紙の折り方

円すい形に広げる

ガラス棒

ろ紙

ろうと台

ろ液

ガラス棒を伝わらせて，少しずつ注ぐ

ガラス棒の先はろ紙につける

溶媒でぬらして，ろうとにろ紙を密着させる

ろうとの足のとがった方を，ビーカーの内壁につける

❷ 蒸留・分留

沸点の違いを利用して溶液から物質を分離・精製する操作を蒸留といいます。

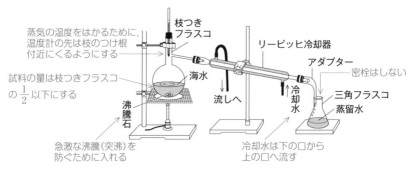

蒸気の温度をはかるために，温度計の先は枝のつけ根付近にくるようにする

試料の量は枝つきフラスコの$\frac{1}{2}$以下にする

枝つきフラスコ

海水

沸騰石

急激な沸騰(突沸)を防ぐために入れる

リービッヒ冷却器

アダプター

密栓はしない

三角フラスコ

蒸留水

冷却水

流しへ

冷却水は下の口から上の口へ流す

また，沸点の違う2種類以上の液体の混合物を蒸留によっていくつかの大まかな成分に分離する操作を分留(分別蒸留)とよんでいます。

❸ 再結晶

物質の溶解度は温度によって異なるので，温度による溶解度の差を利用して，少量の不純物を含む固体から不純物を除く操作を再結晶といいます。

決まった量の水に溶ける物質の量

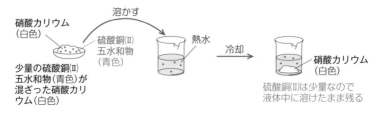

硝酸カリウム(白色)

硫酸銅(Ⅱ)五水和物(青色)

溶かす

熱水

冷却

硝酸カリウム(白色)

少量の硫酸銅(Ⅱ)五水和物(青色)が混ざった硝酸カリウム(白色)

硫酸銅(Ⅱ)は少量なので液体中に溶けたまま残る

❹ 昇華法

固体を加熱すると液体にならずに直接気体になる変化を昇華といい，昇華を利用した分離・精製の操作を昇華法といいます。昇華しやすい物質にはヨウ素I_2，ドライアイスCO_2，ナフタレン$C_{10}H_8$などがあり，例えばヨウ素I_2と塩化ナトリウム$NaCl$の混合物を次のような方法で分離できます。

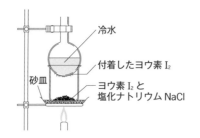

冷水

付着したヨウ素I_2

ヨウ素I_2と塩化ナトリウム$NaCl$

砂皿

加熱するとヨウ素I_2だけが直接気体となり，冷水で冷却されヨウ素I_2の固体に戻り，丸底フラスコの底(外側)に付着する

❺ クロマトグラフィー

混合物の成分を吸着剤 (ろ紙など) への吸着のしやすさの違いによって分離する操作をクロマトグラフィーといいます。

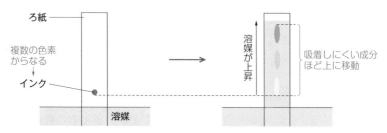

　混合物の分離・精製

混合物から純物質をとり出す操作には，
　　ろ過　　蒸留・分留　　再結晶　　昇華法
　　クロマトグラフィー
などの方法がある。

解　説

(a)　ろ過すれば，ろ紙に砂が残ります。

(b)　各色素をクロマトグラフィーで分離できます。

(c)　分留によって複数の成分に分離します。

(d)　緑葉をすりつぶして，そこに適当な溶媒を加えて，クロロフィルを溶かし出します。このような操作を抽出とよびます。

(e)　塩化ナトリウムと異なり，ナフタレンは昇華しやすい物質なので，昇華法で分離できます。

(f)　再結晶を利用してとり出すことができます。

　ろ過：(a)　　昇華法：(e)　　再結晶：(f)

2 原子の構造　　　　　　　　　　　　　　　　　　〈化学基礎〉

次の文中の　　　　に適切な語句をうめよ。

原子は中心にある　ア　と，そのまわりを運動する　イ　から構成されている。水素（¹H）原子を除くと，　ア　は，正の電荷をもつ　ウ　と，電荷をもたない　エ　から構成される。　ア　の中の　ウ　の数をその原子の　オ　といい，　ウ　の数と　エ　の数の和を　カ　という。　カ　が 12 の炭素原子（¹²C）1 個の質量を 12 として定めた各元素の同位体の相対質量と，それら同位体の存在比から求まる平均値が，原子量である。分子量は，分子を構成する全原子の原子量の総和として求められる。

（筑波大）

解説　　　（原子の構造）

原子は，その中心に正の電荷をもつ<u>原子核</u>とそれをとりまく負の
　　　　　　　　　　　　　　　　　　　　　ア
電荷をもつ<u>電子</u>から構成され，原子核と電子との間には静電気的な引力がはたらい
　　　　　イ
ています。e⁻ と書く

原子核は，さらに<u>陽子</u>と<u>中性子</u>からできています。（ただし，水素 ¹₁H の原子核は，陽
　　　　　　　　正の電荷をもつ　電荷をもたない
子だけからできています。）

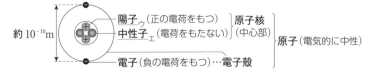

約 10⁻¹⁰m

陽子_ウ（正の電荷をもつ）｜原子核
中性子_エ（電荷をもたない）｜（中心部）
電子（負の電荷をもつ）…電子殻
原子（電気的に中性）

陽子の数は元素ごとに異なっているので，陽子の数で元素を区別できます。<u>陽子の数</u>を<u>原子番号</u>といい，元素記号の左下に書きます。
　　　　オ

電子の質量は，陽子の質量に比べて無視できるほど小さく（およそ 1840 分の 1），陽子と中性子の質量がほぼ等しいので，原子の質量は「陽子と中性子の数の和（＝<u>質量数</u>）」にほぼ比例します。
　　　　　　　　　　　　　　　カ
質量数は，元素記号の左上に書きます。

質量数 ➡ $^{12}_{6}C$　$^{13}_{6}C$
原子番号 ➡

同位体

原子番号＝陽子の数＝電子の数
質量数＝陽子の数＋中性子の数

原子には，**原子番号（陽子の数）が同じ**で，**質量数の異なる**ものが存在します。このような原子を互いに**同位体（アイソトープ）**といって，同位体の化学的性質はほぼ等しくなります。
　　　　　　　　　　　　　　　　　　　　他の物質との反応のようす

答　ア：原子核　イ：電子　ウ：陽子　エ：中性子　オ：原子番号　カ：質量数

必修 基礎問

3 電子配置

次の文中の □ に適切な語句や数字をうめて文を完成せよ。

原子核をとりまく電子は，いくつかの層に分かれて存在している。これらの層を a といい，原子核に近いものから順に，K殻，L殻，M殻などとよばれている。 a のおのおのに収容できる電子の最大数は定まっており，例えば，K殻には b 個，L殻には c 個までの電子を入れることができる。原子の中の電子は，原則として原子核に近いK殻から順に優先的に配置されてゆく。例えば， d 原子では，8個の電子のうち e 個がK殻に入り，残りの f 個がL殻に入る。また，硫黄原子の電子は，K殻に g 個，L殻に h 個，M殻に f 個配置される。原子の中の電子のうち，最も外側の a に配置される電子のことを最外殻電子とよぶ。上の例では， d 原子のL殻，硫黄原子のM殻に配置される f 個の電子が最外殻電子である。元素を原子番号の順に並べると，最外殻電子の数が周期的に変化し，同数の最外殻電子をもつ元素が繰り返し現れる。同数の最外殻電子をもつ原子どうしは，よく似た性質を示す。このようにして，元素の i が合理的に理解される。

(九州大)

精講 （電子配置）

原子は，「原子核とそれをとりまく電子」からできていました（→p.14）。電子は，原子核を中心とするいくつかの空間である電子殻を運動しています。電子殻は原子核に近い内側から，順にK殻，L殻，M殻，N殻…とよばれています。

— Kからアルファベット順になっていく —

それぞれの電子殻に入ることができる電子の最大数は，

K殻：$2 \times 1^2 = 2$ 個　　L殻：$2 \times 2^2 = 8$ 個　　M殻：$2 \times 3^2 = 18$ 個

になります。つまり，内側から n 番目の電子殻に入ることができる電子は

$$2 \times n^2 = 2n^2 \text{ 個}$$

ということができます。

N殻 $(n=4)$　$2 \times 4^2 = 32$ 個
M殻 $(n=3)$　$2 \times 3^2 = 18$ 個
L殻 $(n=2)$　$2 \times 2^2 = 8$ 個
K殻 $(n=1)$　$2 \times 1^2 = 2$ 個

〈電子殻の名称と入ることができる電子の最大数（$2n^2$ 個）〉

電子は負電荷を帯びていて，正電荷を帯びている原子核に近いほど強く引きつけられるので，下の図のように，ふつう内側の**K殻から順に配置**されていきます。ただし，原子番号が18のアルゴンArから後の電子配置はやや複雑になっていきます。M殻に入ることができる電子は最大18個ですが，18個すべて満たされてからN殻に電子が入るわけではありません。

カリウムKとカルシウムCaでは

$$_{19}K：K(2)L(8)M(8)N(1) \qquad _{20}Ca：K(2)L(8)M(8)N(2)$$

と，M殻が満たされる前にN殻に電子が入ります。

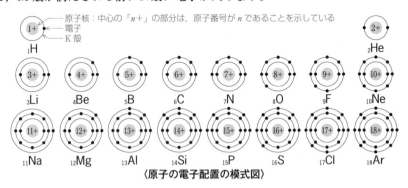

〈原子の電子配置の模式図〉

Point 6　電子配置

❶　入ることができる電子の最大数は，K殻2個，L殻8個，M殻18個，N殻32個。

❷　配置の順番は，原則として原子核に近いK殻からになる。また，$_{19}$Kと$_{20}$Caの電子配置は覚えておくとよい。

最外殻電子と価電子

最も外側の電子殻に存在する電子を最外殻電子といい，他の原子との結合に使われるので，価電子とよぶことがあります。価電子の数が等しい原子どうしは，互いによく似た化学的性質（反応のようす）を示します。ただし，貴ガス（18族元素，希ガスともいう）は他の原子と結合しにくく原子の状態（単原子分子）で存在するので，**貴ガスの価電子の数は0**とします。

貴ガス：最外殻電子の数 ≠ 価電子の数

ヘリウムHeのK殻やネオンNeのL殻のように，**最大数の電子で満たされた電子殻**を閉殻といいます。ヘリウムHeやネオンNeのように閉殻の場合や，アルゴンArのように最外殻電子が8個の場合，その電子配置は安定です。**貴ガスの電子配置は，他の原子の電子配置より安定**と覚えておいてください。

16

元素名	原子	電子殻 K	L	M	N	元素名	原子	電子殻 K	L	M	N
水素	$_1$H	**1**				ナトリウム	$_{11}$Na	2	8	**1**	
ヘリウム	$_2$He	**2**				マグネシウム	$_{12}$Mg	2	8	**2**	
リチウム	$_3$Li	2	**1**			アルミニウム	$_{13}$Al	2	8	**3**	
ベリリウム	$_4$Be	2	**2**			ケイ素	$_{14}$Si	2	8	**4**	
ホウ素	$_5$B	2	**3**			リン	$_{15}$P	2	8	**5**	
炭素	$_6$C	2	**4**			硫黄	$_{16}$S	2	8	**6**	
窒素	$_7$N	2	**5**			塩素	$_{17}$Cl	2	8	**7**	
酸素	$_8$O	2	**6**			アルゴン	$_{18}$Ar	2	8	**8**	
フッ素	$_9$F	2	**7**			カリウム	$_{19}$K	2	8	8	**1**
ネオン	$_{10}$Ne	2	**8**			カルシウム	$_{20}$Ca	2	8	8	**2**

〈原子の電子配置〉　　　　　　　太字は最外殻電子の数

Point 7　価電子

❶ 最外殻電子の数 ＝ 価電子の数 （貴ガスを除く典型元素）
❷ 貴ガスの価電子の数 ＝ 0
❸ 貴ガスは電子配置が安定で，他の原子と結合しにくい。

解説

a：原子核を中心とした電子が存在する層（空間）を電子殻といいます。

b，c：収容できる電子の最大数は，K殻2個，L殻8個，M殻18個…で，その配置の順番は，原則として原子核に近いK殻からになります。

d：問題文より，電子の数が8個なら原子核に陽子を8個もつので，原子番号8の酸素原子です。

e，f，g，h：原子番号8の酸素Oの場合，　K(2)L(6)

原子番号16の硫黄Sの場合，　K(2)L(8)M(6)

このとき，酸素原子のL殻，硫黄原子のM殻に配置されている電子を最外殻電子とよびます。

i：元素を原子番号の順に並べると，**性質の似た元素が周期的に現れます**。これを元素の周期律といいます。　　　　　　　　　　　一定の間隔

答

a：電子殻　　b：2　　c：8　　d：酸素　　e：2　　f：6　　g：2
h：8　　i：周期律

必修 基礎問

4 周期表と元素の性質 化学基礎

太郎君は下の元素の周期表を見て次のようなことに気がついた。

周期表には$_{(ア)}$縦の列と横の行があり，元素を左上の水素から順番に並べている。元素記号の横には$_{(イ)}$その順番を表す番号を打っている。また，$_{(ウ)}$元素記号の下に小数点のついた数字が書いてあるが，この数字もおおむね小さい順に並んでいるようだ。また，$_{(エ)}$周期表の左の方には陽イオンになりやすい元素，右の方には陰イオンになりやすい元素が多いようであり，よく見ると周期表の縦の同じ列の元素はイオンになったとき，同じ価数をもつことがわかる。

	1	2	3	4	5	6	7	8	9	10	11	12	13	14	15	16	17	18
1	$_1$H 1.008																	$_2$He 4.003
2	$_3$Li 6.941	$_4$Be 9.012											$_5$B 10.81	$_6$C 12.01	$_7$N 14.01	$_8$O 16.00	$_9$F 19.00	$_{10}$Ne 20.18
3	$_{11}$Na 22.99	$_{12}$Mg 24.31											$_{13}$Al 26.98	$_{14}$Si 28.09	$_{15}$P 30.97	$_{16}$S 32.07	$_{17}$Cl 35.45	$_{18}$Ar 39.95
4	$_{19}$K 39.10	$_{20}$Ca 40.08	$_{21}$Sc 44.96	$_{22}$Ti 47.87	$_{23}$V 50.94	$_{24}$Cr 52.00	$_{25}$Mn 54.94	$_{26}$Fe 55.85	$_{27}$Co 58.93	$_{28}$Ni 58.69	$_{29}$Cu 63.55	$_{30}$Zn 65.38	$_{31}$Ga 69.72	$_{32}$Ge 72.63	$_{33}$As 74.92	$_{34}$Se 78.97	$_{35}$Br 79.90	$_{36}$Kr 83.80

問1 下線部(ア)の周期表の縦の列は18列あり，族というが，横の行は何行あり，何というか。また，水素以外の1族元素のことを別名で何とよぶか。

問2 下線部(イ)の番号を何というか。また，この番号は原子のもつあるものの個数を表している。何の個数かを2通り答えよ。

問3 下線部(ウ)の数値は何とよばれるか。また，正確にいえば，この数値は必ずしも小さい順に並んでいるわけではない。小さい順に並んでいない原子を2組指摘せよ。

問4 下線部(エ)の例として，2族元素はどのようなイオンになるか。また，17族元素はどのようなイオンになるか。

問5 18族元素はいずれもイオンになりにくいが，その理由を述べよ。また，このような性質をもつ18族元素を別名で何とよぶか。

問6 この周期表を最初につくった人の名前を1人挙げよ。

問7 O^{2-}，F^-，Na^+，Mg^{2+}，Al^{3+} はいずれも Ne と同じ電子配置をもつ。

(a) これらのイオンのうち，半径の最も小さくなるものを答えよ。

(b) (a)で答えたイオンの半径が最も小さくなる理由を40字以内で説明せよ。

(問1〜問6香川大，問7神戸大)

18

精講 「イオン」

原子は電気的に中性でしたが（➡p.14），電子をやりとりすると電荷をもつようになります。このとき，**電子を失うと正の電荷をもった陽イオン**に，**電子をとり入れると負の電荷をもった陰イオン**になります。ふつう，価電子が1〜3個の原子は価電子すべてを放出して1〜3価の陽イオンになりやすく，価電子が6，7個の原子は2，1個の電子を受けとって2，1価の陰イオンになりやすい性質があります。

これは，イオンになることによって，より安定な貴ガスと同じ電子配置になろうとするためです。イオンになったときの電子配置の例は，次のようになります。

（例）

1族 $\begin{cases} _1\text{H} & \text{K}(1) \Rightarrow {}_1\text{H}^+ \quad \text{K}(0) & \text{（同じ電子配置をもつ原子はない）} \\ _3\text{Li} & \text{K}(2)\text{L}(1) \Rightarrow {}_3\text{Li}^+ \quad \text{K}(2) & \text{（}_2\text{He と同じ電子配置）} \end{cases}$

2族： $_4\text{Be} \quad \text{K}(2)\text{L}(2) \Rightarrow {}_4\text{Be}^{2+} \quad \text{K}(2) \quad \text{（}_2\text{He と同じ電子配置）}$

16族： $_8\text{O} \quad \text{K}(2)\text{L}(6) \Rightarrow {}_8\text{O}^{2-} \quad \text{K}(2)\text{L}(8) \quad \text{（}_{10}\text{Ne と同じ電子配置）}$

17族： $_9\text{F} \quad \text{K}(2)\text{L}(7) \Rightarrow {}_9\text{F}^- \quad \text{K}(2)\text{L}(8) \quad \text{（}_{10}\text{Ne と同じ電子配置）}$

Point 8　イオンの電子配置

陽イオン・陰イオンになるとき，水素イオン H^+ 以外は原子番号が最も近い貴ガスと同じ電子配置になる傾向がある。

「周期表」

さまざまな化学者が性質の似ている元素をグループに分類する方法を研究し，元素を原子番号の順に並べていくと，元素の性質が周期的に変化する（周期律➡p.17）ことがわかりました。そして，メンデレーエフが元素を原子量の順に並べることにより，性質のよく似た元素が同じ列にくるように配列した最初の周期表を発表しました。現在の周期表は，元素を原子番号の順に並べ，その電子配置も考えてつくられています。

① **周期表の縦の列を族，横の行は周期**といって，大学入試ではとくに「原子番号1の水素Hから原子番号20のカルシウムCa」までを覚える必要があります。（1〜18族まで　第1〜第7周期まで）

② **同じ族に属する元素群を同族元素**といいます。価電子の数が等しい同族元素どうしは，化学的性質が似ています。
　周期表の1，2および13〜18族の元素をまとめて**典型元素**とよびます。

また，水素Hを除く1族元素はアルカリ金属，2族元素はアルカリ土類金属，17族元素はハロゲン，18族元素は貴ガスともよばれます。

③　第4周期以降に現れる3族～12族の元素をまとめて遷移元素とよびます。遷移元素は最外殻電子の数がほとんど1または2個なので，遷移元素では，左右にとなり合う元素どうしの化学的性質が似ていることが多くなります。

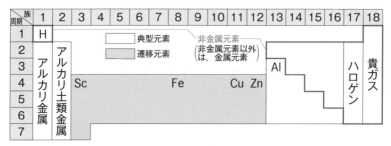

(注)　12族元素は遷移元素に含める場合と含めない場合があります。

Point 9　暗記の必要な元素

原子番号1の水素Hから原子番号20のカルシウムCaまでは覚える！

| スイ | ヘー | リー | ベイ | ボク | ノー | フ | ネ | ナナ | マガ | リ | シップ | ス | ク | アーク | カ |
| H | He | Li | Be | B | C | N | O | F | Ne | Na | Mg | Al | Si | P | S | Cl | Ar | K | Ca |

原子半径

　原子を球形と考えたときの半径を原子半径といいます。典型元素（貴ガスを除く）の原子半径を，①同族元素　と　②同一周期（同じ周期）について考えます。

❶　同族元素について

　1族元素であるLi，Na，Kの電子配置を例にとると，それぞれ

　　$_3$Li：K(2)L(1)，$_{11}$Na：K(2)L(8)M(1)，$_{19}$K：K(2)L(8)M(8)N(1)

となり，原子核から最外電子殻までの距離は，原子番号が大きくなるほど大きくなります。　　　　　　原子半径　　　　　　　　　　周期表で下にいく

❷　同一周期について

　第3周期の$_{11}$Naから$_{17}$Clを例にとると，原子番号が大きくなると陽子の数が増えていくので，原子核の正電荷が大きくなって，最外殻電子が原子核に強く引かれ，原子半径が小さくなります。

Li	Be	B	C	N	O	F
0.152	0.111	0.081	0.077	0.074	0.074	0.072
Na	Mg	Al	Si	P	S	Cl
0.186	0.160	0.143	0.117	0.110	0.104	0.099
K	Ca					
0.231	0.197					

〈**原子半径（貴ガスを除く）** 数値の単位は nm（1nm ＝ 10^{-9}m）〉

解　説

問1　周期表の横の行は周期といい，7行（第7周期まで）あります。また，1族元素（水素Hを除く）はアルカリ金属といいます（➡p.20）。

問2　元素記号の左下の番号は原子番号であり，陽子の数と電子の数と同じです。

問3　周期表には，「$_{18}$Ar と $_{19}$K」や「$_{27}$Co と $_{28}$Ni」などのように，原子量と原子番号の大小が逆転している場所があります。

問4　2族元素は価電子2個を放出して2価の陽イオンに，価電子7個の17族元素は電子を1個受け入れて1価の陰イオンになりやすい性質があります。

問5　18族元素（貴ガス）の電子配置は安定で，電子を放出したり受けとったりしにくいので，イオンになりにくいという性質をもっています。

問6　ロシアの化学者メンデレーエフは当時知られていた約60種類の元素を原子量の順に並べて元素の周期律を発見し，これをもとにして周期表を発表しました（➡p.19）。

問7　同じ電子配置をとるイオン（$_8$O^{2-}，$_9$F$^-$，$_{11}$Na$^+$，$_{12}$Mg^{2+}，$_{13}$Al^{3+}）では，原子番号が大きくなると陽子の数が増えていくので，原子核と電子の間の引力が大きくなり，そのイオン半径は小さくなります。

イオン半径：$_8$O^{2-}＞$_9$F$^-$＞$_{11}$Na$^+$＞$_{12}$Mg^{2+}＞$_{13}$Al^{3+}

いずれも K(2)L(8)（$_{10}$Ne と同じ電子配置）

答

問1　横の行の数：7行　　横の行の名称：周期
　　　　水素以外の1族元素の別名：アルカリ金属
問2　番号の名称：原子番号　　何の個数：陽子，電子
問3　数値の名称：原子量　　原子の組：Ar と K，Co と Ni
問4　2族元素：2価の陽イオン　　17族元素：1価の陰イオン
問5　理由：18族元素の電子配置が安定だから。　　別名：貴ガス
問6　メンデレーエフ
問7　(a)　Al^{3+}　　(b)　原子番号が大きいほど陽子の数が最も多く，原子核が最外殻電子を強く引きつけているから。(39字)

必修 基礎問

5　イオン化エネルギー

次の文章中の[　　]に最も適当な語句を(**解答群**)から選べ。同じ番号を何度使ってもよい。

気体状の原子から電子1個をとり去り，1価の陽イオンにするために必要なエネルギーは[　ア　]とよばれる。通常[　ア　]は，同族では周期表の[　イ　]から[　ウ　]へいくにしたがって大きくなる。同一周期では[　エ　]から[　オ　]へいくほど大きくなり，[　カ　]原子で最大となる。

(**解答群**)　⓪　小さく　　①　大きく　　②　上　　③　下　　④　左
　　　　　⑤　右　　⑥　貴ガス　　⑦　ハロゲン　　⑧　アルカリ金属
　　　　　⑨　アルカリ土類金属　　⑩　化学エネルギー
　　　　　⑪　イオン化エネルギー　　⑫　結合エネルギー　　　　（東京理科大）

精講　（イオン化エネルギー）

気体状の原子の最も外側の電子殻から電子を1個をとり去って，1価の陽イオンにするのに必要な最小のエネルギーを，その原子の**イオン化エネルギー**(**第一イオン化エネルギー**)といいます。イオン化エネルギーは，言葉だけでは理解しにくいので図を使って ①→②→③ の順に考えてみましょう。

上図のように，電子1個をとり去るのに必要な最小のエネルギーがイオン化エネルギーです。**イオン化エネルギーが小さい原子ほど陽イオンになりやすく，イオン化エネルギーが大きい原子ほど陽イオンになりにくい**といえます。

Point10　イオン化エネルギー

- イオン化エネルギーが小さい原子ほど陽イオンになりやすい。
- イオン化エネルギーが大きい原子ほど陽イオンになりにくい。

次に，イオン化エネルギーと周期表との関係をみてみましょう。

①　**同族元素**(縦の列)では，原子番号が大きくなるほど，原子核からとり去る最外殻電子までの距離が大きくなります。距離が大きくなると，最外殻電子を引きつける力が弱くなるので，その電子をとり去るのに必要な**イオン化エ**

ネルギーは小さくなります。

② 同一周期（横の行）では，原子番号が大きくなると，陽子の数が増えていきます。すると，原子核の正電荷が大きくなって，とり去る最外殻電子が原子核に強く引かれるので**イオン化エネルギーが大きくなり**，貴ガスで最大となります。

〈イオン化エネルギーと周期表の関係〉

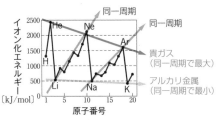

〈イオン化エネルギーの周期的変化〉

また，貴ガス（He, Ne, Ar）のイオン化エネルギーが非常に大きなことから，貴ガスの電子配置が極めて安定であることが確認できますね。

Point 11 イオン化エネルギーと周期的変化の関係

同　族：原子番号大 ➡ 原子核から最外殻電子までの距離大
　　　　　　　　　➡ とり去る最外殻電子を引きつける力弱
　　　　　　　　　➡ イオン化エネルギー小
同一周期：原子番号大 ➡ 陽子の数多
　　　　　　　　　➡ とり去る最外殻電子を引きつける力強
　　　　　　　　　➡ イオン化エネルギー大

解　説

ア：気体状の原子から電子1個をとり去り，1価の陽イオンにするために必要なエネルギーを**イオン化エネルギー**〈ア〉とよびます。

イ，ウ：イオン化エネルギーは，同族元素（縦の列）では周期表の下〈イ〉から上〈ウ〉へいくにしたがって大きくなります。

エ，オ，カ：イオン化エネルギーは，同一周期（横の行）では周期表の左〈エ〉から右〈オ〉へいくほど大きくなり，18族の貴ガス〈カ〉原子で最大となります。

答 ア：⑪　イ：③　ウ：②　エ：④　オ：⑤　カ：⑥

問1　　ア　～　オ　に語句，　カ　に元素記号を入れよ。

　　　放射性同位体は，原子核が不安定であり，放射線を出し別の原子に変化する。この変化を　ア　という。また，放射線を出す性質を　イ　といい，　イ　をもつ物質を　ウ　物質とよぶ。

　　　${}^3H$ は放射線の一種である　エ　線を出しながら同じ　オ　の原子　カ　に変換し，約12年でその量が半分になる。

問2　大気中の ${}^{14}N$ に宇宙線によって生じた中性子が衝突すると ${}^{14}C$ が生成する。この変化は以下の式で表される。□□□に入る語句を答えよ。

$$ {}^{14}N + {}^1n（中性子） \longrightarrow {}^{14}C + \boxed{} $$

問3　ある遺跡から出土した木の実の中の ${}^{14}_{6}C$ の存在比は，大気中の値の 6.25 % であった。この木の実は，今からおよそ何年前に採取されたものと推定できるか，有効数字2桁で答えよ。ただし，${}^{14}_{6}C$ の半減期を 5.7×10^3 年とする。

（問2早稲田大，問3富山大）

精　講　　　放射性同位体

　　　同位体のうち，原子核から α 線（質量数4のヘリウムの原子核の流れ），β 線（電子の流れ），γ 線（波長の短い電磁波）などの**放射線を出して壊れ，別の原子に変わる**（この変化を壊変といいます）ものを**放射性同位体（ラジオアイソトープ）**といいます。天然には，${}^3_1H$ や ${}^{14}_{6}C$ などがあります。

❶　β 線

　　β 線は電子 e^- の流れで，β 線（電子）が放出される壊変を β 壊変といいます。β 壊変では，**中性子1個が陽子1個と電子1個に変化します。**

中性子　　　　　　　　陽子　　　　　　電子 e^-（β 線）

　　中性子が1個減って陽子が1個増えるので，β 壊変では原子番号が1増えますが，質量数は変化しません。

　　　質量数＝陽子の数＋中性子の数　なので，変化しません
　　　（1個増える）（1個減る）

（例）　β 壊変

　　　　　　　　　　質量数は変化しません！
$$ {}^{14}_{6}C \longrightarrow {}^{14}_{7}N + \beta \text{ 線（} e^- \text{の流れ）} $$
　　　原子番号が1増えます！　　　原子番号が変われば元素記号も変わります

24

❷ 半減期（はんげんき）

壊変により，放射性同位体がもとの量の半分になるまでの時間を半減期といいます。$^{14}_{6}C$ の半減期は約 5730 年，$^{3}_{1}H$ の半減期は約 12 年…のように，半減期はそれぞれの放射性同位体で異なります。

（例） 枯れた植物中の ^{14}C（半減期 5730 年）の割合のようす

枯れた瞬間を **1** とします
　最初の 5730 年で 半分になります！ →
$\dfrac{1}{2}$
　次の 5730 年で さらに半分になります！ →
$\left(\dfrac{1}{2}\right)^{2}$
　その次の 5730 年で さらに半分になります！ →
$\left(\dfrac{1}{2}\right)^{3}$
　…くり返されます！

【 年代測定 】

$^{14}_{6}C$ は考古学試料の年代測定に利用されています。$^{14}_{6}C$ は β 壊変により ^{14}N へと変化しました。

$$^{14}_{6}C \longrightarrow {}^{14}_{7}N + \beta \text{ 線 (e}^{-})$$

一方，地球には宇宙からの放射線（宇宙線）が降り注いでいて，これが地球の大気に衝突し中性子が生じています。この中性子が大気中の ^{14}N に衝突し，$^{14}_{6}C$ が生じてもいます。

大気中では「$^{14}_{6}C$ が壊れる量＝$^{14}_{6}C$ が生じる量」となるので，**大気中の $^{14}_{6}C$ の存在比は過去から現在までほぼ一定に保たれています。**植物は $^{14}_{6}C$ を含む CO_2 を光合成で取り込むことで，植物中の $^{14}_{6}C$ は大気中と同じ割合に保たれます。ところが，植物が枯れると $^{14}_{6}C$ の取り込みが途絶えるので植物中（枯木中）の $^{14}_{6}C$ は壊変して減っていきます。

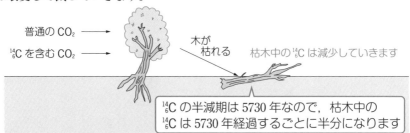

普通の CO_2 →
$^{14}_{6}C$ を含む CO_2 →
木が枯れる
枯木中の $^{14}_{6}C$ は減少していきます

$^{14}_{6}C$ の半減期は 5730 年なので，枯木中の $^{14}_{6}C$ は 5730 年経過するごとに半分になります

Point 12　半減期（半分になるまでの時間）は一定になる。

解 説　問1　ア：壊変 は，崩壊 ともよびます。
　　　　　　　　イ：放射線を放出する能力を 放射能 といいます。
エ〜カ：β 壊変では，原子番号は 1 増えますが，質量数 は変化しません。

質量数は変化しません！
$$^{3}_{1}H \longrightarrow {}^{3}_{2}He + \beta \text{ 線 (e}^{-})$$
原子番号が 1 増えます！　　原子番号 2 はヘリウムです

問2 大気中の ${}^{14}_{7}\mathrm{N}$ の原子核に宇宙線に含まれる中性子が衝突すると，中性子と陽子が置き換わります。

陽子1個が減るので，原子番号が1減少して6になります。中性子は1個増えますが陽子が1個減っているので，質量数は変化せず14のままです

中性子 → ${}^{14}_{7}\mathrm{N}$ に変化
衝突します 陽子が追い出されます

質量数は1 質量数は1
中性子を ${}^{1}_{0}\mathrm{n}$，陽子を ${}^{1}_{1}\mathrm{p}$ と表すと，この変化は次の式で表せます。
neutron proton
原子番号   原子番号は1
なし

$${}^{14}_{7}\mathrm{N} + {}^{1}_{0}\mathrm{n} \longrightarrow {}^{14}_{6}\mathrm{C} + {}^{1}_{1}\mathrm{p} \quad \Rightarrow \quad \boxed{} \text{に入る語句は\underline{陽子}}$$

別解 左右両辺で「原子番号の和」や「質量数の和」が等しくなることに注目します。

質量数の和は，左辺・右辺ともに15になる

$${}^{14}_{7}\mathrm{N} + {}_{0}^{\,}\mathrm{n} \longrightarrow {}_{6}^{\,}\mathrm{C} + {}_{1}^{\,}\mathrm{p}$$

原子番号の和は，左辺・右辺ともに7になる

問3 出土した木の実の中の ${}^{14}_{6}\mathrm{C}$ の存在比は，大気中の値の $6.25\% = \dfrac{6.25}{100} = \dfrac{625}{10000} = \dfrac{1}{16}$

で，${}^{14}_{6}\mathrm{C}$ の半減期は 5.7×10^{3} 年 $= 5700$ 年 であることに注意しましょう。

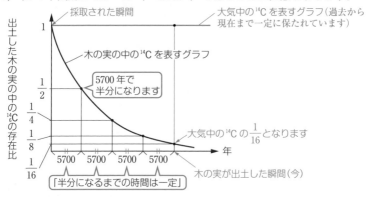

よって，この木の実は今から $5700 \times 4 \fallingdotseq 2.3 \times 10^{4}$ 年前 に採取されたものと推定できます。

答

問1 ア：壊変（または崩壊）　**イ**：放射能　**ウ**：放射性
エ：ベータ (β)　**オ**：質量数　**カ**：He
問2 陽子　**問3** 2.3×10^{4} 年前

3. 物質量

必修 基礎問

6 原子量　　　　　　　　　　　　　　　　　　　〈化学基礎〉

次の文章を読んで，下の問いに答えよ。

原子核に含まれる　A　の数は同じで　B　の数が異なる原子を互いに　C　といい，自然界の多くの元素に存在する。元素の原子量は，質量数12の炭素原子の質量の値を12とし，これを基準とした相対質量として求められる。したがって，　C　が存在する場合はその存在比を考慮して元素の相対質量を求め，これを元素の原子量とする。天然の炭素の場合には質量数12と質量数13の炭素原子の他に，極微量に質量数14の炭素原子が存在する。質量数14の炭素原子は放射線を放出すると　B　が1個減り，　A　が1個増えることによって別の元素である（ ア ）となる。このように質量数14の炭素原子の数は一定の速さで減少することから，その存在比を調べることにより遺跡から出土する木片などの年代測定に利用されている。

問1　A～C に当てはまる最も適切な語句を記せ。また，（ ア ）に当てはまる原子を（例）にならって記せ。ただし，a，bは数値，Xは元素記号とする。

（例）　$_b^a X$

問2　下線部の例として，天然の塩素には安定した原子が2種類のみ存在する。相対質量35.0の塩素原子の存在比を75.0%としたとき，もう1種類の塩素原子の相対質量を有効数字3桁で答えよ。ただし，塩素の原子量は35.5とする。

（防衛大）

精講　（原子量）

原子1個の質量はとても小さく，例えば，^1H 1個の質量は 1.674×10^{-24} g，^{35}Cl 1個の質量は 5.807×10^{-23} g です。この数値では小さすぎて，扱いにくいですね。そのため，原子を扱うときには，ある特定の原子1個を基準にして，その原子との相対質量（相対的な質量のこと。質量の比の値になる）で扱います。

現在は，**質量数12の炭素原子 ^{12}C 1個の質量 1.993×10^{-23} g を12** として，これを基準にとったときの各原子の相対質量を原子量としています。

（例）　^1H や ^{35}Cl の相対質量（原子量）は次のように計算して求めます。

^1H ： $\dfrac{12}{1.993 \times 10^{-23} \text{ g}} \times 1.674 \times 10^{-24} \text{ g} = 12 \times \dfrac{1.674 \times 10^{-1}}{1.993} \fallingdotseq 1.008$

gどうしを消去する　　　　　　　　　　　　　　　　　　　　　　　　質量数にほぼ等しくなる

^{35}Cl ： $\dfrac{12}{1.993 \times 10^{-23} \text{ g}} \times 5.807 \times 10^{-23} \text{ g} = 12 \times \dfrac{5.807}{1.993} \fallingdotseq 34.96$

また，天然に存在する多くの元素には同位体が一定の割合で存在します（➡p.14）。<u>同位体の存在する元素は，同位体の相対質量の平均値を求めて原子量とします</u>。

原子量

① ^{12}C 1 個の質量を 12 とした各原子の相対質量を原子量とする。
② 同位体が存在する場合，同位体の相対質量の平均値を求め，それを原子量とする。

解 説

問1 A，B，C：原子核に含まれる<u>陽子</u>~A~ の数は同じで<u>中性子</u>~B~ の数が異なる原子を互いに<u>同位体（アイソトープ）</u>~C~ といいます（➡p.14）。
　（ B の数とあるので， B を質量数にはできません。）

　ア：質量数 14 の炭素原子 $^{14}_{6}C$ は放射線を放出すると<u>中性子</u>~B~ が 1 個減り，<u>陽子</u>~A~ が 1 個増えるとあるので，

　　　　原子番号が 6+1=7，　質量数が 14−1+1=14
　　　　<small>Cの原子番号は 6　陽子は 1 個増える　　^{14}C の質量数は 14　中性子は 1 個減る</small>

の $^{14}_{7}N$ となることがわかります。
　　<small>原子番号が 7 の元素は窒素Nで，質量数は 14 のまま変化していない</small>

　　　　$^{14}_{6}C \longrightarrow {}^{14}_{7}N + 放射線$
　　　　　　　　　　　　　　<small>β線（正体は電子 e^-）</small>

となります（➡p.24）。

問2 同位体の存在する元素の原子量は，同位体の相対質量の平均値となります。もう 1 種類の塩素原子の相対質量を x とすると，その存在比は
100−75.0=25.0 ％ とわかり，次の式が成り立ちます。

$$\underset{相対質量}{35.0}\times\underset{存在比}{\frac{75.0}{100}} + \underset{相対質量}{x}\times\underset{存在比}{\frac{25.0}{100}} = \underset{原子量}{35.5} \qquad よって，x=37.0$$

参考 各同位体の相対質量は，その質量数とほぼ等しくなるので，
　　　　相対質量 35.0 の塩素原子は ^{35}Cl
　　　　相対質量 37.0 の塩素原子は ^{37}Cl
だったとわかります。

答
　　問1　A：陽子　　B：中性子　　C：同位体（またはアイソトープ）　　ア：$^{14}_{7}N$
　　問2　37.0

必修 基礎問

7 物質量（mol）　　　　　　　　　　　　　　　　　　　化学基礎

(a)〜(f)の下線の物質の物質量を小さい順に並べたものを，下の①〜⑥の中から一つ選べ。アボガドロ定数：6.0×10^{23}/mol，原子量：H＝1.0，C＝12.0，O＝16.0，$0\,°C$，1.013×10^5 Pa の標準状態の気体のモル体積を 22.4 L/mol とする。

(a) $0\,°C$，1.013×10^5 Pa（標準状態）で 11.2 L の<u>酸素</u> O_2

(b) 6.0×10^{23} 個の<u>水素分子</u> H_2

(c) 3.2 g の<u>メタン</u> CH_4 に含まれる<u>水素原子</u> H

(d) 13.2 g の<u>プロパン</u> C_3H_8

(e) 1.5×10^{23} 個の<u>水分子</u> H_2O

(f) 12.0 g の<u>エタン</u> C_2H_6 に含まれる<u>水素原子</u> H

① (a)<(e)<(c)<(d)<(b)<(f)　　② (e)<(d)<(a)<(c)<(b)<(f)

③ (f)<(b)<(a)<(d)<(e)<(c)　　④ (b)<(f)<(c)<(a)<(d)<(e)

⑤ (c)<(a)<(f)<(b)<(d)<(e)　　⑥ (c)<(e)<(d)<(a)<(b)<(f)　　（杏林大）

精講

（単位変換）

　　化学の計算は，単位に注目して計算することが大切です。

例えば，$1\,m = 10^2\,cm$ のように「同じ量が2通りの単位で表せる」とき，

$$\frac{1\,m}{10^2\,cm} \quad または， \quad \frac{10^2\,cm}{1\,m}$$

と表し，このうち「どちらか必要なほうを選択」して「単位も記入して計算する」ことで，単位変換を行うことができます。

（例） 5 m から cm への変換

$$5\,\cancel{m} \times \frac{10^2\,cm}{1\,\cancel{m}} = 5 \times 10^2\,cm \leftarrow 単位も記入して計算する$$

↑ m どうしを消去して，cm を残す

（物質量（モル））

　私たちが日常生活で扱う物質には，莫大な数の原子や分子が含まれています。この莫大な数の原子や分子を1個ずつ数えるのは大変ですから，ふつうは，かたまり（集団）で数えることになります。つまり，多数の鉛筆を1本ずつ数えるのではなく，「12本を1ダース」として数えるのと同じように，原子や分子は

6.0×10^{23} 個を 1 mol

として数えます。この数をアボガドロ数といいます。ここで注意する点は，鉛

筆だけでなくジュースでも「12 本を 1 ダース」として数えるように，**原子はもちろん分子やイオンでも「6.0×10^{23} 個を 1 mol」として数える**点です。

（例） 銅 Cu，水 H_2O，塩化ナトリウム NaCl それぞれ 6.0×10^{23} 個は，1 mol となる。また，NaCl 1 mol 中には，Na^+ や Cl^- がそれぞれ 1 mol ずつ，すなわち 6.0×10^{23} 個ずつ含まれていることに注意する。

Point 14　物質量（モル）

原子・分子・イオンなど 6.0×10^{23} 個を 1 mol とする。
　　　　　　　└厳密には $6.022\cdots \times 10^{23}$

物質 1 mol の質量

物質 1 mol あたりの質量をモル質量といって，**原子量，分子量，式量の数値に単位〔g/mol〕をつけた値とほぼ一致します。**
　　　　　　└1 mol あたりを表す

（例）　①ナトリウム Na の原子量は 23 なので，Na のモル質量は 23 g/mol

　　　②二酸化炭素 CO_2 の分子量は 44 なので，CO_2 のモル質量は 44 g/mol
　　　　　(Cの原子量)+(Oの原子量)×2=12+16×2=44

　　　③塩化ナトリウム NaCl の式量は 58.5 なので，NaCl のモル質量は 58.5 g/mol
　　　　　(Naの原子量)+(Clの原子量)=23+35.5=58.5

単位に注目すると，**物質量〔mol〕はモル質量〔g/mol〕を用いて**次式のように求められます。

$$\frac{物質の質量〔g〕}{モル質量〔g/mol〕}=物質量〔mol〕$$

単位に注目すると，$\dfrac{g}{g/mol}=g \div \dfrac{g}{mol}=g \times \dfrac{mol}{g}=mol$
　　　　　　　　　　　　　　　　　　　　　　　└g どうしが消去されて，mol が残る

物質 1 mol の体積

気体 1 mol は 6.0×10^{23} 個の粒子の集まりで，どの気体 1 mol でも，同じ温度・同じ圧力では同じ体積になります。とくに，

温度 0 ℃，圧力 1013 hPa$^{(注)}$＝1.013×10^5 Pa＝1 atm の標準状態では，気体1 mol が示す体積は，種類に関係なく 22.4 L という一定値になります。

この値を**気体のモル体積**といい，22.4 に単位として〔L/mol〕をつけます。
　　　　　　　　　　　　　　　　　　　　　　　　　1 mol あたりを表す┘

（注）　ヘクト h は，10^2 を表すので，
　　　1013 hPa＝1013×10^2 Pa＝$1.013 \times 10^3 \times 10^2$ Pa＝1.013×10^5 Pa

Point 15　物質 1 mol の個数，質量，気体のときの体積

分子の個数，質量，体積は，二酸化炭素 CO_2 1 mol を例にとってみると，

分子の個数　➡　6.0×10^{23} 個
分子の質量　➡　44 g（分子量 g）
気体の体積　➡　22.4 L（0°C，1.013×10^5 Pa の標準状態）

(a)　0°C，1.013×10^5 Pa の標準状態では気体は種類に関係なくモル体積が 22.4 L/mol となります。

そこで，0°C，1.013×10^5 Pa で 11.2 L の O_2 の物質量は，

$$11.2\,L \div \frac{22.4\,L}{1\,mol} = 11.2\,L \times \frac{1\,mol}{22.4\,L} = 0.5\,mol$$

L どうしを消去して，mol を残す

(b)　1 mol あたりの粒子（原子，分子，イオンなど）の数をアボガドロ定数といい，単位をつけると 6.0×10^{23} /₁mol と表します。

　　　　　　　　　　　　　　→粒子 1 mol あたりを表す

/mol は 個/mol と同じ意味と考えてください。

　↑
個を補って考えましょう

6.0×10^{23} 個の H_2 分子の物質量は，アボガドロ定数を 6.0×10^{23} 個/₁mol と書き直して次のように求めます。

$$6.0 \times 10^{23}\,個 \times \frac{1\,mol}{6.0 \times 10^{23}\,個} = 1\,mol$$

個どうしを消去して，mol を残す

(c)　メタン CH_4 の分子量＝（C の原子量）＋（H の原子量）×4＝16.0 なので，CH_4 のモル
　　　　　　　　　　　　　　　　　　12.0　　　　　1.0
質量は 16.0 g/mol となります。CH_4 1 分子には H 原子が 4 個含まれているので，
CH_4 1 mol には H が 4 mol あります。そこで，3.2 g の CH_4 に含まれる H 原子の物質量は，

CH_4 1 mol あたり H 4 mol

$$\frac{3.2\,g}{16.0\,g/mol} \times \frac{4\,mol\,(H\,原子)}{1\,mol\,(CH_4)} = 0.8\,mol$$

ここまでで CH_4 の物質量〔mol〕　　H の物質量〔mol〕

$g \div \dfrac{g}{mol} = g \times \dfrac{mol}{g} = mol$ となる

(d) プロパン C_3H_8 の分子量＝(Cの原子量)×3+(Hの原子量)×8

　　　　　　　　　　　　　　　　　　12.0　　　　　　1.0

　　　　　　　　　　　＝44.0

なので，C_3H_8 のモル質量は 44.0 g/mol となります。

　　13.2 g の C_3H_8 の物質量は，

$$\frac{13.2\ \cancel{g}}{44.0\ \cancel{g}/\text{mol}}=0.3\ \text{mol}$$

(e) (b)と同様に，アボガドロ定数 $6.0×10^{23}$ /mol を用いて計算すると，$1.5×10^{23}$ 個の H_2O の物質量は，

$$\frac{1.5×10^{23}\ \text{個}}{6.0×10^{23}\ \text{個/mol}}=0.25\ \text{mol}$$

個÷$\dfrac{個}{\text{mol}}$＝$\cancel{個}$×$\dfrac{\text{mol}}{\cancel{個}}$＝mol となる

(f) エタン C_2H_6 の分子量＝(Cの原子量)×2+(Hの原子量)×6

　　　　　　　　　　　　　　　　　　12.0　　　　　　1.0

　　　　　　　　　　　＝30.0

なので，C_2H_6 のモル質量は 30.0 g/mol となります。C_2H_6 1分子にはH原子が6個含まれているので，C_2H_6 1 mol にはHが 6 mol あります。

　　そこで，12.0 g の C_2H_6 に含まれるH原子の物質量は，

C_2H_6 1 mol あたり H 6 mol

$$\frac{12.0\ \cancel{g}}{30.0\ \cancel{g}/\text{mol}}×\frac{6\ \text{mol (H原子)}}{1\ \text{mol} (C_2H_6)}=2.4\ \text{mol}$$

C_2H_6 の物質量〔mol〕　　　Hの物質量〔mol〕

　　(a)〜(f)について，物質量が小さいものから順に並べると次のようになり，解答は②です。

		(e)	<	(d)	<	(a)	<	(c)	<	(b)	<	(f)
		0.25 mol		0.3 mol		0.5 mol		0.8 mol		1 mol		2.4 mol

答　②

4. 化学結合と結晶

⑧ 電気陰性度

化学基礎

　　原子番号の異なる原子では（　あ　）の数や（　い　）は異なる。そのため異なる原子が共有結合したとき，それぞれの原子が（　う　）を引きつけようとする強さには差が生じる。この強さの程度を表した値を電気陰性度という。水素分子 H_2 では，（　う　）はどちらの原子にも均等に分布する。一方，塩化水素分子 HCl では，（　う　）は電気陰性度が大きい（　え　）の方へ引きよせられ，塩素原子はわずかに（　お　）の電荷，水素原子はわずかに（　か　）の電荷を帯びる。このように，共有結合している原子間に（　き　）があるとき，結合に極性があるという。

　　電気陰性度は同族では，一般に，原子番号が小さくなるほど（　く　）なる。また，同一周期でこの値を比較すると，原子番号が大きくなるほど（　け　）なり，（　1　）族元素で最大となり，これらの元素のうちでも（　こ　）が最大値を示す。

問1　㋐〜㋕に当てはまる最も適切な語句を選べ。

① 陽子　　　　② 中性子　　　③ 電子配置　　④ 共有電子対

⑤ 不対電子　　⑥ 自由電子　　⑦ 正　　　　　⑧ 負

⑨ 水素原子　　⑩ 塩素原子

問2　㋖〜㋘に当てはまる最も適切な語句を選べ。ただし，同じ番号を何回選んでもよい。

① 分子の形　　② 分子量　　　③ 中性子　　　④ 同位体

⑤ 不対電子　　⑥ 電荷の偏り　⑦ 小さく　　　⑧ 大きく

問3　㋙に当てはまる最も適切な語句を選び，(1)に入る数字を答えよ。

① 塩素　　② ヨウ素　　③ ホウ素　　④ 炭素　　⑤ フッ素

（問1〜問2㋖まで昭和薬科大，問2㋗㋘問3東京理科大）

精　講　（電気陰性度）

　　　　　原子どうしが不対電子を出して互いに電子対を共有して結合したとします（p.35 参照）。

$$A\overset{\cdot}{\underset{\cdot}{}} + \overset{\cdot}{\underset{\cdot}{}}B \xrightarrow{\text{共有}} A\overset{\cdot\cdot}{\underset{}{}}B$$

1個ずつ出して　　　　　　　　　　"共有電子対"という
"不対電子"という

　　それぞれの**原子が共有電子対を自らの方向へ引きつける能力**を数値にしたものを**電気陰性度**といい，電気陰性度の値が大きい原子ほど電子を強く引きつけ

4. 化学結合と結晶　**33**

て負電荷を帯びやすくなります。**周期表の右上の元素ほど電気陰性度は大きく，フッ素 F が最大**になります。ただし，**貴ガス**は他の原子と結合しにくいので**電気陰性度を一般に考えません**。

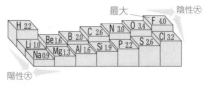

〈電気陰性度の値（ポーリングの値）〉

Point 16　電気陰性度

周期表の右上にいくほど大きくなり，フッ素原子 F が最大。
また，その大小関係として，　F＞O＞N，C＞H　の順を覚えておく。

問1，2，3　原子番号が異なる原子は原子核中の陽子$_{(あ)}$の数が異なるので，電子配置$_{(い)}$が異なります。これらが異なると共有電子対$_{(う)}$を自らの方向に引きつける力が違うので電気陰性度の値が異なります。

例えば，HCl 分子では，H の電気陰性度（2.2）＜塩素原子$_{(え)}$ Cl の電気陰性度（3.2）なので，共有電子対を Cl がより強く引きつけるために，Cl はわずかに負$_{(お)}$の電荷を，H はわずかに正$_{(か)}$の電荷を帯びます。

$$H_\odot + {}_\odot Cl \xrightarrow{\text{共有}} \overset{2.2}{H} \overset{3.2}{\leftarrow\!\cdots\!\rightarrow} Cl \longrightarrow \overset{\delta+}{H} \odot\!\odot \overset{\delta-}{Cl}$$

Cl が引きよせる　正の電荷　負の電荷
$\delta- \leftarrow \delta$ は $0<\delta<1$ の値で "わずかに"という意味

このような電荷の偏り$_{(き)}$をもつとき，結合に極性があるといいます。
電気陰性度は，同族元素（縦の列）では原子番号が小さくなるほど大きく$_{(く)}$なります。また，同一周期（横の行）では原子番号が大きくなるほど大きく$_{(け)}$なり，17$_{1}$族元素で最大となり，これらのうちでフッ素$_{(こ)}$ F が最大値を示します。

必修 基礎問

9 化学結合の種類 化学基礎

次の文章が正しければ○，誤っていれば×をつけよ。

① 電気陰性度の値は，アルカリ金属の方がハロゲンよりも大きい。

② 塩化水素の分子は，イオン結合でできている。

③ オキソニウムイオンとアンモニウムイオンには，配位結合が存在する。

④ NH_4^+ 中の 4 つの N–H 結合には，イオン結合が 1 つ含まれている。

⑤ H_3O^+ 中の 3 つの O–H 結合は，全く同じで区別することはできない。

⑥ ダイヤモンドの結晶では，炭素は互いに共有結合で結びついている。

精 講 電子式

元素記号のまわり（上下左右）に最外殻電子を点（・）で表したものを**電子式**といいます。電子式を書くときには，なるべく対をつくらないように書きます。電子式を書いたときに，**対になっていない電子**を**不対電子**，**対になっている電子**を**電子対**とよびます。

【電子式の書き方の例】

$_7$N K(2)L(5) の場合，最外殻電子 5 個を 4 個目までは元素記号の上下左右に 1 個ずつ対をつくらないように書き，5 個目からは対にして書きます。

電子対
不対電子

◀ ふつう，元素記号の上下左右に 2 個ずつ
最大 8 個まで電子（・）を書く

電 子 式	Li·	·Be·	·B̈·	·C̈·	·N̈·	·Ö·	·F̈:	:N̈e:
最外殻電子	1	2	3	4	5	6	7	8
価 電 子	1	2	3	4	5	6	7	0
不 対 電 子	1	2	3	4	3	2	1	0

化学結合

原子やイオンなどの粒子の結びつき方には，おもに ①共有結合，②イオン結合，③金属結合 の 3 種類があります。

❶ 共有結合

原子どうしが**不対電子を 1 個ずつ出し合ってつくった電子対**（共有電子対）を，2 つの原子が共有することでつくられる結合を**共有結合**といいます。

H + ·Ö· + H ──互いに不対電子を出し合って，共有結合をつくる──▶ H:Ö:H
不対電子 不対電子 ／共有電子対 ＼非共有電子対 または 孤立電子対

このとき，**共有結合に使われていない電子対**を非共有電子対または孤立電子対といいます。

また，下表のような水素 H_2 や水 H_2O の共有結合は**単結合**といいます。さらに，二酸化炭素 CO_2 の共有結合は**二重結合**，窒素 N_2 の共有結合は**三重結合**といい，**1組の共有電子対を1本の線－**（この線を価標ということがある）で**表した式**を**構造式**といいます。このとき，単結合，二重結合，三重結合をそれぞれ「－」，「＝」，「≡」と書きます。

分子式	水素 H_2	水 H_2O	二酸化炭素 CO_2	窒素 N_2
電子式	H:H	H:Ö:H	:Ö::C::Ö:	:N::N:
構造式	H－H	H－O－H	O＝C＝O	N≡N

単結合　　二重結合　　三重結合

【配位結合について】

一方の原子から非共有電子対が提供されて，それをもう一方の原子と互いに共有することで生じる結合を配位結合といいます。

$$ A\;\square\;\longleftarrow\;+\;\square\;:B\;\longrightarrow\;A:B $$

配位結合は共有結合とできるしくみは異なりますが，できると他の共有結合と区別できない場合があります。例えば，次のアンモニウムイオン $NH_4{}^+$ 中の4つのN-H結合やオキソニウムイオン H_3O^+ 中の3つのO-H結合は，すべて同等の性質をもっています。

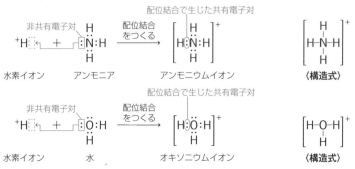

配位結合で生じた共有電子対
非共有電子対
水素イオン　アンモニア　アンモニウムイオン　〈構造式〉

配位結合で生じた共有電子対
非共有電子対
水素イオン　水　オキソニウムイオン　〈構造式〉

❷　イオン結合

電子を失ってできた陽イオンと電子を受けとってできた陰イオンとが，**イオン間に働く静電気的な引力**（静電気力またはクーロン力）**によって多数結びついた結合**を**イオン結合**といいます。

$$ Na\cdot\;+\;:\overset{..}{\underset{..}{Cl}}:\;\longrightarrow\;Na^+\left[:\overset{..}{\underset{..}{Cl}}:\right]^- $$

❸　金属結合

　　金属原子は価電子を放出して，陽イオンになります。この陽イオンが**価電子（自由電子）**によって結びつけられた**自由電子による原子間の結合**を金属結合といいます。

自由電子

Point 17　化学結合の種類

　化学結合にはおもに，　**共有結合・イオン結合・金属結合**　がある。

解　説

①　周期表の右上の元素ほど電気陰性度は大きくなる（➡p.33）ために，ハロゲン元素の方がアルカリ金属元素よりも大きくなります。誤り。

②　塩化水素 HCl は，非金属元素と非金属元素の組み合わせからなるので，共有結合でできています（➡下のまとめ参照）。誤り。

【結合の見分け方について】

　元素には金属元素と非金属元素があり（➡p.20），これらが結合するには 3 通りの組み合わせが考えられます。それぞれの結合は次のようになります。

> ①　**非金属元素**　と　**非金属元素**　➡　**共有結合**
> ②　**金属元素**　　と　**非金属元素**　➡　**イオン結合**
> ③　**金属元素**　　と　**金属元素**　　➡　**金属結合**

　ただし，塩化アンモニウム NH_4Cl や硫酸アンモニウム $(NH_4)_2SO_4$ はすべて非金属元素からできていますが，NH_4Cl には NH_4^+ と Cl^-，$(NH_4)_2SO_4$ には NH_4^+ と SO_4^{2-} のイオン結合が含まれている点に注意しましょう。

---

③　オキソニウムイオン H_3O^+ とアンモニウムイオン NH_4^+ は，H_2O 分子や NH_3 分子に H^+ が配位結合することで生じます。正しい。

④　NH_4^+ の中にはイオン結合は含まれていません。p.36 の電子式より，配位結合が 1 つ含まれていることがわかります。誤り。

⑤　配位結合は結合のでき方が違うだけで，結合した後は共有結合と見分けがつきません。正しい。

⑥　ダイヤモンドの結晶は，1 個の炭素原子のまわりを 4 個の炭素原子が正四面体状に規則正しく共有結合した巨大な分子です。正しい。

ダイヤモンド

答　①　×　　②　×　　③　○　　④　×　　⑤　○　　⑥　○

10 分子の形と極性

次の文中の □ に適する分子式を記せ。

メタン CH_4，アセチレン C_2H_2，水 H_2O，アンモニア NH_3，四塩化炭素 CCl_4，二酸化炭素 CO_2 の 6 種類について，実際の分子の形が直線形のものは □ ア □ と □ イ □，折れ線形のものは □ ウ □，三角錐形のものは □ エ □，正四面体形のものは □ オ □ と □ カ □ である。

また，分子の極性の有無は，結合の極性と分子の形によって決まる。このような考えにもとづき上述の 6 種類の物質を分類すると，極性を有するのは □ キ □ と □ ク □ である。

（東京電機大）

精 講 (分子)

非金属元素どうしは共有結合で結びついています（➡p.37）。いくつかの原子が共有結合で結びついた粒子を分子といいます。分子は，原子 1 個からなると単原子分子，原子 2 個からなると二原子分子…とよんでいきます。

単原子分子

二原子分子

三原子分子

(分子の極性)

結合に電荷の偏りがあることを結合に極性があるといって，原子間の電気陰性度の差が大きいほど，結合の極性は大きくなります。

① p.34 で学んだように，例えば，塩化水素 HCl は，電気陰性度の大きな Cl が小さな H から共有電子対を引きつけて，Cl は－の電荷を少し帯びた状態に，H は＋の電荷を少し帯びた状態になり極性を生じます。HCl のような**極性がある分子**を極性分子といいます。

極性がある

② また，水素 H_2 のような単体の場合，電気陰性度の同じ原子どうしが結合しているので極性を生じません。このような**極性がない分子**を無極性分子といいます。

極性がない

ただ，分子の結合の一部に極性があっても直線形の二酸化炭素 CO_2 のように分子全体として極性が打ち消されると，無極性分子になるものもあります。分子は，その分子特有の形をとるので，次の(解 説)に示した「分子の形」と「極性分子か無極性分子か」は，知っておいてください。

次表に，問題文にある6種類の他に，代表的なものも合わせてまとめておくので，覚えておいてください。

共有結合に極性はあるが，互いに打ち消し合っている

無極性分子	Cl－Cl	$O\overset{\delta-}{=}\overset{\delta+}{C}\overset{\delta-}{=}O$	$\overset{H^{\delta+}}{\underset{H^{\delta+}}{\overset{\delta-}{H}\overset{\|}{C}\overset{\delta-}{H}}}$	$\overset{Cl^{\delta-}}{\underset{Cl}{\overset{\delta-}{Cl}\overset{\|}{C}\overset{\delta-}{Cl}}}$	$\overset{\delta+}{H}\overset{\delta-}{=}\overset{\delta-}{C}\equiv\overset{\delta-}{C}\overset{\delta+}{=}H$	$\overset{F^{\delta-}}{\underset{F_{\delta-}}{\overset{\|}{B}}}F^{\delta-}$
	塩素 （直線形）	二酸化炭素 （直線形）	メタン （正四面体形）	四塩化炭素 （正四面体形）	アセチレン （直線形）	三フッ化ホウ素 （正三角形）
極性分子	$\overset{\delta+}{H}\overset{\delta-}{=}\overset{\delta-}{Cl}$	$\overset{\delta+}{H}\overset{O}{\underset{\delta-}{\nearrow}}\overset{\delta-}{\searrow}\overset{\delta+}{H}$	$\overset{\delta+}{H}\overset{S}{\underset{\delta-}{\nearrow}}\overset{\delta-}{\searrow}\overset{\delta+}{H}$	$\overset{\delta+}{H}\overset{N}{\underset{\delta-}{\nearrow}}\overset{\delta-}{\searrow}\overset{\delta+}{H}$	電気陰性度の大小関係は， O＞C，C＞H，Cl＞C，F＞B Cl＞H，O＞H，S＞H，N＞H
	塩化水素 （直線形）	水 （折れ線形）	硫化水素 （折れ線形）	アンモニア （三角錐形）	

Point18　極性分子と無極性分子の見分け方

❶　単体 ➡ 二原子分子は無極性分子

　　　　　　　　　（例）　H_2，N_2，O_2，Cl_2 など

❷　異なる種類の原子からなる二原子分子

　　　➡　極性分子　　　（例）　HCl，HF など

❸　多原子分子の化合物

　（a）　直線形・正四面体形・正三角形(注)

　　　➡　無極性分子　　（例）　CO_2，CH_4，BF_3 など

　（b）　折れ線形・三角錐形

　　　➡　極性分子　　　（例）　H_2O，NH_3 など

（注）　ただし，直線形・四面体形・三角形でも分子　　（例）　$\overset{\delta+}{H}$

　　全体として極性が打ち消されないときには極性　　$\overset{\delta+}{H}\overset{\delta-}{\underset{\delta+}{\overset{|}{C}}}Cl^{\delta-}$

　　分子になる（例　クロロメタン CH_3Cl）。　　　　クロロメタン

答　ア，イ：C_2H_2，CO_2　　ウ：H_2O　　エ：NH_3　　オ，カ：CH_4，CCl_4

　　キ，ク：H_2O，NH_3　　　　　　　　　（アとイ，オとカ，キとクは順不同）

次の文章を読んで下の問いに答えよ。

右図は，周期表の14, 15, 16 および17族の水素化合物の沸点と周期との関係を示したものである。

固体を液体にし，さらに気体にするためには，　a　が必要である。この　a　は，分子をはげしく運動させ，分子間に働く力に打ちかつことに使われる。　b　族の水素化合物の沸点は，周期の番号が大きくなるにつれて順次高くなっ

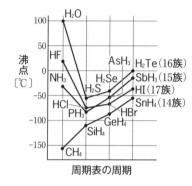

周期表の周期

ている。これは，これらの水素化合物には　c　がなく，分子の質量がこの順に大きくなっているためである。

これに対して，残りの族の各元素の水素化合物では，第　d　〜第　e　周期の水素化合物の沸点が，　b　族とほぼ同じように上昇するのに対して，　b　族以外の族の第　f　周期の水素化合物の沸点だけが異常に高いことがわかる。これらの水素化合物では，　g　の大きい原子が　h　原子と結合しており，各結合の　c　がとくに大きくなっている。これは，　c　のない分子間に働く　i　よりはかなり強い　j　による力が働いているからである。

問1　上の文章で扱った第2周期元素の水素化合物のうちで，非共有電子対を3つもつものは何か。化合物名を書け。

問2　　b　および　d　〜　f　に入る適切な数値を，それぞれ次の㋐〜㋙から1つ選べ。

㋐　1　　㋑　2　　㋒　3　　㋓　4　　㋔　5　　㋕　14　　㋖　15
㋗　16　　㋘　17

問3　　a　，　c　および　g　〜　j　に入る適切な語句を，それぞれ次の㋐〜㋙から1つ選べ。

㋐　イオン結合　　㋑　共有結合　　㋒　原子　　㋓　水素結合
㋔　水素　　㋕　ファンデルワールス力　　㋖　エネルギー
㋗　分子　　㋘　電気陰性度　　㋙　極性

（千葉工業大）

精 講 ＿ファンデルワールス力＿

　　ドライアイスは二酸化炭素 CO_2 が集まって固体になったもの
です。集まっているということから，CO_2 分子間に弱い引力が働いていること
がわかります。この**引力のこと**をファンデルワールス力とよび，ファンデルワ
ールス力が強く働く条件は次の@〜©になります。

@ **分子の形が似ているときには，分子量が大きくなるほど強くなる**

　（例）ファンデルワールス力　F_2 ＜ Cl_2
$$\begin{pmatrix} 分子量 & 38 & < & 71 \\ 沸点 & -188\,℃ & < & -34\,℃ \end{pmatrix}$$

ⓑ **分子量が同じくらいなら，極性分子の方が無極性分子より強くなる**

　（例）ファンデルワールス力　F_2 ＜ HCl
$$\begin{pmatrix} 分子量 & 38 & ≒ & 36.5 \\ & 無極性分子 & & 極性分子 \\ 沸点 & -188\,℃ & < & -85\,℃ \end{pmatrix}$$

© **分子量や極性が同じくらいなら，分子の形が直線状になっているほど強くなる**

　（例）ファンデルワールス力
$$\underset{\substack{|\\CH_3}}{\overset{\substack{CH_3\\|}}{CH_3-C-CH_3}} < CH_3-CH_2-CH_2-CH_2-CH_3$$
$$\begin{pmatrix} 分子量 & 72 & = & 72 \\ 沸点 & 10\,℃ & < & 36\,℃ \end{pmatrix}$$

　　分子間に**強い引力**が働いていると，分子と分子を引き離すのに**大きなエネル
ギー**を必要とするので，沸点が**高く**なります。
（例）　14族の水素化合物の沸点は，分子量が大きくなるほどファンデルワール
　　ス力が強くなるので，高くなる（問題文中の図参照）。

　　沸点　CH_4 ＜ SiH_4 ＜ GeH_4 ＜ SnH_4 ←いずれも無極性分子で，
　　分子量　16 ＜ 32 ＜ 77 ＜ 123　　その形は正四面体形であり，極性や形については違いがない

Point 19　ファンデルワールス力と沸点の関係

❶ 分子量⊕ ➡ ファンデルワールス力⊕ ➡ 沸点高
❷ 分子量がほぼ同じとき
　　➡ 無極性分子より極性分子のファンデルワールス力⊕
　　➡ 極性分子の沸点高
❸ 分子量・極性がほぼ同じとき
　　➡ 直線状の分子のファンデルワールス力⊕
　　➡ 直線状の分子の沸点高

水素結合

　問題文に与えられている図をみると，フッ化水素 HF，水 H_2O，アンモニア NH_3 は，分子量が小さいにもかかわらず沸点がかなり高いことがわかります。

　電気陰性度の大きな原子 (F，O，N) が電気陰性度の小さな H から共有電子対を自分の方に引きよせ，F，O，N が $\delta-$，H が $\delta+$ に帯電しているため，これらの**分子間に次のような特別な静電気的な引力**（**水素結合**）が働いているからです。

　水素結合は，ファンデルワールス力よりもかなり強い引力なので，水素結合で結びついている物質の沸点は分子量から予想される値よりもかなり高くなります。

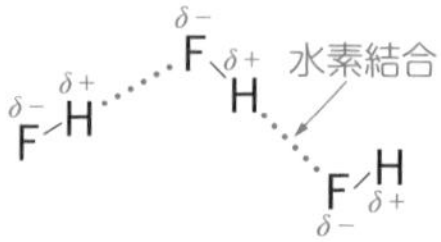

水素結合

フッ化水素 HF

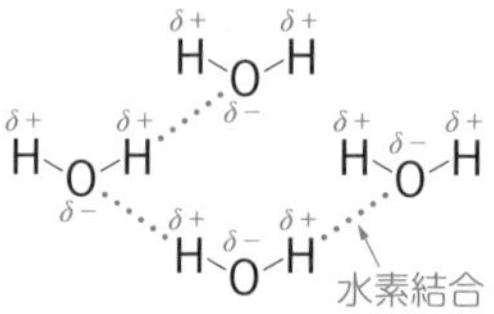

水素結合

水 H_2O

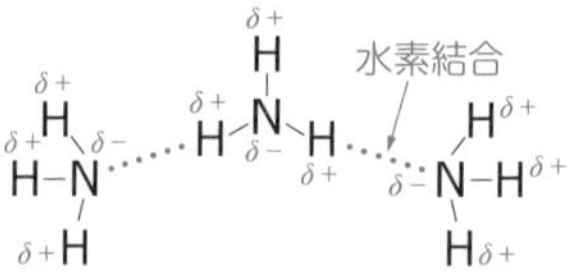

水素結合

アンモニア NH_3

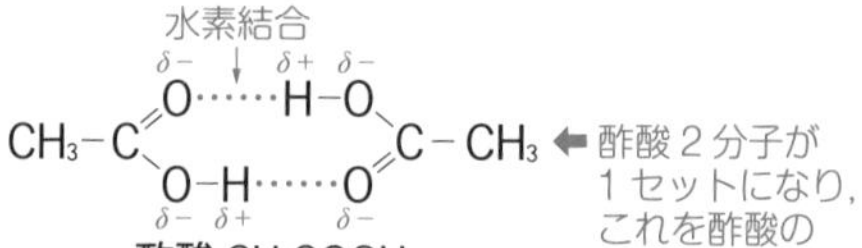

水素結合
酢酸 2 分子が 1 セットになり，これを酢酸の二量体という

酢酸 CH_3COOH

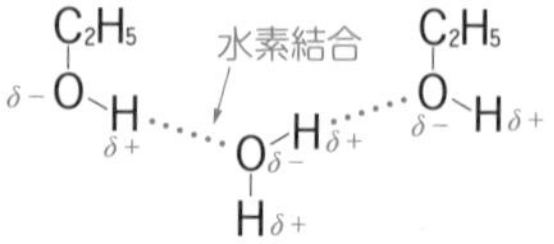

水素結合

エタノール C_2H_5OH と水 H_2O

〈水素結合の例〉

Point 20　水素結合

❶　電気陰性度の大きな F，O，N の間に H をはさんでできる特別な結合を水素結合という。

❷　分子間が水素結合で結びついている物質の沸点は高い。

問 1　問題中に与えられている第 2 周期元素の水素化合物の電子式は次のようになり，◯◯で囲んだものが非共有電子対になります。

電 子 式	H:O̤:H	H:F̤:	H:N̤:H H	H H:C:H H
化合物名	水	フッ化水素	アンモニア	メタン
非共有電子対の数	2	3	1	0

問 2，3　14 族の水素化合物 (CH_4，SiH_4，GeH_4，SnH_4) は，どれも形が似ていて無極性分子 (分子全体として極性 がない) です。**Point 19** の ❶ から分子量が大きくなる

周期の番号が大きくなるほど，分子量が大きくなる

ほどファンデルワールス力が強くなり，沸点が高くなっていきます。

H
H—C—H
H　　H—Si—H
H　　H—Ge—H
H　　H—Sn—H
H　　◀ すべて正四面体形

これに対して，フッ化水素 HF，水 H_2O，アンモニア NH_3 は，ファンデルワールス力 よりもかなり強い引力である水素結合 (電気陰性度 の大きな F，O，N の間に H をはさんでできる分子間の結合) を分子間で形成しているために，分子量が小さいのに沸点は高くなっています。

答
問 1　フッ化水素
問 2　b：㋑　　d：㋒　　e：㋔　　f：㋑
問 3　a：㋖　　c：㋙　　g：㋘　　h：㋔　　i：㋑　　j：㋓

必修基礎問

11 結晶の種類と性質

化学基礎 化学

次の記述①～⑤から，内容に誤りを含むものを１つ選べ。

① 銀の結晶では，価電子は特定の原子間に共有されないで，結晶内を自由に移動する。

② 塩化ナトリウムは，高温で融解して液体になると電気をよく導く。

③ イオン結晶では，陽イオンと陰イオンとが静電気的な引力で結合しており，その結合力は分子結晶内の分子間の結合力よりも強い。

④ グラファイトの結晶構造の各層どうしは，共有結合によって互いに結びついており，電気伝導性を示す。

⑤ ヨウ素の結晶は，二原子分子 I_2 で構成された分子結晶である。

（センター試験）

精講

固体

固体は，結晶(けっしょう)（クリスタル）と非晶質(ひしょうしつ)（アモルファス）に分けることができます。**結晶**は**粒子が規則正しく配列していて融点が一定のもの**で，**非晶質**は**粒子が不規則に配列していて融点が一定でないもの**になります。また，結晶は粒子間の結合の種類によって，金属結晶，イオン結晶，共有結合の結晶，分子結晶　に分けることができます。

Point 21 固体の分類

❶ 結晶：規則正しく粒子が配列。融点が一定
　➡ 金属結晶，イオン結晶，共有結合の結晶，分子結晶

❷ 非晶質：不規則に粒子が配列。融点は一定でない
　（例） ガラス，アモルファス金属

金属結晶

金属元素の原子どうしは金属結合で結びついています（➡p.37）。**金属原子間にある電子は**，金属原子の電気陰性度が小さいために金属原子にほとんど引かれることなく**自由に動きまわるので自由電子**とよばれます。多くの金属原子が金属結合で結びついた結晶を**金属結晶**といい，自由電子は結晶内のすべての原子に共有されています。

金属は，自由電子により光が反射されるので**金属光沢(こうたく)をもち**（金属のつや），自由電子が移

動することで**電気や熱をよく導きます**。外から力が加わって結晶中の原子どうしの位置がずれても，自由電子が移動して変形はしますが結合は切れません。

金属原子
変形しても結合状態は変わらない

そのため，たたいて**薄く広げたり**(展性)，引っ張って**長く延ばしたり**(延性)することができます。金箔は展性，銅線は延性を利用してつくられます。

Point 22 金属結晶

❶ 自由電子をすべての原子が共有している。
❷ 金属光沢，電気伝導性，展性・延性がある。

イオン結晶

多くの**陽イオンと陰イオン**が，**静電気力(クーロン力)によるイオン結合で結びついてできた結晶をイオン結晶**といいます。例えば，食塩である塩化ナトリウム $NaCl$ は，ナトリウムイオン Na^+ と塩化物イオン Cl^- が右図のように交互に静電気力で立体的に配列してできています。

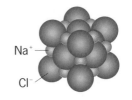

イオン結晶はかなり強い静電気力で結びついてできているので，**融点が高く硬いものが多くなります**。ただし，外から強い力が加えられてイオンの配列がずれると，

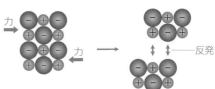

反発

陽イオンどうし，陰イオンどうしが接近して反発力が働くため，**もろく**，一定方向に割れやすくなります。この性質を**へき開**といいます。

また，イオン結晶は，イオンの位置が固定されているので結晶のままでは電気を導かないのですが，**結晶を融解した液体や結晶を溶かした水溶液では構成イオンが自由に動けるようになるので電気を導きます**。

Point 23 イオン結晶

❶ 固体状態では電気を導かないが，融解液，水溶液では電気を導く。
❷ 外からの大きな力で壊れやすい。

　非金属元素の原子どうしが共有結合で結びつくと，二酸化炭素 CO_2 や水 H_2O などのような分子になることがほとんどです。これらの分子がファンデルワールス力や水素結合などの分子間力によって結びついてできた結晶は分子結晶（次ページで勉強します）といいます。

　しかし，14 族元素である炭素 C やケイ素 Si などは，**多数の原子が共有結合で規則正しく結びついた巨大な分子**になっていて，この結晶を共有結合の結晶といいます。共有結合の結晶には，C の同素体であるダイヤモンドや黒鉛（グラファイト），Si の単体，二酸化ケイ素 SiO_2 などがあり，共有結合で強く結合しているので融点が高く，価電子がすべて共有結合に使われている（黒鉛を除く）ので電気を導きにくいなどの性質があります。

ダイヤモンド(C)

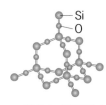

二酸化ケイ素(SiO₂)
（圧力や温度の違いでさまざまな構造をとる）

黒鉛(C)

Point 24　共有結合の結晶

融点が高く，硬く，電気を導きにくい。
（ただし，ケイ素は半導体の性質をもち，黒鉛はやわらかくて電気を
導く。）
　　　　　　　電気の導きやすさが金属と絶縁体の中間
（例）　ダイヤモンド C，黒鉛（グラファイト）C，ケイ素 Si，
　　　　二酸化ケイ素 SiO_2　など

【黒鉛（グラファイト）について】

　炭素 C の価電子 4 個のうち 3 個が他の炭素原子と共有結合で正六角形の平面層状構造（これをグラフェンといいます）をつくり，残り 1 個の価電子はこの平面にそって動くことができるので電気をよく導きます。さらに，平面層状構造どうしが弱いファンデルワールス力で積み重なった結晶が黒鉛（グラファイト）です。黒鉛はやわらかくて，うすくはがれやすい性質をもっています。

分子結晶

二酸化炭素 CO_2 や水 H_2O などの**分子がファンデルワールス力や水素結合という分子間力で規則正しく分子が配列した結晶**を分子結晶といいます。分子間は弱い引力で結びついているために，やわらかくて融点の低いものが多く，また，ドライアイス CO_2 のように昇華性を示すものもあります。

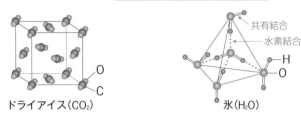

ドライアイス(CO_2)　　　　　　　氷(H_2O)

共有結合
水素結合

Point 25　分子結晶

やわらかくて融点の低いものが多い。昇華性を示すものもある。
（例）ヨウ素 I_2，ドライアイス CO_2，ナフタレン $C_{10}H_8$，水 H_2O など
　　　　　　昇華性を示す

解説

① 金属結晶では，価電子が自由電子となって，すべての金属原子に共有されてできています。正しい。

② イオン結晶は電気を導きませんが，融解液や水溶液になると，構成イオンが自由に動けるようになるので電気をよく導きます。正しい。

③ イオン結晶は陽イオンと陰イオンがイオン結合で結びつき，分子結晶をつくっている分子どうしは水素結合やファンデルワールス力で結びついています。結合の強さは，共有結合，イオン結合，金属結合に比べて，水素結合は弱く，ファンデルワールス力ではさらに弱くなります。正しい。

【粒子間に働く力の大きさ】
　　共有結合≧イオン結合，金属結合≫水素結合＞ファンデルワールス力

④ グラファイト(黒鉛)内の平面構造の層と層の間は，共有結合ではなく，弱いファンデルワールス力で結びついています。誤り。

⑤ 分子結晶には，ヨウ素 I_2，ドライアイス CO_2，ナフタレン $C_{10}H_8$，水 H_2O などの結晶があります。正しい。

　④

12 金属結晶 化学

　金属の結晶では，金属元素の原子（正確には陽イオン）が規則的に配列している。そのおもなものに3種類あり，ほとんどの金属の結晶格子における原子の配列は，右図のa～cに示す構造のいずれかに分類することができる。図では，原子を球で表している。次の問いに答えよ。数値は，有効数字2桁で示せ。

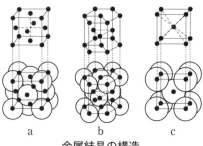

金属結晶の構造

問1　a，bおよびcのそれぞれの配列は何とよばれるか。

問2　a，bおよびcのそれぞれの結晶構造において，1個の原子に何個の原子が接しているか。

問3　X線により鉄の結晶を調べたところ，cの配列をとり，単位格子の1辺の長さが2.9×10^{-8} cmであることがわかった。鉄の原子を球とみなすと，その半径は何cmか。ただし，$\sqrt{3} = 1.7$ とする。

問4　問3における鉄の密度は何g/cm³か。ただし，アボガドロ定数 $N_A = 6.0 \times 10^{23}$ /mol，Fe=56.0 とする。

問5　aやbをもつ金属結晶の例として，正しい組み合わせを右の1～6から1つ選べ。

（問1～4岩手大，問5星薬科大）

	aの例	bの例
1	アルミニウム，銅	亜鉛，マグネシウム
2	銅，マグネシウム	亜鉛，アルミニウム
3	亜鉛，銅	アルミニウム，マグネシウム
4	アルミニウム，マグネシウム	亜鉛，銅
5	亜鉛，アルミニウム	銅，マグネシウム
6	亜鉛，マグネシウム	アルミニウム，銅

精講

（単位格子）

　　　　結晶によって，**構成粒子の配列構造**（結晶格子）が何種類もあり，この何種類もある配列の繰り返しの最小単位を単位格子といいます。

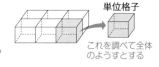

単位格子

これを調べて全体のようすとする

（金属結晶）

　金属原子が金属結合で規則正しく結合して，金属結晶ができています（➡p.44）。その構造は，次の(1)～(3)のどれかにたいてい分類することができます。

(1) **体心立方格子**
（例）Na, K, Fe（常温）

(2) **面心立方格子**
（例）Cu, Ag, Al

(3) **六方最密構造**
（例）Mg, Zn

【単位格子中に含まれる原子の個数】 まず，下の図を参照してください。

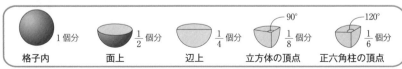

格子内　1個分　　面上　$\dfrac{1}{2}$個分　　辺上　$\dfrac{1}{4}$個分　　立方体の頂点　$\dfrac{1}{8}$個分　　正六角柱の頂点　$\dfrac{1}{6}$個分

体心立方格子

面心立方格子

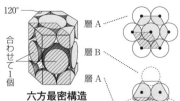

六方最密構造

層 A，層 B における原子の配列
（上から見た図）

立方体の「頂点は $\boxed{8}$ か所」，「面は $\boxed{6}$ 面」に注意すると，

体心立方格子：$\underbrace{\dfrac{1}{8}\times\boxed{8}}_{\text{頂点の原子}}+\underbrace{\boxed{1}}_{\text{格子内の原子}}=2$ 個

面心立方格子：$\underbrace{\dfrac{1}{8}\times\boxed{8}}_{\text{頂点の原子}}+\underbrace{\dfrac{1}{2}\times\boxed{6}}_{\text{面上の原子}}=4$ 個

また，正六角柱は「頂点 $\boxed{12}$ か所」，「$\boxed{\text{上下の面}}$」と「$\boxed{\text{正六角柱内}}$」に原子があることに注意すると，

$\underbrace{\dfrac{1}{6}\times\boxed{12}}_{\text{頂点の原子}}+\underbrace{\dfrac{1}{2}\times\boxed{2}}_{\text{面上の原子}}+\underbrace{\boxed{1}\times\boxed{3}}_{\text{正六角柱内の原子}}=6$ 個

の原子が正六角柱内に含まれていますね。ただ，六方最密構造の単位格子はこの正六角柱の <u>3 分の1に相当する</u>ので，

$6\div3=2$ 個

の原子が単位格子中に含まれていることになります。

　　　　　　 の部分が単位格子

単位格子を
横からみた図

単位格子を
上からみた図

Point 26　単位格子中に含まれる原子の個数

体心立方格子：2　　　面心立方格子：4　　　六方最密構造：2

問2　「1個の原子が他の原子何個に囲まれているか(<ruby>配位数<rt>はいいすう</rt></ruby>)」を求めることになります。

　　体心立方格子の場合，単位格子の中心にある原子に注目すると，各頂点にある8個の原子に囲まれていることがわかります。面心立方格子の場合は，例えば単位格子の右の面にある原子に注目し，六方最密構造の場合，例えば上の面にある原子に注目して考えるとよいでしょう。

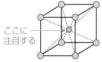

● 1個は○ 8個に囲まれている
体心立方格子 c

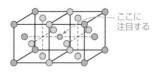

● 1個は○ 12個に囲まれている
面心立方格子 a

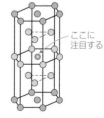

● 1個は○ 12個に囲まれている
六方最密構造 b

問3　体心立方格子 c の「原子の半径 r と単位格子1辺の長さ a との関係」は，右図のように単位格子の断面に注目して求めます。

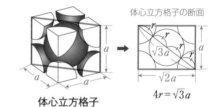

体心立方格子　→　体心立方格子の断面　$4r = \sqrt{3}a$

　　右図より，$4r = \sqrt{3}\,a$ で，1辺の長さ $a = 2.9 \times 10^{-8}$ cm であることから，

$$原子の半径\ \ r = \frac{\sqrt{3}}{4}a$$

$$= \frac{1.7}{4} \times 2.9 \times 10^{-8} \fallingdotseq 1.2 \times 10^{-8}\ \text{cm}$$

参考　面心立方格子の「原子の半径 r と単位格子1辺の長さ a との関係」を調べてみましょう。面心立方格子では，単位格子の面の部分に注目して求めます。右図より，

$$4r = \sqrt{2}\,a$$

面心立方格子

Point 27　金属結晶

	配位数	a と r の関係	単位格子内の原子数
体心立方格子	8	$\sqrt{3}\,a = 4r$	2
面心立方格子	12	$\sqrt{2}\,a = 4r$	4
六方最密構造	12	—	2

問4 体心立方格子である鉄 Fe の単位格子中に、鉄 Fe 原子は次式より 2 個分含まれています（➡p.49）。

$$\frac{1}{8} \times 8 + 1 = 2 \text{個}$$

頂点の原子 ／ 格子内の原子 ／ 頂点の数

また、アボガドロ定数は 6.0×10^{23} 個 $/_1$mol なので、鉄 Fe 原子 2 個分の物質量〔mol〕は、

$$2\text{個} \times \frac{1 \text{ mol}}{6.0 \times 10^{23} \text{個}} = \frac{2}{6.0 \times 10^{23}} \text{ mol}$$

個どうしを消去して、mol を残す

とわかります。ここで、鉄 Fe の原子量が 56.0 なので、そのモル質量は 56.0 g/mol となり、鉄 Fe 原子 2 個分の質量は、

$$\frac{2}{6.0 \times 10^{23}} \text{ mol} \times \frac{56.0 \text{ g}}{1 \text{ mol}} = \frac{2}{6.0 \times 10^{23}} \times 56.0 \text{ g}$$

mol どうしを消去して、g を残す

と求められます。

よって、密度は単位〔g/cm³〕に注目すると $g \div cm^3$ を計算すればよいとわかり、次のように求めることができます。

$$\frac{\dfrac{2}{6.0 \times 10^{23}} \times 56.0 \text{ g}}{(2.9 \times 10^{-8})^3 \text{ cm}^3} \fallingdotseq 7.7 \text{ g/cm}^3$$

単位格子（体心立方格子）中に含まれている鉄 Fe 原子 2 個分の質量〔g〕

単位格子（体心立方格子）の体積〔cm³〕

cm³ を求めるために 3 乗する

問5 一般に金属の結晶のとる単位格子は、体心立方格子の例として Na, K, 面心立方格子の例として 11 族（Cu, Ag, Au）と Al, 六方最密構造の例として Mg, Zn を覚えておきましょう。

アルカリ金属の単体

答

問1 a：面心立方格子　　b：六方最密構造　　c：体心立方格子

問2 a：12 個　　b：12 個　　c：8 個

問3 1.2×10^{-8} cm

問4 7.7 g/cm³

問5 1

⑬　イオン結晶

　　右図は塩化ナトリウム結晶の単位格子を示して
いる。次の問いに答えよ。

問1　この結晶では，ナトリウムイオンは最短距
　　離にある塩化物イオン6個でとり囲まれている。
　　では，最短距離にある同じナトリウムイオン何
　　個でとり囲まれているか。

問2　ナトリウムイオンあるいは塩化物イオンの
　　みを考えると，何という結晶格子となるか。

問3　この単位格子中に含まれるナトリウムイオンおよび塩化物イオンの数
　　はそれぞれいくつか。

問4　塩化ナトリウム結晶の密度は $2.2\ \mathrm{g/cm^3}$ であり，この単位格子1辺の
　　長さは $5.6\times10^{-8}\ \mathrm{cm}$ である。塩化ナトリウムの式量を有効数字2桁で答
　　えよ。ただし，$5.6^3=176$，アボガドロ定数　$N_A=6.0\times10^{23}\ /\mathrm{mol}$ とする。

（甲南大）

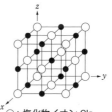

○：塩化物イオン Cl^-
●：ナトリウムイオン Na^+

精講　（イオン結晶）

　　　　　組成式 MX（M：X＝1：1）のイオン結晶の代表的な単位格子
は，下図の塩化セシウム CsCl 型構造と塩化ナトリウム NaCl 型構造があります。
この2種類については，単位格子の図をかくことができるようにしておきましょ
う。

CsCl の結晶構造

●Cs⁺
●Cl⁻

NaCl の結晶構造

●Na⁺
●Cl⁻

【単位格子中に含まれる陽イオンと陰イオンの個数】

　上図を見ながら，CsCl，NaCl の各単位格子中に含まれているイオンの数を求
めてみると，立方体の頂点は8か所，辺は12辺，面は6面あることに注意して
（➡p.49），

CsCl：〇 <u>1</u> 個　　● $\dfrac{1}{8} \times 8 = 1$ 個
　　　　　格子内の Cs⁺　　　　　頂点の Cl⁻

CsCl：◯ <u>1</u>個 ● $\frac{1}{8}\times 8 = 1$個

NaCl：● $\dfrac{1}{4} \times 12 + \underline{1} = 4$ 個　　● $\dfrac{1}{2} \times 6 + \dfrac{1}{8} \times 8 = 4$ 個
　　　　辺上の Na⁺　　格子内の Na⁺　　　　面上の Cl⁻　頂点の Cl⁻

となり，今回の２種類の単位格子中には，〇と●（または●と〇）ともに同じ個数が含まれていることがわかります。つまり，〇と●（または●と〇）が１：１の比で含まれるため，組成式が CsCl，NaCl となります。

Point 28　単位格子中に含まれる陽イオンと陰イオンの個数

$\begin{cases} \text{CsCl} & \Rightarrow & \text{Cs}^+ : 1 個 & \text{Cl}^- : 1 個 \\ \text{NaCl} & \Rightarrow & \text{Na}^+ : 4 個 & \text{Cl}^- : 4 個 \end{cases}$

【配位数】

次に，配位数を求めてみましょう。イオン結晶の場合，ふつう「●の最も近くに存在する〇の数」を「●の配位数」，「〇の最も近くに存在する●の数」を「〇の配位数」とよぶ点に注意してください。

　　CsCl：下図から，〇の配位数は８，●の配位数は８

　　NaCl：下図から，〇の配位数は６，●の配位数は６
　　　　　　　　　　　　　　　　└→あと２分の１格子加えた図から考える

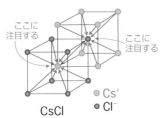

ここに注目する　ここに注目する

● Cs⁺
● Cl⁻

CsCl

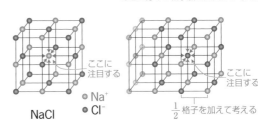

ここに注目する

● Na⁺
● Cl⁻

NaCl

ここに注目する

$\frac{1}{2}$ 格子を加えて考える

Point 29　配位数

$\begin{cases} \text{CsCl} & \Rightarrow & \text{Cs}^+ : 8 & \text{Cl}^- : 8 \\ \text{NaCl} & \Rightarrow & \text{Na}^+ : 6 & \text{Cl}^- : 6 \end{cases}$

【イオンの半径 r と単位格子 1 辺の長さ a との関係】

　下図のように，CsCl では単位格子の中心を通る断面に，NaCl では単位格子の面の部分に注目して求めます。

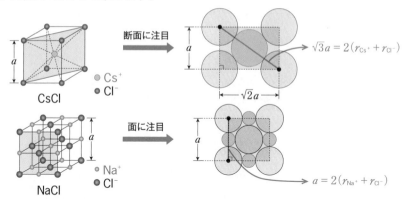

断面に注目 　$\sqrt{3}a = 2(r_{Cs^+} + r_{Cl^-})$

$\sqrt{2}a$

面に注目 　$a = 2(r_{Na^+} + r_{Cl^-})$

CsCl

NaCl

● Cs$^+$
● Cl$^-$

● Na$^+$
● Cl$^-$

Point 30 　a と r の関係

$\begin{cases} \text{CsCl}: \sqrt{3}\,a = 2(r_{Cs^+} + r_{Cl^-}) \\ \text{NaCl}: a = 2(r_{Na^+} + r_{Cl^-}) \end{cases}$

問1　下図から，単位格子の中心にあるナトリウムイオン●に注目すると，塩化物イオン（○）6 個，ナトリウムイオン（●）12 個にとり囲まれていることがわかります。

中心にある●は
○ 6 個にとり囲まれている

中心にある●は
● 12 個にとり囲まれている

○：塩化物イオン Cl$^-$
●：ナトリウムイオン Na$^+$

> 　●のみに注目すると●は面心立方格子をつくっている（**問2**の解説参照）ことから，●は最短距離にある● 12 個にとり囲まれている（面心立方格子の配位数
> ➡p.50）と考えることもできます。

問2　NaCl のナトリウムイオンあるいは塩化物イオンだけを考えると，面心立方格子と同じ配列になっています。これは，次ページの図の「塩化物イオン（○）に注目した図（左図）」と「ナトリウムイオン（●）に注目した単位格子にあと $\dfrac{1}{2}$ 格子加えた図（右図）」から確認できます。

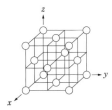

○（塩化物イオン）だけに注目した図

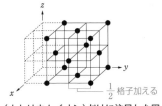

$\frac{1}{2}$ 格子加える

●（ナトリウムイオン）だけに注目した図

問3 問題に与えられている図から，

ナトリウムイオン（●）： $\underset{\text{格子内のNa}^+}{1} + \underset{\text{辺上のNa}^+}{\frac{1}{4} \times 12} = 4$ 個

塩化物イオン（○）： $\underset{\text{頂点のCl}^-}{\frac{1}{8} \times 8} + \underset{\text{面上のCl}^-}{\frac{1}{2} \times 6} = 4$ 個

がそれぞれ単位格子中に含まれています。

問4 Na$^+$ 1個，Cl$^-$ 1個で，NaCl 1個分になることに注意しましょう。**問3**より，単位格子中にはNa$^+$ 4個，Cl$^-$ 4個，つまりNaClは4個分含まれています。そし

て，アボガドロ定数 6.0×10^{23} 個$/_1$mol から「NaClは 6.0×10^{23} 個で1mol」であり，その物質量は，

$$4 \text{個} \times \frac{1\,\text{mol}}{6.0 \times 10^{23}\,\text{個}} = \frac{4}{6.0 \times 10^{23}}\,\text{mol}$$

個どうしを消去して，mol を残す

ここで，NaClの式量を M とすると，そのモル質量は M〔g/mol〕となり，NaCl 4個分の質量は，

$$\frac{4}{6.0 \times 10^{23}}\,\text{mol} \times \frac{M\,\text{〔g〕}}{1\,\text{mol}} = \frac{4}{6.0 \times 10^{23}} \times M\,\text{〔g〕}$$

mol どうしを消去して，g を残す

最後に，NaClの結晶の密度が $2.2\,\text{g/cm}^3$ であることから，単位に注目すると $\text{g} \div \text{cm}^3$ を計算すればよいとわかり，次式が成り立ちます。

NaClの結晶の密度〔g/cm^3〕

$$2.2\,\text{g/cm}^3 = \frac{\boxed{\dfrac{4}{6.0 \times 10^{23}} \times M\,\text{〔g〕}}}{\boxed{(5.6 \times 10^{-8})^3\,\text{cm}^3}}$$

←単位格子中に含まれている NaCl 4個分の質量〔g〕

←単位格子の体積〔cm^3〕

cm^3 を求めるために3乗する

よって，$5.6^3 = 176$ に注意して計算すると，$M \fallingdotseq 58$ と求められます。

答

| **問1** 12個 | **問2** 面心立方格子 | **問3** Na$^+$：4個 Cl$^-$：4個 |
| **問4** 58 | | |

14 イオン結晶の融点

化学

NaCl, NaF, KBr はいずれも塩化ナトリウム型の結晶構造をもつ。これらを融点の高いものから並べるとどの順になるか。次の①～⑥から選び, 番号で答えよ。

① NaCl>NaF>KBr　② NaCl>KBr>NaF　③ NaF>NaCl>KBr

④ NaF>KBr>NaCl　⑤ KBr>NaF>NaCl　⑥ KBr>NaCl>NaF

(群馬大)

解 説

同じ型の単位格子をもつイオン結晶の融点は, 静電気力(クーロン力)が強く働くほど, 高くなります。イオン間に働く静電気力は,

陽イオン陰イオン

① **イオン間の距離($r^+ + r^-$)が短いほど強くなり**,
② **イオンの価数(a, b)の積 $a \times b$ が大きいほど強くなります。**

NaCl, NaF, KBr はいずれも NaCl 型構造で, イオン半径が

$$_{11}Na^+ <\ _{19}K^+ \qquad _9F^- <\ _{17}Cl^- <\ _{35}Br^-$$

最外殻がL殻, M殻なので　　最外殻がL殻, M殻, N殻なので

の順になるので, イオン間の距離は　NaF<NaCl<KBr　の順になります。

また, イオンの価数は, Na^+Cl^-, Na^+F^-, K^+Br^- となり, すべて1価の陽イオンと1価の陰イオンの組み合わせです。イオン結晶の融点の高低は, イオン間の距離とイオンの価数により決定するため, 本問では(価数が1価どうしの組み合わせなので)イオン間の距離が短くなるほど融点が高くなります。

よって, 融点は　NaF>NaCl>KBr　の順になります。

ちなみに, 実際に融点を調べると, NaF(993℃)>NaCl(801℃)>KBr(734℃)となっていて, 予想と一致します。

答

③

4 共有結合の結晶　　　　　　　　　　　　　　化学基礎　化学

次の文章を読み，下の問いに答えよ。必要であれば次の値を用いよ。アボガドロ定数 $6.0 \times 10^{23}/mol$，$\sqrt{3} = 1.73$，$C = 12$

結晶格子の最小の繰り返し単位を単位格子という。おもな単位格子の構造に，図1に示した面心立方格子がある。ダイヤモンドの結晶は図2に示す単位格子をもつが，

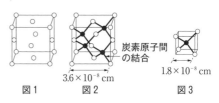

図1　　　図2　　　　　　　　　図3
3.6×10^{-8} cm　　炭素原子間の結合　1.8×10^{-8} cm

この単位格子は面心立方格子をつくる炭素原子に，4個の炭素原子が黒色で示した位置に加わった構造である。1つの炭素原子は，最も近接した4つの炭素原子と化学結合している。すべての炭素原子が4つの化学結合をもっているが，図2では，単位格子の内側の化学結合だけを棒で表示している。黒色で示した位置にある炭素原子とそれに結合した4つの炭素原子に着目すると，それらは図3に示す立方体の中心および頂点に位置しており，正四面体を形づくっている。

(1) 次の中から炭素の同素体をすべて選び，記号で答えよ。
　　ⓐ 黒鉛　　ⓑ 石英　　ⓒ フラーレン　　ⓓ アセチレン
　　ⓔ ベンゼン　　ⓕ メタン

(2) ダイヤモンドの単位格子に含まれる炭素原子の数を記せ。

(3) ダイヤモンドの単位格子は1辺の長さが 3.6×10^{-8} cm の立方体である。ダイヤモンドの結晶の密度は何 g/cm^3 であるか，有効数字2桁で答えよ。

(4) 化学結合した炭素原子の中心間の距離は何 cm であるか，有効数字2桁で答えよ。

（大阪市立大）

精　講　　共有結合の結晶（ダイヤモンドの結晶）

共有結合の結晶には，炭素の同素体であるダイヤモンドや黒鉛（グラファイト）があります（➡p.46）。

ダイヤモンド

黒鉛

ここでは，ダイヤモンドの結晶について考えてみましょう。**ダイヤモンドは**，炭素原子1個が不対電子4個

$\cdot \overset{\cdot}{\underset{\cdot}{C}} \cdot$ で他の炭素原子4個と共有結合して**正四面体形をつ**

<u>配位数が4になる</u>

くりながら，1個の巨大な分子となっています。その単位格子は，右図のようになります。この他，ダイヤモンドと似た構造をした共有結合の結晶には，ケイ素 Si，二酸化ケイ素 SiO_2 などがあります。

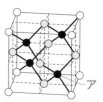

ダイヤモンドの単位格子
図A

【単位格子中に含まれる原子の個数】

ダイヤモンドの場合，構成原子は炭素原子1種類ですが，図Aでは見やすくするために，単位格子の頂点を占める原子を○，面上のものを◎，格子内部にあるものを●で示してあります。そうすると，単位格子中には（➡p.49），

$$\underset{\text{頂点}○}{\frac{1}{8}}\times 8 + \underset{\text{面上}◎}{\frac{1}{2}}\times 6 + \underset{\text{格子内}●}{1}\times 4 = 8 \text{ 個}$$

の原子が含まれていることになります。

【1個の原子に接している原子の数（配位数）】

ダイヤモンドの配位数は4であることをすでに紹介しました。もう一度単位格子で確認してみましょう。

図Aの炭素原子アに注目すると（図B），他の炭素原子4個が炭素原子アを囲んでいることが確認できますね。

図B

Point 31 ダイヤモンドの単位格子

ダイヤモンドの単位格子中には，
8個の原子が含まれ，配位数は4　となる。

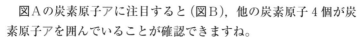

解 説

(1) 炭素の同素体には，ダイヤモンドの他に黒鉛（グラファイト），フラーレン，カーボンナノチューブなどがありました（➡p.10）。

(2) 問題文の図2より，ダイヤモンドの単位格子中に炭素原子は，

$$\underset{\text{頂点}}{\frac{1}{8}}\times 8 + \underset{\text{面上}}{\frac{1}{2}}\times 6 + \underset{\text{格子内}}{1}\times 4 = 8 \text{ 個} \quad \text{含まれています。}$$

(3) (2)より，ダイヤモンドの単位格子中に炭素原子は8個含まれていて，アボガドロ

定数 $6.0×10^{23}$ 個 /₁mol より「炭素原子は $6.0×10^{23}$ 個で 1 mol」なので，その物質量〔mol〕は，

$$8\text{ 個}×\frac{1\text{ mol}}{6.0×10^{23}\text{ 個}}=\frac{8}{6.0×10^{23}}\text{ mol}$$

個どうしを消去して，mol を残す

　ここで，炭素の原子量は C＝12 であり，そのモル質量は 12 g/₁mol となります。よって，この炭素原子 8 個分の質量〔g〕は，

$$\frac{8}{6.0×10^{23}}\text{ mol}×\frac{12\text{ g}}{1\text{ mol}}=\frac{8}{6.0×10^{23}}×12\text{ g}$$

mol どうしを消去して，g を残す

　ダイヤモンドの結晶の密度〔g/cm³〕を求めるので，単位に注目すると g÷cm³ を計算すればよいとわかり，

$$\frac{\dfrac{8}{6.0×10^{23}}×12\text{ g}}{(3.6×10^{-8})^3\text{ cm}^3}≒3.4\text{ g/cm}^3$$

←単位格子中に含まれている炭素原子 8 個分の質量〔g〕
←結晶の密度〔g/cm³〕
単位格子の体積〔cm³〕

と求められます。

(4)　炭素原子の原子半径を r〔cm〕とすると，求める炭素原子の中心間の距離は $2r$〔cm〕です。ここで，単位格子の一部を表している図3に注目しましょう。

　図3の立方体の 1 辺の長さ $1.8×10^{-8}$ cm を a〔cm〕とすると，

断面に注目する

$1.8×10^{-8}$ cm＝a〔cm〕とする

図 3

　断面の対角線（体対角線）の長さは，

　　（体対角線の長さ）²＝$a^2+(\sqrt{2}\,a)^2$　←三平方の定理

より，

　　体対角線の長さ＝$\sqrt{3a^2}=\sqrt{3}\,a$〔cm〕

なので，炭素原子の中心間の距離 $2r$ は，

$$2r=\underset{\substack{\text{体対角線の長さ}}}{\sqrt{3}\,a}×\underset{\substack{\text{半分}}}{\frac{1}{2}}=1.73×1.8×10^{-8}×\frac{1}{2}≒1.6×10^{-8}\text{ cm}$$

$\sqrt{3}=1.73$，$a=1.8×10^{-8}$ を代入する

と求められます。

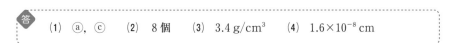

答

(1)　ⓐ，ⓒ　　(2)　8 個　　(3)　3.4 g/cm³　　(4)　1.6×10⁻⁸ cm

5 分子結晶

　0℃, $1.013×10^5$ Pa における氷の結晶は，右図のような構造をしている。水分子どうしが水素原子と酸素原子の水素結合を介して結びつき，酸素原子の配置は正四面体形である。ただし，図の構造における酸素原子の配置は，同様な正四面体形結合で構成されるダイヤモンドの構造とは異なっている。次の問いに答えよ。

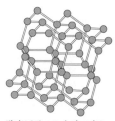

酸素原子のみを球で表している。水素原子は酸素原子間を結ぶ線上にある。
(a) 氷の構造

酸素原子のみを黒丸で表し，水素原子は省略している。
(b) 氷の構造の基本単位の拡大図

問1　1つの水分子は何個の水分子と水素結合をしているかを答えよ。

問2　氷が水に浮く理由を，構造の観点から 50～100 字で述べよ。　　（東京大）

解　説　分子結晶（氷 H_2O の結晶）

　　　　　右図のように，氷は1個の水 H_2O 分子が他の <u>4 個</u>の水 H_2O 分子と方向性のある O-H…O の水素
　　　　　　　　　問1
結合をしていて，酸素原子が正四面体形の<u>すきまの多い結晶構造</u>をとっています。

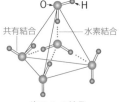

氷 H_2O の結晶

　また，液体の水は水素結合の一部が切れてすきまが少なくなっているため，水の体積は氷の体積よりも小さくなります。そのため，「密度＝質量÷体積」から，氷のほうが水より密度が小さくなりますね。結果，水より密度の小さな氷は水に浮くことになります。

Point 32　氷 H_2O の結晶構造

❶　H_2O 1 個がまわりの H_2O 4 個と水素結合している。
❷　正四面体形に酸素原子が配列したすきまの多い構造である。

答

問1　4 個

問2　氷は酸素原子の配置が正四面体形のすきまの多い構造をもつ。一方，水は水素結合の一部が切れてすきまが少ないため，同じ質量の水と氷では，水の方が氷より体積が小さく，密度が大きい。このため，氷が水に浮く。(97 字)

5. 気体

必修
基礎問

15　気体の拡散　　　　　　　　　　　　　　　　　　　　　　　化学

アルゴン（上方）

コック

水素（下方）

　右図のような容積の等しい 2 つのガラス球を，コックでつないだ容器がある。この容器の上の球にはアルゴンが，下の球には水素が，ともに 0 ℃, 1.013×10^5 Pa で入れてあり，コックは閉じてある。このコックを開いて長時間放置すると，容器内の気体は最後にはどのようになるか。次の⑦〜⑪の記述から最も適当なものを 1 つ選び，記号で答えよ。

⑦　2 つの気体は，等温，等圧であるから，容器内の気体はもとのままである。

④　アルゴンは水素より重いので，アルゴンが下の球に，水素が上の球に入れ代わる。

⑤　アルゴンは水素より重いので，2 つの気体の密度が等しくなるまで水素が圧縮される。

⑪　アルゴンと水素は，それぞれ分子の運動によって互いに混合し，均一な混合気体となる。

　　　　　　　　　　　　　　　　　　　　　　　　　　　　（センター試験）

精　講　　（粒子の拡散と熱運動）

　　　　　　　右図のように，赤褐色の臭素 Br_2（液体）の入ったビーカーを密閉できる容器に入れて，ふたを開けておくと，液体の

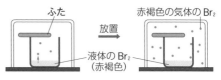

ふた

放置

赤褐色の気体の Br_2

液体の Br_2（赤褐色）

表面から蒸発した赤褐色の気体 Br_2 がゆっくりと容器の中全体に広がっていきます。ひとたび広がると元のすべて液体の Br_2 に戻ることはありません。このように粒子は熱運動によって集まった状態から広がって乱雑な状態に自発的に変化する傾向があります。状態の「乱雑さ」を表す尺度をエントロピーといい，エントロピーが大きな状態ほど実現しやすいのです。

解　説

　コックを開くと，Ar 原子や H_2 分子が熱運動によって容器全体に拡散していきます。やがて，ガラス球全体のどこをとっても組成が均一な混合気体になります。ひとたび
　　　　　　　　　　　　　エントロピーの大きな状態
均一に広がると元の上下に分離した状態に戻ることは確率的にほぼ 0 です。
　　　　エントロピーの小さな状態

答　⑪

　純物質の状態は，温度と圧力によって決まる。二酸化炭素の状態図を右に示す。二酸化炭素の固体すなわちドライアイスは，大気圧では液体を経ずに気体になる。これは，状態図中の点　A　の圧力が大気圧より高いため，大気圧程度の一定圧力のもとで温度を上げるとき，状態　B　が存在できる温度範囲がないことによる。

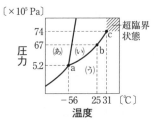

図　二酸化炭素の状態図
（状態図の特徴を強調して示してある。）

問1　図中の状態(あ)～(う)はそれぞれ物質の三態のうちどれを示すか，答えよ。

問2　下線部の状態変化の名称を答えよ。

問3　　A　に当てはまるものを図中の点 a～c から選び，記号で答えよ。またその点の名称を答えよ。

問4　　B　に当てはまるものを図中の状態(あ)～(う)から選び，記号で答えよ。

問5　容積 8.3 L の真空容器の中にドライアイス 44 g を入れ 27℃ に保ったところ，状態変化がおこり，その後容器内の気体の圧力は一定になった。この圧力の値〔Pa〕を有効数字 2 桁で答えよ。ただし，原子量は C=12，O=16，気体は理想気体としてふるまうものとし，気体定数は $R=8.3\times10^3$ Pa・L/(mol・K) とする。

（大阪公立大）

精　講　（圧力）

　「単位面積あたりにかかる力」を圧力（あつりょく）といい，一般に単位にはパスカル（記号 Pa）を用います。

圧力〔Pa〕=かかる力の大きさ（ニュートン）〔N〕÷力を受ける部分の面積（平方メートル）〔m²〕

　気体では熱運動によって飛びまわっている分子が衝突することによって圧力が生じます。地球をとりまく空気の圧力を大気圧といい，標準大気圧（1 atm）は 1.013×10^5 Pa です。17 世紀のイタリアの物理学者トリチェリが行った大気圧測定実験を紹介しましょう。

　およそ 1 m のガラス管を用意して，その中に水銀 Hg をガラス管いっぱいに満たします。この水銀をこぼさないように，水銀の入っている容器の中にさかさまに立てると，大部分の水銀はガラス管の中に残り，標準大気圧のときはそ

の高さは 76 cm で止まります。

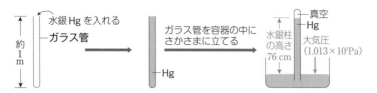

　ガラス管の真空部分を割ると，水銀は下がり，水銀柱の高さは 0 cm になります。これは，割ることでガラス管中にも大気圧がかかり，水銀が上がらなくなるためです。

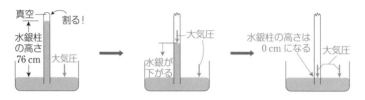

　以上から，大気圧 1.013×10^5 Pa＝1 atm は高さ 76 cm＝760 mm の水銀が示す圧力と等しいことが確認できます。この関係を次のように表します。

大気圧＝1 atm（1 気圧）＝76 cmHg＝760 mmHg

　ここで大気圧についてさらに考えてみます。

　水銀柱の底面積を S〔cm^2〕とすると，水銀の体積は，
"底面積×高さ"より，

$$S \text{〔cm}^2\text{〕} \times 76 \text{ cm} = 76S \text{〔cm}^3\text{〕} \quad \Leftarrow \text{cm}^2 \times \text{cm} = \text{cm}^3$$

となり，水銀の密度は 13.6 g/cm^3 なので，水銀の質量は，

$$76S \text{〔cm}^3\text{〕} \times \frac{13.6 \text{ g}}{1 \text{ cm}^3} = 1033.6S \text{〔g〕} \quad \Leftarrow \begin{array}{l} \text{cm}^3 \text{どうしを} \\ \text{消去して g を残す} \end{array}$$

　ここで，「1 kg の物体に働く重力は 9.8 N」であることと，
圧力〔N/m^2〕＝力の大きさ〔N〕÷力を受ける面積〔m^2〕　であることから，水銀柱の底面に働いている圧力は，

$$\left\{ 1033.6S \text{〔g〕} \times \frac{1 \text{ kg}}{10^3 \text{ g}} \times \frac{9.8 \text{ N}}{1 \text{ kg}} \right\} \div \left\{ S \text{〔cm}^2\text{〕} \times \left(\frac{1 \text{ m}}{10^2 \text{ cm}} \right)^2 \right\}$$

$$= \frac{1033.6S \times 10^{-3} \times 9.8 \text{ N}}{S \times 10^{-4} \text{〔m}^2\text{〕}} \fallingdotseq 1.013 \times 10^5 \text{ N/m}^2$$

となり，また「1 Pa＝1 N/m^2」なので，

$$1.013 \times 10^5 \text{ N/m}^2 = 1.013 \times 10^5 \text{ Pa}$$

よって，大気圧は次のように表せます。

$$1\,\text{atm} = 76\,\text{cmHg} = \mathbf{760\,\text{mmHg}} = 1.013 \times 10^5\,\text{N/m}^2 = \mathbf{1.013 \times 10^5\,\text{Pa}}$$

Point 33　気体の圧力

気体の圧力は，単位面積あたりに加わる力で，次の関係が成り立つ。

$$1\,\text{atm} = 76\,\text{cmHg} = \mathbf{760\,\text{mmHg}} = 1.013 \times 10^5\,\text{N/m}^2 = \mathbf{1.013 \times 10^5\,\text{Pa}}$$

温度

日常生活では，標準大気圧 (1 atm) のときの水の凝固点 (融点) を 0 ℃，沸点を 100 ℃ として決められたセルシウス温度 t 〔℃〕を使っています。

一般に温度が高いほど分子の運動エネルギーの平均値は大きくなるので，すべての分子の運動エネルギーが 0 になる温度を原点にすると新しい温度の表し方ができ，これを絶対温度 T 〔K〕といって，

$$T\,〔\text{K}〕 = 273 + t\,〔℃〕$$

の対応関係があります。

Point 34　絶対温度

$$\underset{\text{絶対温度}}{T\,〔\text{K}〕} = 273 + \underset{\text{セルシウス温度}}{t\,〔℃〕} \qquad T の単位：ケルビン (記号 K)$$

状態図

圧力を縦軸に，温度を横軸にとり，物質がどのような状態にあるかを表した図を状態図といいます。

次の図 1 は水 H_2O，図 2 は二酸化炭素 CO_2 の状態図です。3 本の曲線で固体，液体，気体の 3 つの領域に分かれています。曲線上は 2 つの領域が共存しています。水の状態図をみると，固体と液体が共存する融解曲線がわずかに左に傾いています (融解曲線の傾きが負)。そのため，図中の矢印↑のように一定温度

のもとで圧力を高くすると 固体(水)→液体(水) に変化します。融解曲線が左に傾いている例は，水ぐらいしかありません。また，３つの曲線の交点は，固体・液体・気体の３つの状態が共存していて，三重点とよばれます。

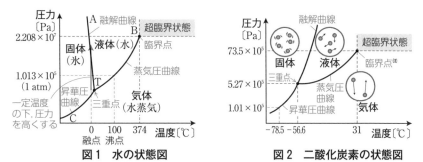

図1　水の状態図　　　　　図2　二酸化炭素の状態図

(注)　液体と気体を分ける曲線(蒸気圧曲線)が途切れた点を臨界点という。臨界点以上の温度と圧力では，気体と液体の中間的な性質をもつ状態(超臨界状態)となり，この状態の物質を超臨界流体という。

（理想気体の状態方程式）

分子に質量はあっても自身に体積がなく，分子間力が働いていないと考えた気体を理想気体といって，次のような等式が成り立ちます。

Point 35　理想気体で成り立つ式

$$P\ V\ =\ n\ R\ T$$

圧力 体積　　物質量 気体定数 絶対温度

この関係式を理想気体の状態方程式といい，R を気体定数とよびます。

0℃，1 atm (=1.013×10^5 Pa) の標準状態では，気体のモル体積が 22.4 L/mol であることから，R の値を求めると，

$$R=\frac{PV}{nT}=\frac{1.013\times10^5\,\mathrm{Pa}\times22.4\,\mathrm{L}}{1\,\mathrm{mol}\times273\,\mathrm{K}}\fallingdotseq8.3\times10^3\,\mathrm{Pa\cdot L/(mol\cdot K)}$$

0℃=273 K，1.013×10^5 Pa で 1 mol が示す体積が 22.4 L

となります。R の値は代入する圧力や体積の単位によって数値が変わりますから気をつけましょう。

問1　圧力を高くすると分子間の距離が小さくなり，温度を高くすると分子の熱運動が激しくなります。よって高圧，低温領域の(あ)が固体(ドライアイス)，低圧，高温領域の(う)が気体で，中間領域(い)が液体です。

問2 固体から直接気体になる変化を昇華とよびます。

問3, 4 図中の $\boxed{\text{点 a}}_A$ が $\boxed{\text{三重点}}_{\text{名称}}$ $(-56\,^\circ\text{C}$, $5.2\times10^5\,\text{Pa})$ で，二酸化炭素の固体，液体，気体が共存します。三重点は標準大気圧 $(1.013\times10^5\,\text{Pa})$ より高圧なので，大気圧付近の圧力のもとで温度を上げても，㋑の $\boxed{\text{液体}}_B$ 領域を通過しません。

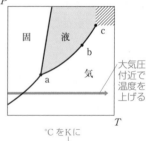

問5 すべて気体になったとすると CO_2 の分子量＝44 なので，理想気体の状態方程式 $PV=nRT$ より，

$$\underset{\substack{\uparrow\\ \text{求める量}\\ \text{圧力}}}{P}\,[\text{Pa}]\times\underset{\text{体積}}{8.3\,\text{L}}=\underset{\substack{\text{CO}_2\text{の物質量}}}{\frac{44\,\text{g}}{44\,\text{g/mol}}}\times\underset{\text{気体定数 }R}{(8.3\times10^3)\,\text{Pa·L/(mol·K)}}\times\underset{\substack{\text{℃ を K に}\\ \text{絶対温度 [K]}}}{(273+27)\,\text{K}}$$

よって，　$P=3.0\times10^5\,\text{Pa}$

与えられた状態図より，この値が $27\,^\circ\text{C}$ の蒸気圧より小さいので，CO_2 はすべて気体として存在します。

したがって，容器内の圧力は $3.0\times10^5\,\text{Pa}$ です。

答

問1 ㋐：固体　　㋑：液体　　㋒：気体

問2 昇華

問3 記号：a　　名称：三重点

問4 ㋑

問5 $3.0\times10^5\,\text{Pa}$

必修 基礎問

17 気体の諸法則 化学

物質量が一定の理想気体を体積可変の密封容器に入れ、圧力を P_1〔Pa〕または P_2〔Pa〕に保ったまま、温度を変化させ、体積と温度の関係を調べた。この実験における気体の体積〔L〕と絶対温度〔K〕との関係を表すグラフとして、最も適当なものを次のA～Fから1つ選べ。ただし、$P_1 > P_2$ とする。

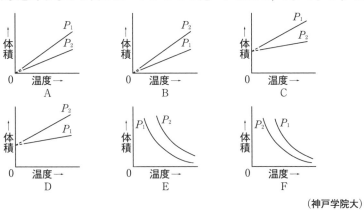

（神戸学院大）

精講　気体の諸法則

❶～❹の法則を表す式は、$PV = nRT$ の中で変化していない値（一定の値）を探し、□をつけ、まとめることでつくることができます。

❶ ボイルの法則

一定温度において、一定量の気体の体積 V は、圧力 P に反比例します。

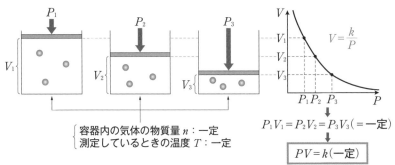

容器内の気体の物質量 n：一定
測定しているときの温度 T：一定

$P_1 V_1 = P_2 V_2 = P_3 V_3 (= 一定)$

$$PV = k (一定)$$

（式のつくり方：$PV = \boxed{n}\boxed{R}\boxed{T}$ より $PV = \boxed{nRT}$）
↑
定数 k とおく

❷ シャルルの法則

一定圧力 で，一定量 の気体の体積 V は，絶対温度 T に比例します。

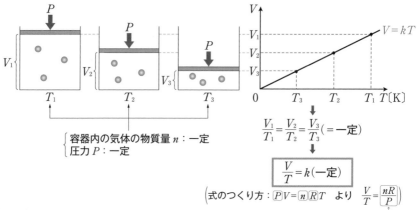

$$\frac{V_1}{T_1} = \frac{V_2}{T_2} = \frac{V_3}{T_3} (= 一定)$$

$$\boxed{\frac{V}{T} = k (一定)}$$

容器内の気体の物質量 n：一定
圧力 P：一定

$\left(\text{式のつくり方：} \boxed{P}V = \boxed{n}\boxed{R}T \text{ より } \frac{V}{T} = \underbrace{\boxed{\frac{nR}{P}}}_{\text{定数 } k \text{ とおく}}\right)$

❸ ボイル・シャルルの法則

一定量 の気体の体積 V は，圧力 P に反比例し，絶対温度 T に比例します。

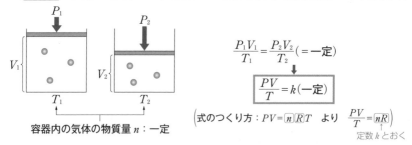

$$\frac{P_1 V_1}{T_1} = \frac{P_2 V_2}{T_2} (= 一定)$$

$$\boxed{\frac{PV}{T} = k (一定)}$$

容器内の気体の物質量 n：一定

$\left(\text{式のつくり方：} PV = \boxed{n}\boxed{R}T \text{ より } \frac{PV}{T} = \underbrace{\boxed{nR}}_{\text{定数 } k \text{ とおく}}\right)$

❹ アボガドロの法則

一定温度 ・一定圧力 において，同じ体積の気体には，気体の種類によらず，同数の分子を含みます。

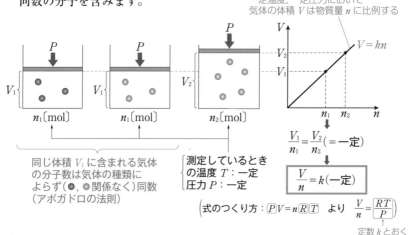

一定温度，一定圧力において
気体の体積 V は物質量 n に比例する

同じ体積 V_1 に含まれる気体
の分子数は気体の種類に
よらず（●，●関係なく）同数
（アボガドロの法則）

測定しているとき
の温度 T：一定
圧力 P：一定

$$\frac{V_1}{n_1} = \frac{V_2}{n_2} (= 一定)$$

$$\boxed{\frac{V}{n} = k (一定)}$$

$\left(\text{式のつくり方：} \boxed{P}V = n\boxed{R}\boxed{T} \text{ より } \frac{V}{n} = \underbrace{\boxed{\frac{RT}{P}}}_{\text{定数 } k \text{ とおく}}\right)$

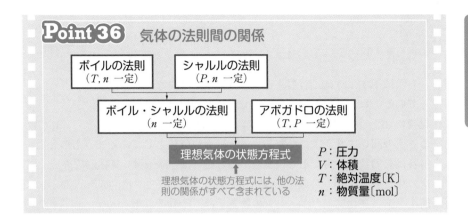

Point 36 気体の法則間の関係

```
┌──────────────┐  ┌──────────────┐
│ ボイルの法則 │  │シャルルの法則│
│ （T, n 一定）│  │ （P, n 一定）│
└──────────────┘  └──────────────┘
┌──────────────────┐  ┌──────────────┐
│ボイル・シャルルの法則│  │アボガドロの法則│
│   （n 一定）     │  │ （T, P 一定）│
└──────────────────┘  └──────────────┘
      ┌──────────────────────┐
      │ 理想気体の状態方程式 │
      └──────────────────────┘
理想気体の状態方程式には, 他の法
則の関係がすべて含まれている
```

P：圧力
V：体積
T：絶対温度〔K〕
n：物質量〔mol〕

第1章 理論化学

解 説　「物質量〔mol〕が一定の理想気体」とあるので, n は一定の値です。「気体定数は一定の値」なので, R も一定の値です。

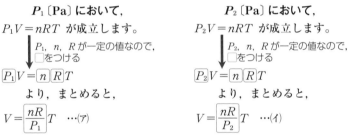

P_1〔Pa〕において,

$P_1 V = nRT$ が成立します。

P_1, n, R が一定の値なので,
□をつける

$\boxed{P_1} V = \boxed{n} \boxed{R} T$

より, まとめると,

$V = \boxed{\dfrac{nR}{P_1}} T$　…(ア)

P_2〔Pa〕において,

$P_2 V = nRT$ が成立します。

P_2, n, R が一定の値なので,
□をつける

$\boxed{P_2} V = \boxed{n} \boxed{R} T$

より, まとめると,

$V = \boxed{\dfrac{nR}{P_2}} T$　…(イ)

(注)　P_1, P_2 は, それぞれの圧力 (P_1, P_2) のもとで考えているため, 一定の値です。

(ア)式, (イ)式のグラフは, 横軸に T, 縦軸に V をとると, 原点を通る直線(シャルルの法則)になります。

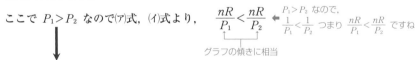

ここで $P_1 > P_2$ なので(ア)式, (イ)式より, 　$\dfrac{nR}{P_1} < \dfrac{nR}{P_2}$ ← $P_1 > P_2$ なので, $\dfrac{1}{P_1} < \dfrac{1}{P_2}$ つまり $\dfrac{nR}{P_1} < \dfrac{nR}{P_2}$ ですね

グラフの傾きに相当

P_2 のときの直線の傾きは, P_1 のときの直線の傾きよりも大きくなります。

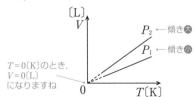

$T = 0$〔K〕のとき,
$V = 0$〔L〕
になりますね

　B

18 混合気体の分圧 〈化学〉

右図に示すように，容器AとBはコックCでつなが
っている。コックCを閉めた状態で，容器Aには二酸
化炭素2.2 gが，容器Bにはメタン6.4 gが入ってい

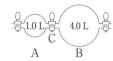

る。次の問いに答えよ。ただし，気体は理想気体としてふるまうものとし，
解答は有効数字2桁で示せ。また，必要ならば，原子量，気体定数 R として
次の数値を使え。H＝1.0，C＝12，O＝16，$R=8.3\times10^3$ Pa·L/(mol·K)

問1 ㋐二酸化炭素と㋑メタンの物質量は，それぞれ何 mol か。

問2 容器Aおよび容器Bの容積が，それぞれ1.0 Lおよび4.0 Lで，温度
が27℃のとき，㋒二酸化炭素と㋓メタンの圧力は，それぞれ何 Pa か。

問3 「混合気体の全圧は，各気体成分の分圧の和に等しい。」この関係を何
の法則とよぶか。

問4 コックCを開き，2つの気体を混合し，27℃に保った。㋔混合気体の
全圧と㋕メタンの分圧はそれぞれ何 Pa か。

問5 混合気体の密度は何 g/L か。

（大阪工業大）

精講 〔モル分率と平均分子量〕

容器の中で n_A〔mol〕の気
体A（分子量 M_A）と n_B〔mol〕の気
体B（分子量 M_B）を混合します。このとき，**気体Aと気
体Bのモル（物質量）の割合**を，それぞれ**気体
Aと気体Bのモル分率**といいます。

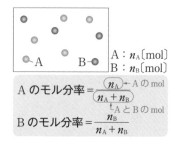

$$\text{モル分率}=\frac{\text{成分気体の物質量〔mol〕}}{\text{混合気体の全物質量〔mol〕}}$$

Aのモル分率＝$\dfrac{n_A}{n_A+n_B}$ ←Aの mol
　　　　　　　　　↑AとBの mol

Bのモル分率＝$\dfrac{n_B}{n_A+n_B}$

次に混合気体の平均分子量（見かけの分子量）$\overline{M}$ について考えてみましょう。
ここでは，2種類の気体A，Bが混合しているので，この**混合気体を1種類の気
体のようにとり扱って，分子量 $\overline{M}$ を求めます**。このときの $\overline{M}$ を平均分子量
（見かけの分子量）といいます。つまり，

$$\text{混合気体の全質量〔g〕}=\underbrace{n_A\text{〔mol〕}\times\frac{M_A\text{〔g〕}}{1\text{ mol}}}_{\text{気体Aの質量〔g〕}}+\underbrace{n_B\text{〔mol〕}\times\frac{M_B\text{〔g〕}}{1\text{ mol}}}_{\text{気体Bの質量〔g〕}} \quad\text{←単位変換}$$

$$\text{混合気体の全物質量〔mol〕}=\underbrace{n_A}_{\text{気体Aの物質量〔mol〕}}+\underbrace{n_B}_{\text{気体Bの物質量〔mol〕}}\text{〔mol〕}$$

となり，平均分子量 $\overline{M}$ の単位は〔g/mol〕なので， ➡単位に注目すると，
g÷mol で求められますね

$$\overline{M} = \text{混合気体の全質量〔g〕} \div \text{混合気体の全物質量〔mol〕}$$

$$= (n_A \times M_A + n_B \times M_B) \div (n_A + n_B) = \underbrace{\frac{n_A}{n_A + n_B}}_{\text{Aのモル分率}} \times \underbrace{M_A}_{\text{Aの分子量}} + \underbrace{\frac{n_B}{n_A + n_B}}_{\text{Bのモル分率}} \times \underbrace{M_B}_{\text{Bの分子量}}$$

ドルトンの分圧の法則

　互いに反応しない気体A，Bが混合して，同じ容器の中に入っている場合を考えましょう。この**気体Aや気体Bがそれぞれ単独で混合気体と同じ体積を占めたときに，気体Aや気体Bが単独で示す圧力** P_A，P_B を**Aの分圧，Bの分圧**といいます。また，**混合気体が示す圧力を全圧 P** といいます。

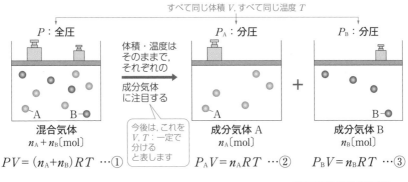

すべて同じ体積 V, すべて同じ温度 T

P：全圧 　　　 体積・温度はそのままで，それぞれの成分気体に注目する 　　　 P_A：分圧 ＋ P_B：分圧

混合気体 $n_A + n_B$〔mol〕　今後は，これを V, T：一定で分けると表します　成分気体 A n_A〔mol〕　成分気体 B n_B〔mol〕

$$PV = (n_A + n_B)RT \quad \cdots ①$$
$$P_A V = n_A RT \quad \cdots ②$$
$$P_B V = n_B RT \quad \cdots ③$$

②式÷①式 $= \dfrac{②式}{①式}$ より，$\dfrac{P_A}{P} = \dfrac{n_A}{n_A + n_B}$ 　よって，$\boxed{P_A = P \times \dfrac{n_A}{n_A + n_B}}$

③式÷①式 $= \dfrac{③式}{①式}$ より，$\dfrac{P_B}{P} = \dfrac{n_B}{n_A + n_B}$ 　よって，$\boxed{P_B = P \times \dfrac{n_B}{n_A + n_B}}$

②＋③式 より，

$$P_A V + P_B V = n_A RT + n_B RT$$
$$(P_A + P_B)V = (n_A + n_B)RT \quad \cdots ④$$

分圧＝全圧×モル分率

ここで，④式と①式を見比べてみると，混合気体について，

$$\boxed{P = P_A + P_B}$$ ◀全圧は，分圧の和となる

が成り立ちます。この関係は，**混合気体の全圧は，その成分気体の分圧の和に等しい**（ドルトンの分圧の法則）ことを示します。

Point 37 　混合気体の圧力

❶ 混合気体の全圧は，その成分気体の分圧の和に等しい。

$$P = P_A + P_B + \cdots\cdots$$

❷ 分圧＝全圧×モル分率

分子量と密度の関係

　質量 w〔g〕の気体の物質量 n〔mol〕は分子量を M とすると，M は M〔g/mol〕と表せるので，

$$n \text{〔mol〕} = w \text{〔g〕} \times \frac{1\,\text{mol}}{M \text{〔g〕}} \quad \text{←gどうしを消去して，molを残す}$$

となり，これを理想気体の状態方程式に代入すると，

$$PV = \frac{w}{M} \times RT \quad \cdots ① \quad \text{←}PV=nRT \text{ に } n=\frac{w}{M} \text{ を代入した}$$

となります。ここで，気体の密度を d〔g/L〕とすると，

$$d \text{〔g/L〕} = w \text{〔g〕} \div V \text{〔L〕} \quad \text{←単位に注目すると，g÷Lで求められる}$$

なので，①式を変形した

$$PM = \frac{w}{V} \times RT \quad \cdots ② \quad \text{←}\frac{w}{V} \text{ の形をつくる}$$

に代入して，

$$PM = d \times RT \quad \cdots ③ \quad \text{←}\frac{w}{V}=d \text{ となる}$$

が成立します。

問 1 (ア)　二酸化炭素 CO_2 の分子量は 44 つまり 44〔g/mol〕なので，その物質量は，

$$2.2\,\text{g} \times \frac{1\,\text{mol}}{44\,\text{g}} = 0.050\,\text{mol} \quad \text{←gどうしを消去して，molを残す}$$

(イ)　メタン CH_4 の分子量は 16 つまり 16〔g/mol〕なので，その物質量は，

$$6.4\,\text{g} \times \frac{1\,\text{mol}}{16\,\text{g}} = 0.40\,\text{mol}$$

参考　CO_2 と CH_4 の物質量比は，$0.050 : 0.40 = 1 : 8$　となります。よって，平均分子量 $\overline{M}$ は，

$$\overline{M} = \underbrace{\frac{1}{1+8}}_{\substack{CO_2 \text{の} \\ \text{モル分率}}} \times \underbrace{44}_{\substack{CO_2 \text{の} \\ \text{分子量}}} + \underbrace{\frac{8}{1+8}}_{\substack{CH_4 \text{の} \\ \text{モル分率}}} \times \underbrace{16}_{\substack{CH_4 \text{の} \\ \text{分子量}}} \fallingdotseq 19 \quad \text{と求めることができます。}$$

問 2 (ウ)　容器A中の二酸化炭素 CO_2 について考えてみましょう。

理想気体の状態方程式に，$V=1.0\,\text{L}$，$T=273+27=300\,\text{K}$，$n_{CO_2}=0.050\,\text{mol}$，$R=8.3 \times 10^3\,\text{Pa·L/(mol·K)}$ を代入します。

$$P_{CO_2} \times 1.0 = 0.050 \times 8.3 \times 10^3 \times 300 \quad \text{←}PV=nRT \text{ に代入した}$$

よって，　$P_{CO_2} = 1.24 \times 10^5 \fallingdotseq 1.2 \times 10^5\,\text{Pa}$

(エ)　容器B中のメタン CH_4 について考えてみましょう。

理想気体の状態方程式に，$V=4.0\,\text{L}$，$T=273+27=300\,\text{K}$，$n_{CH_4}=0.40\,\text{mol}$，$R=8.3 \times 10^3\,\text{Pa·L/(mol·K)}$ を代入します。

$$P_{CH_4} \times 4.0 = 0.40 \times 8.3 \times 10^3 \times 300$$

よって，$P_{CH_4} = 2.49 \times 10^5 \fallingdotseq 2.5 \times 10^5 \, Pa$

問4　コックを開けると，気体が全体に拡散し，容器 A，容器 B 内の圧力が等しくなります。最終的には組成が均一な混合気体が容器全体に広がります。

(オ)，(カ)　二酸化炭素 CO_2 に注目してみましょう。

コック C を開く前と後で，二酸化炭素について理想気体の状態方程式が成り立ちます。コック C を開いた後の二酸化炭素の分圧を P_{CO_2}' とすると，

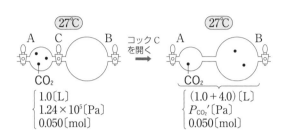

(27℃)　　A　C　B　コックC を開く　A　B
CO_2
1.0 [L]
1.24×10^5 [Pa]
0.050 [mol]

(27℃)
CO_2
(1.0 + 4.0) [L]
P_{CO_2}' [Pa]
0.050 [mol]

コック C を開く前：$1.24 \times 10^5 \times 1.0 = \boxed{0.050 \times 8.3 \times 10^3 \times 300}$ …①

同じ値

コック C を開いた後：$P_{CO_2}' \times (1.0 + 4.0) = \boxed{0.050 \times 8.3 \times 10^3 \times 300}$ …②

となります。ここで，コック C を開く前と開いた後において，物質量 n [mol]，温度 T [K]，気体定数 R [Pa·L/(mol·K)] が変化していないので，①式，②式の同じ値になっている ☐ 部分をつなぐと，

$$1.24 \times 10^5 \times 1.0 = P_{CO_2}' \times (1.0 + 4.0)$$

よって，$P_{CO_2}' = 2.48 \times 10^4$ [Pa]

となります。つまり，ボイルの法則 $PV = (一定)$ を使って解いたことと同じになります。

また，メタン CH_4 についても物質量 n [mol]，温度 T [K]，気体定数 R [Pa·L/(mol·K)] が変化していないので，メタンの分圧を P_{CH_4}' とすると，ボイルの法則 $PV = (一定)$ より，

→変化していない値に ☐ をつけると，$PV = \boxed{n}\boxed{R}\boxed{T}$ となる

$$2.49 \times 10^5 \times 4.0 = P_{CH_4}' \times (1.0 + 4.0)$$

よって，$P_{CH_4}' = 1.99 \times 10^5 \fallingdotseq 2.0 \times 10^5 \, Pa$

全圧を P とすると，ドルトンの分圧の法則より，

$$P = P_{CO_2}' + P_{CH_4}' = 2.48 \times 10^4 + 1.99 \times 10^5 \fallingdotseq 2.2 \times 10^5 \, Pa$$

問5　混合気体の全質量は $2.2 + 6.4 = 8.6 \, g$ で，その体積は $1.0 + 4.0 = 5.0 \, L$ です。

よって，混合気体の密度 [g/L] は，

$$\frac{8.6 \, g}{5.0 \, L} \fallingdotseq 1.7 \, g/L$$

答

問1	(ア) 0.050 mol	(イ) 0.40 mol	
問2	(ウ) 1.2×10^5 Pa	(エ) 2.5×10^5 Pa	問3　ドルトンの分圧の法則
問4	(オ) 2.2×10^5 Pa	(カ) 2.0×10^5 Pa	問5　1.7 g/L

必修 基礎問

19 理想気体と実在気体

〈化学〉

次の文を読み，下の問いに答えよ。必要があれば次の数値を用いること。
$0\,°C = 273\,K$，気体定数 $R = 8.31 \times 10^3\,Pa\cdot L/(mol\cdot K)$，$H = 1.0$，$He = 4.0$，$C = 12$，$O = 16$

　右図には，a，b，c という 3 種類
の気体における $\dfrac{PV}{T}$ と P の関係が
示してある。ここで P は圧力，V は
体積，T は絶対温度である。また，
これら 3 種類の気体の物質量はすべ
て同じである。

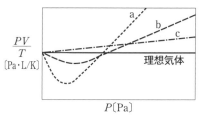

問1　いずれの気体も理想気体の状態方程式 $PV = nRT$ が成立していない。
　　a の気体において，圧力を上げていくと，縦軸の数値ははじめ減少したが，
　　さらに高い圧力では逆に増加した。このような現象がみられた理由を 90
　　字程度で説明せよ。

問2　a, b, c がすべて同じ物質であり，その温度だけが異なる場合，最も温
　　度が高いのはどれか。

問3　3 種類の気体がメタン，ヘリウム，二酸化炭素である場合，a, b, c は
　　それぞれどれに相当するか。ただし，すべての気体は同じ温度であるもの
　　とする。

問4　これらの気体と同じ物質量の理想気体では，縦軸 $\left(\dfrac{PV}{T}\right)$ の数値が
　　1.25×10^4 であった。これらの気体の物質量はどれだけか。有効数字 3 桁
　　で答えよ。

（甲南大）

精　講　　理想気体と実在気体

　　　　　理想気体とは，**分子自身の体積や分子間力を無視した仮想的**
な気体で，**理想気体の状態方程式 $PV = nRT$ に厳密にしたがいます**。これに
対して，実際に存在するアンモニア NH_3 や二酸化炭素 CO_2 などの気体（実在気
体）には，**分子自身に体積があり，分子間力が働いています**。

　実在気体が理想気体とどれくらい異なるか（ズレるか）を考えるのに，理想気
体や実在気体について，一定温度の下で圧力 P を変えながらの $\dfrac{PV}{nRT}$ の値（図1），
一定圧力の下で温度 T を変えながらの $\dfrac{PV}{nRT}$ の値（図2）を調べてみましょう。

74

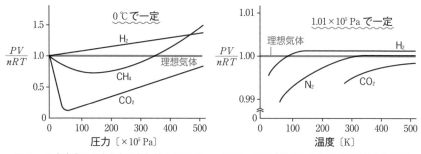

図1 圧力変化にともなう理想気体からのズレ　図2 温度変化にともなう理想気体からのズレ

図1を見ると，実在気体のグラフは<u>低圧になるほど理想気体のグラフに近づ</u>いていくことが確認できます。
※左にいくほど

<u>低圧状態</u>では，気体が密につまっていません（下図）。そのため，気体分子間の距離が遠く離れているので，<u>分子間力や分子の体積が無視</u>できます。

分子の体積が無視できるとは，どういうことでしょうか。低圧の場合は，容器の体積に対して分子が占める体積の割合が小さいので，分子の体積を無視
※気体全体の体積
できるのです。

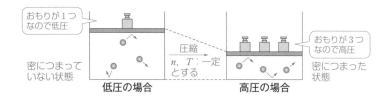

図2を見ると，実在気体のグラフは<u>温度が高くなるほど理想気体のグラフに近づいていく</u>ことがわかります。これは，高温になればなるほど気体は激しく熱運動するために，<u>分子間力の影響が無視できる</u>ようになるからです。

よって，<u>高温・低圧になると実在気体が理想気体に近づく</u>ことがわかります。

Point 38　理想気体と実在気体

	理想気体	実在気体
分子の大きさ（体積）	ない	ある
分子間力	働かない	働く
$PV = nRT$	厳密に成り立つ	厳密には成り立たない

実在気体が理想気体に近づく条件 ➡ 高温・低圧

問1 理想気体の場合は $PV = nRT$ が成立するので，n が一定なら

ば 縦軸 $= \dfrac{PV}{T} = \underset{一定}{\underline{nR}}$ となり，横軸の P に関係なく一定となります。

実在気体では分子自身の体積や分子間力の効果で，T を一定にして P を変化させる
と V の値が理想気体の場合とズレてくるので曲線になっています。

　a の気体のグラフでは，$P = 0$ から圧力を上げていくと，低圧領域では分子どうし
が接近するため分子間力によって互いに引き合って，体積 V が理想気体より減少し，
グラフが下にズレています。

　さらに P を上げて高圧領域に入ると，今度はグラフが上にズレていきます。高圧
領域では分子が密に集まっているので自由に動ける空間が少なくなり，分子自身の
体積（大きさ）が無視できなくなって，理想気体よりも体積が大きくなるからです。

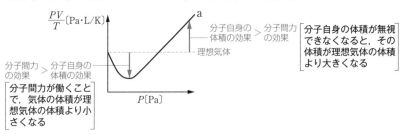

問2 温度が高くなるほど，実在気体は理想気体に近づくので，理想気体に最も近い
グラフ c が答えになります。

問3 ヘリウム He は，3種類の気体の中で分子の大きさが最も小さく，分子量
（He $= 4.0$）も最も小さいために分子間力が最も小さくなり，理想気体に最も近いグ
ラフ c となります。

　二酸化炭素 CO_2 は，3種類の気体の中で分子の大きさと分子量（44）が最も大きく，
理想気体から最も大きくズレたグラフ a になります。

問4 理想気体の状態方程式 $PV = nRT$ より，

$$\dfrac{PV}{T} = nR = 1.25 \times 10^4 \quad \text{←理想気体は，} \dfrac{PV}{T} = 1.25 \times 10^4 \text{ とあるので}$$

ここで，$R = 8.31 \times 10^3$ から，

$$n = \dfrac{1.25 \times 10^4}{8.31 \times 10^3} ≒ 1.50 \text{ mol}$$

 問1 比較的低圧領域では，分子どうしの分子間力の影響が大きくなり，体
　　積が減少して縦軸の値が小さくなる。高圧領域では，分子自身の体積の影
　　響が無視できなくなり，縦軸の値が大きくなる。(86字)
問2 c 問3 a：二酸化炭素 b：メタン c：ヘリウム
問4 1.50 mol

必修 基礎問

20 （飽和）蒸気圧

化学

エタノールの蒸気圧曲線を右図に示した。これを参考にして下の問いに答えよ。解答はすべて有効数字2桁で求めよ。ただし，1.0×10^5 Pa $= 760$ mmHg，$R = 8.3 \times 10^3$ Pa·L/(mol·K) とする。

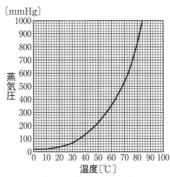

問1 エタノールの 1.0×10^5 Pa $= 760$ mmHg における沸点は何 ℃ か。

問2 大気圧が 7.5×10^4 Pa のとき，エタノールは何 ℃ で沸騰するか。

問3 40℃，5.0×10^4 Pa の空気を入れた内容積 0.83 L の密閉容器に 0.010 mol のエタノールを加えて 40℃ に保つと，容器内の圧力は何 Pa になるか。

(千葉大)

精講　蒸気圧

一定温度に保たれた真空の容器に水を入れて長い時間放置しておくと，水の一部は蒸発して水蒸気になっていくとともに，水蒸気の一部は凝縮して水にもどって，そのうち，蒸発も凝縮も起こらなくなったように見える状態になります。

このとき，蒸発する水分子の数と凝縮する水分子の数が等しくなっているだけで，蒸発や凝縮が止まっているわけではありません。このように，**見かけ上，蒸発も凝縮も起こっていない状態**を気液平衡（蒸発平衡）といって，この平衡状態における蒸気の圧力を**蒸気圧または飽和蒸気圧**といいます。

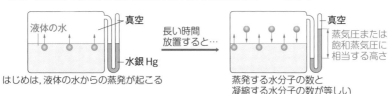

はじめは，液体の水からの蒸発が起こる

蒸発する水分子の数と凝縮する水分子の数が等しい

蒸気圧には，次のⓐ，ⓑの性質があります。

ⓐ **液体の種類と温度だけで決まる最大圧力である。**

ⓑ **温度が一定ならば，残っている液体の量，容器の大きさ，他の気体の存在に関係なく一定である。**

液体の温度が高くなると，液体の表面から蒸発する分子の数が増え，気体分子の数が多くなり熱運動も激しくなるので，<u>温度が高くなると（飽和）蒸気圧は大きくなります</u>。この蒸気圧と温度との関係を示すグラフを蒸気圧曲線といいます（右図）。

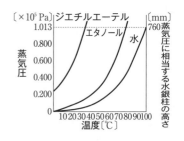

Point 39　蒸気圧

❶　液体の種類と温度だけで決まる最大の圧力

❷　$\left\{\begin{array}{l}\text{残っている液体の量}\\\text{容器の大きさ}\\\text{他の気体の存在}\end{array}\right\}$　に関係なく一定

沸騰と沸点

　液体を加熱していくと，**液体の表面からだけでなく液体の内部からも蒸気が気泡となって発生する**ようになります。この現象を沸騰といって，**沸騰が続いている間**は，加えられた熱が液体の分子を気体にするために使われるので**一定温度が続きます**。このときの温度を沸点といいます。

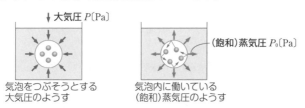

気泡をつぶそうとする大気圧のようす

気泡内に働いている（飽和）蒸気圧のようす

　上図からもわかるとおり，大気圧＝（飽和）蒸気圧（$P = P_0$）になると，気泡がつぶれずに液体中に存在できます。標準大気圧は 1.013×10^5 Pa（1 atm）なので，<u>（飽和）蒸気圧が 1.013×10^5 Pa（1 atm）になる温度をその液体の沸点とします</u>。

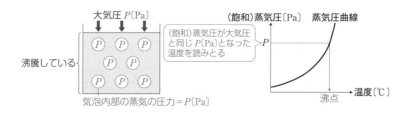

Point 40 沸点

大気圧＝（飽和）蒸気圧　のときの温度

（飽和）蒸気圧の計算

（飽和）蒸気圧の計算では，次の@と⑥のどちらの状態になるかを判定させる問題がよく出題されます。

温度一定の
密閉容器の
中で
- @ 揮発性の液体Xがすべて気体として存在している。
- ⑥ 液体Xと気体Xが共存して，Xは（飽和）蒸気圧 P_0 を示している。

次の図から，密閉容器でのXのようすを見ながら@と⑥との違いをおさえましょう。（T〔K〕におけるXの（飽和）蒸気圧を P_0 とします。）

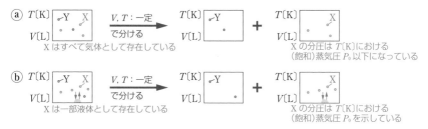

（飽和）蒸気圧の計算問題の解き方

Step 1　温度一定の容器に入れたXがすべて気体であると仮定して，Xの仮の圧力 P_{if} を求めます。

Step 2　@，⑥のどちらになるのか考えます。

@ $P_{if} \leqq$（Xの（飽和）蒸気圧 P_0）の場合
P_{if} がXの（飽和）蒸気圧 P_0 以下になることは可能なので，仮定は正しく，
容器内にはXがすべて気体として存在し，
その圧力は P_{if} を示します。

気体のみ存在

⑥ $P_{if} >$（Xの（飽和）蒸気圧 P_0）の場合
P_{if} がXの（飽和）蒸気圧 P_0 をこえることはないので，仮定はまちがっており，
容器内には液体Xと気体Xが共存し，
その圧力はXの（飽和）蒸気圧 P_0 を示します。

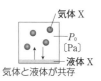

気体と液体が共存

問1 与えられている蒸気圧曲線から,

  760 mmHg＝蒸気圧

となる温度を読みとります。

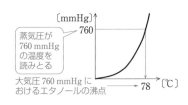

〔mmHg〕

760

蒸気圧が
760 mmHg
の温度を
読みとる

78 〔℃〕

大気圧 760 mmHg に
おけるエタノールの沸点

問2 大気圧が 7.5×10^4 Pa なので, まず〔Pa〕
を〔mmHg〕に単位変換します。

$$7.5\times10^4 \text{ Pa}\times\frac{760 \text{ mmHg}}{1.0\times10^5 \text{ Pa}}$$

Pa どうしを消去して, mmHg を残す

＝570 mmHg

となるので, 与えられている蒸気圧曲線から,

  大気圧 (570 mmHg)

  ＝蒸気圧 (570 mmHg)

の温度を読みとります。

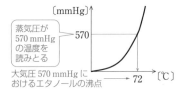

〔mmHg〕

570

蒸気圧が
570 mmHg
の温度を
読みとる

72 〔℃〕

大気圧 570 mmHg に
おけるエタノールの沸点

問3 Step 1 容器に入れたエタノール 0.010 mol がすべて気体であると仮定して,
仮のエタノールの分圧 P_{if} を求めます。

  $P_{if}\times0.83=0.010\times8.3\times10^3\times(273+40)$ ← $PV=nRT$ に代入する

  よって,

  $P_{if}=3.13\times10^4$ Pa

  〔Pa〕を〔mmHg〕に単位変換すると,

  $3.13\times10^4 \text{ Pa}\times\dfrac{760 \text{ mmHg}}{1.0\times10^5 \text{ Pa}}≒238 \text{ mmHg}$ ← Pa どうしを消去して, mmHg を残す

 Step 2 40°C におけるエタノールの蒸気圧 P_0 を蒸気圧曲線から読みとると 130
mmHg になるので, $P_{if}=238$ mmHg＞$P_0=130$ mmHg となり, 仮定が誤っ
ていたことになるので, 容器内には液体のエタノールと気体のエタノールが
共存していて, エタノールの分圧は,

  $P_0=130$ mmHg

となります。ここで,〔mmHg〕を〔Pa〕に単位変換すると,

  $130 \text{ mmHg}\times\dfrac{1.0\times10^5 \text{ Pa}}{760 \text{ mmHg}}≒1.71\times10^4 \text{ Pa}$ ← mmHg どうしを消去して, Pa を残す

となり, 容器内の圧力 (全圧) は,

  容器内の圧力＝空気の圧力＋エタノールの蒸気圧 ←全圧は, 分圧の和

  ＝$5.0\times10^4+1.71\times10^4≒6.7\times10^4$ Pa

問1 78°C **問2** 72°C **問3** 6.7×10^4 Pa

実戦 基礎問

6 蒸気圧（水上置換の場合）

〈化学

鉄に希硫酸を加え，発生した水素を水上置換で捕集した。捕集した気体の温度，圧力，体積を測定したところ，それぞれ T〔K〕，P〔Pa〕，V〔L〕であった。発生した水素の質量〔g〕を表す式として最も適当なものを，次の①〜⑥から1つ選べ。ただし，T〔K〕における水蒸気圧は p_W〔Pa〕であり，R〔Pa・L/(mol・K)〕は気体定数である。また，分子量は $H_2 = 2$ とする。

① $\dfrac{(P-p_W)V}{RT}$　　② $\dfrac{2(P-p_W)V}{RT}$　　③ $\dfrac{PV}{RT}$　　④ $\dfrac{2PV}{RT}$

⑤ $\dfrac{(P+p_W)V}{RT}$　　⑥ $\dfrac{2(P+p_W)V}{RT}$

（センター試験）

精講

（蒸気圧（水上置換の場合）） 水素 H_2 のような水に溶けにくい気体を捕集するときは，水上置換で集めます。水を入れたメスシリンダー内で集めると，たまっていく気体は水素 H_2 と水蒸気 H_2O の混合気体です。

下図では，メスシリンダー内の水面と外の水面が一致している（メスシリンダー内と外の圧力が等しい）ことから，次の関係が成り立ちます。

大気圧 ＝ 捕集した水素の分圧 ＋ 水蒸気の分圧（水の蒸気圧）

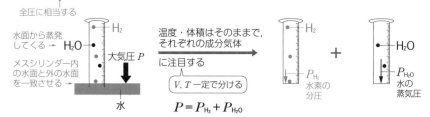

解説

水素 H_2 の分圧を p_{H_2} とすると，ドルトンの分圧の法則より，

$$P = p_{H_2} + p_W \quad \cdots ①$$

水素（分子量2）の質量を W〔g〕とすると，

$$p_{H_2} \times V = \frac{W}{2} \times R \times T \quad \cdots ② \quad \Leftarrow PV = nRT \text{ に代入する}$$

①を②に代入すると，

$$(P-p_W) \times V = \frac{W}{2} \times R \times T \qquad \text{よって，} \quad W = \frac{2(P-p_W)V}{RT}$$

答 ②

21 溶解と濃度

〔Ⅰ〕 次の文中の　　　　に適当な語句を入れよ。

　水に溶けて電離する物質を　ア　という。水分子の中の酸素原子は　イ　の電荷を帯び，水素原子は　ウ　の電荷を帯びているので，　ア　の水溶液では，水分子とイオンの間に静電気的な引力が働く。例えば，負の電荷をもつイオンに対しては，水分子の中の　エ　原子がとり囲むことによって静電気的に安定化する。このような現象を　オ　という。 （東北大）

〔Ⅱ〕 滴定実験に使用する塩酸は，市販の濃塩酸を蒸留水で希釈してつくったものである。市販の濃塩酸は，質量パーセント濃度が37 % で，密度が1.18 g/cm³ であった。次の問いに有効数字2桁で答えよ。

問1　市販の濃塩酸のモル濃度と質量モル濃度を求めよ。ただし，
　　　HCl＝36.5 とする。

問2　0.0100 mol/L の塩酸 1.0 L をつくるには，何 mL の濃塩酸が必要か。

（岐阜大）

精 講

〔溶解〕

　　　塩化ナトリウム NaCl やスクロース $C_{12}H_{22}O_{11}$ などの溶質が水などの溶媒に溶けて均一になる現象を溶解，できた混合物を溶液といいます。

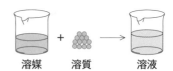

溶媒　　溶質　　溶液

　溶媒には極性溶媒と無極性溶媒があります。

| 極 性 溶 媒：極性分子からなる溶媒 　（例）水 H_2O，エタノール C_2H_5OH |
| 無極性溶媒：無極性分子からなる溶媒 　（例）ベンゼン C_6H_6，四塩化炭素 CCl_4 |

また，溶質には電解質や非電解質があります。

| 電解質：水に溶けて陽イオンと陰イオンに電離する物質　（例）塩化ナトリウム NaCl |
| 非電解質：水に溶けても電離しない物質 |
| 　　　　　（例）スクロース $C_{12}H_{22}O_{11}$ または $C_{12}H_{14}O_3(OH)_8$ |

〔溶解のようす〕

　溶解するか，しにくいかについては，次のような経験則があります。

極性が似たものどうしはよく溶ける。

例えば，塩化ナトリウム NaCl は極性溶媒である水 H_2O に溶けます。これは，電気陰性度が O>H であることから，水分子の共有電子対が酸素 O 原子の方に偏って，水分子の O 原子は $\delta-$，H 原子は $\delta+$ に分極しています。ここで，イオン結晶である NaCl を水の中に入れると，水 H_2O の $\delta-$ に帯電している O 原子の部分が Na^+ に，$\delta+$ に帯電している H 原子の部分が Cl^- に引きつけられて，それぞれのイオンをとり囲んで混ざっていきます。このように，**溶質が水にとり囲まれることを水和**，水和しているイオンを水和イオンといいます。

〈塩化ナトリウムの水への溶解〉

スクロース $C_{12}H_{14}O_3(OH)_8$ (➡p.291) は極性の大きなヒドロキシ基 –OH を多くもっているので，水分子に水素結合によってとり囲まれて混ざり合います。
<u>水和されて</u>

〈スクロースの水への溶解〉

一方，ベンゼン分子 C_6H_6 の間には弱いファンデルワールス力が，水分子 H_2O 間には強い水素結合が働いて，ベンゼン分子どうしや水分子どうしの結合力が異なるために，ベンゼン分子が水分子の間に入りこむことができません。そのため，ベンゼンと水は混ざり合いません。

Point 41　溶解

〔イオン結晶やヒドロキシ基 –OH をもつ物質 ➡ 極性溶媒に溶けやすい
〔無極性分子 ➡ 無極性溶媒に溶けやすい

（濃度）

溶質の量が，「基準とするものの量（溶液や溶媒）」に対してどれくらい溶けているかを表したものを濃度といいます。次の3つの濃度を覚えましょう。

質量パーセント濃度〔%〕	$\dfrac{溶質の質量〔g〕}{溶液の質量〔g〕} \times 100$	溶液 100 g 中の溶質の質量〔g〕
モル濃度〔mol/L〕	$\dfrac{溶質の物質量〔mol〕}{溶液の体積〔L〕}$	溶液 1 L 中の溶質の物質量〔mol〕
質量モル濃度〔mol/kg〕	$\dfrac{溶質の物質量〔mol〕}{溶媒の質量〔kg〕}$	溶媒 1 kg 中の溶質の物質量〔mol〕

〔Ⅰ〕 水に溶けて電離する物質を電解質_アといいます。

水分子 $^{\delta+}H\!\!-\!\!\overset{\delta-}{O}\!\!-\!\!H^{\delta+}$ ➡ O原子は負_イの電荷を，H原子は正_ウの電荷を帯びている

例えば，NaCl の水溶液では，正の電荷をもつ Na⁺ に対しては水分子の中の酸素原子，負の電荷をもつ Cl⁻ に対しては水分子の中の水素_エ原子がとり囲むことによって静電気的に安定化します。このような現象を水和_オ，水にとり囲まれているイオンを水和イオンといいます。

〔Ⅱ〕 **問1** 質量パーセント濃度は，溶液 100 g 中に溶けている溶質の質量〔g〕を表すので，質量パーセント濃度が与えられた場合は次のように書き直すようにしましょう。

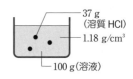

質量パーセント濃度 37 %　→（右の分数式に書き直そう!!）

$$\dfrac{37\ \text{g（溶質の質量）}}{100\ \text{g（溶液の質量）}} \quad \cdots ①$$
や
$$\dfrac{37\ \text{g（溶質の質量）}}{(100-37)\ \text{g（溶媒の質量）}} \quad \cdots ①'$$

密度 1.18 g／cm³ は，$\dfrac{1.18\ \text{g}}{1\ \text{cm}^3}$ と表すことができ，1 cm³＝1 mL なので，

$$\dfrac{1.18\ \text{g}}{1\ \text{mL}} \quad \cdots ②$$
（→水溶液 1 cm³ あたりを表している）

と表すこともできます。また，塩化水素 HCl の分子量は 36.5 なので，そのモル質量は，

36.5 g/mol　…③

と表すことができます。

モル濃度〔mol/L〕は，溶質〔mol〕÷溶液〔L〕で求められるので，単位に注意しながら分母・分子に①，②，③を代入します。

分子には溶質 (HCl) のデータを代入する　①より
モル質量③より。単位を mol に変換するために，$\dfrac{\text{mol}}{\text{g}}$ をかける

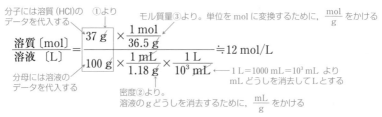

$$\dfrac{溶質\,〔\text{mol}〕}{溶液\,〔\text{L}〕}=\dfrac{37\ \text{g}\times\dfrac{1\ \text{mol}}{36.5\ \text{g}}}{100\ \text{g}\times\dfrac{1\ \text{mL}}{1.18\ \text{g}}\times\dfrac{1\ \text{L}}{10^3\ \text{mL}}}\fallingdotseq 12\ \text{mol/L}$$

分母には溶液のデータを代入する
密度②より。溶液の g どうしを消去するために，$\dfrac{\text{mL}}{\text{g}}$ をかける
← 1 L＝1000 mL＝10³ mL より mL どうしを消去して L とする

また，質量モル濃度〔mol/kg〕は，溶質〔mol〕÷溶媒〔kg〕で求められるので，同様に単位に注意しながら①′と③を利用して求めます。

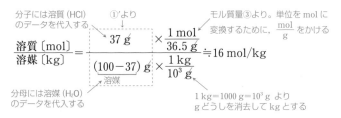

分子には溶質 (HCl) のデータを代入する

①′より

モル質量③より。単位を mol に変換するために, $\dfrac{mol}{g}$ をかける

$$\dfrac{溶質 〔mol〕}{溶媒 〔kg〕} = \dfrac{37\ \text{g} \times \dfrac{1\ \text{mol}}{36.5\ \text{g}}}{(100-37)\ \text{g} \times \dfrac{1\ \text{kg}}{10^3\ \text{g}}} \fallingdotseq 16\ \text{mol/kg}$$

溶媒

分母には溶媒 (H_2O) のデータを代入する

$1\ \text{kg} = 1000\ \text{g} = 10^3\ \text{g}$ より g どうしを消去して kg とする

問 2　必要な濃塩酸を x〔mL〕とします。蒸留水で薄めても，溶質である HCl の物質量〔mol〕は変化していません。

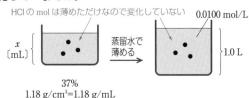

HCl の mol は薄めただけなので変化していない

0.0100 mol/L

x〔mL〕

蒸留水で薄める

1.0 L

37%
1.18 g/cm³=1.18 g/mL

そこで，次の式が成り立ちます。

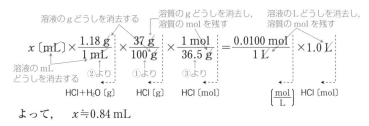

溶液の g どうしを消去する

溶質の g どうしを消去し，溶質の mol を残す

溶質の L どうしを消去し，溶質の mol を残す

$$x〔\text{mL}〕 \times \dfrac{1.18\ \text{g}}{1\ \text{mL}} \times \dfrac{37\ \text{g}}{100\ \text{g}} \times \dfrac{1\ \text{mol}}{36.5\ \text{g}} = \dfrac{0.0100\ \text{mol}}{1\ \text{L}} \times 1.0\ \text{L}$$

溶液の mL どうしを消去する

②より

①より

③より

$\left[\dfrac{\text{mol}}{\text{L}}\right]$

HCl+H_2O〔g〕　　HCl〔g〕　　HCl〔mol〕　　　HCl〔mol〕

よって，　　$x \fallingdotseq 0.84\ \text{mL}$

答

〔 I 〕　**ア**：電解質　　**イ**：負（またはマイナス）　　**ウ**：正（またはプラス）
　　　エ：水素　　**オ**：水和
〔 II 〕　**問 1**　モル濃度：12 mol/L　　質量モル濃度：16 mol/kg
　　　問 2　0.84 mL

次の文章を読み，下の問いに答えよ。

右表に塩化ナトリウムと硝酸カリウムの溶解度〔g/水 100 g〕を示した。

温度〔°C〕		20	40	60	80	100
溶解度	NaCl	35.8	36.4	37.1	38.0	39.1
〔g/水 100 g〕	KNO₃	31.6	62.9	109	169	246

〈塩化ナトリウム，硝酸カリウムの溶解度〉

塩化ナトリウムと硝酸カリウムの混合物があり，その含有率は質量比で1（塩化ナトリウム）：9（硝酸カリウム）であった。この混合物 200 g を 80°C に保たれている水 100 g に入れ十分にかくはんし溶解させた後，①同じ温度を保ちながら溶液中の溶解していない物質をろ別した。この操作で得られた②ろ液を 20°C に冷却すると結晶Aが析出した。

問1　下線部①の溶解していない物質は何グラム〔g〕か。整数で記せ。

問2　下線部②の操作でろ液を冷却して析出した結晶Aは何か。a〜cの中から該当するものを1つ選べ。

　a：塩化ナトリウム　　b：硝酸カリウム　　c：塩化ナトリウムと硝酸カリウム

問3　下線部②の操作でろ液を冷却して析出した結晶Aは何グラム〔g〕か。最も近い数値を1つ選べ。

　a：2.2 g　　b：137 g　　c：169 g　　d：180 g　　e：200 g　（東海大）

精　講　[固体の溶解度]

溶媒に溶ける溶質の量は，溶媒の量や温度によって限界があります。**限界まで溶質が溶けた溶液のことを飽和溶液**といい，このときに必要な溶質の量を溶解度といいます。

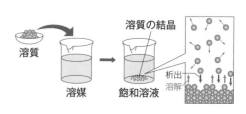

溶解度は，**一般に溶媒 100 g に溶ける溶質の最大質量〔g〕で表します。溶媒に水を使う場合は，水 100 g に溶ける溶質の最大質量〔g〕を指す**ので，溶解度は S〔g/水 100 g〕と表せます。

溶解度は，溶液の温度によって変化します。温度が高くなるほど溶解度が大きくなるものが多いですが，水酸化カルシウム Ca(OH)₂ のように温度が高くな

ると溶解度が小さくなるものもあります。
また，溶解度と温度の関係を表すグラフを
溶解度曲線といいます。

> 水 100 g に溶ける溶質の最大質量 S〔g〕
>
> ↕
>
> S〔g/水 100 g〕

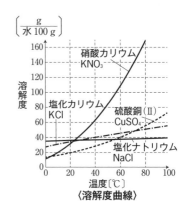

〈溶解度曲線〉

解　説

問1　混合物 200 g 中には，塩化ナトリウム NaCl と硝酸カリウム KNO₃ が質量比
1：9 であることから，それぞれ，

$$塩化ナトリウム NaCl：200 \times \frac{1}{1+9} = 20 \text{ g}$$

$$硝酸カリウム KNO_3：200 \times \frac{9}{1+9} = 180 \text{ g}$$

が含まれています。80℃ のときの溶解度は，表から，

NaCl：38.0 g/水 100 g　…(ア)

KNO₃：169 g/水 100 g　…(イ)

であることがわかります。

　まず，80℃ に保たれている水 100 g に混合物 200 g を入れると，

(ア)より ➡ 20＜38.0 なので NaCl 20 g は，80℃ の水 100 g に完全に溶けます。

(イ)より ➡ 180＞169 なので KNO₃ は，80℃ の水 100 g には 169 g までしか溶けま
せん。そのため，180－169＝11 g の KNO₃ が溶けきれずに析出します。

　ここで，80℃ のまま，ろ過を行うと KNO₃ 11 g を得ることができます。

問2，3　ろ過後の 80℃ のろ液には，水 100 g に NaCl 20 g（すべて），KNO₃ 169 g
（溶解度の分）がそれぞれ溶解しています。20℃ のときの溶解度は，表から，

NaCl：35.8 g/水 100 g　…(ウ)

KNO₃：31.6 g/水 100 g　…(エ)

であることがわかり，ろ液を 20℃ に冷却すると，

(ウ)より ➡ 20＜35.8 なので NaCl 20 g は，20℃ の水 100 g に完全に溶けたままです。

(エ)より ➡ 169＞31.6 なので KNO₃ は，20℃ の水 100 g には 31.6 g までしか溶け
ません。169－31.6≒137 g の KNO₃（結晶 A）が溶けきれずに析出しま
す。

答

　問1　11 g　　**問2**　b　　**問3**　b

塩化鉄(Ⅲ)は，20℃で水 100 g に 92.0 g，30℃で 107.0 g 溶ける。(a)30℃で調製した飽和塩化鉄(Ⅲ)水溶液 621 g を 20℃まで冷却したところ，(b)塩化鉄(Ⅲ)六水和物の結晶が析出した。原子量は，H＝1.00，O＝16.0，Cl＝35.4，Fe＝55.8 とする。

問 1 下線部(a)の飽和塩化鉄(Ⅲ)水溶液に含まれる塩化鉄(Ⅲ)の質量〔g〕を有効数字 3 桁で求めよ。

問 2 下線部(b)について，次の(1)，(2)に答えよ。

(1) 析出した塩化鉄(Ⅲ)六水和物の質量〔g〕を x とし，その塩化鉄(Ⅲ)六水和物に含まれる塩化鉄(Ⅲ)の質量〔g〕を y としたとき，$\dfrac{y}{x}$ の値を有効数字 2 桁で求めよ。

(2) 析出した塩化鉄(Ⅲ)六水和物の質量〔g〕を有効数字 2 桁で求めよ。

(筑波大)

精⟩⟨講 固体の溶解度の計算

固体の溶解度の計算は，次の 手順❶～手順❹ で解きましょう。

手順❶ 問題文の操作を図に表す。

手順❷ $CuSO_4 \cdot 5H_2O$ のような水和水をもつ物質があれば，無水物と水和水に分けて図にメモする。

手順❸ うわずみ液(飽和水溶液)を探し，見つかればその質量を図にメモする。

次の 例1 や 例2 のように，溶質が水に溶けきれなくなり，ビーカーの底に析出したときのうわずみのところを「うわずみ液」といいます。

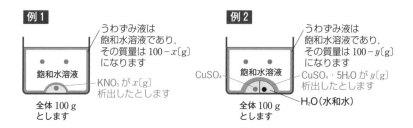

うわずみ液は，限界まで溶質が溶けている水溶液なので，常に飽和水溶液です。

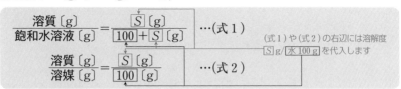

手順④　（うわずみ液などの）飽和水溶液を探し，それぞれの温度において次の
式のどちらかを立てる。

溶解度が S〔g/水 100 g〕のとき，

$$\frac{溶質〔g〕}{飽和水溶液〔g〕}=\frac{\boxed{S}〔g〕}{\boxed{100}+\boxed{S}〔g〕} \cdots（式1）$$

（式1）や（式2）の右辺には溶解度
$\boxed{S}$ g/$\boxed{水100g}$ を代入します

$$\frac{溶質〔g〕}{溶媒〔g〕}=\frac{\boxed{S}〔g〕}{\boxed{100}〔g〕} \cdots（式2）$$

Point 42

固体の溶解度の計算は**手順①**〜**手順④**で解く！

解説

問1　30℃　含まれる塩化鉄（Ⅲ）FeCl₃
を A〔g〕とします

飽和水溶液

飽和水溶液 621 g をつくる

図に表します（**手順①**）。
水和水をもつ物質はあり
⇐　ません（**手順②**）。
うわずみ液もありません
（**手順③**）。

30℃で飽和水溶液を探し，（式1）を立てます（**手順④**）。

溶質 (FeCl₃)
飽和水溶液

$$\frac{A〔g〕}{621\,g}=\frac{\boxed{107.0}\,g}{(100+\boxed{107.0})\,g} \cdots（式1）$$

（30℃の溶解度は，
$\boxed{107.0}$ g/水 100 g　です）

よって，$A=321\,g$　になります。

問2　(1)　問1で調製した飽和水溶液 621 g を 20℃ まで冷却したときに析出した塩化
鉄（Ⅲ）六水和物 FeCl₃・6H₂O を x〔g〕とし，この中に含まれている FeCl₃ y〔g〕は
x を使って表すと　FeCl₃ の式量＝162，H₂O の分子量＝18.0 から次のようになりま
す（**手順②**）。

$$\underset{\underset{162}{}}{\text{FeCl}_3}\cdot\underset{\underset{=108}{6\times18}}{6\text{H}_2\text{O}}\ x〔g〕\begin{cases}\text{FeCl}_3 & x\times\dfrac{162}{162+108}=\dfrac{162}{270}x〔g〕 \ (=y〔g〕となります)\\[2mm]\text{H}_2\text{O} & x\times\dfrac{108}{162+108}=\dfrac{108}{270}x〔g〕\end{cases}$$

より，$y=\dfrac{162}{270}x$　となり，$\dfrac{y}{x}=\dfrac{162}{270}=0.60$

(2) 下線部(b)の操作を図に表します（手順❶）。

問1の 30℃ 飽和
水溶液 621 g を 20℃ ➡
まで冷却します。

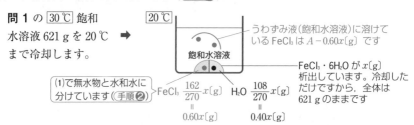

ここで，うわずみ液（飽和水溶液）は $621-x$〔g〕で，その内訳を考えてみましょう。溶媒（H_2O）は

$$621-A-0.40x\ \text{〔g〕}$$

全体の　全$FeCl_3$　水和水になった
質量〔g〕の質量〔g〕H_2O の質量〔g〕

であり，この溶媒に $FeCl_3$ が

$$A-0.60x\ \text{〔g〕}$$

全$FeCl_3$　　析出した
の質量〔g〕$FeCl_3$ の質量〔g〕

溶けています。（手順❸）

20℃で，うわずみ液（飽和水溶液）について（式1）または（式2）を立てます
（手順❹）。

こちらは **別解** とします。

20℃

溶質（$FeCl_3$）→ $A-0.60x$〔g〕
飽和水溶液 → $621-x$〔g〕 $= \dfrac{92.0\ \text{g}}{(100+92.0)\ \text{g}}$ …（式1） $\left(\begin{array}{l}20℃ \text{の溶解度は，}\\ 92.0\ \text{g／水}\ 100\ \text{g　です}\end{array}\right)$

問1で求めた $A=321$ を代入すると，$x\fallingdotseq1.9\times10^2$ g

別解　（式2）で解くこともできます。

20℃

溶質（$FeCl_3$）→ $A-0.60x$〔g〕
溶媒 → $621-A-0.40x$〔g〕 $= \dfrac{92.0\ \text{g}}{100\ \text{g}}$ …（式2） $\left(\begin{array}{l}20℃ \text{の溶解度は，}\\ 92.0\ \text{g／水}\ 100\ \text{g　です}\end{array}\right)$

問1で求めた $A=321$ を代入すると，$x\fallingdotseq1.9\times10^2$ g

問1　321 g　（3.21×10^2 g）
問2　(1)　0.60　　(2)　1.9×10^2 g

必修 基礎問

23　気体の溶解度

　水素は将来のクリーンなエネルギー源として期待されている。メタノールと水蒸気との反応(1)により，1 mol のメタノールから 3 mol の H_2 をとり出すことができる。

$$CH_3OH\,(気) + H_2O\,(気) \longrightarrow CO_2\,(気) + 3H_2\,(気)　\cdots(1)$$

　反応で得られた混合気体中の H_2 の物質量で表した純度は 75 % であるが，この混合気体を冷水で洗浄することによって純度を上げることが考えられる。これを確かめるため，反応(1)によりメタノール 0.1 mol から生成した CO_2 と H_2 の混合気体を体積可変の容器に水 5.0 L とともに入れて密封し，0 ℃，1.0×10^5 Pa 下で十分長い時間放置した。次の問いに答えよ。

問　このとき，容器中の H_2 の分圧 p_{H_2}〔Pa〕と混合気体の体積 V〔L〕はどのような関係式で表されるか。また，CO_2 の分圧 p_{CO_2}〔Pa〕と混合気体の体積 V〔L〕との関係式も示せ。温度を T〔K〕，気体定数を R〔Pa・L/(mol・K)〕とする。CO_2 は 0 ℃，1.0×10^5 Pa 下で水 1.0 L に 0.08 mol 溶け，ヘンリーの法則にしたがうものとする。ただし，水の蒸気圧と H_2 の水への溶けこみは無視できるものとする。

（東京大）

精講

気体の溶解度と温度・圧力の関係

　　　　　夏の暑い日に，池の水温が上がって魚が窒息死して浮くことがあります。これは，暑くなって水温が上がることで水の中に溶けている酸素 O_2 の量が減少するために起こります。また，炭酸飲料水の栓を抜くと，二酸化炭素 CO_2 の泡が水溶液中からさかんに発生します。これは，炭酸飲料水は高圧で CO_2 を水に溶かしているので，栓を抜くと圧力が下がり水溶液中に溶けきれなくなった CO_2 が気体となって発生するためです。

　これらのことから，気体の溶解度は　①温度が高く，②圧力が低い　ほど小さい　ことが確認できます。

Point 43　気体の溶解度

　気体の溶解度は，
　　　①温度が高く，②圧力が低い
　ほど小さくなる。

1803 年，イギリスのヘンリーは，

> 溶解度のあまり大きくない気体では，一定温度で，一定量の溶媒に溶ける気体の溶解度は，その気体の圧力に比例する
> 物質量〔mol〕，質量〔mg, g〕　　混合気体の場合は分圧

ことを発見しました。これをヘンリーの法則といいます。

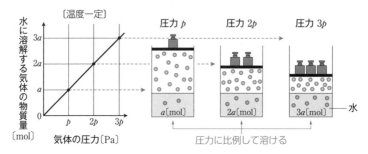

ヘンリーの法則を考えるうえで，注意する点が 2 つあります。ここでは，溶媒として「水」を使う場合を考えてみましょう。

注意1　「溶解度のあまり大きくない気体」とは，水素 H_2，酸素 O_2，窒素 N_2 などの水に溶けにくい気体をいいます。水に極めてよく溶ける塩化水素 HCl やアンモニア NH_3 などの気体については，ヘンリーの法則が成り立ちません。

注意2　混合気体の場合，一定量の水に溶ける気体の物質量〔mol〕や質量〔mg, g〕は，それぞれの気体の分圧に比例します。例えば，窒素 N_2 と酸素 O_2 の混合気体の場合には，N_2 の分圧に比例して N_2 が，O_2 の分圧に比例して O_2 が一定量の水に溶けます。

また，ヘンリーの法則を利用して計算する場合，問題文に与えられている条件を

> 水に溶ける気体の物質量〔mol〕または質量〔mg, g〕
> 気体の圧力〔Pa〕・水の体積〔mL, L〕

の形に表し，単位を消去すると解くことができます。

Point 44　ヘンリーの法則について

❶　溶解度のあまり大きくない気体について成立。
❷　混合気体の場合，それぞれの気体の分圧に比例。

メタノール CH_3OH 0.1 mol が，次のように反応して CO_2 0.1 mol，H_2 0.3 mol を生成します。

$$CH_3OH + H_2O \longrightarrow CO_2 + 3H_2 \quad \text{(単位：mol)}$$

反応前	0.1	0	0
変化量	-0.1	$+0.1$	$+0.3$
反応後	0	$+0.1$	$+0.3$

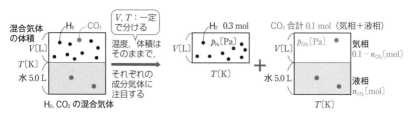

今回は，H_2 の水への溶けこみを無視するので，生成したすべての H_2 0.3 mol が V〔L〕の容器中で T〔K〕のもと，p_{H_2}〔Pa〕の圧力を示しています。よって，理想気体の状態方程式より，

$$p_{H_2}V = 0.3RT \qquad となり，\quad V = \frac{0.3RT}{p_{H_2}} \text{〔L〕}$$

また，0 ℃ での CO_2 のデータは，

分子は mol，g，mg
のいずれかで書く

$$\frac{0.08\ \text{mol}}{1.0 \times 10^5\ \text{Pa} \cdot \text{水}\ 1.0\ \text{L}} \quad \cdots ① \qquad p_{CO_2} = 1.0 \times 10^5\ \text{Pa の下，水 1.0 L に溶ける } CO_2 \text{ の物質量〔mol〕}$$

CO_2 は　　　　　　の下で，　　　　　に対して

と表すことができます。

CO_2 は，T〔K〕，p_{CO_2}〔Pa〕で水に接しているので，水 5.0 L に溶けている CO_2 の物質量 n_{CO_2}〔mol〕は，

Lどうしを消去する

$$n_{CO_2} = \frac{0.08\ \text{mol}}{1.0 \times 10^5\ \text{Pa} \cdot \text{水}\ 1.0\ \text{L}} \times p_{CO_2}\text{〔Pa〕} \times 5.0\ \text{L}$$

①より　　　Paどうしを消去する　　水は 5.0 L なので

となり，　$n_{CO_2} = 4 \times 10^{-6} p_{CO_2}$〔mol〕

ここで，水に溶けていない CO_2（気相の CO_2）は，

$$0.1 - n_{CO_2} = 0.1 - 4 \times 10^{-6} p_{CO_2} \text{〔mol〕}$$

となり，V〔L〕の容器中で T〔K〕のもと，p_{CO_2}〔Pa〕の圧力を示しています。よって，理想気体の状態方程式より，

$$p_{CO_2}V = (0.1 - 4 \times 10^{-6} p_{CO_2})RT \qquad となり，\quad V = \frac{0.1 - 4 \times 10^{-6} p_{CO_2}}{p_{CO_2}}RT$$

答

$$V = \frac{0.3RT}{p_{H_2}} \qquad V = \frac{0.1 - 4 \times 10^{-6} p_{CO_2}}{p_{CO_2}}RT$$

24 蒸気圧降下

右図のように，空気を除いて密閉した容器のA側に純水を入れ，B側に高濃度のスクロース水溶液を入れる。この容器を室温で長く放置するとき，水面の高さはどうなるか。次の記述①〜④から，正しいものを1つ選べ。

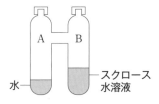

水 ── スクロース水溶液

① A，Bそれぞれの側で蒸発する水分子の数と，凝縮する水分子の数がつり合っているので，水面の高さに変化がない。

② B側の水面がA側より高いので，B側からA側へ水分子が移り，やがて水面の高さが一致する。

③ B側の水蒸気圧がA側より低いため，B側では蒸発する水分子より凝縮する水分子の数が多く，B側の水面がさらに高くなる。

④ 純水を得る蒸留器と同じ機能をもつため，B側で蒸発する水分子がA側で凝縮し，A側の水面が高くなる。

(センター試験)

精講 　（蒸気圧降下）

スクロースなどの不揮発性の物質を溶かした溶液は，溶液の表面から蒸発する溶媒分子の数が溶質を溶かす前に比べて少なくなります。そのために，**溶液の蒸気圧が純粋な溶媒の蒸気圧に比べて低くなる蒸気圧降下**という現象が

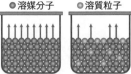

● 溶媒分子　● 溶質粒子

溶媒の蒸気圧　溶液の蒸気圧

起こります。**蒸気圧降下の大きさ（蒸気圧降下度 Δp）は，溶質の種類には関係なく，一定量の溶媒に含まれる溶質の物質量〔mol〕が多くなるほど，すなわち質量モル濃度が大きくなるほど大きくなります。このとき，電解質の場合，電離した後の溶質の物質量〔mol〕を考える**ことに注意しましょう。

解説 　水（溶媒）にスクロース（溶質）を溶かすと，蒸気圧降下が起こります。そのため，蒸気圧の高いA側から低いB側へ，水蒸気が移動します。その結果，Aでは蒸発が進んで水面が下がり，Bでは凝縮が進んで水面がさらに上がっていきます。よって，③です。液量に惑わされないようにしましょう。

③

実戦 基礎問

8 沸点上昇

化学

水 100 g にグルコース $C_6H_{12}O_6$ 1.80 g を溶かしたとき，大気圧下における沸点が 0.0515 K 上昇した。原子量：H＝1.0, C＝12, N＝14, O＝16, Na＝23, S＝32

(1) 水 1000 g に尿素 $(NH_2)_2CO$ 3.00 g を溶かすと，沸点は何 K 上昇するか。最も近い値を@〜@から選べ。

    @ 0.0258   ⓑ 0.0515   ⓒ 0.103   ⓓ 0.155   ⓔ 0.206

(2) 水 500 g に硫酸ナトリウム 7.10 g を溶かすと，沸点は何 K 上昇するか。最も近い値を@〜@から選べ。

    @ 0.0258   ⓑ 0.0515   ⓒ 0.103   ⓓ 0.155   ⓔ 0.206

(東京薬科大)

精講

沸点上昇

沸点は，大気圧＝(飽和)蒸気圧　になるときの温度 (➡p.78) です。不揮発性の溶質を溶かした溶液では蒸気圧降下のために，溶液の沸点が溶媒の沸点よりわずかに高くなります。この**溶液の沸点が溶媒の沸点より高くなる現象**を沸点上昇といい，**溶液と溶媒の沸点の差 ΔT_b を沸点上昇度**といいます。

Point 45 沸点

溶液の沸点は，溶媒の沸点よりも高くなる。

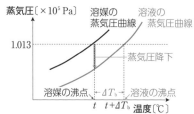

沸点上昇度 ΔT_b

不揮発性の溶質を溶かした溶液の**沸点上昇度 ΔT_b は，薄い溶液では溶質の種類に関係なく，質量モル濃度 m 〔mol/kg〕に比例**します。

沸点上昇度 $\Delta T_b = K_b \times m$ ◀式で表す

K_b は**モル沸点上昇**とよばれる「溶媒の種類によって決まる値」，つまり「比例定数」です。この式を使うときに注意しなければいけないのは，**電解質のときには電離後の全溶質粒子 (全イオン) の質量モル濃度を代入する点**です。

Point 46 沸点上昇度

沸点上昇度 $\Delta T_b = K_b \times m$ （電解質の場合，m は電離後の全溶質粒子の質量モル濃度）

本問は，溶媒がいずれも水であることからモル沸点上昇 K_b が同じ値になります。(2)のように溶質が電解質のときは，電離後の全溶質粒子 (全イオン) を考える点に注意しましょう。

グルコース $C_6H_{12}O_6$ は分子量 180 で，モル質量 180 g/mol だから，

$$\text{水 100 g}=100 \text{ g}\times\frac{1 \text{ kg}}{1000 \text{ g}}=0.100 \text{ kg}\ \text{ に溶けている溶質 1.80 g の物質量〔mol〕は，}$$

$$1.80 \text{ g}\times\frac{1 \text{ mol}}{180 \text{ g}}=0.0100 \text{ mol} \quad\leftarrow\text{水 0.100 kg あたりの物質量〔mol〕}$$

となります。グルコースの質量モル濃度〔mol/kg〕は，

$$\frac{\text{溶質の物質量〔mol〕}}{\text{溶媒の質量〔kg〕}}=\frac{0.0100 \text{ mol (グルコース)}}{0.100 \text{ kg (水)}}=0.100 \text{ mol/kg}$$

└ 溶媒 (水) 1 kg あたり

となり，$\Delta T_b=0.0515 \text{ K}$ より，次の式が成り立ちます。

┌ グルコースは電離しないので，0.100 mol/kg をそのまま代入する

$$0.0515 \text{ K}=K_b\times0.100 \text{〔mol/kg〕} \quad\leftarrow\Delta T_b=K_b\times m \text{ に代入}$$

よって，溶媒が水のときの K_b は，$K_b=0.515 \text{ K·kg/mol}$ と求められます。

(1) 水 1000 g=1.00 kg $(K_b=0.515)$ に尿素 $(NH_2)_2CO$ (分子量 60) 3.00 g を溶かしたときの沸点上昇度 ΔT_b は，尿素が電離しないので次のように求められます。

$$\Delta T_b=K_b\times\frac{\dfrac{3.00}{60} \text{ mol (尿素)}}{1.00 \text{ kg (水)}} \quad\leftarrow\Delta T_b=K_b\times m \text{ に代入}$$

$$=0.515\times\frac{\dfrac{3.00}{60} \text{ mol}}{1.00 \text{ kg}} \quad\leftarrow\text{溶媒が水のときの } K_b=0.515 \text{ を代入}$$

$$\fallingdotseq0.0258 \text{ K} \quad\leftarrow\text{単位 } \frac{\text{K·kg}}{\text{mol}}\times\frac{\text{mol}}{\text{kg}}$$

(2) 水 500 g=0.500 kg $(K_b=0.515)$ に硫酸ナトリウム Na_2SO_4 (式量 142) 7.10 g を溶かしたときの沸点上昇度 ΔT_b は，Na_2SO_4 が

$$\underbrace{1Na_2SO_4}_{\text{1 mol が…}} \longrightarrow \underbrace{2Na^+ + 1SO_4^{2-}}_{\text{電離すると 3 mol に}} \quad\leftarrow\text{溶質粒子数が 3 倍になる}$$

とすべて電離することに注意すると，次のように求められます。

┌ 電離後の質量モル濃度は 3 倍になる

$$\Delta T_b=0.515\times\frac{\dfrac{7.10}{142} \text{ mol}}{0.500 \text{ kg}}\times3 \quad\leftarrow\Delta T_b=K_b\times m \text{ に代入}$$

$$\fallingdotseq0.155 \text{ K} \quad\leftarrow\text{単位 } \frac{\text{K·kg}}{\text{mol}}\times\frac{\text{mol}}{\text{kg}}$$

答 (1) ⓐ (2) ⓓ

実戦 基礎問

⑨ 凝固点降下 〈化学〉

次の文章を読み，以下の問いに答えよ。

図の2つのグラフは，純粋な水の場合と，スクロース水溶液の場合の冷却曲線を表している。これらの液体を冷却していくと，時間とともに液体の温度は低下し，B点およびB′点まで温度が低下した後，C点およびC′点まで急激に上昇した。さらに冷却を続けるとC点からD点までは温度が変化しなかったが，C′点からD′点までは少しずつ温度が低下した。D点およびD′点をすぎると，大きく温度が低下するようになった。

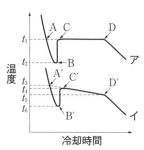

t_3 は直線 C′D′ の延長線とグラフとの交点の温度
t_4 は C′ 点の温度

問1 次の⒤〜⒱の領域のうち，固体の状態の水を含むものをすべて選び，記号で答えよ。

⒤ A′点まで ⒤⒤ A′点からB′点まで ⒤⒤⒤ B′点からC′点まで

⒤ⅴ C′点からD′点まで ⒱ D′点以降

問2 スクロース水溶液の凝固点を示しているのは t_1〜t_6 のうちのどれか答えよ。

問3 スクロース水溶液の凝固点降下度を t_1〜t_6 のうち適当なものを用いて表せ。

問4 冷却曲線にB点およびB′点のように極小がみられるのは何とよばれる現象によるものか答えよ。

問5 B点からC点まで温度が上昇する理由として最も適当なものを次の中から選び記号で答えよ。

㋐ 水の融解にともない，融解熱が発生するから

㋑ 水の凝固にともない，凝固熱が発生するから

㋒ 水の凝固にともない，凝固熱を吸収するから

㋓ 氷の融解にともない，融解熱を吸収するから

問6 C′点からD′点まで，少しずつ温度が下がる理由として最も適当なものを次の中から選び記号で答えよ。

㋐ 溶液の濃度が下がり，凝固点が下がるから

㋑ 溶液の濃度が下がり，凝固点が上がるから

　　⑨　溶液の濃度が上がり，凝固点が上がるから

　　㊀　溶液の濃度が上がり，凝固点が下がるから

問 7　水のモル凝固点降下を $1.85\ \mathrm{K\cdot kg/mol}$ とし，$0.400\ \mathrm{mol/kg}$ のスクロ
ース水溶液の凝固点降下度を有効数字 3 桁で答えよ。　　　　　　（名城大）

精　講　（凝固点降下）

　　　　　　　溶液を冷やしていくと，まず溶媒だけが凝固しはじめます。
一般に，この溶媒だけが凍りはじめる温度を，溶液の凝固点といいます。**溶液
の凝固点は溶媒の凝固点より低くなり，この現象を凝固点降下といいます。**

　凝固点では，凝固する溶媒分子と溶け出す溶媒分子の数が同じでつり合った
状態になっています。純溶媒に溶質を加えて溶液にすると，溶質粒子の数の分
だけ，凝固する溶媒分子の数が減少して凝固が起こりにくくなります。そこで，
溶液全体の温度をさらに下げることによって，固体から溶媒分子が溶け出す数
を減少させて，固体と溶液のつり合った状態にします。そのため，溶液の凝固
点は溶媒の凝固点より低くなります。

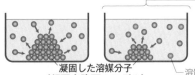

溶液全体の温度を下げることに
よって，溶け出す溶媒分子の数
を減少させる

● 溶媒分子
● 溶質粒子

凝固した溶媒分子
〈凝固点降下のモデル〉

溶質は溶媒が凝固するのをじゃまする

Point 47　凝固点

　　溶液の凝固点は，溶媒の凝固点より低くなる。

（凝固点降下度 ΔT_f）

　溶液と溶媒の凝固点の差 ΔT_f を凝固点降下度といいます。

　不揮発性の溶質を溶かした溶液の凝固点降下度 ΔT_f は，沸点上昇度のときと
同じように，薄い溶液では溶質の種類に関係なく，質量モル濃度 m〔mol/kg〕
に比例します。式で表すと，

　　　凝固点降下度 $\Delta T_\mathrm{f} = K_\mathrm{f} \times m$

となります。K_f はモル凝固点降下とよばれる「溶媒の種類によって決まってい
る値」，つまり「比例定数」です。この式を使うときに注意しなければいけない
のは，沸点上昇度のときと同じように，**電解質のときには電離後の全溶質粒子**

98

（全イオン）の質量モル濃度を代入する点になります。

Point 48 凝固点降下度

凝固点降下度 $\Delta T_f = K_f \times m$
（電解質の場合, m は電離後の全溶質粒子の質量モル濃度）

凝固点降下の測定実験

右下図のような装置を使い，溶媒や溶液の温度が時間とともにどのように変化するか調べると左下図を得ることができます。

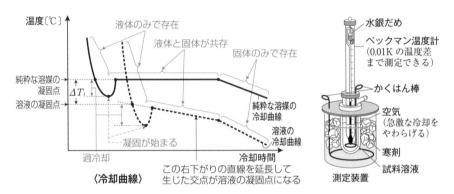

液体をゆっくり冷やしていくと，**凝固点より低い温度になっても凝固が起こらず液体のままで存在している状態**（過冷却）となりますが，急に凝固がはじまると凝固熱が発生するので，温度が上昇します。

$\left(\begin{array}{l}凝固エンタルピー \Delta H は負の値なので凝固は発熱変化です（\Rightarrow p.109）。\\ \textbf{（例）} \quad H_2O（液） \longrightarrow H_2O（固） \quad \underline{\Delta H = -6.0\,kJ} \\ \hspace{6.5cm} \Delta H の絶対値が凝固熱\end{array}\right)$

その後は，溶媒がすべて凝固するまでは発生する凝固熱をまわりの寒剤（冷却剤）が吸収するために温度が一定に保たれます。

溶液の場合も過冷却状態の後に発生する凝固熱により温度が上昇し，その後は凝固が進んでいきます。溶液の凝固点は，純粋な溶媒の凝固点よりも低くなります。

冷却曲線の図で，溶液の場合は純粋な溶媒と異なり，凝固中も徐々に温度が低下していきます。これは，**溶液中の溶媒分子だけが凝固することで溶液の濃度が増加し，凝固点が下がるから**です。

問1 溶液は純溶媒より凝固点が低くなります。そこで，**ア**のグラフは純粋な溶媒つまり純水の冷却曲線で，**イ**のグラフは溶液，つまりスクロース水溶液の冷却曲線ですね。

　また，**ア**，**イ**のグラフともに，B(B′)点まで液体のみで存在し，B(B′)点で凝固がはじまり，B(B′)点からD(D′)点までが液体と固体が共存，D(D′)点以降で固体のみで存在します。

　よって，**イ**のグラフで固体状態の水を含むものは，B′点以降となり領域ⅲ，ⅳ，ⅴとわかります。

問2 スクロース水溶液の冷却曲線は**イ**でした。スクロース水溶液が実際に凍りはじめるのは，冷却曲線のB′点になりますが，凝固点は過冷却状態を通ることなく凝固がはじまったとみなせる温度とするので，冷却曲線のA′点(温度t_3)になります。

問3 凝固点降下の大きさは，水のA点とスクロース水溶液のA′点との差となるので，スクロース水溶液の凝固点降下度はt_1-t_3です。

問4 過冷却により，B点やB′点のような極小がみられます。

問5 水の凝固にともない，凝固熱が発生するため，B点からC点やB′点からC′点で温度が上昇します。

問6 **イ**の冷却曲線(スクロース水溶液)のC′点からD′点まで，少しずつ温度が下がるのは，水溶液中の水だけが凝固することで，溶液から水が少なくなるので水溶液の濃度が上がり，凝固点が下がるからです。

問7 スクロースは非電解質なので，水溶液中で電離しません。また，水のモル凝固点降下は$K_f = 1.85\ \mathrm{K \cdot kg/mol}$と与えられているので，0.400 mol/kgのスクロース水溶液の凝固点降下度ΔT_fは，次のように求められます。

$$\Delta T_f = 1.85 \times 0.400 \quad \leftarrow \Delta T_f = K_f \times m \text{ に代入}$$
$$= 0.740\ \mathrm{K}$$

 答

問1	ⅲ，ⅳ，ⅴ	問2	t_3	問3	t_1-t_3	問4	過冷却
問5	④	問6	㊁	問7	0.740 K		

実戦 基礎問

⑩ 浸透圧

〈化学〉

次の文中の ▢▢▢ に入れる語句の組み合わせとして最も適当なものを，下の①〜④から１つ選べ。

水分子は通すがスクロース分子は通さない半透膜を中央に固定したU字管がある。右下図のように，A側に水を，B側にスクロース水溶液を，両方の液面の高さが同じになるように入れた。十分な時間をおくと液面の高さに h の差が生じ，▢ ア ▢ の液面が高くなった。次にA側とB側の両方に，それぞれ体積 V の水を加え，放置したところ，液面の差は h より小さくなった。ここでA側から体積 $2V$ の水をとり除き，十分な時間放置したところ，液面の差は ▢ イ ▢。ただし，A側から体積 $2V$ の水をとり除いたときも，A側の液面はU字管の垂直部分にあるものとする。また，水の蒸発はないものとする。

	ア	イ
①	A側	なくなった
②	A側	h にもどった
③	B側	なくなった
④	B側	h にもどった

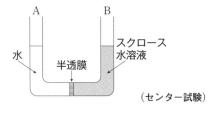

（センター試験）

精講

（浸透圧）

セロハン膜，生物の細胞膜，動物のぼうこう膜などは，水などの小さな溶媒分子は通しますが，デンプンなどの大きな溶質粒子は通しにくい性質があります。このように，**ある成分は通すけれど，他の成分は通さない性質をもつ膜を半透膜**（右図参照）といいます。

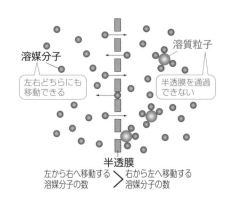

左右どちらにも移動できる 溶媒分子

溶質粒子 半透膜を通過できない

半透膜
左から右へ移動する溶媒分子の数 ＞ 右から左へ移動する溶媒分子の数

次ページの図のように，水分子は通すが溶質粒子は通さない半透膜で中央を仕切ったU字管の左右に，純水と水溶液を液面の高さが同じになるように入れて放置します（図1）。このとき，小さな水分子は半透膜の左右どちらにも移動することができますが，「右（水溶液）から左（水）へ」は「左（水）から右（水溶液）へ」に比べると溶質粒子が存在していることで移動できる水分子の数

が少なくなり，水溶液の方により多くの**水分子が移動**(浸透)して水溶液の濃度が低くなっていきます。つまり，**水の液面が下がり，水溶液の液面が上がって**いきます。

　このとき，**水の浸透をくい止めて，両液の液面を同じ高さに保つには，水溶液の液面に余分な圧力を加えて「右（水溶液）から左（水）へ」移動する水分子の数を増やす必要があります（図2）。この圧力を浸透圧**といいます。

　余分な圧力を加えない場合には，両液面の高さの差 h になったところで見かけ上水の浸透が止まり，この差はそれ以上変化しなくなります（図3）。

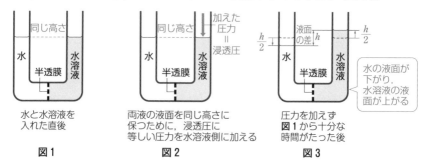

| 水と水溶液を入れた直後 | 両液の液面を同じ高さに保つために，浸透圧に等しい圧力を水溶液側に加える | 圧力を加えず図1から十分な時間がたった後 |
| 図1 | 図2 | 図3 |

　薄い溶液では，溶液の浸透圧 Π〔Pa〕と溶液の体積 V〔L〕，溶液中の溶質の物質量 n〔mol〕，絶対温度 T〔K〕の間には次の関係式が成り立ち，この関係を**ファントホッフの法則**といいます。

　　　$\boldsymbol{\Pi V = nRT}$　（R は気体定数で，ここでの単位は〔Pa·L/(mol·K)〕）

　この式は，溶液のモル濃度 C〔mol/L〕を使い，

$$\boldsymbol{\Pi = \frac{n}{V}RT = CRT} \quad \leftarrow \underbrace{\frac{n\,〔\text{mol}〕}{V\,〔\text{L}〕}}_{\text{モル濃度}} = C\,〔\text{mol/L}〕$$

と表すこともできます。

　例えば，1.00×10^{-3} mol/L のデンプン水溶液があるとき，27℃（＝300 K）におけるその浸透圧は，次のようにして求めることができます。ただし，$R = 8.31 \times 10^3$ Pa·L/(mol·K) とします。

　　　$\Pi = 1.00 \times 10^{-3} \times 8.31 \times 10^3 \times 300 \fallingdotseq 2.49 \times 10^3$ Pa　$\leftarrow \Pi = CRT$ に代入する

　単位に注目すると，　$\dfrac{\text{mol}}{\text{L}} \times \dfrac{\text{Pa·L}}{\text{mol·K}} \times K$

　ここで，**溶質が電解質の場合には，電離する割合に応じて溶質粒子の総数が増加するので，電離後の全イオンのモル濃度を考える**点に注意しましょう。

![解説]

A側に水を，B側にスクロース水溶液を入れて十分な時間放置してお
く と，スクロース水溶液の方に水分子がより多く浸透して，液面の高さに h の差が生
じて，スクロース水溶液（B側）_アの液面が高くなります（状態1）。

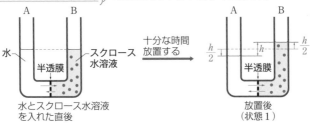

次に，A側とB側の両方にそれぞれ体積 V の水を加えて十分な時間放置すると，B
側はスクロースに対する水の量が増えるために，A側からB側に移動する水分子の数
が（状態1）のときより減少するので浸透圧が小さくなっています。そのため，最終的
に液面差は h より小さい h' になります（状態2）。

（スクロースの濃度が小さくなる）

最後に，A側から体積 $2V$ の水をとり除くと液面差が（状態2）での h' よりもはる
かに大きくなるため，水溶液側にスクロース水溶液の浸透圧以上の圧力が加わってい
る状態になって，水分子がB側からA側に移動して，（状態1）と同じ液面差 h にもど
ります。これは，スクロースは半透膜を通ることができないので，A側は水，B側はス
クロース水溶液のままで，U字管全体のスクロースの量と水の量が（状態1）のときと
変化していない（水は $2V$ 加えて， $2V$ 除いているので）ためです。

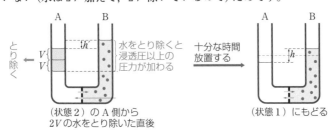

答 ④

コロイドに関する次の記述で正しいものには○，誤っているものには×を
つけよ。

① 塩化鉄（Ⅲ）の水溶液を，沸騰水に加えてつくったコロイド溶液に電極
を入れ，直流電源につなぐと，赤褐色のコロイドが陰極に移動したので，
このコロイド粒子は負電荷をもつ。

② 負電荷をもつ硫黄のコロイド粒子を凝析させるためには，硫酸アルミニ
ウム溶液よりも，塩化ナトリウム溶液の方が有効である。

③ ゼラチンのコロイド溶液に少量の電解質溶液を加えると，ゼラチンが沈
殿する。

④ 小さな分子やイオンを含んだタンパク質溶液をセロハンの袋に入れ，流
水に浸すと，タンパク質はセロハンの袋の中に残る。

⑤ デンプン水溶液中のコロイド粒子の運動は，限外顕微鏡で観察できない。

⑥ コロイド溶液に側方からレーザー光を照射すると光の進路が輝いて見え
るのは，コロイド粒子が光を散乱するからである。

⑦ 疎水コロイドに一定量以上の親水コロイドを加えると，少量の電解質を
加えても沈殿しにくくなる。

精 講 コロイド

スクロース $C_{12}H_{22}O_{11}$ や塩化ナトリウム NaCl を水に溶かした
水溶液を観察したら透き通って見えますね。このとき，スクロース分子や NaCl
が電離してできた Na^+ と Cl^- などの**溶質はとても小さく，溶媒である水 H_2O 分
子とほぼ同じくらいの大きさ**なので，光がそのまま通過します。このような溶
液を真の溶液といいます。

それに対して，デンプンやタンパク質などの水溶液は，真の溶液とは異なる
さまざまな性質を示します。このような**デンプンやタンパク質などの溶液を**コ
ロイド溶液といいます。

デンプンやタンパク質などの溶質は，ろ紙は通れるけれどセロハンなどの半
透膜は通れない大きさで，その**直径は 10^{-9} m〜10^{-7} m 程度**です。この程度の
大きさの粒子をコロイド粒子といいます。

ここで，**コロイド粒子を分散させている物質を**分散媒，分散しているコロイ
ド粒子を分散質といい，**コロイド粒子が分散した状態または物質を**コロイドと
いいます。分散媒や分散質には，さまざまな状態があり，次のようなコロイド

が知られています。

分散媒		固体	液体	気体
分散質	固体	ルビー, ステンドグラス	墨汁, 絵の具	煙, 空気中のホコリ
	液体	ゼリー, 豆腐	牛乳, マヨネーズ	霧, 雲, もや
	気体	マシュマロ, スポンジ	泡	(気体どうしは混ざる)

〈いろいろなコロイドの例〉

また, デンプン水溶液のような**流動性のあるコロイド**を**ゾル**, 豆腐のような**流動性を失ったコロイド**を**ゲル**とよび, **ゲルを乾燥させたもの**を**キセロゲル**といいます。

Point 49　コロイド粒子

❶ 直径は 10^{-9} m〜10^{-7} m 程度の粒子
❷ ろ紙は通れるが, 半透膜は通れない大きさ

（コロイド溶液の性質）

❶　チンダル現象とブラウン運動

①　コロイド溶液に横から強い光をあてると, 光の進路がはっきりと観察できる現象を**チンダル現象**といいます。この現象は, コロイド粒子が光をよく散乱するために起こります。

②　チンダル現象を起こしているコロイド溶液を限外顕微鏡（光を側面から当て, 散乱光を観測する顕微鏡）で観察すると, 光った**コロイド粒子が不規則なジグザグ運動**（**ブラウン運動**）をしているようすが観察できます。ブラウン運動は, 熱運動している溶媒分子が, コロイド粒子に不規則に衝突し, コロイド粒子が自分からジグザグ動いているようにみえるため観察できます。

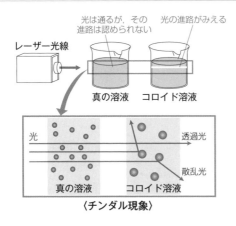

〈チンダル現象〉

〈ブラウン運動〉

❷ 電気泳動

U字管にコロイド溶液を入れて**直流電圧をかけると，コロイド粒子が陽極または陰極に向かってゆっくりと移動する現象**を電気泳動といいます。

この現象は，コロイド粒子が，正（＋）または負（−）の電荷をもつので，反対符号の電極に引きよせられ移動することで起こります。

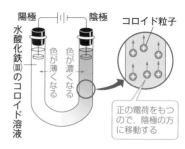

〈電気泳動〉

❸ 透析

コロイド溶液にコロイド粒子以外に不純物として分子やイオンが含まれる場合，セロハン膜などの半透膜の袋に入れて，これを流水中に浸しておくと，コロイド粒子はセロハンを通れず，不純物である分子やイオンがセロハン膜の外に出ていきます。このような分離操作を透析といいます。

例えば，沸騰した水に塩化鉄（Ⅲ）$FeCl_3$ 水溶液を加えると，赤褐色の水酸化鉄（Ⅲ）[注]のコロイドと水素イオン H^+ や塩化物イオン Cl^- が生成します。

（注）条件によって組成が異なり，Fe^{3+}，OH^-，O^{2-} などから構成されていて，$FeO(OH)$ と表されることもある。

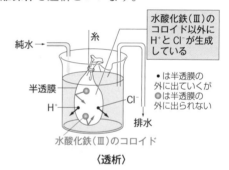

〈透析〉

Point 50　コロイド溶液の性質

チンダル現象	コロイド粒子が光を散乱するために，光の進路がみえる現象
ブラウン運動	熱運動している溶媒が衝突することで起こるコロイド粒子の不規則な運動
電気泳動	帯電したコロイド粒子が，電極に引かれて移動する現象
透析	半透膜を用いたコロイド溶液を精製する操作

疎水コロイドと親水コロイドの性質

❶ 疎水コロイドと親水コロイド

① **水分子との親和力が小さい**コロイドを**疎水コロ**
　　　　　水と仲があまりよくない
イドといいます。疎水コロイドの粒子は，表面が
同種の電荷を帯びていて，**互いに反発して沈殿せ**
ずに分散しています。

反発
水酸化鉄(Ⅲ), 粘土などの無機物質に多い
〈疎水コロイド〉

② **水分子との親和力が大きい**コロイドを**親水コロ**
　　　　　水と仲がいい
イドといいます。親水コロイドの粒子は，**表面に**
多くの水分子を強く引きつけて水和され水中で安
定しています。

●は水分子

デンプン, タンパク質, セッケンなどの有機化合物に多い
〈親水コロイド〉

❷ 凝析と塩析

① 疎水コロイドは，表面が同
じ電荷で反発しながら分散し
ています。ここに，**少量の電**
解質を加えると，コロイド粒
子間の反発力が弱められるこ
とでコロイド粒子どうしが接

少量の電解質を加える
沈殿する
水分子　疎水コロイド　　陽イオン　陰イオン
〈凝析〉

近し，凝集する力が反発力を上回り，沈殿します。この現象を凝析とよびま
す。

　また，少量の電解質を加えるとき，「コロイド表面の電荷と反対符号」で
「その価数の大きいイオン」が含まれている電解質の方が凝析の効果が大き
くなります。例えば，正電荷をもつ水酸化鉄(Ⅲ)のコロイド粒子では，塩化
物イオン Cl^- よりも硫酸イオン SO_4^{2-} の方が，負電荷をもつ粘土のコロイド
粒子ならナトリウムイオン Na^+ よりもアルミニウムイオン Al^{3+} の方が効果
的に凝析させることができます。

② 親水コロイドは，多くの水分子
がコロイド粒子を安定化していま
す。この親水コロイドに**多量の電**
解質を加えると，親水コロイドを
とりまいている水和水が，電離し
て出てきた陽イオンや陰イオンに

多量の電解質を加える
沈殿する
水分子　親水コロイド　　陰イオン　陽イオン
〈塩析〉

水和することで引き離されます。コロイド粒子を支えていた水和水が除かれ
たので，**親水コロイド粒子は集まって沈殿**します。この現象を塩析といいま
す。

❸ 保護コロイド

　疎水コロイドに一定量以上の親水コロイド
を加えると，親水コロイドの粒子が疎水コロ
イドの粒子をおおいます。表面を親水コロイ
ドがおおっているので，そのまわりをさらに

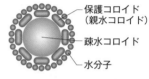

保護コロイド
（親水コロイド）
疎水コロイド
水分子

水和水がとりまき，凝析しにくくなります。**このような働きをする親水コロ
イドを保護コロイドといいます。**保護コロイドには，インキ中のアラビアゴム
や，墨汁中のニカワがあります。また，保護コロイドとしての作用が強い
親水コロイドにアイスクリームなどに加えるゼラチンがあります。

Point 51　コロイド溶液の種類

疎水コロイド	少量の電解質で沈殿する（凝析） 【凝析効果】 〝反対符号〟で〝その価数の大きい〟イオン の効果が大きい （例）正電荷をもつコロイド粒子…PO_4^{3-}＞SO_4^{2-}＞Cl^- 　　　負電荷をもつコロイド粒子… Al^{3+}＞Mg^{2+}＞Na^+
親水コロイド	多量の電解質を加えると沈殿する（塩析）
保護コロイド	疎水コロイド安定化のために加える親水コロイド

　　①　塩化鉄（Ⅲ）$FeCl_3$水溶液を沸騰水に加えると，赤褐色の水酸化鉄
　　　（Ⅲ）のコロイド溶液ができます。電気泳動によって陰極に移動し
たので，水酸化鉄（Ⅲ）のコロイド粒子は正電荷をもつことがわかります。誤り。
②　負電荷をもつコロイド粒子に対しては，陽イオンの価数が大きい方が凝析効果が
高いので，Na^+（1価）よりAl^{3+}（3価）の方が有効です。誤り。
③　ゼラチンはタンパク質の一種で親水コロイドの粒子ですから，少量の電解質では
沈殿せず，多量の電解質で沈殿します（塩析）。誤り。
④　透析の説明です。小さな分子やイオンはセロハン（半透膜）を通過して外へ出てい
きますが，タンパク質（コロイド粒子）はセロハンを通過できず，袋の中に残ります。
正しい。
⑤　ブラウン運動は，限外顕微鏡で観察することができます。誤り。
⑥　チンダル現象は，コロイド粒子が光を散乱することによって起こります。正しい。
⑦　疎水コロイドに保護コロイドとして働く親水コロイドを加えると，凝析しにくく
なります。正しい。

答　①　×　　②　×　　③　×　　④　○　　⑤　×　　⑥　○　　⑦　○

必修
基礎問

7. 化学反応とエネルギー

25 いろいろな反応エンタルピー

化学

次の(1)～(4)の各問いに答えよ。

(1) エンタルピー変化 ΔH が $\Delta H = -286\,kJ$ の反応は、発熱反応か、吸熱反応か答えよ。

(2) 吸熱反応のエンタルピー変化 ΔH の符号は、正か負か答えよ。

(3) (ア)～(エ)の変化をエンタルピー変化を付した反応式で表せ。

    (ア) エタン C_2H_6 の燃焼エンタルピーは $-1560\,kJ/mol$ である。ただし、生成した H_2O は液体とする。

    (イ) アンモニアの生成エンタルピーは $-46\,kJ/mol$ である。

    (ウ) 塩酸と水酸化ナトリウム水溶液の中和エンタルピーは $-57\,kJ/mol$ である。

    (エ) 水酸化ナトリウム $1\,mol$ が多量の水に溶けると、$45\,kJ$ の熱量を発生する。

(4) $AgNO_3$ 結晶の水への溶解は、次のように表される。

$$AgNO_3(固) + aq \longrightarrow Ag^+ aq + NO_3^- aq \quad \Delta H = 23\,kJ$$

25℃の水 $83\,g$ に $AgNO_3$ $17\,g$ を溶かしたとき、この水溶液の温度を整数で求めよ。ただし、$AgNO_3$ のモル質量を $170\,g/mol$、この水溶液の比熱を $4.2\,J/(g\cdot K)$ とする。

精講

エンタルピーとエンタルピー変化

    物質は、化学エネルギーとよばれる固有のエネルギーをもっています。そのため、物質が変化すると、物質がもつ化学エネルギーも変化します。化学反応が起こると、**反応物がもつ化学エネルギーと生成物がもつ化学エネルギーとの差に相当するエネルギーが熱や光などとして出入りします。この出入りする熱量を反応熱といいます。**

    物質がもつエネルギーは、エンタルピー H とよばれる量で表します。化学反応によるエンタルピー H の変化した量をエンタルピー変化 ΔH といい、エンタルピー H とエンタルピー変化 ΔH には次のような関係があります。

$$\Delta H = \begin{pmatrix} 生成物がもつ \\ エンタルピーの和 \end{pmatrix} - \begin{pmatrix} 反応物がもつ \\ エンタルピーの和 \end{pmatrix}$$

← Δ は変化量を表す (➡p.180)

    熱を発生しながら進む反応を発熱反応、熱を吸収しながら進む反応を吸熱反応といいます。発熱反応では発生した熱量の分だけ生成物がもつエンタルピー

が小さくなるので $\Delta H < 0$,吸熱反応では吸収した熱量の分だけ生成物がもつエンタルピーが大きくなるので $\Delta H > 0$ になります。

ここで,発熱反応や吸熱反応を図示 (エネルギー図) してみます。

(**例1**) H_2 (気) $+ \dfrac{1}{2} O_2$ (気) $\longrightarrow H_2O$ (液) $\underline{\Delta H = -286\ kJ}$
$\Delta H < 0$ の発熱反応

化学反応により物質がもつエンタルピーが<u>減少</u>するので,

$$\Delta H = \underline{H_{(H_2O)}} - \underline{H_{(H_2 + \frac{1}{2}O_2)}} = -286\ kJ < 0$$

H_2O のエンタルピー H_2 と O_2 のエンタルピーの和

となります。

(**例2**) $\dfrac{1}{2} N_2$ (気) $+ \dfrac{1}{2} O_2$ (気) $\longrightarrow NO$ (気) $\underline{\Delta H = 90\ kJ}$
$\Delta H > 0$ の吸熱反応

化学反応により物質がもつエンタルピーが<u>増加</u>するので,

$$\Delta H = H_{(NO)} - H_{(\frac{1}{2}N_2 + \frac{1}{2}O_2)} = 90\ kJ > 0$$

となります。

エンタルピー変化を付した反応式を書くときには,次の4点に注意して書きます。

注意1   着目する物質の係数が1となるように化学反応式をつくります。このため,他の物質の係数が分数になってもかまいません。

注意2   化学反応式の横にエンタルピー変化 ΔH を書き加えます。このとき,発熱反応では ΔH は負の値,吸熱反応では ΔH は正の値になります。

注意3 ΔH の単位にはキロジュール（記号 kJ）を使います。1 kJ＝10^3 J の関係があります。 ←k（キロ）＝10^3

注意4 物質がもつエンタルピーは物質の状態によって変わるので，**物質の状態（固体・液体・気体など）を化学式の後ろに示します。** 物質の状態は，25 ℃，1.013×10^5 Pa での状態を書き，状態が明らかにわかるときには省略してかまいません。また，問題文中に状態が示されていなければ，H_2O は H_2O（液），C は C（黒鉛）とします。

Point 52 エンタルピー変化を付した反応式の書き方

$$H_2（気） + \frac{1}{2}O_2（気） \longrightarrow H_2O（液） \quad \Delta H = -286 \text{ kJ}$$

状態を明記する
（状態が明らかにわかるときには，省略してもよい）

係数は分数になることもある

発熱反応は $\Delta H < 0$
吸熱反応は $\Delta H > 0$

（反応エンタルピー）

反応エンタルピー〔kJ/mol〕には，反応の種類によって，次のようなものがあります。反応エンタルピーを覚えるときには，どの物質1 mol について表そうとしているのかをみていくとよいでしょう。

❶ **生成エンタルピー**（発熱（$\Delta H < 0$）の場合も吸熱（$\Delta H > 0$）の場合もあり）

化合物1 mol がその成分元素の単体から生成するときの反応エンタルピー〔kJ/mol〕。

（例） アンモニア NH_3 の生成エンタルピーが -46 kJ/mol であることを化学反応式と ΔH で表すと次のようになります。

化合物である NH_3 1 mol あたりを表す

$$\frac{1}{2}N_2（気） + \frac{3}{2}H_2（気） \longrightarrow 1\,NH_3（気） \quad \Delta H = -46 \text{ kJ} \tag{1}$$

単体
ここを表す
化合物

❷ **燃焼エンタルピー**（すべて発熱（$\Delta H < 0$））

物質1 mol が完全燃焼するときの反応エンタルピー〔kJ/mol〕。 有機化合物の完全燃焼では，炭素 C は CO_2，水素 H は H_2O となります。

（例） エタン C_2H_6 の燃焼エンタルピーが -1560 kJ/mol であることを化学反応式と ΔH で表すと次のようになります。C_2H_6 1 mol あたりを表す

$$1\,C_2H_6（気） + \frac{7}{2}O_2（気） \longrightarrow 2\,CO_2（気） + 3\,H_2O（液）$$

ここを表す

$$\Delta H = -1560 \text{ kJ} \tag{2}$$

❸ 溶解エンタルピー（発熱（$\Delta H < 0$）の場合も吸熱（$\Delta H > 0$）の場合もあり）

溶質 1 mol が多量の溶媒（水など）に溶解するときの反応エンタルピー 〔kJ/mol〕。

（例）　25℃ で水酸化ナトリウム NaOH の水への溶解エンタルピーが -45 kJ/mol であることを化学反応式と ΔH で表すと次のようになります。

<small>NaOH 1 mol あたりを表す</small>

<small>ここを表す</small> 1 NaOH（固）＋ aq ⟶ Na$^+$aq ＋ OH$^-$aq　$\Delta H = -45$ kJ　　　(3)

<small>多量の水を表す　　　　NaOHaq と書いても OK</small>

❹ 中和エンタルピー（すべて発熱（$\Delta H < 0$））

酸と塩基が中和反応して，<u>1 mol の水が生じる</u>ときの反応エンタルピー 〔kJ/mol〕。

（例）　塩酸 HClaq と水酸化ナトリウム水溶液 NaOHaq との反応では，中和エンタルピーが -57 kJ/mol であることを化学反応式と ΔH で表すと次のようになります。

<small>H₂O 1 mol あたりを表す</small>

<small>ここを表す</small> HClaq ＋ NaOHaq ⟶ 1 H$_2$O（液）＋ NaClaq　$\Delta H = -57$ kJ　　(4)

❺ 結合エネルギー（結合エンタルピー）

気体分子のもつ共有結合 1 mol を切り離して気体状の原子にするために必要なエネルギー〔kJ/mol〕。

（例）　H–H 結合の結合エネルギーが 436 kJ/mol であることを化学反応式と ΔH で表すと次のようになります。

<small>気体状の H–H 結合 1 mol あたりを表す</small>

H–H（気）＋（H–H の結合エネルギー）⟶ H（気）＋ H（気）

<small>気体状</small>　<small>左辺に結合エネルギー（436 kJ）を加えて結合を切断する</small>　　<small>バラバラになっても気体状のまま</small>

よって，

H$_2$（気）⟶ 2H（気）　$\Delta H = 436$ kJ　(5)

<small>結合を切るために「左辺」に結合エネルギーを加えるので吸熱反応とわかり，吸熱反応のエンタルピー変化は $\Delta H > 0$ になる</small>

Point 53　反応エンタルピー

　反応エンタルピーの定義は，どの物質 1 mol について表そうとしているのかに注目して覚えるとよい。

(1) $\Delta H < 0$（エンタルピー減少）→ 熱を発生する → 発熱反応

(2) 吸熱反応 → 熱を吸収する → エンタルピー増加 → $\Delta H > 0$

　　　　　　　　　　　　　　　　　　　　ΔH の符号は正になる

(3) を参照

　(ア) (2)式を答える　　(イ) (1)式を答える

　(ウ) (4)式を答える　　(エ) (3)式を答える

(4) $AgNO_3$ は，$17\,g \times \dfrac{1\,mol}{170\,g} = 0.10\,mol$

になり，与えられているのは水溶液の比熱なので，

$$\dfrac{4.2\,J\ が発生する}{1\,g\ の水溶液が・1\,K\ 上がると}$$

と表せます。ここで $AgNO_3$（固）の溶解エンタルピーは，$\Delta H = 23\,kJ > 0$ なので，$AgNO_3$（固）を水に溶かすと温度が下がる（熱を吸収する）ことがわかります。そのため，比熱は，

$$\dfrac{4.2\,J\ が吸収される}{1\,g\ の水溶液が・1\,K\ 下がると}$$

と書き直せます。$AgNO_3\ 0.10\,mol\ (17\,g)$ を水 $83\,g$ に溶かすと，水溶液は $17\,g + 83\,g = 100\,g$ になります。この水溶液の温度が $\Delta T\,[℃] = \Delta T\,[K]$ 下がるとおくと，次の式が成り立ちます。

$$\underbrace{\dfrac{23\,kJ}{1\,mol}}_{\substack{AgNO_3\ 0.10\,mol\ を水に溶かした}} \times 0.10\,mol = \dfrac{4.2\,J\ が吸収される}{1\,g\ の水溶液が・1\,K\ 下がると} \times 100\,g\ 水溶液 \times \Delta T\,[K] \times \dfrac{1\,kJ}{10^3\,J}$$

吸収される　　　　　　　　　　　　　　　　　　　　　　　　下がる　　J から kJ に変換している

これを解くと，$\Delta T ≒ 5.47\,K = 5.47℃$

よって，$25 - \Delta T = 25 - 5.47 ≒ 20℃$ になります。

答

(1) 発熱反応　　(2) 正

(3) (ア) C_2H_6（気）$+ \dfrac{7}{2}O_2$（気）$\longrightarrow 2CO_2$（気）$+ 3H_2O$（液）　$\Delta H = -1560\,kJ$

　(イ) $\dfrac{1}{2}N_2$（気）$+ \dfrac{3}{2}H_2$（気）$\longrightarrow NH_3$（気）　$\Delta H = -46\,kJ$

　(ウ) $HClaq + NaOHaq \longrightarrow NaClaq + H_2O$（液）　$\Delta H = -57\,kJ$

　(エ) $NaOH$（固）$+ aq \longrightarrow NaOHaq$　$\Delta H = -45\,kJ$
　　　または　$NaOH$（固）$+ aq \longrightarrow Na^+ aq + OH^- aq$　$\Delta H = -45\,kJ$

(4) $20℃$

必修 基礎問

26 反応エンタルピーとヘスの法則

〈化学

次の反応式を利用して，下の記述(i)〜(iii)の＿＿＿に適切な語句または数値を入れよ。なお，水の蒸発エンタルピーは 25°C の値とし，必要があれば原子量は次の値を用いよ。H＝1.0，O＝16

$$C (黒鉛) + \frac{1}{2} O_2 (気体) \longrightarrow CO (気体) \quad \Delta H_1 = -111\,kJ$$

$$CO (気体) + \frac{1}{2} O_2 (気体) \longrightarrow CO_2 (気体) \quad \Delta H_2 = -283\,kJ$$

$$H_2O (液体) \longrightarrow H_2O (気体) \quad \Delta H_3 = 44\,kJ$$

(i) CO (気体) の ｜ ア ｜ エンタルピーは，−111 kJ/mol である。

(ii) C (黒鉛) が完全に燃焼したときの燃焼エンタルピーは，｜ イ ｜ kJ/mol である。

(iii) 25°C の H_2O (液体) 36 g を蒸発させるために加えなければならない熱量は，｜ ウ ｜ kJ である。

(熊本大・改)

精 講 　ヘスの法則

　　　　下図から，反応の【はじめの状態】と【終わりの状態】さえ決まっていれば， 経路1 を通っても 経路2 を通っても反応エンタルピーの大きさは変化していないことがわかります。このことは，

> 物質が変化するときに出入りする反応熱や反応エンタルピーは，変化する前の状態と変化した後の状態だけで決まり，反応の経路や方法には無関係である

ということができます。この法則は，スイスの科学者ヘスが多くの反応について調べ発見したもので，ヘスの法則あるいは総熱量保存の法則といいます。

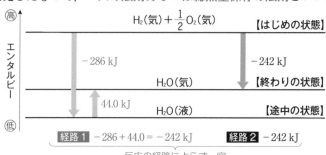

反応の経路によらず一定

114

ヘスの法則を利用して，実験で直接測定することが難しい反応エンタルピーを，計算（数学の連立方程式の要領）で求めることができます。

(i)　化合物 1 mol がその成分元素の単体から生成するときの反応エンタルピーを<u>生成</u>
　　エンタルピーといいます。
　　　ア

$$C（黒鉛）+ \frac{1}{2}O_2（気体） \longrightarrow CO（気体） \quad \Delta H_1 = -111 \, kJ$$

<u>成分元素の単体</u>　　　　　　　<u>化合物 1 mol</u>

(ii)　黒鉛の燃焼エンタルピーを Q〔kJ/mol〕とすると，次のように表すことができます。
　　　　　　　　　　　　　　　　　　　C（黒鉛）1 mol あたりを表す

$$C（黒鉛）+ O_2（気体） \longrightarrow CO_2（気体） \quad \Delta H_4 = Q〔kJ〕 \qquad \cdots ①$$

　　一方，問題中に与えられている反応式は，以下のようになります。

$$C（黒鉛）+ \frac{1}{2}O_2（気体） \longrightarrow CO（気体） \quad \Delta H_1 = -111 \, kJ \qquad \cdots ②$$

$$CO（気体）+ \frac{1}{2}O_2（気体） \longrightarrow CO_2（気体） \quad \Delta H_2 = -283 \, kJ \quad \cdots ③$$

　　したがって，②式＋③式を計算して，①式にはない CO（気体）を消去すると，

$$C（黒鉛）+ O_2（気体） \longrightarrow CO_2（気体） \quad \Delta H_4 = \Delta H_1 + \Delta H_2 = -394 \, kJ$$

となり，黒鉛の燃焼エンタルピーは <u>−394</u> kJ/mol となります。
　　　　　　　　　　　　　　　　　　　　　イ

(iii)　同じ物質でも状態（固体・液体・気体など）が変化すると，熱の出入りが起こります。**液体分子 1 mol が蒸発するときに吸収する熱量を蒸発熱**，このときのエンタルピー変化 ΔH を蒸発エンタルピーといいます。

　　「吸収する熱量」になることは，「水を加熱すると水蒸気になる」ので，

$$H_2O（液体）\underline{+ 熱〔kJ〕} \longrightarrow H_2O（気体）$$

熱を加えている → H_2O（液体）は熱を吸収する

と表せることからわかります。

$$H_2O（液体） \longrightarrow H_2O（気体） \quad \underline{\Delta H_3 = 44 \, kJ}$$
　　　　　　　　　　　　　　　　　　　　吸熱反応

から，H_2O（液体）1 mol を蒸発させるのに 44 kJ の熱量が必要になるとわかります。
また，H_2O 36 g の物質量〔mol〕は H_2O の分子量＝18 つまり 18 g/mol より，

$$36 \, g \div 18 \, g/mol = 36 \, g \times \frac{1 \, mol}{18 \, g} = 2 \, mol \quad \Leftarrow 単位変換$$

g どうしを消去して，mol を残す

なので，25℃ の H_2O（液体）36 g の蒸発には，

$$\frac{44 \, kJ}{H_2O（液体）1 \, mol} \times 2 \, mol = 88 \, kJ \, が必要 \quad \Leftarrow 単位に注目$$
　　　　　　　　　　　　　　　　ウ

mol どうしを消去して，kJ を残す

になります。

答
　　ア：生成　　イ：−394　　ウ：88

次の文章を読み，下の問いに答えよ。

　<u>化合物の熱化学を考えるうえで非常に重要な法則がある</u>。それは，1840 年にスイスの科学者により見出されたもので，「物質が変化する際の反応熱や反応エンタルピーは，変化する前と変化した後の物質の状態だけで決まり，変化の経路や方法には関係しない。」という法則である。この法則の有用性は，　　　　　によって直接求めることが困難な反応エンタルピーを，他の反応エンタルピーから計算することができる点にある。

問 1　下線部には発見者にちなんだ名称が与えられている。その名称を書け。

問 2　　　　　　に適切な語句を入れよ。

問 3　水素ガスと酸素ガスの反応による水（液体）の生成エンタルピーは，
　$-286\,\mathrm{kJ/mol}$ である。これを化学反応式に反応エンタルピーを書き加えた式で表せ。

問 4　メタン（気体）と黒鉛の燃焼エンタルピーはそれぞれ $-890\,\mathrm{kJ/mol}$ および $-394\,\mathrm{kJ/mol}$ である。この過程で生じる水は，液体としてとり扱うものとする。**問 3** の記述も参考にして，メタン（気体）の生成エンタルピーを有効数字 3 桁で答えよ。

　　　　　　　　　　　　　　　　　　　　　　　　　　　　　（千葉大・改）

精 講　　（反応エンタルピーの求め方）
　　　　　　反応エンタルピーは，ヘスの法則を利用して「計算（数学の連立方程式の要領）」で求めることができます（➡p.115）。連立方程式の練習をして，入試問題を「計算」で解けるようになることも大切ですが，「エネルギー図」を使って反応エンタルピーを求めることができるようになると，答えが簡単に出せることがあります。もちろん，「計算」の方が簡単に答えが出ることもあるので，「エネルギー図」を使って解くかどうかは問題次第になります。慣れないうちは 2 つの解法をためしながら，慣れてきたらどちらの方法がよいか判断して解くようにしていくとよいでしょう。

Point 54　　反応エンタルピーの求め方

　「計算」と「エネルギー図」の 2 つの方法をためしながら，
　最後には問題によって解法を使い分けるようにしよう。

エネルギー図をどのようにかけば, 問題を解くことができるのでしょうか？
ここでは, 2つのパターンについて紹介していくことにします。

パターン1 **生成エンタルピーのデータを利用して問題を解く場合**

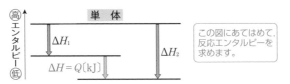

パターン2 **結合エネルギーのデータを利用して問題を解く場合**

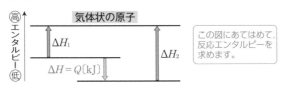

このようにエネルギー図をかき分けて問題を解くとよいでしょう。

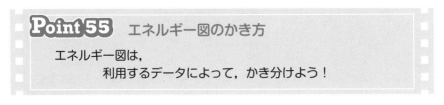

Point 55 エネルギー図のかき方

エネルギー図は,
　　　利用するデータによって, かき分けよう！

問1, 2 問題文の3～5行目にあるかぎ括弧内の法則を<u>ヘスの法則</u>といいます（➡ _{問1}
p.114)。この法則を使うと, <u>実験によって直接求めることができない反応エンタル</u> _{問2}
ピーを, 他の反応エンタルピーから計算で求めることができるようになります。

問3 反応エンタルピーは, <u>注目する物質1 mol あたりの値</u>で表されているので, 注
目する物質の係数が1となるように表す必要があります。
　　生成エンタルピーとは, 化合物1 mol がその成分元素の単体から生成するときの
反応エンタルピーなので, H_2O (液) の係数が1となるように表します。

問4 　解法1 　**連立方程式の要領で解く！** 　　　　は単体

まず，メタン CH_4 の燃焼エンタルピーを表す式は，

$$1\,CH_4\,(気) + 2\,O_2\,(気) \longrightarrow CO_2\,(気) + 2\,H_2O\,(液) \quad \Delta H_2 = -890\,kJ \quad \cdots ②$$

└──物質 1 mol が　　　　　　　　　　　　完全燃焼している

次に，黒鉛 C の燃焼エンタルピーを表す式は，

$$1\,C\,(黒鉛) + O_2\,(気) \longrightarrow CO_2\,(気) \quad \Delta H_3 = -394\,kJ \quad \cdots ③$$

└──物質 1 mol が　　　　　　完全燃焼している

となります。最後に，求めるメタン CH_4 の生成エンタルピーを Q〔kJ/mol〕とすると，④式のように表すことができます。

$$C\,(黒鉛) + 2\,H_2\,(気) \longrightarrow CH_4\,(気) \quad \Delta H_4 = Q\,(kJ) \quad \cdots ④$$

成分元素の単体　　　　　　　　化合物 1 mol

①式～③式を使って，④式をつくるためにはどうすればよいでしょうか。④式の中にない O_2（気），CO_2（気），H_2O（液）を消去すればよさそうですね。ここで，O_2（気）は①式～③式のすべてにあるので，①式，②式にしか含まれていない H_2O（液）か，②式，③式にしか含まれていない CO_2（気）を消去した方が簡単そうです。そこで，今回は H_2O（液）を消去してみます。

まず，①式×2－②式で H_2O（液）を消去できます。

$$2\,H_2\,(気) + O_2\,(気) \longrightarrow 2\,\cancel{H_2O\,(液)} \quad \Delta H_1 \times 2 \quad \Leftarrow ①式 \times 2$$

$$-)\,CH_4\,(気) + 2\,O_2\,(気) \longrightarrow CO_2\,(気) + 2\,\cancel{H_2O\,(液)} \quad \Delta H_2 \quad \Leftarrow ②式$$

$$\overline{2\,H_2\,(気) - CH_4\,(気) - O_2\,(気) \longrightarrow -CO_2\,(気) \quad \Delta H_1 \times 2 - \Delta H_2} \quad \cdots ⑤$$

次に，⑤式＋③式で O_2（気）と CO_2（気）をまとめて消去することができます。

$$2\,H_2\,(気) - CH_4\,(気) - \cancel{O_2\,(気)} \longrightarrow -\cancel{CO_2\,(気)} \quad \Delta H_1 \times 2 - \Delta H_2 \quad \Leftarrow ⑤式$$

$$+)\,C\,(黒鉛) + \cancel{O_2\,(気)} \longrightarrow \cancel{CO_2\,(気)} \quad \Delta H_3 \quad \Leftarrow ③式$$

$$\overline{2\,H_2\,(気) - CH_4\,(気) + C\,(黒鉛) \longrightarrow \Delta H_1 \times 2 - \Delta H_2 + \Delta H_3} \quad \Leftarrow ⑤式 + ③式$$

よって，$C\,(黒鉛) + 2\,H_2\,(気) \longrightarrow CH_4\,(気)$ 　$\boxed{\Delta H_1 \times 2 - \Delta H_2 + \Delta H_3}$

$\Delta H_4 = \Delta H_1 \times 2 - \Delta H_2 + \Delta H_3$ となり，　　　　　　　↓

これが ΔH_4 に相当する

$$Q = (-286\,kJ) \times 2 - (-890\,kJ) + (-394\,kJ) = -76.0\,kJ$$

メタン CH_4 の生成エンタルピーは $-76.0\,kJ/mol$ となります。なお，CO_2（気）の消去からはじめても同じ解答になります。

解法2 　**エネルギー図を使って解く！**

①式，④式は，それぞれ水 H_2O（液），メタン CH_4 の生成エンタルピーを表しています（①式は水素 H_2 の燃焼エンタルピーも表しています）。また，③式は黒鉛 C の燃焼エンタルピーを表すと同時に二酸化炭素 CO_2 の生成エンタルピーも表していますね。

これらの<u>生成エンタルピーのデータを利用して問題を解く場合</u>には，まず「単体」ラインを1番上に引いて，エネルギー図をつくっていくと次のようになります。

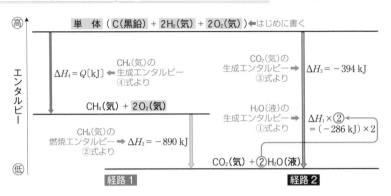

解法2 では，エネルギー図を見て，矢印の向きがすべて下向きにそろっていることを確認しましょう。もし，矢印の向きが上向きまたは下向きにすべてそろっていないときには，符号と矢印の向きを逆にして（＋は−，−は＋に直します），すべての矢印の向きをそろえてから計算します。

経路1 と 経路2 のどちらを通っても反応エンタルピーの大きさは変わらない（ヘスの法則）から，経路1 ＝ 経路2，つまり $\Delta H_4 + \Delta H_2 = \Delta H_3 + \Delta H_1 \times 2$ となり，

$$Q + (-890 \text{ kJ}) = (-394 \text{ kJ}) + (-286 \text{ kJ}) \times 2$$

よって，$Q = -76.0 \text{ kJ}$

参考 「生成エンタルピーのデータを使って反応エンタルピーを求める」場合は，次の公式にあてはめて解くこともできます。

> 反応エンタルピー＝（右辺にある物質の生成エンタルピーの合計）
> 　　　　　　　　−（左辺にある物質の生成エンタルピーの合計）

①式，③式，④式はすべて生成エンタルピーのデータなので，燃焼エンタルピーを表している②式を上の公式にあてはめると次のようになります（単体の生成エンタルピーは0とするので，O_2（気）の生成エンタルピーは0になります）。

$$\underset{\substack{CH_4(気)の燃焼\\エンタルピー}}{-890 \text{ kJ}} = \underset{\substack{右辺にある CO_2(気)とH_2O(液)の\\生成エンタルピーの合計}}{\{(-394 \text{ kJ}) + (-286 \text{ kJ}) \times 2\}} - \underset{\substack{左辺にある CH_4(気)の\\生成エンタルピー}}{Q}$$

よって，$Q = -76.0 \text{ kJ}$

答

問1　ヘスの法則　　問2　実験

問3　H_2（気）$+ \dfrac{1}{2} O_2$（気）$\longrightarrow H_2O$（液）　$\Delta H = -286 \text{ kJ}$

問4　-76.0 kJ/mol

　右表は，共有結合の結合エネルギーを示したものである。この表の値を用いて，次の問いに答えよ。答えは，整数値で示せ。

結合の種類	結合エネルギー〔kJ/mol〕
H–H	436
O=O	498
C–H	415
O–H	463
C=O	804

問1　気体状態の水の生成エンタルピーは何 kJ/mol か。

問2　メタン（気体）の燃焼エンタルピーは何 kJ/mol か。ただし，生成する H_2O は液体とし，水の蒸発エンタルピーは 44 kJ/mol（25℃）とする。

（工学院大・改）

精　講　　（結合エネルギー（結合エンタルピー）

　　例えば，水素分子 H_2 1 mol を分解して，水素原子 H 2 mol にするのに 436 kJ のエネルギーを加える必要があります。これをエンタルピー変化を付した反応式で表すと，次のようになります。

$$H_2（気） \longrightarrow 2H（気）\quad \Delta H = 436\ kJ$$
　←結合を切るため「左辺」に結合エネルギーを加えるので，吸熱反応，つまり $\Delta H > 0$ になる

　このように，**気体分子内の共有結合 1 mol を切り離すのに必要なエネルギー**をその共有結合の**結合エネルギー**（結合エンタルピー）といいます（➡p.112）。

　また，**多原子分子（構成原子の数が 3 個以上の分子）をそれぞれの構成原子にするには，分子を構成する各原子間の結合エネルギーの合計に相当するエネルギーが必要**になります。例えば，1 mol のメタン CH_4 を 1 mol の炭素原子と 4 mol の水素原子に分解するためには，1660 kJ のエネルギーが必要になります。これをエンタルピー変化を付した反応式で表すと次のようになります。

$$CH_4（気） \longrightarrow C（気）+ 4H（気）\quad \Delta H = 1660\ kJ$$

　ここで，メタン CH_4 1 分子中には C–H 結合が 4 個あるので，C–H 結合の結合エネルギーはその平均を考えて，

$$\frac{1660\ kJ}{4\ mol} = 415\ kJ/mol$$
　←H–C–H 1 個（1 mol）中に C–H 4 個（4 mol）なので

とします。

問1 解法1 **連立方程式の要領で解く！**

求める気体状態の水 H_2O の生成エンタルピーを Q_1 〔kJ/mol〕とすると，①式のように表すことができます。

$$\underbrace{H_2(気) + \frac{1}{2}O_2(気)}_{成分元素の単体} \longrightarrow \underbrace{H_2O(気)}_{化合物} \quad \Delta H_1 = Q_1 \text{〔kJ〕} \quad \cdots①$$

表の結合エネルギーの値を使って表すと，②式～④式が得られます。

▨▨は気体状の原子

$$H_2(気) \longrightarrow \boxed{2H(気)} \quad \Delta H_2 = 436 \text{ kJ} \quad \cdots② \quad ←結合エネルギーは，$$
$$O_2(気) \longrightarrow \boxed{2O(気)} \quad \Delta H_3 = 498 \text{ kJ} \quad \cdots③ \quad 常に \Delta H > 0 になる$$

ここで，$O-H$ の結合エネルギーが 463 kJ/mol なので，H_2O (気) 1 mol 中の $O-H$ 結合をすべて切断するのに必要なエネルギーは，

$$463 \times 2 = 926 \text{ kJ} \quad ←\text{H}^{\diagup\text{O}}\diagdown_\text{H} \text{ の O-H結合は，2か所ある}$$

となります。

よって，

$$H_2O(気) \longrightarrow 2H(気) + O(気) \quad \Delta H_4 = 926 \text{ kJ} \quad \cdots④$$

②式～④式を使って，①式を表現するので，②式＋③式×$\frac{1}{2}$－④式 より，

$$H_2(気) \longrightarrow \cancel{2H(気)} \quad \Delta H_2 \quad ←②式$$
$$+\left) \frac{1}{2}O_2(気) \longrightarrow \cancel{O(気)} \quad \Delta H_3 \times \frac{1}{2} \quad ←③式 \times \frac{1}{2}\right.$$
$$-) H_2O(気) \longrightarrow \cancel{2H(気) + O(気)} \quad \Delta H_4 \quad ←④式$$
$$H_2(気) + \frac{1}{2}O_2(気) - H_2O(気) \longrightarrow \Delta H_2 + \Delta H_3 \times \frac{1}{2} - \Delta H_4 \quad ←②式＋③式 \times \frac{1}{2} - ④式$$

①式の中にないH(気), O(気) を消去した

$$H_2(気) + \frac{1}{2}O_2(気) \longrightarrow H_2O(気) \quad \underline{\Delta H_2 + \Delta H_3 \times \frac{1}{2} - \Delta H_4}$$

これが ΔH_1 に相当する

よって，$\Delta H_1 = \Delta H_2 + \Delta H_3 \times \frac{1}{2} - \Delta H_4$ となり，

$$Q_1 = 436 \text{ kJ} + (498 \text{ kJ}) \times \frac{1}{2} - 926 \text{ kJ}$$

$$= -241 \text{ kJ}$$

気体状態の水の生成エンタルピーは，-241 kJ/mol になります。

解法2 エネルギー図を使って解く！

　結合エネルギーのデータを利用して問題を解く場合には，まず「気体状の原子（バラバラ原子）」ラインを1番上に引いて，エネルギー図をつくります（➡p.117）。すると次のようになります。

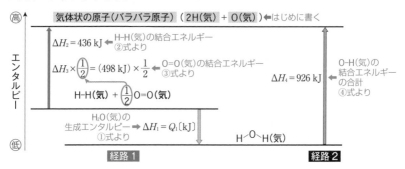

　エネルギー図を見ると，矢印の向きがすべてそろっていないのですべて上向きか，すべて下向きにそろえます。

(i)すべて上向きにそろえる場合

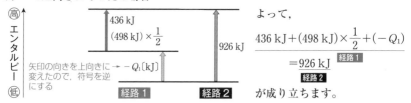

よって，

$$436\text{ kJ} + (498\text{ kJ}) \times \frac{1}{2} + (-Q_1)$$
$$= 926\text{ kJ}$$

が成り立ちます。

(ii)すべて下向きにそろえる場合

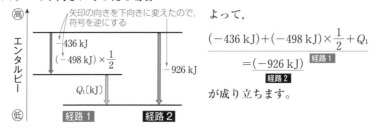

よって，

$$(-436\text{ kJ}) + (-498\text{ kJ}) \times \frac{1}{2} + Q_1$$
$$= (-926\text{ kJ})$$

が成り立ちます。

　よって，どちらの式からも $Q_1 = -241\text{ kJ}$ と求められます。

問2 **解法1** 連立方程式の要領で解く！ 　　　は気体状の原子

　求めるメタン CH_4 の燃焼エンタルピーを Q_2〔kJ/mol〕とすると，⑤式のように表すことができます。

　　　　　　　　　　　　　　　　　　　問題文に，生成する H_2O は液体とある

$$CH_4(気) + 2O_2(気) \longrightarrow CO_2(気) + 2H_2O(液) \quad \Delta H_5 = Q_2〔kJ〕 \quad \cdots⑤$$

└─1 mol が　　　　　　　　　　　　完全燃焼している

メタン CH_4（気）の結合エネルギーの合計から，

$$CH_4（気） \longrightarrow \boxed{C（気）} + \boxed{4H（気）} \quad \Delta H_6 = 1660\,kJ \quad \cdots ⑥$$

└ CH_4 1分子中に C–H 結合が 4 個
あるので，$415 \times 4 = 1660$ となる

二酸化炭素 CO_2（気）の結合エネルギーの合計から，

$$CO_2（気） \longrightarrow \boxed{C（気）} + \boxed{2O（気）} \quad \Delta H_7 = 1608\,kJ \quad \cdots ⑦$$

└ CO_2 1分子中に C=O 結合が 2 個
あるので，$804 \times 2 = 1608$ となる

25℃ の水の蒸発エンタルピー $44\,kJ/mol$ から，

$$H_2O（液） \longrightarrow H_2O（気） \quad \Delta H_8 = 44\,kJ \quad \cdots ⑧$$

とそれぞれ表すことができます。

⑥式＋③式×2－⑦式－④式×2－⑧式×2 より，

$$CH_4（気） + 2O_2（気） - CO_2（気） - 2H_2O（液）$$
$$\longrightarrow \Delta H_6 + \Delta H_3 \times 2 - \Delta H_7 - \Delta H_4 \times 2 - \Delta H_8 \times 2 \quad \Leftarrow ⑤式の中にないC（気），$$
O（気），H（気），H_2O（気）
を消去した
$$CH_4（気） + 2O_2（気） \longrightarrow CO_2（気） + 2H_2O（液）$$
$$\underline{\Delta H_6 + \Delta H_3 \times 2 - \Delta H_7 - \Delta H_4 \times 2 - \Delta H_8 \times 2}$$
これが ΔH_5 に相当する

よって，$\Delta H_5 = \Delta H_6 + \Delta H_3 \times 2 - \Delta H_7 - \Delta H_4 \times 2 - \Delta H_8 \times 2$ となり，

$$Q_2 = 1660\,kJ + (498\,kJ) \times 2 - 1608\,kJ - (926\,kJ) \times 2 - (44\,kJ) \times 2 = -892\,kJ$$

メタンの燃焼エンタルピーは，$-892\,kJ/mol$ になります。

解法2 エネルギー図を使って解く！

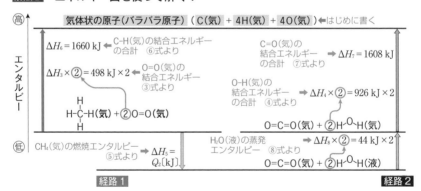

エネルギー図を見ると，矢印の向きがすべてそろっていないので，すべて上向きにそろえると次の式が成り立ちます。

矢印の向きを上向きに変えると符号は逆になる

$$\underline{1660\,kJ + (498\,kJ) \times 2 - Q_2} = \underline{1608\,kJ + (926\,kJ) \times 2 + (44\,kJ) \times 2}$$
経路1 　　　　　　　　　　経路2

よって，$Q_2 = -892\,kJ$ と求められます。

参考 「結合エネルギーのデータを使って反応エンタルピーを求める」場合は，次の公式

> **反応エンタルピー＝(左辺にある物質の結合エネルギーの合計)**
> **　　　　　　　　　－(右辺にある物質の結合エネルギーの合計)**

にあてはめて解くこともできます。

(注) ただし，この公式は反応物と生成物がすべて気体のときに成立します。

問1 ②式，③式，④式の結合エネルギーのデータと，生成エンタルピーを表している①式を公式にあてはめると次のようになります。

$$Q_1 = \left\{ 436\,\text{kJ} + (498\,\text{kJ}) \times \frac{1}{2} \right\} - 926\,\text{kJ} = -241\,\text{kJ}$$

Q_1：H_2O(気)の生成エンタルピー　H_2(気)の結合エネルギー　O_2(気)の結合エネルギーの合計　[左辺]　　H_2O(気)の結合エネルギーの合計　[右辺]

よって，気体状態の水の生成エンタルピーは，$-241\,\text{kJ/mol}$ になります。

問2 反応物と生成物がすべて気体のときに公式が成立するので，まずH_2O(液)を消去するために⑤式＋⑧式×2を行います。

$$\text{CH}_4\,(気) + 2\,\text{O}_2\,(気) \longrightarrow \text{CO}_2\,(気) + 2\,\cancel{\text{H}_2\text{O}\,(液)} \quad \Delta H_5 = Q_2\,[\text{kJ}] \quad \Leftarrow ⑤式$$

$$+)\qquad\qquad 2\,\cancel{\text{H}_2\text{O}\,(液)} \longrightarrow 2\,\text{H}_2\text{O}\,(気) \qquad\qquad \Delta H_8 \times 2 = (44\,\text{kJ}) \times 2 \quad \Leftarrow ⑧式 \times 2$$

$$\overline{\text{CH}_4\,(気) + 2\,\text{O}_2\,(気) \longrightarrow \text{CO}_2\,(気) + 2\,\text{H}_2\text{O}\,(気)} \quad \begin{aligned} &\Delta H_5 + \Delta H_8 \times 2 \\ &= Q_2 + (44\,\text{kJ}) \times 2 \quad \cdots\cdots ⑨ \end{aligned}$$

次に，⑨式の反応物と生成物がすべて気体であることを確認したら，⑥式，③式，⑦式，④式の結合エネルギーのデータと⑨式を公式にあてはめると次のようになります。

$$\underset{\text{反応エンタルピー}}{Q_2 + (44\,\text{kJ}) \times 2}$$

$$= \left\{ 1660\,\text{kJ} + (498\,\text{kJ}) \times 2 \right\} - \left\{ 1608\,\text{kJ} + (926\,\text{kJ}) \times 2 \right\}$$

CH_4(気)の結合エネルギーの合計　O_2(気)の結合エネルギーの合計　[左辺]　　CO_2(気)の結合エネルギーの合計　H_2O(気)の結合エネルギーの合計　[右辺]

$$Q_2 = -892\,\text{kJ}$$

よって，メタンの燃焼エンタルピーは，$-892\,\text{kJ/mol}$ になります。

答　**問1** $-241\,\text{kJ/mol}$　　**問2** $-892\,\text{kJ/mol}$

8. 酸と塩基

28 酸・塩基の定義

化学基礎

次の文章を読み，下の問いに答えよ。

アレニウスによれば，酸は水中で電離し H^+ を生じる物質であり，塩基は水中で電離し OH^- を生じる物質である。この定義によれば CO_2 や NH_3 は酸や塩基ではない。しかし，これらは水と反応することで，酸性や塩基性を示すので，それぞれを酸または酸性物質，塩基または塩基性物質と定義することができる。

一般に，金属元素，非金属元素の酸化物はこの定義で塩基性物質，酸性物質に分類される。ところが，気体の塩化水素と気体のアンモニアを混合すると，

$$HCl + NH_3 \longrightarrow NH_4Cl$$

で示される反応が進行し，NH_4Cl が生成する。つまり，気体の塩化水素とアンモニアも，水溶液中で塩化水素とアンモニアを混合したときと同じ塩を生成する。そこで，この反応も酸塩基反応とみなすことができるが，アレニウスの定義では説明できない。しかし，この反応は水溶液以外の状況でも有効なブレンステッドとローリーの定義で酸塩基反応として説明できる。

問1 ブレンステッドとローリーの酸・塩基の定義を 30 字程度で説明せよ。

問2 ブレンステッドとローリーの酸・塩基の定義にしたがうと，

$$CH_3COOH + HCl \rightleftharpoons CH_3COOH_2^+ + Cl^-$$

の正反応，逆反応では，それぞれどの物質が酸，塩基となるか，化学式で示せ。

(甲南大)

 精 講 〔酸・塩基の定義〕

アレニウスの定義では，

> 酸：水中で電離し H^+ を生じる物質で，HA のように表されるもの
> 塩基：水中で電離し OH^- を生じる物質で，BOH のように表されるもの

としています。例えば，硝酸 HNO_3 は酸，水酸化バリウム $Ba(OH)_2$ は塩基です。

$$HNO_3 \xrightarrow{\text{水}} H^+ + NO_3^- \text{（電離）}$$
$$Ba(OH)_2 \xrightarrow{\text{水}} Ba^{2+} + 2OH^- \text{（電離）}$$

ただし，酸から生じた H^+ はこのまま存在しているのではなく，水分子の非共有電子対と配位結合をしたオキソニウムイオン H_3O^+ として存在しています。

$$\begin{cases} HNO_3 \xrightarrow{\text{水中}} NO_3^- + H^+ \text{(電離)} \\ H^+ + \overset{..}{\underset{H}{O}}:H \xrightarrow{\text{配位結合}} \left[H:\overset{..}{\underset{H}{O}}:H \right]^+ \quad \bigcirc\!\!\!\bigcirc\text{は, 非共有電子対を表す} \end{cases}$$

$$\text{オキソニウムイオン } H_3O^+$$

よって，硝酸 HNO_3 の電離をより正確に表すと次のようになります。

$$HNO_3 + H_2O \longrightarrow NO_3^- + H_3O^+$$

そこで酸と塩基の反応では H^+ のやりとりが起こっていると考え，ブレンステッド・ローリーの定義では，

酸：H^+ を与える物質　　塩基：H^+ を受けとる物質

とします。この定義により，水溶液中だけでなく，H^+ が移動する反応はすべて酸塩基反応ということができます。

Point 56

	酸	塩基
アレニウスの定義	水中で H^+ を生じる物質	水中で OH^- を生じる物質
ブレンステッド・ローリーの定義	H^+ を与える物質	H^+ を受けとる物質

解説

問1　ブレンステッド・ローリーの定義では，水素イオン H^+ を与える物質が酸，受けとる物質が塩基です。

問2　まず，左から右への正反応では，HCl が CH_3COOH へ H^+ を与えていますね。

$$CH_3COOH + \textcircled{H}Cl \longrightarrow CH_3COOH_2^+ + Cl^-$$

よって，HCl が酸，CH_3COOH が塩基となります。

次に，右から左への逆反応では，$CH_3COOH_2^+$ が Cl^- へ H^+ を与えています。

$$CH_3COO\textcircled{H}_2^+ + Cl^- \longrightarrow CH_3COOH + HCl$$

よって，$CH_3COOH_2^+$ が酸，Cl^- が塩基となります。

答

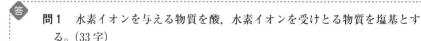

問1　水素イオンを与える物質を酸，水素イオンを受けとる物質を塩基とする。(33字)

問2　$\begin{cases} \text{正反応：酸…HCl，塩基…}CH_3COOH \\ \text{逆反応：酸…}CH_3COOH_2^+\text{，塩基…}Cl^- \end{cases}$

必修 基礎問

29　酸・塩基の強弱と価数

〈化学基礎〉

　次表は，水溶液中での酸や塩基の価数と強弱をまとめたものである。表中の□□□に入る物質を【選択欄】より選べ。

強酸	弱酸	価数	弱塩基	強塩基
HCl ア	HCN イ	1価	ウ	NaOH KOH
H₂SO₄	(COOH)₂ CO₂ (水中) エ	2価	Cu(OH)₂ Mg(OH)₂	Ca(OH)₂ Ba(OH)₂
	オ	3価		

【選択欄】　① 硫化水素　　② リン酸　　③ 硝酸　　④ アンモニア
　　　　　　　⑤ 酢酸

(大東文化大)

表にあるものを中心に，酸や塩基の価数と強弱は覚えてください。

1価の強酸　➡　塩酸 HCl，硝酸ア HNO₃
2価の強酸　➡　硫酸 H₂SO₄
1価の弱酸　➡　シアン化水素 HCN，酢酸イ CH₃COOH
2価の弱酸　➡　シュウ酸 (COOH)₂ または H₂C₂O₄，
　　　　　　　炭酸 CO₂ (水中) つまり CO₂ + H₂O または H₂CO₃，
　　　　　　　硫化水素エ H₂S
3価の弱酸　➡　リン酸オ H₃PO₄
1価の強塩基　➡　水酸化ナトリウム NaOH，水酸化カリウム KOH
　　　　　　　　└→アルカリ金属の水酸化物
2価の強塩基　➡　水酸化カルシウム Ca(OH)₂，水酸化バリウム Ba(OH)₂
　　　　　　　　└→Be と Mg を除くアルカリ土類金属の水酸化物
1価の弱塩基　➡　アンモニアウ NH₃
2価の弱塩基　➡　水酸化銅 (Ⅱ) Cu(OH)₂，水酸化マグネシウム Mg(OH)₂

　ア：③　イ：⑤　ウ：④　エ：①　オ：②

30 中和反応と物質量計算

問1 正確に 10 倍に薄めた希塩酸 10 mL を，0.10 mol/L の水酸化ナトリウ
ム水溶液で滴定したところ，中和までに 8.0 mL を要した。薄める前の希
塩酸の濃度は何 mol/L か。最も適当な数値を，次の①〜⑤のうちから 1
つ選べ。

① 0.080 ② 0.16 ③ 0.40 ④ 0.80 ⑤ 1.2

問2 2 価の酸 0.300 g を含んだ水溶液を完全に中和するのに，0.100 mol/L
の水酸化ナトリウム水溶液 40.0 mL を要した。この酸の分子量として最
も適当な数値を，次の①〜⑤のうちから 1 つ選べ。

① 75.0 ② 133 ③ 150 ④ 266 ⑤ 300

問3 0.0500 mol/L の硫酸 1000 mL に，アンモニアを吸収させた。このとき，
溶液の体積は変わらなかったものとする。この溶液を 10.0 mL はかり取り，
0.100 mol/L の水酸化ナトリウム水溶液で滴定したところ，中和するのに
4.00 mL を要した。吸収されたアンモニアの体積は $0℃$，1.013×10^5 Pa で
何 L か。$0℃$，1.013×10^5 Pa の気体のモル体積を 22.4 L/mol とし，最も適
当な数値を，次の①〜⑥のうちから 1 つ選べ。

① 0.134 ② 0.224 ③ 0.448 ④ 1.34 ⑤ 2.24

⑥ 4.48 （センター試験）

精 講 　中和反応

　　　　　　　酸と塩基 (➡p.125) の水溶液を混ぜ合わせると，酸のもつ H^+
と塩基のもつ OH^- が反応して H_2O が生じ，残されたイオンによって塩が生じ
ます。つまり，

　　　　酸 ＋ 塩基 ⟶ 塩 ＋ H_2O

という変化が起こり，これを中和反応とよびます。例えば，

①水酸化ナトリウムと塩酸の場合

　　　　$NaOH + HCl \longrightarrow NaCl + H_2O$ ➡NaOH 1 mol と HCl 1 mol が反応

②水酸化ナトリウムと硫酸の場合

　　　　$2NaOH + H_2SO_4 \longrightarrow Na_2SO_4 + 2H_2O$ ➡NaOH 2 mol と H₂SO₄ 1 mol が
　　　　　　　　　　　　　　　　　　　　　　　　　　反応

③水酸化ナトリウムと酢酸の場合

　　　　$NaOH + CH_3COOH \longrightarrow CH_3COONa + H_2O$ ➡NaOH 1 mol と
　　　　　　　　　　　　　　　　　　　　　　　　　　CH₃COOH 1 mol が反応

④アンモニアと塩酸の場合

$$NH_3 + HCl \longrightarrow NH_4Cl \quad \blacktriangleright NH_3 \text{ 1 mol と HCl 1 mol が反応}$$

のように中和反応が起こり，このとき酸と塩基の量的関係は，酸や塩基の強弱には影響されません。例えば，

$$CH_3COOH \rightleftharpoons CH_3COO^- + H^+ \quad \cdots (※) \quad \blacktriangleleft 酢酸は弱酸なので平衡となっている$$

のように電離している酢酸 CH_3COOH は水酸化ナトリウム $NaOH$ を加えると，$H^+ + OH^- \longrightarrow H_2O$ の反応が起こることで，H^+ がなくなり（※）の平衡が右へ移動し，再び H^+ が生じます。この変化は，CH_3COOH がある限り続くので，CH_3COOH 1 mol に対し $NaOH$ を 1 mol 加えないと中和は完了しません。

　つまり，**中和反応が完了する点**（中和点）は，酸や塩基の強弱に関係なく酸が出すことのできる H^+ と塩基が出すことのできる OH^- の物質量〔mol〕が等し
_{または塩基の受けとることのできる H^+}
くなるように加えた点となります。

 Point 57 　中和反応の終わる点（中和点）

　中和反応の終わる点（中和点）は，
　　　　酸が出すことのできる H^+ の物質量〔mol〕
　　　　　　　＝塩基が出すことのできる OH^- の物質量〔mol〕
　となった点。

解　説

問1　薄める前の塩酸 HCl の濃度を x〔mol/L〕とします。この x〔mol/L〕の塩酸 HCl を 10 倍に薄めると，その濃度は $\frac{1}{10}$ 倍の $\frac{1}{10}x$〔mol/L〕となります。今回は，この $\frac{1}{10}x$〔mol/L〕の希塩酸 HCl 10 mL，つまり $10 \text{ mL} \times \dfrac{1 \text{ L}}{10^3 \text{ mL}} = \dfrac{10}{1000} \text{ L}$ を 0.10 mol/L 水酸化ナトリウム $NaOH$ 水溶液 8.0 mL で滴定しています。ここで，

$$1HCl + 1NaOH \longrightarrow NaCl + H_2O \quad \blacktriangleleft H^+ + OH^- \longrightarrow H_2O \text{ が起こり，} Na^+ \text{ と } Cl^- \text{ が残る}$$

のように HCl と $NaOH$ は ①:1 の物質量比で反応する ので，成り立つ式は，

$$\underbrace{\frac{\frac{1}{10}x \text{〔mol〕}}{1 \text{ L}} \times \frac{10}{1000} \text{ L}}_{HCl \text{〔mol〕}} = \underbrace{\frac{0.10 \text{ mol}}{1 \text{ L}} \times \frac{8.0}{1000} \text{ L}}_{加えた NaOH \text{〔mol〕}}$$

となります。

　よって，$x = 0.80$ mol/L　となります。

問2　2価の酸の化学式を H_2X とすると，

$$1H_2X + 2NaOH \longrightarrow Na_2X + 2H_2O \quad \leftarrow \text{H}_2\text{X 1 分子が H}^+ \text{を 2 個出すので，OH}^- \text{が 2 個，}$$
つまり NaOH 2 個が中和に必要

のように H_2X と NaOH は $1:2$ の物質量比で反応するので，H_2X の分子量を M，つまり M〔g/mol〕とすると，次の式が成り立ちます。

$$0.300 \, g \times \frac{1 \text{ mol}}{M \text{〔g〕}} : \frac{0.100 \text{ mol}}{1 \, L} \times \frac{40.0}{1000} \, L = 1 : 2 \quad \leftarrow \begin{matrix}\text{H}_2\text{X〔mol〕：NaOH〔mol〕}\\ =1:2 \text{ より}\end{matrix}$$

g どうしを消去して，mol を残す ── L どうしを消去して，mol を残す

よって，$M = 150$ となります。

別解 価数に注目して解くこともできます。

$$\underbrace{\frac{0.300}{M} \times ②}_{\text{酸が放出した H}^+ \text{〔mol〕}} = \underbrace{0.100 \times \frac{40.0}{1000} \times ①}_{\text{塩基が放出した OH}^- \text{〔mol〕}} \quad \text{より，} M = 150$$

H₂X〔mol〕 H⁺〔mol〕 　 NaOH〔mol〕 OH⁻〔mol〕
（②価）　　　　　　　　　　　　　（①価）

問 3 吸収させた NH_3 を x〔mol〕とし，問題文の操作を図に表してみます。

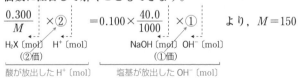

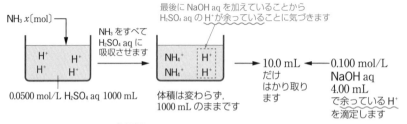

上の図のような滴定を<ruby>逆滴定<rt>ぎゃくてきてい</rt></ruby>といいます。

Point 58 逆滴定

　NH_3 は気体なので，中和滴定で直接その量を決めることが難しく，過剰の酸に吸収させて余った酸を NaOH などの塩基で滴定することで，NH_3 の量を決定する。

　逆滴定は，操作が複雑なので，価数に注目して解きましょう。

　十分量の希硫酸にアンモニアを吸収させると，次のような反応が起こり，アンモニウムイオンが生じます。

$$H^+ \quad + \quad NH_3 \longrightarrow NH_4^+ \quad \Rightarrow \text{H}^+ \text{と NH}_3 \text{は } \underline{1:1} \text{の物質量比で反応する}$$

希硫酸中 　アンモニア 　アンモニウ
の H⁺ 　　　　　　　　ムイオン

130

はかり取った 10.0 mL の水溶液中には，H^+ が

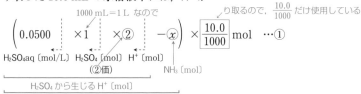

余っており，この H^+ の物質量を調べるために 0.100 mol/L NaOH 水溶液で滴定すると，4.00 mL 必要です。

NaOH から放出される OH^- の物質量〔mol〕は，

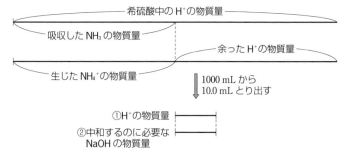

この一連の操作での物質量の関係を線分図で表すと次のようになります。

①＝② が成り立つので，

$$(0.0500 \times 1 \times 2 - x) \times \frac{10.0}{1000} = 0.100 \times \frac{4.00}{1000} \times 1$$

①より，はかり取った 10.0 mL 中に余っている H^+〔mol〕
②より，NaOH から放出された OH^-〔mol〕

よって，$x = 0.0600$ mol

0℃，1.013×10^5 Pa でのモル体積は 22.4 L/$_1$mol なので，希硫酸に吸収された NH_3 の体積は 0℃，1.013×10^5 Pa で

$$0.0600 \text{ mol} \times \frac{22.4 \text{ L}}{1 \text{ mol}} = 1.34 \text{ L}$$

となります。

答 問 1 ④ 問 2 ③ 問 3 ④

次の(1)〜(4)の各塩の水溶液は，酸性，中性，塩基性のいずれの性質を示すか。

(1)　NaCl　　(2)　CH₃COONa　　(3)　NH₄Cl　　(4)　Na₂SO₄　　　　〔工学院大〕

精講　　　塩の加水分解反応

酸には塩酸 HCl，硝酸 HNO₃，硫酸 H₂SO₄ のような<ruby>強酸<rt>きょうさん</rt></ruby>もあれば，酢酸 CH₃COOH のような<ruby>弱酸<rt>じゃくさん</rt></ruby>もあります。強酸は薄い水溶液ではほぼ完全に電離していますが，弱酸は 0.10 mol/L くらいの濃度ではあまり電離していません。

$$\begin{cases} \underset{\text{強酸}}{HCl} \longrightarrow H^+ + Cl^- & \blacktriangleleft\text{強酸は，完全に電離している} \\ \underset{\text{弱酸}}{CH_3COOH} \rightleftharpoons CH_3COO^- + H^+ & \blacktriangleleft\text{弱酸は，一部が電離している} \end{cases}$$

また，塩基にも**水酸化ナトリウム NaOH や水酸化バリウム Ba(OH)₂ のような強塩基**もあれば，**アンモニア NH₃ のような弱塩基**もあります。

$$\begin{cases} \underset{\text{強塩基}}{NaOH} \longrightarrow Na^+ + OH^- & \blacktriangleleft\text{アルカリ金属 (Na，K…) や Be と Mg を除くアル} \\ & \text{カリ土類金属 (Ca，Sr…) の水酸化物は強塩基} \\ \underset{\text{弱塩基}}{NH_3} + H_2O \rightleftharpoons NH_4^+ + OH^- & \blacktriangleleft\text{弱塩基は，一部が電離している} \end{cases}$$

ここで，塩（➡p.128）は塩基の陽イオンと酸の陰イオンからなり，水溶液中ではふつう次のようにほぼ完全に電離しています。

$$\begin{cases} NaCl \xrightarrow{\text{水}} Na^+ + Cl^- \\ CH_3COONa \xrightarrow{\text{水}} CH_3COO^- + Na^+ \\ NH_4Cl \xrightarrow{\text{水}} NH_4^+ + Cl^- \end{cases}$$
　　→ 電離しにくい塩は，沈殿（➡p.202）として暗記することになります

次に，これらの塩の水溶液が，酸性，中性，塩基性のいずれの性質を示すかを考えてみましょう。

例えば，強酸の陰イオンである Cl⁻ は H⁺ とくっつきにくいし，まして OH⁻ とはくっつきません。また，強塩基の陽イオンである Na⁺ は OH⁻ とくっつきにくいし，まして H⁺ とはくっつきません。そこで，これらのイオンが水中に存在しても，中性の純水と H⁺ や OH⁻ のバランスはほとんど変化していません。

ところが，弱酸の陰イオンである CH₃COO⁻ は H⁺ とくっつきやすく CH₃COO⁻

は水中で次のような変化を起こし，弱塩基性を示します。

$$CH_3COO^- + H_2O \rightleftharpoons CH_3COOH + OH^-$$ ←弱塩基性を示す

また，弱塩基の陽イオンである NH_4^+ は OH^- に対し H^+ を与えることができ，NH_4^+ は水中で次のような変化を起こし，弱酸性を示します。

$$NH_4^+ + H_2O \rightleftharpoons NH_3 + H_3O^+$$ ←弱酸性を示す

このように，塩の中に含まれる**弱酸の陰イオンや弱塩基の陽イオンが水中で H_2O に対して塩基として働いたり，酸として働く反応を塩の加水分解**といいます。

Point 59 塩の加水分解

水に対して，弱酸の陰イオンは塩基，弱塩基の陽イオンは酸として働く。

解説

(1), (4) $$NaCl \xrightarrow{水} Na^+ + Cl^-$$

$$Na_2SO_4 \xrightarrow{水} 2Na^+ + SO_4^{2-}$$

Na^+, Cl^-, SO_4^{2-} いずれも強酸，強塩基からのイオンなので加水分解しにくいため，水溶液は中性です。

(2) $$CH_3COONa \xrightarrow{水} CH_3COO^- + Na^+$$

Na^+ は加水分解しにくいですが，CH_3COO^- が弱酸の陰イオンなので，次のように加水分解します。

$$CH_3COO^- + H_2O \rightleftharpoons CH_3COOH + OH^-$$ ←CH_3COO^- が H_2O から H^+ をもらう

このため OH^- が生じ，塩基性を示します。

(3) $$NH_4Cl \xrightarrow{水} NH_4^+ + Cl^-$$

Cl^- は加水分解しにくいですが，NH_4^+ が弱塩基の陽イオンなので，次のように加水分解します。

$$NH_4^+ + H_2O \rightleftharpoons NH_3 + H_3O^+$$ ←NH_4^+ が H_2O に H^+ を与える

このため H_3O^+ が生じ，酸性を示します。

 答

(1) 中性　　(2) 塩基性　　(3) 酸性　　(4) 中性

32 弱酸の pH

次の文章を読み，下の問いに答えよ。ただし，数値はすべて有効数字 2 桁で答えよ。

塩酸のような強酸は水溶液中では完全に電離しているのに対し，酢酸のような弱酸は，水溶液中で一部の分子だけが電離し，大部分は分子のままで溶けている。電離していない分子と電離によって生じたイオンの間には，次の平衡が成立している。

$$CH_3COOH \rightleftharpoons CH_3COO^- + H^+$$

このときそれぞれの物質のモル濃度を $[CH_3COOH]$，$[CH_3COO^-]$，$[H^+]$ で表し，化学平衡の法則を適用すると，平衡定数 K_a は電離定数とよばれ，次式で定義される。

$$K_a = \boxed{1}$$

酢酸の全濃度を c 〔mol/L〕とし，電離度を α とすると K_a は次式で表される。

$$K_a = \boxed{2}$$

電離度が非常に小さい場合には，$1-\alpha \fallingdotseq 1$ とおけるので，次の近似式が得られる。

$$\alpha = \boxed{3}$$

純粋な水も水分子がわずかに電離して，イオンを生じている。H^+ と OH^- の濃度を $[H^+]$ と $[OH^-]$ で表すと，水のイオン積 K_w は次式で表される。

$$K_w = \boxed{4}$$

25℃ での K_w の値は，$\boxed{5}$ であるが，この値は温度が上昇するにつれて増加する。

問1 文中の $\boxed{}$ にあてはまる適当な式，または数値を記入せよ。

問2 25℃ での酢酸の K_a を $1.8 \times 10^{-5}\,mol/L$ として，$0.1\,mol/L$ の酢酸水溶液の電離度を求めよ。ただし，$\sqrt{180} = 13$ とする。

問3 この酢酸水溶液の 25℃ での pH を求めよ。ただし，$\log_{10} 1.3 = 0.1$ とする。

問4 $0.1\,mol/L$ 塩酸の 25℃ での pH を求めよ。

問5 丈夫な容器内に純粋な水を半分まで入れて密閉し加熱したところ，約 120℃ で K_w の値が 25℃ の 100 倍になった。このときの水の pH を求めよ。

（高知大）

　〔水のイオン積と pH〕
　　水溶液中の水素イオン H^+ や水酸化物イオン OH^- のモル濃度〔mol/L〕を $[H^+]$ や $[OH^-]$ と表します。H^+ や OH^- がともに十分にあると，中和して H_2O となるため，

$$H_2O \rightleftarrows H^+ + OH^-$$

で示される平衡状態でのみ互いに共存できます。このとき，

$$K = \frac{[H^+][OH^-]}{[H_2O]}$$

となります（➡p.185）が，酸や塩基が混ざっていても 0.1 mol/L 程度の水溶液では H_2O が十分にあるので，$[H_2O]$ の値は $[H^+]$ や $[OH^-]$ より大きく，ほとんど変化しないため，事実上一定とみなせます。
　そこで，

$$[H^+][OH^-] = K[H_2O]$$

で右辺の $K[H_2O]$ を定数 K_w とし，これを水のイオン積といいます。また，K の値は温度によって変化するため，K_w の値も温度によって変化します。25℃では $K_w = 1.0 \times 10^{-14}$ $(mol/L)^2$ となります。
　純粋な水や中性水溶液では $[H^+] = [OH^-]$ であり，

$$[H^+][OH^-] = K_w$$

より，

$$[H^+] \times [H^+] = K_w \quad \Rightarrow \quad [H^+]^2 = K_w \quad \Rightarrow \quad [H^+] = [OH^-] = \sqrt{K_w}\,(>0)$$

となります。したがって，25℃では

$$[H^+] = \sqrt{K_w} = \sqrt{1.0 \times 10^{-14}} = 1.0 \times 10^{-7} \, mol/L$$

となります。また，

$$[H^+][OH^-] = K_w$$

の関係式は，酸や塩基の水溶液でも薄い水溶液ならいつも成立します。
　次に，

$$[H^+] = 10^{-x} \, 〔mol/L〕 \text{ のとき，} pH = x = -\log_{10}[H^+]$$

と定義します。pH が大きな水溶液ほど水素イオン濃度 $[H^+]$ が小さい点に注意しましょう。

Point 60 水のイオン積と pH
1. $[H^+][OH^-] = K_w$　（薄い水溶液や水なら成立）
2. $pH = x$　なら　$[H^+] = 10^{-x}$〔mol/L〕

問1 酢酸の電離平衡に化学平衡の法則を適用します。このとき，**平衡定数 K_a は電離定数とよばれ**，次のように表すことができます（➡p.185）。

$$CH_3COOH \rightleftharpoons CH_3COO^- + H^+$$

$$K_a = \frac{[CH_3COO^-][H^+]}{[CH_3COOH]} \quad \Leftarrow \boxed{1}\ \text{の答え}$$

次に電離する前の酢酸の全濃度を c 〔mol/L〕，電離度を α とすると，電離した CH_3COOH は $c\alpha$ 〔mol/L〕となり，生じた CH_3COO^- や H^+ はいずれも $c\alpha$ 〔mol/L〕となります。

$$CH_3COOH \rightleftharpoons CH_3COO^- + H^+$$

電離前	c	0	0 〔mol/L〕
電離量	$-c\alpha$	$+c\alpha$	$+c\alpha$ 〔mol/L〕
電離後	$c(1-\alpha)$	$c\alpha$	$c\alpha$ 〔mol/L〕

◀電離度 α
$= \dfrac{\text{電離した酢酸 〔mol〕}}{\text{電離前の酢酸 〔mol〕}}$

これを $\boxed{1}$ に代入しましょう。

$$K_a = \frac{[CH_3COO^-][H^+]}{[CH_3COOH]} = \frac{c\alpha \cdot c\alpha}{c(1-\alpha)} = \frac{c\alpha^2}{1-\alpha} \quad \Leftarrow \boxed{2}\ \text{の答え}$$

電離度 α が非常に小さい場合には，$\boxed{1-\alpha \fallingdotseq 1}$ となり，$\boxed{2}$ の式にこの近似を適用すると，

$$K_a = \frac{c\alpha^2}{1-\alpha} \fallingdotseq \frac{c\alpha^2}{1} = c\alpha^2$$

となります。よって，$\alpha^2 = \dfrac{K_a}{c}$，$\alpha > 0$ なので，

$$\alpha = \sqrt{\frac{K_a}{c}} \quad \Leftarrow \boxed{3}\ \text{の答え}$$

となり，$[H^+] = c\alpha$ なので，$[H^+] = c \cdot \sqrt{\dfrac{K_a}{c}} = \sqrt{c^2 \cdot \dfrac{K_a}{c}} = \sqrt{cK_a}$　となります。

> 注 **近似のしかた**
> 　足し算や引き算をするときに大に対して小を無視することができます。
> 　　　大＋小 $\fallingdotseq$ 大　　　大－小 $\fallingdotseq$ 大
> 　ここでは α が非常に小さいため，$1-\alpha \fallingdotseq 1$　とできます。

水のイオン積は，

$$K_w = [H^+][OH^-] \quad \Leftarrow \boxed{4}\ \text{の答え}$$

と表すことができ，25℃ での K_w の値は

$$K_w = 1.0 \times 10^{-14}\ (mol/L)^2 \quad \Leftarrow \boxed{5}\ \text{の答え}$$

です。

問2 $K_a = 1.8 \times 10^{-5}$ mol/L，$c = 0.1$ mol/L なので，$\boxed{3}$ の式に代入すると，

$$\alpha=\sqrt{\frac{K_a}{c}}=\sqrt{\frac{1.8\times10^{-5}}{0.1}}=\sqrt{180\times10^{-6}}=\sqrt{180}\times10^{-3}\fallingdotseq13\times10^{-3}=1.3\times10^{-2}$$
$\uparrow$
$\sqrt{180}=13$ とあるので

問3 $c=0.1$ mol/L，$\alpha=1.3\times10^{-2}$（問2の答え）より，

$$[H^+]=c\alpha=0.1\times1.3\times10^{-2}=1.3\times10^{-3}\ mol/L$$

よって，

$$pH=-\log_{10}[H^+]=-\log_{10}(1.3\times10^{-3})=3-\log_{10}1.3=3-0.1=2.9$$
$\log_{10}1.3=0.1$ とあるので

別解 $c=0.1$ mol/L，$K_a=1.8\times10^{-5}$ mol/L を使って，

$$[H^+]=\sqrt{c\cdot K_a}=\sqrt{0.1\times1.8\times10^{-5}}$$
$$=\sqrt{180\times10^{-8}}=13\times10^{-4}=1.3\times10^{-3}\ mol/L$$

と求めることもできます。

問4 塩酸は強酸なので，0.1 mol/L 程度ならば，HCl は水中ですべて電離していると
してよいでしょう。

$$HCl \longrightarrow H^+ + Cl^-$$

よって，$[H^+]=0.1=10^{-1}$〔mol/L〕であり，

$$pH=-\log_{10}[H^+]=-\log_{10}10^{-1}=1.0$$

となります。

問5 120℃での水のイオン積 K_w は，25℃での K_w の値 1.0×10^{-14} (mol/L)² の
100倍 になったとあるので，

$$K_w=1.0\times10^{-14}\times\boxed{100}=1.0\times10^{-12}\ (mol/L)^2$$

よって，純水では $[H^+]=[OH^-]$ なので $[H^+]^2=K_w$ だから，

$[H^+]=\sqrt{K_w}=1.0\times10^{-6}$ mol/L となり，

$$pH=-\log_{10}[H^+]=-\log_{10}10^{-6}=6.0$$
← 温度が 25℃ から大きく変化すると，中性の pH も変化する

となります。

答

問1　1：$\dfrac{[CH_3COO^-][H^+]}{[CH_3COOH]}$　　2：$\dfrac{c\alpha^2}{1-\alpha}$　　3：$\sqrt{\dfrac{K_a}{c}}$

　　　4：$[H^+][OH^-]$　　5：1.0×10^{-14}

問2　1.3×10^{-2}　　問3　2.9　　問4　1.0　　問5　6.0

次の文章を読み，下の問いに答えよ。

図1〜3は，中和滴定の際の溶液のpH変化を示している。また，図中の帯は，指示薬Aおよび指示薬Bの変色域を表している。中和点はpHが急激に変化する領域の中点であり，酸や塩基の組み合わせにより中和点の位置や使用できる指示薬が異なる。

図1のような滴定曲線が得られるのは ア 滴定した場合であり，指示薬Aおよび指示薬Bとも変色域がpH急変の領域内にあるので，どちらの指示薬を使っても中和点の滴定量を測定できる。一方，図2は イ 滴定した場合に得られるが，変色域がpH 3.1〜4.4の指示薬Bでは中和点をみつけることはできない。逆に，図3の場合には指示薬Aは適さない。

図3は，具体的にはアンモニア水を塩酸で滴定したときに得られる。中和点の滴定量の半分を滴下した付近（X点）では，未反応の ウ と中和で生成した エ のモル濃度はほぼ等しい。

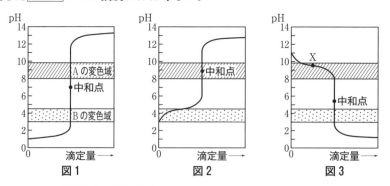

図1　　　　　　　図2　　　　　　　図3

問1　文中の ア ， イ について，次の①〜⑧から最も適当な答えを選び，その番号を答えよ。

①　強塩基を強酸で　　②　強酸を強塩基で　　③　弱塩基を強酸で
④　強酸を弱塩基で　　⑤　強塩基を弱酸で　　⑥　弱酸を強塩基で
⑦　弱塩基を弱酸で　　⑧　弱酸を弱塩基で

問2　文中の ウ ， エ について，次の①〜⑤から最も適当な答えを選び，その番号を答えよ。

①　塩酸　　　　　　　②　水酸化ナトリウム　　③　アンモニア
④　塩化ナトリウム　　⑤　塩化アンモニウム　　　　　　　（立命館大）

精 講　（中和滴定）

　　中和反応を利用して濃度の不明な酸または塩基の濃度を定め
る操作を中和滴定といいます。

（指示薬の選び方と滴定曲線）

　塩基や酸の滴下量に対し，溶液の pH の変化のようすを示したものを滴定曲
線といいます。中和点付近では pH が大きく変化するので，この大きく変化し
ている pH の範囲内で色が変化するような化合物を指示薬として入れておくと，
中和点までに必要だった塩基や酸の滴下量を知ることができます。

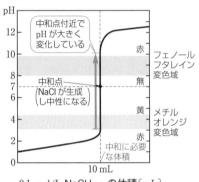

中和点直前・直後のわずかな NaOH aq
の体積変化（0.02 mL 程度の変化）で pH
が大きく変化（約 3→10）しています

メチルオレンジが変色するときとフェ
ノールフタレインが変色するときの
NaOH aq の体積は，ともに中和点の
10 mL とほとんどズレていないこと
がわかります

〈0.1 mol/L の HCl aq 10 mL に 0.1 mol/L の NaOH aq を滴下したときの滴定曲線〉

図 A

滴定曲線は，次の 4 つの形を覚えておきましょう。

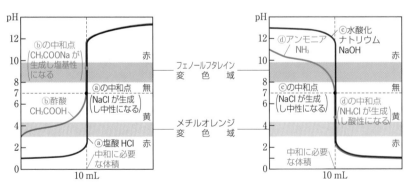

| 0.1 mol/L の酸 10 mL に 0.1 mol/L の NaOH aq を滴下したとき | 0.1 mol/L の塩基 10 mL に 0.1 mol/L の HCl aq を滴下したとき |

図 B

滴定の終点を色変化で知るのに使う試薬を指示薬といい，指示薬は変色する

pHの範囲（変色域）をもっています。そのため，指示薬は滴定の種類によって使い分けることになります。

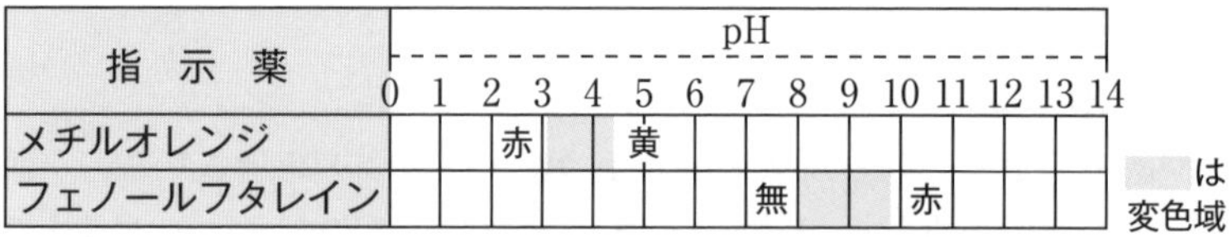

指 示 薬	pH 0 1 2 3 4 5 6 7 8 9 10 11 12 13 14	
メチルオレンジ	赤 黄	
フェノールフタレイン	無 赤	

　　　　　　　　　　　　　　　　　　　　　　　　　　　　　は変色域

図 C

前ページの図Bからわかるように，

① 　ⓐの「強酸＋強塩基」やⓒの「強塩基＋強酸」の滴定は中和点付近のpHが大きく変化している範囲が極めて広い（pH 3〜11）ので，**指示薬にはフェノールフタレインとメチルオレンジのどちらを使ってもかまいません。**

② 　しかし，ⓓの「弱塩基＋強酸」では**メチルオレンジ**を，ⓑの「弱酸＋強塩基」では**フェノールフタレイン**を使わなければいけません。

　　ⓓの中和点は塩化アンモニウム NH_4Cl の水溶液で酸性を示します。中和点の前後は pH 5 付近の酸性側で変動しているのでメチルオレンジを使います。

　　ⓑの中和点は酢酸ナトリウム CH_3COONa の水溶液で塩基性を示します。中和点の前後が pH 9 付近の塩基性側で変動しているので、フェノールフタレインを使います。

Point 61　指示薬の選び方

酸	塩基	中和点の液性	指示薬
強	強	中性	フェノールフタレイン，メチルオレンジ
強	弱	酸性	メチルオレンジ
弱	強	塩基性	フェノールフタレイン

問1　ア：図1は，グラフの形がpHの非常に小さいところから，かなり大きいところにぬけていることと，中和点が pH＝7 の中性であることから，「HCl + NaOH」のような「強酸に強塩基」を加えていく滴定だとわかります。

　　例えば 0.1 mol/L の希塩酸 HCl 10 mL に，0.1 mol/L の水酸化ナトリウム NaOH 水溶液を 9.99 mL 加えたとすると，HCl + NaOH ⟶ NaCl + H₂O　が起こり，少し HCl が残ります。このため，まだ水溶液は酸性です。このときの水溶液の pH を計算してみましょう。

$$[H^+]=\frac{0.1\times\dfrac{10}{1000}-0.1\times\dfrac{9.99}{1000}\ \text{mol}}{\dfrac{10+9.99}{1000}\ \text{L}}≒\frac{1}{2}\times10^{-4}\ \text{mol/L}$$

（上の式の説明：はじめの HCl〔mol〕、NaOH〔mol〕、水溶液の全体積）

となり，$\log_{10}2=0.3$ を使うと

$$\text{pH}=-\log_{10}[H^+]=-\log_{10}\left(\frac{1}{2}\times10^{-4}\right)=4+\log_{10}2=4.3$$

となります。メチルオレンジの変色域は pH＝3.1〜4.4 なのでこのあたりになります。

つまり 99.9 % の HCl は中和されてしまっても，pH はまだ 4 くらいなのです。メチルオレンジを指示薬として利用しても問題ないことがわかりますね。

また，0.1 mol/L の希塩酸 HCl 10 mL に 0.1 mol/L の水酸化ナトリウム NaOH 水溶液を 10.01 mL 加えたとします。上と同じように pH を計算すると，

$$[OH^-]=\frac{0.1\times\dfrac{10.01}{1000}-0.1\times\dfrac{10}{1000}\ \text{mol}}{\dfrac{10.01+10}{1000}\ \text{L}}≒5\times10^{-5}\ \text{mol/L}$$

つまり，$[H^+]=2\times10^{-10}\ \text{mol/L}$ となり

$$\text{pH}=-\log_{10}[H^+]=-\log_{10}(2\times10^{-10})=10-\log_{10}2=9.7$$

となります。フェノールフタレインの変色域はこのあたりの pH です。

イ：図2は**ア**と比べるとグラフの形が比較的 pH の大きいところからはじまり，図1と同じようにかなり大きいところにぬけていることと，中和点の pH が 7 より大きな塩基性であることから，「CH₃COOH ＋ NaOH」のような「弱酸に強塩基」を加えていく滴定だとわかります。

問2 図3は弱塩基（アンモニア水）に強酸（塩酸）を加えているので，塩基性でも pH が比較的小さいところからはじまり，pH が酸性のかなり小さいところに曲線がぬけています。中和点は NH₄Cl の加水分解により酸性側にありますね。X 点は最初に用意した NH₃ のうち，50 % を HCl で中和した点なので，NH₃_ウ：NH₄Cl_エ＝1：1 になったところになります。

例えば，NH₃ 2 mol のうち，50 % に相当する 1 mol の NH₃ を HCl 1 mol で中和したとすると，その量的関係は次のようになりますね。

	NH₃	＋	HCl	⟶	NH₄Cl
反応前	2 mol		1 mol		
反応後	1 mol		0 mol		1 mol

→ NH₃：NH₄Cl＝1：1

答

問1 ア：② イ：⑥ 問2 ウ：③ エ：⑤

次の文章を読み，下の問いに答えよ。ただし，原子量は H＝1.0，C＝12.0，O＝16.0，Na＝23.0 とせよ。

食酢中の酢酸の濃度を求めるために，操作1〜4の実験を行った。

操作1：シュウ酸標準液（A液）の調製

　　　　器具Xにシュウ酸二水和物（$H_2C_2O_4・2H_2O$）2.52 g を入れ，純水を加えて溶かし，全量 100 mL のシュウ酸標準液（A液）をつくった。

操作2：水酸化ナトリウム水溶液（B液）の調製

　　　　別の器具Xに水酸化ナトリウム約 0.5 g を入れ，純水を加えて溶かし，全量 100 mL の水酸化ナトリウム水溶液（B液）をつくった。

操作3：水酸化ナトリウム水溶液（B液）の中和滴定

　　　　器具Yを用いて，A液 10.0 mL をコニカルビーカーにとり，指示薬を数滴加えた。次に器具Zに入れたB液を少しずつ滴下したところ，中和点までに 40.0 mL 必要であった。

操作4：食酢中の酢酸の中和滴定

　　　　器具Yを用いて，食酢 10.0 mL をコニカルビーカーにとり，指示薬を数滴加えた。次に器具Zに入れたB液を少しずつ滴下したところ，中和点までに 25.0 mL 必要であった。

問1　器具 X，Y，Z として，正しい組み合わせは次の㋐〜㋓のどれか。

	X	Y	Z
㋐	メスフラスコ	ビュレット	ホールピペット
㋑	ビュレット	ホールピペット	メスフラスコ
㋒	ホールピペット	メスフラスコ	ビュレット
㋓	メスフラスコ	ホールピペット	ビュレット

問2　操作3を行う前の器具Zの扱い方の記述で，正しいものは次の㋐〜㋖のどれか。ただし，器具Zの内側は純水で洗浄し，ぬれた状態にある。

㋐　ぬれた状態のままで使用する。

㋑　A液で内側を洗浄後，ぬれた状態のまま使用する。

㋒　エタノールで内側を洗浄後，ぬれた状態のまま使用する。

㋓　薄めたB液で内側を洗浄後，ぬれた状態のまま使用する。

㋔　薄めたB液で内側を洗浄後，加熱乾燥して使用する。

㋕　B液で内側を洗浄後，加熱乾燥して使用する。

　㋖　B液で内側を洗浄後，ぬれた状態のまま使用する。

問3　食酢中の酢酸の質量パーセント濃度として，最も近いものは次の㋐〜㋗のどれか。ただし，使用した食酢は市販のものを純水で薄めて調製した。その食酢の密度は $1.0\,\mathrm{g/cm^3}$ とし，食酢中に存在する酸は酢酸のみとする。

㋐　0.10　　㋑　0.20　　㋒　0.60　　㋓　1.0　　㋔　1.5　　㋕　3.0

㋖　6.0　　㋗　10

（星薬科大）

（中和滴定実験（食酢の濃度決定））

Step 1　標準溶液の調製

正確な濃度のシュウ酸 $H_2C_2O_4$ ${}^{(注1)}$ の水溶液を調製します。シュウ酸二水和物 $H_2C_2O_4\cdot2H_2O$ の結晶は空気中で安定で純度が高いので，この結晶を用いて $H_2C_2O_4$ 標準溶液を調製します。次の図のようにメスフラスコというガラス器具を使います。

（注1）　シュウ酸は $(COOH)_2$ と書くこともあります。

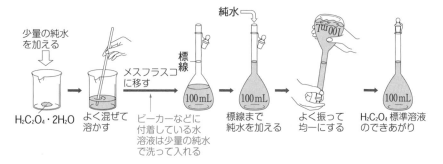

少量の純水を加える → $H_2C_2O_4\cdot2H_2O$ よく混ぜて溶かす → メスフラスコに移す／ビーカーなどに付着している水溶液は少量の純水で洗って入れる → 標線 100mL → 標線まで純水を加える 100mL → よく振って均一にする → $H_2C_2O_4$ 標準溶液のできあがり 100mL

純水

Step 2　水酸化ナトリウム水溶液の調製

Step 1 と同様に NaOH の水溶液を調製します。NaOH の固体は潮解性をもつ塩基性化合物なので空気中の H_2O や CO_2 を吸収するため，純度が100％という保証がありません。そのため正確に濃度を調製することができないので Step 1 の $H_2C_2O_4$ 標準溶液を用いて滴定で正確な濃度を求めます。

$$H_2C_2O_4 + 2NaOH \longrightarrow Na_2C_2O_4{}^{(注2)} + 2H_2O$$

（注2）　$(COONa)_2$ とも書きます。

Step 3　中和滴定

中和滴定は次ページの図のようにホールピペットやビュレットというガラス器具と指示薬を用いて行います。

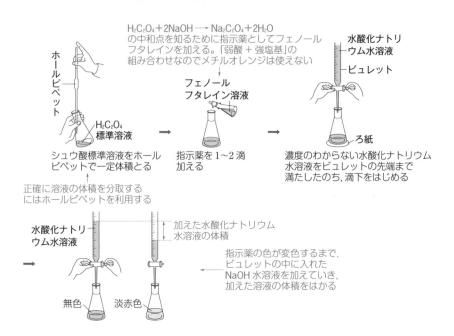

$H_2C_2O_4 + 2NaOH \longrightarrow Na_2C_2O_4 + 2H_2O$
の中和点を知るために指示薬としてフェノールフタレインを加える。「弱酸＋強塩基」の組み合わせなのでメチルオレンジは使えない

ホールピペット

$H_2C_2O_4$ 標準溶液

シュウ酸標準溶液をホールピペットで一定体積とる

正確に溶液の体積を分取するにはホールピペットを利用する

フェノールフタレイン溶液

指示薬を 1〜2 滴加える

水酸化ナトリウム水溶液

ビュレット

ろ紙

濃度のわからない水酸化ナトリウム水溶液をビュレットの先端まで満たしたのち, 滴下をはじめる

水酸化ナトリウム水溶液

加えた水酸化ナトリウム水溶液の体積

無色　　　淡赤色

指示薬の色が変色するまで, ビュレットの中に入れた NaOH 水溶液を加えていき, 加えた溶液の体積をはかる

Step 4　　**食酢の濃度決定**

Step 3 の実験で NaOH 水溶液の濃度は計算で求められます。同じ NaOH 水溶液を用いて, 今度は $H_2C_2O_4$ ではなく食酢中の CH_3COOH の量を滴定で求めます。

Point 62　食酢の濃度決定

CH_3COOH (食酢) の濃度は, NaOH の濃度が不明なので次の手順で中和滴定を行う。

手順1　$H_2C_2O_4$ と NaOH の中和滴定を行い, NaOH の濃度を求める
手順2　NaOH と CH_3COOH の中和滴定を行い, CH_3COOH の濃度を求める

解説

問1　濃度調製用の X はメスフラスコ, 体積分取用の Y はホールピペット, 滴下量測定用の Z はビュレットです。よって, エです。

問2　①濃度調製用のメスフラスコや反応容器であるコニカルビーカーや三角フラスコは, 洗剤で洗い水道水でよくすすぎ蒸留水で数回すすぎます。これらはこのまま使用してかまいません。中に入る溶質の物質量 〔mol〕 は水でぬれていても変化しないからです。

②中に入れる溶液の濃度が変わると困る**ホールピペットやビュレット**は①と同じ操作を行った後，**中に入れる溶液で数回，共洗い**してから使用します。

③なお，**メスフラスコ，ホールピペット，ビュレット**のような体積測定用の精密ガラス器具はコニカルビーカーや三角フラスコと異なり，**加熱乾燥してはいけません。**ガラスが熱膨張し，目盛りが不正確になるからです。乾燥させたいときは自然乾燥させましょう。

　　Zはビュレットなので，中に入れるB液で共洗いしましょう。よって，㋖です。

問3　まずA液の $H_2C_2O_4$ の濃度を求めます（**操作1**）。$H_2C_2O_4 \cdot 2H_2O$ の式量は 126 となり，$H_2C_2O_4 \cdot 2H_2O$ 1 mol の質量は 126 g です。また $H_2C_2O_4 \cdot 2H_2O$ 1 mol には $H_2C_2O_4$ が 1 mol 含まれています。溶液全体の体積は 100 mL なので，

$$[H_2C_2O_4] = \frac{2.52\ \cancel{g}}{126\ \cancel{g}/mol} \div \frac{100}{1000}\ L = 0.200\ mol/L \quad \leftarrow 溶質〔mol〕\div 溶液〔L〕より$$

$H_2C_2O_4 \cdot 2H_2O$〔mol〕$= H_2C_2O_4$〔mol〕

次にB液の NaOH の濃度を求めましょう（**操作3**）。

$$H_2C_2O_4 + 2NaOH \longrightarrow Na_2C_2O_4 + 2H_2O$$

より，$H_2C_2O_4$ 1 mol と NaOH 2 mol がちょうど反応します。NaOH のモル濃度を x〔mol/L〕とすると，

$$\underbrace{\frac{0.200\ mol}{1\ \cancel{L}} \times \frac{10.0}{1000}\ \cancel{L}}_{使用した\ H_2C_2O_4\ 〔mol〕} \times 2 = \underbrace{\frac{x\ 〔mol〕}{1\ \cancel{L}} \times \frac{40.0}{1000}\ \cancel{L}}_{滴定に必要な\ NaOH\ 〔mol〕}$$

滴定に必要な NaOH〔mol〕

よって，$x = 0.100\ mol/L$

次に食酢の濃度を求めましょう（**操作4**）。まず食酢中の酢酸のモル濃度を c〔mol/L〕とすると，

$$CH_3COOH + NaOH \longrightarrow CH_3COONa + H_2O$$

のように CH_3COOH 1 mol を中和するには NaOH が 1 mol 必要なので，

$$\underbrace{\frac{c\ 〔mol〕}{1\ \cancel{L}} \times \frac{10.0}{1000}\ \cancel{L}}_{使用した\ CH_3COOH\ 〔mol〕} = \underbrace{\frac{0.100\ mol}{1\ \cancel{L}} \times \frac{25.0}{1000}\ \cancel{L}}_{滴定に必要な\ NaOH\ 〔mol〕}$$

よって，$c = 0.250\ mol/L$

最後に，モル濃度を質量パーセント濃度に直します。溶液 1 L $= 10^3\ mL = 10^3\ cm^3$ 中に 0.250 mol の CH_3COOH が含まれています。CH_3COOH の分子量は 60.0 なので，そのモル質量は 60.0 g/mol です。食酢の密度は $1.0\ g/cm^3$ なので，

$$\frac{CH_3COOH \Rightarrow 0.250\ \cancel{mol} \times 60.0\ \cancel{g}/\cancel{mol}}{全体 \Rightarrow 10^3\ \cancel{cm^3} \times 1.0\ \cancel{g}/\cancel{cm^3}} \times 100 = 1.5\ \%$$

よって，答えは㋔です。

答　　**問1** ㋓　**問2** ㋖　**問3** ㋔

14 比熱・溶解エンタルピー・中和エンタルピー 〈化学基礎〈化学

次の**実験A，B**に関する下の問いに答えよ。ただし，原子量は，H＝1.0，
O＝16，Na＝23 とする。

実験A 固体の水酸化ナトリウム 0.200 g を 0.1 mol/L の塩酸 100 mL に溶
かしたところ，505 J の発熱があった。

実験B 固体の水酸化ナトリウム 0.200 g を水 100 mL に溶かしたところ，
225 J の発熱があった。

問1 実験Aで発生した熱が溶液の温度上昇のみに使われたとすると，溶液
の温度は何 K 上昇するか。最も適当な数値を，次の①～⑤のうちから 1
つ選べ。ただし，実験の前後でこの溶液の体積は変化しないものとする。
また，溶液 1 mL の温度を 1 K 上昇させるのに必要な熱量は
4.18 J/(mL·K) とする。

① 0.1 ② 0.8 ③ 1.2 ④ 8.3 ⑤ 12.1

問2 実験A，Bの結果から求められる，塩酸と水酸化ナトリウム水溶液の
中和エンタルピーは何 kJ/mol か。最も適当な数値を，次の①～⑥のうち
から 1 つ選べ。

① −146 ② −56 ③ −28 ④ 28 ⑤ 56 ⑥ 146

(センター試験・改)

精 講 比熱
（ひねつ）
比熱とは，**物質 1 g の温度を 1 K（1℃）上げるのに必要な熱
量**のことで，単位にはふつう J/(g·K) または J/(g·℃) を使います。比熱の計
算問題を解くときには，次の 2 点に注意してください。

❶ **g はどの物質 1 g あたりなのかをチェックします。**

（例） 比熱が C〔J/([g]·K)〕と与えられた場合

→ 水の比熱と与えられれば，水 1 g あたりを表している
→ 水溶液の比熱と与えられれば，水溶液 1 g あたりを表している

❷ **数字や言葉を加えて書き直し，単位に注目しながら計算します。**

（例） 水の比熱が 4.2 J/(g·K) と与えられれば，

$$\frac{4.2 \text{ J が必要だ}}{1 \text{ g の水を・} 1 \text{ K（℃）上げるのに}}$$ または $$\frac{4.2 \text{ J が発生した}}{1 \text{ g の水が・} 1 \text{ K（℃）上がると}}$$

と書き直し，質量 m〔g〕の水を温度 Δt〔℃〕＝Δt〔K〕上昇させるために必
要な熱量を Q〔J〕とすると，Q は，

温度の差は同じ値になります

K どうしを消去する

$$Q\text{〔J〕}=\frac{\overbrace{4.2\text{ J}}^{\text{が必要だ}}}{\underbrace{1\text{ g の水を}}_{\text{水の g どうしを消去する}}\cdot\underbrace{1\text{ K 上げるのに}}}\times m\text{〔g〕}_{\text{の水を}}\times\Delta t\text{〔K〕}_{\text{上げる}}=4.2\times m\times\Delta t$$

と求めることができます。

Point 63 比熱を利用した計算問題

単位に注目しながら計算する。

解 説

問1 **実験A**の操作は次のように表せます。

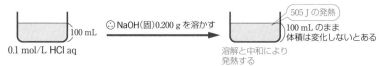

本問では溶液 1 mL あたりの熱量が与えられている点に注意し，数字や言葉を加
えて書き直すと次のようになります。

$$\frac{4.18\text{ J }_{\text{が発生した}}}{1\text{ mL }_{\text{の溶液が}}\cdot1\text{ K }_{\text{上昇すると}}}$$

固体の水酸化ナトリウム NaOH を溶かした後も溶液の体積は 100 mL のままで変
化せず，溶液の温度が Δt〔K〕上昇することで 505 J の発熱があったので次の式が
成り立ちます。

$$\frac{4.18\text{ J }_{\text{が発生した}}}{1\text{ mL }_{\text{の溶液が}}\cdot1\text{ K 上昇すると}}\times100\text{ mL }_{\text{の溶液が}}\times\Delta t\text{ K 上昇すると}=505\text{ J }_{\text{発生した}}$$

よって，$\Delta t\fallingdotseq1.2\text{ K}$

したがって，溶液の温度は 1.2 K 上昇するとわかります。

問2 **実験A**では溶解と中和により発熱していて，**実験B**では溶解により発熱してい
ます。**実験B**から水への溶解による NaOH（固）1 mol あたりの発熱量（ x〔kJ/mol〕
とおきます）を求めてみましょう。**実験B**の操作は次のように表せます。

NaOH のモル質量 40 g/mol より，次の式が成り立ちます。

$$\underbrace{\frac{x\,[\text{kJ}]}{\text{NaOH}\,[1\,\text{mol あたり}]}\times\frac{0.200}{40}\,\text{mol}}_{\text{NaOH 0.200 g を水に溶かして発生した熱量〔kJ〕}}=225\,\text{J}\times\underbrace{\frac{1\,\text{kJ}}{10^3\,\text{J}}}_{\text{発生〔kJ〕}}$$

よって，$x=45\,\text{kJ/mol}$

実験Aでは，NaOH $\dfrac{0.200}{40}=\boxed{0.005\,\text{mol}}$ と HCl $\dfrac{0.1\,\text{mol}}{1\,\text{L}}\times\dfrac{100}{1000}\,\text{L}=0.01\,\text{mol}$ の中和反応が起こっており，反応前後の物質量〔mol〕関係は次のようになります。

$$1\text{HCl}\quad+\quad1\text{NaOH}\quad\longrightarrow\quad\text{NaCl}\quad+\quad\text{H}_2\text{O}$$

反応前　0.01 mol　　0.005 mol

反応後　0.005 mol　　0　　　　　　　　　　0.005 mol　　$\boxed{0.005\,\text{mol}}$

実験Aでは溶解と中和により発熱しています。塩酸と水酸化ナトリウム水溶液が中和して，水 1 mol が生じるときの発熱量を $Q\,[\text{kJ}/\overset{}{(\text{mol})}]$ とおくと，次の式が成り立ちます。

H₂O 1 mol あたりを表している

実験Bから求めた!!

$$\underbrace{\frac{45\,[\text{kJ 発生}]}{\text{NaOH}\,[1\,\text{mol あたり}]}\times\boxed{0.005}\,\text{mol}}_{\text{NaOH 0.200 g を水に溶かして発生}}+\underbrace{\frac{Q\,[\text{kJ}]}{\text{H}_2\text{O}\,[1\,\text{mol あたり}]}\times\boxed{0.005}\,\text{mol}}_{\text{中和により発生}}$$

$$=\underbrace{505\,\text{J}\times\frac{1\,\text{kJ}}{10^3\,\text{J}}}_{\text{実験Aで発生}}$$

よって，$Q=56\,\text{kJ/mol}$　となります。

NaOH（固）の水への溶解は**実験B**から発熱反応であることがわかるので，NaOH（固）の水への溶解エンタルピーを $\Delta H_1\,[\text{kJ/mol}]$ とおくと $\Delta H_1<0$ となり，$\Delta H_1=-x=-45\,\text{kJ/mol}$ と求められます。また，塩酸と水酸化ナトリウム水溶液の中和エンタルピーを $\Delta H_2\,[\text{kJ/mol}]$ とおくと $\Delta H_2<0$ となるので，

中和反応は常に発熱するため，中和エンタルピーは常に負の値になります

$\Delta H_2=-Q=-56\,\text{kJ/mol}$ と求められます。

別解　気づけば…ですが，**実験A**と**実験B**の差 $505-225=280\,\text{J}$ が中和により発生した熱量に相当します。よって，

$$\frac{Q\,[\text{kJ}]}{\text{H}_2\text{O}\,[1\,\text{mol あたり}]}\times\boxed{0.005}\,\text{mol}=280\,\text{J}\times\frac{1\,\text{kJ}}{10^3\,\text{J}}$$

$Q=56\,\text{kJ/mol}$ となり，$\Delta H_2=-Q=-56\,\text{kJ/mol}$ と求めることもできます。

答　**問1**　③　　**問2**　②

148

実戦 基礎問

15　炭酸ナトリウムの滴定

次の文章を読み，下の問いに答えよ。

炭酸ナトリウムと水酸化ナトリウムを含む 1 L の水溶液について，次の操作 1，2 を行った。

操作 1：この水溶液 v 〔mL〕をビーカーにとり，指示薬としてフェノールフタレインを加えた。濃度 c 〔mol/L〕の塩酸で滴定したところ $4v$ 〔mL〕を滴下したところで変色した。

操作 2：さらに指示薬としてメチルオレンジを加え，濃度 c 〔mol/L〕の塩酸で滴定を続けたところ v 〔mL〕を加えたところで変色した。

問 1　操作 1 と操作 2 で起こる反応を化学反応式で書け。ただし，操作 1 については 2 つの化学反応式を書け。

問 2　1 L の水溶液中に含まれていた炭酸ナトリウムと水酸化ナトリウムの質量〔g〕を表す式をそれぞれ書け。ただし，炭酸ナトリウムと水酸化ナトリウムの式量はそれぞれ M_1，M_2 とせよ。

(早稲田大)

精　講　　　（Na₂CO₃ aq の二段階滴定）

CO_3^{2-} は弱酸の陰イオンであり，H^+ を受けとり塩基として働くので，塩酸 HCl のような強酸を加えていくと，

$$\begin{cases} CO_3^{2-} + H^+ \longrightarrow HCO_3^- & \cdots ① \\ HCO_3^- + H^+ \longrightarrow (H_2CO_3) \xrightarrow{\text{分解}} CO_2 + H_2O & \cdots ② \end{cases}$$

◀ CO_3^{2-} が H^+ を受けとる

◀ ①で生成した HCO_3^- がさらに H^+ を受けとる

のように二段階で反応が進みます。

このとき①が事実上終了すると②がはじまり，①の終点はフェノールフタレインの変色域 (pH 8.0〜9.8) に，②の終点はメチルオレンジの変色域 (pH 3.1〜4.4) に入り，次ページの**図1**のような滴定曲線となります。

（NaOH aq + Na₂CO₃ aq の滴定）

Na_2CO_3 に NaOH が混ざっている溶液に，塩酸 HCl を加えていく場合を考えます。

$$NaOH + HCl \longrightarrow NaCl + H_2O$$

の反応は，**必修基礎問 33** でやったようにフェノールフタレインの変色域では事実上終了していました。したがって，Na_2CO_3 に NaOH が混ざっていると，フェノールフタレインの変色までに，

$$\left\{ \begin{array}{l} OH^- + H^+ \longrightarrow H_2O \qquad \cdots ③ \\ CO_3^{2-} + H^+ \longrightarrow HCO_3^- \quad \cdots ① \end{array} \right.$$

が終了し，フェノールフタレインの変色からメチルオレンジの変色までは，

$$HCO_3^- + H^+ \longrightarrow CO_2 + H_2O \quad \cdots ②$$

のみが起こっていると考えられます。この場合の滴定曲線は次の**図2**のように
なります。

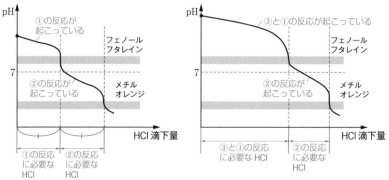

図1 Na₂CO₃ aq の二段階滴定　　　**図2** NaOH aq ＋ Na₂CO₃ aq の滴定

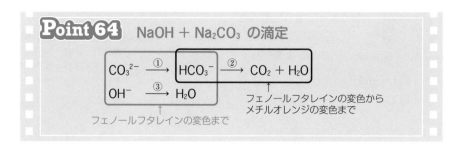

Point 64　NaOH ＋ Na₂CO₃ の滴定

$$CO_3^{2-} \xrightarrow{①} HCO_3^- \xrightarrow{②} CO_2 + H_2O$$

$$OH^- \xrightarrow{③} H_2O$$

フェノールフタレインの変色から
メチルオレンジの変色まで

フェノールフタレインの変色まで

問1　**操作1**のフェノールフタレインの変色までに起こるのは，

$$\left\{ \begin{array}{l} OH^- + H^+ \longrightarrow H_2O \qquad \cdots(1) \\ CO_3^{2-} + H^+ \longrightarrow HCO_3^- \quad \cdots(2) \end{array} \right.$$

です（➡p.149）。

　　化学反応式を完成させるためには，両辺に反応と関係のないイオンである Na⁺ と
Cl⁻ を加えて，電離前の形にもどします。

(1) $\overset{Na^+}{\underset{\downarrow}{OH^-}} + \overset{Cl^-}{\underset{\downarrow}{H^+}} \longrightarrow H_2O \quad \overset{Na^+}{\underset{\downarrow}{}} \overset{Cl^-}{\underset{\downarrow}{}}$

↓電離前の形にもどす

$$\boxed{NaOH + HCl \longrightarrow H_2O + NaCl}$$

(2) $\overset{2Na^+}{\underset{\downarrow}{CO_3{}^{2-}}} + \overset{Cl^-}{\underset{\downarrow}{H^+}} \longrightarrow \overset{Na^+}{\underset{\downarrow}{HCO_3{}^-}} \quad \overset{Na^+}{\underset{\downarrow}{}} \overset{Cl^-}{\underset{\downarrow}{}}$

↓電離前の形にもどす

$$\boxed{Na_2CO_3 + HCl \longrightarrow NaHCO_3 + NaCl}$$

操作2のフェノールフタレインの変色からメチルオレンジの変色までに起こるのは,

$$HCO_3{}^- + H^+ \longrightarrow CO_2 + H_2O \quad \cdots(3)$$

です。**操作1**と同様に化学反応式にすると,

(3) $\overset{Na^+}{\underset{\downarrow}{HCO_3{}^-}} + \overset{Cl^-}{\underset{\downarrow}{H^+}} \longrightarrow CO_2 + H_2O \quad \overset{Na^+}{\underset{\downarrow}{}} \overset{Cl^-}{\underset{\downarrow}{}}$

↓電離前の形にもどす

$$\boxed{NaHCO_3 + HCl \longrightarrow CO_2 + H_2O + NaCl}$$

問2 v〔mL〕中にNa_2CO_3がa〔mol〕,$NaOH$がb〔mol〕あるとします。フェノールフタレインの変色までには,

$$
\begin{cases}
NaOH + HCl \longrightarrow NaCl + H_2O \quad \cdots(1) \\
\text{変化量} \quad -b\,\text{〔mol〕} \quad -b\,\text{〔mol〕} \quad +b\,\text{〔mol〕} \quad +b\,\text{〔mol〕} \\[4pt]
Na_2CO_3 + HCl \longrightarrow NaHCO_3 + NaCl \quad \cdots(2) \\
\text{変化量} \quad -a\,\text{〔mol〕} \quad -a\,\text{〔mol〕} \quad +a\,\text{〔mol〕} \quad +a\,\text{〔mol〕}
\end{cases}
$$

と変化するため,HClは合計$a+b$〔mol〕必要です。

よって,

$$a + b = \frac{c\,\text{〔mol〕}}{1\,\text{L}} \times \frac{4v}{1000}\,\text{〔L〕} \quad \cdots\text{①}$$

また,フェノールフタレインの変色からメチルオレンジの変色までには,

$$NaHCO_3 + HCl \longrightarrow CO_2 + H_2O + NaCl \quad \cdots(3)$$

変化量 $\quad -a\,\text{〔mol〕} \quad -a\,\text{〔mol〕} \quad +a\,\text{〔mol〕} \quad +a\,\text{〔mol〕} \quad +a\,\text{〔mol〕}$

└(2)の反応で生成したa〔mol〕の$NaHCO_3$が(3)の反応で滴定される

と変化するので,HClはあとa〔mol〕必要です。

よって,$a = \dfrac{c\,\text{〔mol〕}}{1\,\text{L}} \times \dfrac{v}{1000}\,\text{〔L〕} \quad \cdots\text{②}$

①式，②式より，

$$a = \boxed{c \times \dfrac{v}{1000}}\ \text{[mol]}, \quad b = \boxed{c \times \dfrac{3v}{1000}}\ \text{[mol]}$$

と求められます。

　最後に，これを水溶液 1 L あたりに含まれていた質量〔g〕に直します。ここで，a と b は v〔mL〕に含まれる量なので，1 L＝1000 mL あたりに含まれていた量を求めるために $\dfrac{1000}{v}$ 倍することを忘れないようにしましょう。

$$\left\{
\begin{array}{l}
\text{水溶液 1 L あたりの } Na_2CO_3 \text{ の質量〔g〕} = a \times M_1\ \boxed{\times \dfrac{1000}{v}} = cM_1 \\[3mm]
\text{水溶液 1 L あたりの } NaOH \text{ の質量〔g〕} = b \times M_2\ \boxed{\times \dfrac{1000}{v}} = 3cM_2
\end{array}
\right.$$

代入する

代入する

水溶液 v mL あたり
の質量〔g〕

水溶液 1 L あたり
の質量〔g〕

答

　問 1　**操作 1**：$NaOH + HCl \longrightarrow NaCl + H_2O$

　　　　　　　　$Na_2CO_3 + HCl \longrightarrow NaHCO_3 + NaCl$

　　　　操作 2：$NaHCO_3 + HCl \longrightarrow NaCl + CO_2 + H_2O$

　問 2　炭酸ナトリウム：cM_1〔g〕　　水酸化ナトリウム：$3cM_2$〔g〕

9. 酸化還元反応

必修 基礎問

34 イオン化傾向

化学基礎

金属のイオン化列を以下に示す。これを参考にして，下の問いに答えよ。

Li>K>Ba>Ca>Na>Mg>Al>Zn>Fe>Ni>Sn>Pb>Cu>Hg>Ag>Pt>Au

問1 常温で水と激しく反応する金属の中から1つを選び，その反応を化学反応式で示せ。

問2 希塩酸には溶けるが濃硝酸には溶けない金属の中から1つを選び，その元素記号を記せ。また，その金属が濃硝酸に溶けない理由を30字以内で述べよ。

問3 銅線を0.1 mol/Lの硝酸銀水溶液に浸し，その外見上の変化を観察した。

(i) ①銅線表面の変化および②溶液の色の変化を，それぞれ10字以内で述べよ。

(ii) この反応をイオン反応式で示せ。

(群馬大)

精講

金属の単体のイオン化傾向とイオン化列

金属の単体（Mとする）が水中で陽イオンになろうとする尺度を金属の**イオン化傾向**といい，イオン化傾向の大きな順に並べたものを**イオン化列**といいます。

$$M \underset{水中}{\rightleftharpoons} M^{n+}aq + ne^-$$ ◀右に進みやすい金属Mはイオン化傾向が大きい

イオン化傾向の大きな金属Mは陽イオンになりやすい，いいかえると他に電子を与えやすく還元剤として強い金属です。また**イオン化傾向の小さな金属Mは陽イオンになりにくく**，いいかえると陽イオンから**単体にもどりやすい**金属といえます。

次に反応性をまとめておきます。

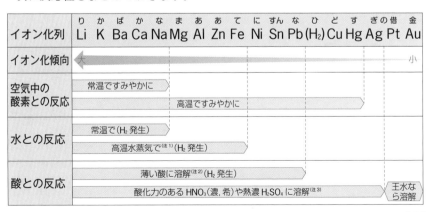

イオン化列	り Li	か K	ば Ba	か Ca	な Na	ま Mg	あ Al	あ Zn	て Fe	に Ni	すん Sn	な Pb	(H₂)	ひ Cu	ど Hg	す Ag	ぎの Pt	金 Au
イオン化傾向	大 ←																	小
空気中の酸素との反応	常温ですみやかに			高温ですみやかに														
水との反応	常温で(H₂発生)			高温水蒸気で(注1)(H₂発生)														
酸との反応	薄い酸に溶解(注2)(H₂発生)													酸化力のあるHNO₃(濃,希)や熱濃H₂SO₄に溶解(注3)			王水なら溶解	

（注１） Mg は熱水にも反応して水素が発生します。

$$Mg + 2H_2O_{(熱水)} \longrightarrow Mg(OH)_2 + H_2$$

（注２） Pb は塩酸 HCl，希硫酸 H_2SO_4 にほとんど溶けません。

　　Pb は，水素 H_2 よりもイオン化傾向が大きいのに希塩酸 HCl や希硫酸 H_2SO_4 にほとんど溶けません。生成する塩が水に難溶で，表面に付着するため内部まで反応しないからです。
<u>PbCl_2 や PbSO_4</u>

（注３） Fe，Ni，Al などは，濃硝酸 HNO_3 にほとんど溶けません。

　　表面にち密な構造をもつ酸化物の膜ができて，内部の金属を保護するからです。このような**酸化被膜が形成されると，反応しにくくなります。**この状態を**不動態**といいます。

（例）

① 　イオン化傾向が Cu から Ag までの金属は，イオン化傾向が水素 H_2 よりも小さいので薄い酸の H^+ とは反応しませんが，酸化力の強い酸である濃硝酸 HNO_3，希硝酸 HNO_3，熱濃硫酸 H_2SO_4 には酸化されて溶解します。
電子を奪う力

（このとき，発生する気体は水素 H_2 ではなく，濃 HNO_3 なら NO_2，希 HNO_3 なら NO_1，熱濃 H_2SO_4 なら SO_2 になります。）←濃からは2，希からは1と覚えよう
加熱した濃硫酸

$$Cu + 2H_2SO_4 (熱濃) \longrightarrow CuSO_4 + SO_2\uparrow + 2H_2O$$
$$Cu + 4HNO_3 (濃) \longrightarrow Cu(NO_3)_2 + 2NO_2\uparrow + 2H_2O$$
$$3Cu + 8HNO_3 (希) \longrightarrow 3Cu(NO_3)_2 + 2NO\uparrow + 4H_2O$$

② 　非常にイオン化傾向の小さな Pt や Au は，HNO_3（濃，希）や H_2SO_4（熱濃）にも酸化されにくい金属ですが，**王水**とよばれる極めて酸化力の強い混合酸とは反応して溶けます。
王水は，濃塩酸と濃硝酸を3：1で混合した酸

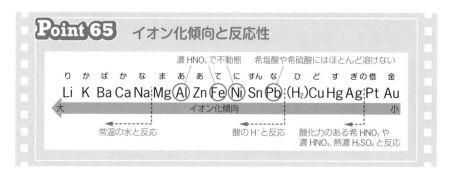

154

問1　Li, K, Ca, Na に代表されるアルカリ金属や Be や Mg を除くアルカリ土類金属が常温の水と激しく反応します。例えば Na と水 H_2O の反応は次のように書きます。

$$\begin{cases} H_2O \rightleftarrows H^+ + OH^- & \cdots① \quad \text{←水の電離} \\ 2Na + 2H^+ \longrightarrow 2Na^+ + H_2 & \cdots② \quad \text{←水の } H^+ \text{に Na が電子 } e^- \text{ を与え，} Na^+ \text{と } H_2 \text{に} \end{cases}$$

①式×2＋②式で $2H^+$ を消去すると，

$$2Na + 2H_2O \longrightarrow 2NaOH + H_2$$

問2　不動態を形成する金属 Fe, Ni, Al から選びましょう。

問3　イオン化傾向は Cu＞Ag なので，Cu が Ag より陽イオンになりやすいことがわかります。よって，Cu が Cu^{2+} となり Ag^+ に電子 e^- を与える変化が起こります。

$$Cu \longrightarrow Cu^{2+} + 2e^- \quad \cdots①$$
$$Ag^+ + e^- \longrightarrow Ag \quad \cdots②$$

①式＋②式×2 より，

$$Cu + 2Ag^+ \longrightarrow Cu^{2+} + 2Ag$$

すると，銅 Cu 線のまわりに銀 Ag が析出し，水溶液は Cu^{2+} のため青くなります。

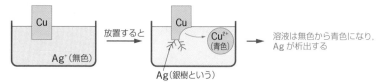

水中の金属イオンの色に関して，次のものは覚えておきましょう！

無色：Na^+ や K^+，Ca^{2+} や Mg^{2+}，Ag^+，Zn^{2+} や Hg^{2+}，Al^{3+}，Sn^{2+} や Pb^{2+}
　　　（1族）$^+$　　（2族）$^{2+}$　　（11族）$^+$　（12族）$^{2+}$　（13族）$^{3+}$　（14族）$^{2+}$

有色：Cu^{2+} aq…青色，Fe^{2+} aq…淡緑色，Fe^{3+} aq…黄褐色，Ni^{2+} aq…緑色，
　　　水溶液を表す
　　　Cr^{3+} aq…暗緑色

答

問1
$$\begin{cases} 2Na + 2H_2O \longrightarrow 2NaOH + H_2 \\ 2K + 2H_2O \longrightarrow 2KOH + H_2 \\ Ca + 2H_2O \longrightarrow Ca(OH)_2 + H_2 \quad \text{のいずれか} \end{cases}$$

問2　金属：Fe, Ni, Al のいずれか
　　　理由：濃硝酸により表面に酸化被膜が生じ，不動態となるから。(26字)

問3　(i)　①　銀が析出する。(7字)　②無色が青色になる。(9字)
　　　(ii)　$Cu + 2Ag^+ \longrightarrow Cu^{2+} + 2Ag$

㉟ 酸化数

次の①〜④から，$K_4[Fe(CN)_6]$ 中の Fe と同じ酸化数の金属原子をもつものを1つ選べ。

① CdS ② Fe_2O_3 ③ Hg_2Cl_2 ④ $K_2Cr_2O_7$

（センター試験）

精 講

酸化還元反応

酸化（される）：電子を奪われ失うこと
還元（される）：電子を与えられ受けとること

と現在では定義します。つまり，**酸化還元反応は電子の移動する反応であり，**

酸化剤：相手の電子を奪いとるもの
還元剤：相手に電子を与えるもの

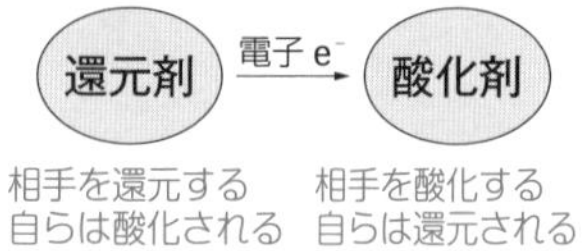

還元剤 →（電子 e）→ 酸化剤

相手を還元する　相手を酸化する
自らは酸化される　自らは還元される

となります。**金属の単体は代表的な還元剤であ**
（Na, Cu, Al など）
り，**酸素 O_2 やハロゲンの単体は代表的な酸化剤です。**
（F_2, Cl_2, Br_2, I_2 など）

酸化数

酸化数とは，イオン結合からなる物質だけでなく共有結合からなる物質であっても，**すべてイオン結合からできていると仮定したときに，物質を構成する原子の形式的な電荷**のことで，次のように求めます。

ⓐ **単体を構成する原子の酸化数はゼロとする。**

ⓑ **イオン結合からなる物質は，"イオン電荷"＝"酸化数" とする。**

ⓒ **共有結合からなる物質は，共有結合をつくっている電子対（共有電子対）が電気陰性度（⇒p.33）の大きい方に所属すると仮定し，それによって生じる形式的な電荷を酸化数とする。**

(例) ⓐ H_2：電子式は H:H となり，電気陰性度は同じ ➡ H:H
(0) (0)←酸化数

ⓑ NaCl：NaCl は，Na^+ と Cl^- からなる ➡ Na^+ Cl^-
(+1) (−1)

ⓒ H_2O

電子式は H:O:H で，
電気陰性度はOの方
がHより大きい

共有電子対が
すべてO原子に
所属すると考える
➡ H(:O:)H

形式的な電荷
を考える
➡ H^+ $[O^{2-}]$ H^+
(+1) (−2) (+1)

　ただし，電子式と電気陰性度の大小関係から求めるのは大変なので，たいていは次の**Point 66**に示すルールにもとづいて計算で求めます。

 Point 66　酸化数のルール

❶　単　体：構成する原子の酸化数は必ず 0
❷　化合物：構成する原子の酸化数の総和は必ず 0

　　(i)イオン結合からなる物質：イオンを構成する原子の酸化数の総和はイオンの電荷になる

　　(ii)その他：$\begin{cases} \text{H：一般に} +1 & （例外）Na\underset{(-1)}{H} \text{ など} \\ \text{O：一般に} -2 & （例外）H_2\underset{(-1)}{O}_2 \text{ など} \end{cases}$

（例）　$NO_3{}^-$ の N の酸化数 (x) を求める。

$\begin{cases} \text{・構成する原子の酸化数の総和はイオン電荷の}(-1) \\ \text{・O の酸化数は} -2 \end{cases}$　➡　$\underset{N}{x}+\underset{O}{(-2)}\times3=-1$
　　　　　　　　　　　　　　　　　　　　　　　　　　　よって，$x=+5$

解説

　$(CN)_6$ 部分の CN はシアン化物イオン CN^- で，1価の陰イオンです。これは知っておきましょう。K は K^+ なので，$K_4[Fe(CN)_6] \longrightarrow 4K^+ + [Fe(CN)_6]^{4-}$ のように構成イオンに分けることができます。Fe の酸化数を x とすると，CN^- の電荷は -1 なので，

$$\underset{Fe}{x}+\underset{CN^-}{(-1)}\times6=(-4)　\text{　よって，}x=+2$$
　　　　　　　　　　　　└プラスのときは符号を書き忘れないように注意しよう

となります。①〜④を構成する金属原子の酸化数を求めていきましょう。

①　CdS は，Cd^{2+} と S^{2-} からなる　➡　$\underset{(+2)}{Cd^{2+}}S^{2-}$

②　$(\underset{(+3)}{Fe^{3+}})_2(O^{2-})_3$　　　③　$(\underset{(+1)}{Hg^+})_2(Cl^-)_2$　←ハロゲン化物イオンは1価の陰イオンです

④　$K_2Cr_2O_7 \longrightarrow 2\underset{(+1)}{K^+} + Cr_2O_7{}^{2-}$　と電離する物質です。

　➡　$Cr_2O_7{}^{2-}$ について考えると，Cr の酸化数 (x) は

$$\underset{Cr}{2x}+\underset{O}{(-2)}\times7=(-2)　\text{より，}　x=+6$$

よって，金属原子の酸化数が $+2$ となるのは①です。

 答　　①

下の問いに答えよ。ただし，原子量は H＝1.0，C＝12.0，O＝16.0，Na＝23.0，K＝39.1，Mn＝54.9 とする。

シュウ酸ナトリウムの結晶を天びんで正確にはかりとり，その結晶を水に溶かしてメスフラスコに入れて一定容積とし，シュウ酸ナトリウムの標準溶液（A溶液）を調製した。一定容量のA溶液をホールピペットを用いてコニカルビーカーに入れ，これに駒込ピペットで適当量の希硫酸を加えた。この酸性溶液に，濃度のわからない過マンガン酸カリウム水溶液を入れたビュレットから少量ずつ水溶液を滴下してよく振り混ぜた。コニカルビーカー内で，溶液の赤紫色が消えなくなったところを反応の終点とした。

問1 この酸化還元滴定で起こる化学反応は，次の2つのイオン反応式(a)と(b)で示すことができる。反応式中の □ にあてはまる化学式を係数をつけて示し，イオン反応式を完成せよ。

反応式(a)　$C_2O_4^{2-} \longrightarrow$ │ ア │ $+ 2e^-$

反応式(b)　$MnO_4^- +$ │ イ │ $+$ │ ウ │ $\longrightarrow$ │ エ │ $+ 4H_2O$

問2 シュウ酸ナトリウムの結晶 13.40 g を溶かして 1000 mL のA溶液をつくり，その 50.00 mL を滴定するのに終点まで 20.00 mL の過マンガン酸カリウム水溶液を滴下した。この過マンガン酸カリウム水溶液の濃度〔mol/L〕を小数第2位まで求めよ。

（工学院大）

精 講 　（酸化還元反応式の書き方）

　　　　　　　還元剤（➡p.156）が電子を与える式，**酸化剤**が電子を奪う式を**半反応式**といいます。これを書くにはいろいろな方法がありますが **手順1** のようにするとよいでしょう。

手順1 　過マンガン酸イオン MnO_4^- の半反応式をつくる場合

Step 1　$MnO_4^- \longrightarrow Mn^{2+}$　　◀変化先は覚えておく

Step 2　$MnO_4^- \longrightarrow Mn^{2+} + 4H_2O$　　◀Oの数を H_2O で合わす

Step 3　$MnO_4^- + 8H^+ \longrightarrow Mn^{2+} + 4H_2O$　　◀Hの数を H^+ で合わす

Step 4　$\underline{MnO_4^- + 8H^+ + 5e^-} \longrightarrow \underline{Mn^{2+} + 4H_2O}$　　◀左辺，右辺の全電荷を電子で合わす
　　　　　全部で +7　　　　　　　全部で +2

次に半反応式をもとにイオン反応式をつくります（ **手順2** ）。

手順2 シュウ酸イオンを過マンガン酸イオンで酸性条件下酸化するとき

$\begin{cases} \text{還元剤：} C_2O_4^{2-} \longrightarrow 2CO_2 + 2e^- & \cdots① \\ \text{酸化剤：} MnO_4^- + 8H^+ + 5e^- \longrightarrow Mn^{2+} + 4H_2O & \cdots② \end{cases}$

①式×5＋②式×2 より，電子 e^- を消去すると，

$$5C_2O_4^{2-} + 2MnO_4^- + 16H^+ \longrightarrow 10CO_2 + 2Mn^{2+} + 8H_2O$$

Point 67 酸化還元反応のイオン反応式の書き方

❶ 半反応式を書く。
　Oの数を H_2O で合わす ➡ Hの数を H^+ で合わす ➡ 両辺の電荷を電子 e^- で合わす

❷ 酸化剤の半反応式と還元剤の半反応式の電子 e^- の係数が同じになるように，それぞれ何倍かずつして足し合わせて，電子 e^- を消すと全体の反応式（イオン反応式）のできあがり。

問1 $C_2O_4^{2-}$ が還元剤として働いた場合，変化先は $2CO_2$ となります。

$$C_2O_4^{2-} \longrightarrow 2CO_2 + 2e^- \quad \cdots①$$

次に過マンガン酸イオン MnO_4^- が酸性水溶液中で酸化剤として働いた場合，変化先は Mn^{2+} となります。

$$\underset{\text{(赤紫色)}}{MnO_4^-} + 8H^+ + 5e^- \longrightarrow \underset{\text{(ほぼ無色)}}{Mn^{2+}} + 4H_2O \quad \cdots②$$

①式×5＋②式×2 より e^- を消去すると，

$$5C_2O_4^{2-} + 2MnO_4^- + 16H^+ \longrightarrow 10CO_2 + 2Mn^{2+} + 8H_2O \quad \cdots③$$

となります。MnO_4^- は水中で赤紫色であり，反応中はほぼ無色の Mn^{2+} に変わります。加えた MnO_4^- の色が消えなくなった点を③の終点とします。

問2 $Na_2C_2O_4$ の式量は 134 なのでそのモル質量は 134 g/mol となり，A溶液の $Na_2C_2O_4$ のモル濃度〔mol/L〕は，

$$\underset{Na_2C_2O_4 \text{(mol)}}{\underset{\downarrow}{\frac{13.40\,\text{g}}{134\,\text{g/mol}}}} \underset{\text{(mol/L)}}{\div \underset{\text{溶液(L)}}{\frac{1000}{1000}}} = 0.100\,\text{mol/L}$$

これを 50.00 mL 分取し，$KMnO_4$ 水溶液で滴定すると 20.00 mL 要しています。

③の反応式の係数より $Na_2C_2O_4 : KMnO_4 = 5 : 2$ で反応するので，$KMnO_4$ の濃度を x〔mol/L〕とすると，

$$\frac{0.100\,\text{mol}}{1\,\text{L}} \times \frac{50.00}{1000}\,\text{L} : \frac{x\,\text{(mol)}}{1\,\text{L}} \times \frac{20.00}{1000}\,\text{L} = 5 : 2$$

よって，$x = 0.10\,\text{mol/L}$

別解　酸化還元滴定の終点までで，

$$\left(\begin{array}{l}還元剤が終点\\までに放出した\,e^-\,〔mol〕\end{array}\right)=\left(\begin{array}{l}酸化剤が終点\\までに受けとった\,e^-\,〔mol〕\end{array}\right)$$

が成り立つので，授受された e^- の物質量に注目して式を立てて解いてもかまいません。

$KMnO_4$ のモル濃度を x〔mol/L〕とします。$Na_2C_2O_4$（$C_2O_4{}^{2-}$）は滴定の終点までに，

$$\underset{\times 2}{1\,C_2O_4{}^{2-}} \longrightarrow 2\,CO_2 + 2\,e^- \quad より，$$

$$\underbrace{\frac{0.100\ \text{mol}}{1\ \cancel{L}}\times\frac{50.00}{1000}\ \cancel{L}}_{使用した\,C_2O_4{}^{2-}\,〔mol〕}\ \bigg|\ \underbrace{\times 2}_{放出した\,e^-\,〔mol〕}$$

の e^- を放出します。また，$KMnO_4$（$MnO_4{}^-$）は滴定の終点までに，

$$\underset{\times 5}{1\,MnO_4{}^-} + 8\,H^+ + 5\,e^- \longrightarrow Mn^{2+} + 4\,H_2O \quad より，$$

$$\underbrace{\frac{x\ 〔\text{mol}〕}{1\ \cancel{L}}\times\frac{20.00}{1000}\ \cancel{L}}_{使用した\,MnO_4{}^-\,〔mol〕}\ \bigg|\ \underbrace{\times 5}_{受けとった\,e^-\,〔mol〕}$$

の e^- を受けとります。

よって，滴定の終点では，

$$\underbrace{0.100\times\frac{50.00}{1000}\times 2}_{還元剤が放出した\,e^-\,〔mol〕}=\underbrace{x\times\frac{20.00}{1000}\times 5}_{酸化剤が受けとった\,e^-\,〔mol〕}$$

が成り立ち，$x=0.10\ \text{mol/L}$ と求めることもできます。

答　問1　ア：$2\,CO_2$　　イ，ウ：$8\,H^+$，$5\,e^-$　　エ：Mn^{2+}　　（イとウは順不同）
　　　問2　$0.10\ \text{mol/L}$

必修 基礎問

37 ダニエル電池

化学基礎 化学

ダニエル電池は次の構成で示される。下の問いに答えよ。ただし、原子量は Zn＝65.4，Cu＝63.5，ファラデー定数は $9.65×10^4$ C/mol とする。

ダニエル電池：(−) Zn | ZnSO₄ aq | CuSO₄ aq | Cu (＋)

問1 負極，正極の各極で起こる反応を e^- を用いたイオン反応式で表せ。

問2 両方の電極を導線でつなぎ，しばらくすると負極が 3.27 g 減少した。このとき放電した電気量は何Cか。整数で答えよ。

問3 問2において，正極で析出する物質の名称を記せ。また，その質量は何gか。小数第2位で答えよ。

(崇城大)

精 講

（電池）

酸化剤と還元剤（➡p.156）を空間的に分離し，両者の間を導線などで電気的に接続して，その反応によるエネルギーを電気エネルギーの形でとり出す装置を電池といいます。

右図のように還元剤から酸化剤へ電子 e^- が導線を移動します。電子 e^- は負の電荷をもつため，電位の低い方（負極）から電位の高い方（正極）へ移動しています。また負極，正極ではそれぞれ次の反応が起こっています。

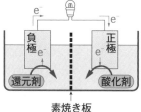

素焼き板

負極：還元剤 ⟶ e^-

正極：酸化剤＋e^- ⟶

〈電池の原理〉

［負極：還元剤が電子 e^- を出す反応（酸化）
［正極：酸化剤が電子 e^- をもらう反応（還元）

（ファラデー定数）

電子 1 mol 分の電気量〔C〕をファラデー定数（F）といいます。電子 1 個がもつ電気量の絶対値は $1.602×10^{-19}$ C であり，アボガドロ定数を $6.022×10^{23}$/mol とすると，ファラデー定数（F）は，

$$F＝\frac{1.602×10^{-19}\text{C}}{1\text{個（電子）}}×\frac{6.022×10^{23}\text{個（電子）}}{1\text{mol（電子）}}＝9.65×10^4\text{C/mol}$$

となります。

Point 68 電池のしくみ

負極活物質＝還元剤，正極活物質＝酸化剤 として働く。

問1　ダニエルの電池の模式図をかいてみます。

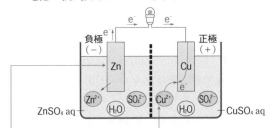

　負極のところで作用する還元剤は何でしょう？　電子を出すものといえば金属の単体である Zn でしょう。

　次に正極のところで作用する酸化剤は何でしょうか？　SO_4^{2-} と思う人もいるかもしれませんが，熱濃硫酸 H_2SO_4 ではないので違います。Zn よりイオン化傾向の小さな金属イオンである Cu^{2+} が e^- を受けとります。

$$\begin{cases} 負極：Zn \longrightarrow Zn^{2+} + 2e^- \\ 正極：Cu^{2+} + 2e^- \longrightarrow Cu \end{cases}$$

の変化が放電中に起こると考えられます。

問2　負極の反応式から，e^- 2 mol で Zn が 1 mol 消費されることがわかります。よって，3.27 g の Zn が消費されたときに放電した電気量は，Zn のモル質量 65.4 g/mol と ファラデー定数 9.65×10^4 C/mol より，

$$\underbrace{\frac{3.27\ \mathrm{g}}{65.4\ \mathrm{g/mol}}}_{消費された\ Zn\ 〔mol〕} \times \underbrace{2\ \mathrm{mol}}_{流れた\ e^-\ 〔mol〕} \times \underbrace{9.65 \times 10^4\ \mathrm{C}}_{流れた\ e^-\ 〔C〕} = 9650\ \mathrm{C}$$

問3　正極の反応式から，e^- 2 mol で Cu が 1 mol 析出することがわかります。よって，問2 において正極で析出する Cu の質量は，Cu のモル質量 63.5 g/mol より，

$$\underbrace{\frac{3.27\ \mathrm{g}}{65.4\ \mathrm{g/mol}} \times 2}_{問2で流れた\ e^-\ 〔mol〕} \times \underbrace{\frac{1}{2}}_{\substack{析出した \\ Cu\ 〔mol〕}} \times \underbrace{63.5\ \mathrm{g/mol}}_{\substack{析出した \\ Cu\ 〔g〕}} \fallingdotseq 3.18\ \mathrm{g}$$

答

問1　$\begin{cases} 負極：Zn \longrightarrow Zn^{2+} + 2e^- \\ 正極：Cu^{2+} + 2e^- \longrightarrow Cu \end{cases}$

問2　9650 C

問3　物質の名称：銅　　質量：3.18 g

必修
基礎問

38 鉛蓄電池 <化学基礎> <化学>

鉛蓄電池は，鉛 Pb と酸化鉛（Ⅳ）PbO_2 を希硫酸に浸した，右図のような構造の電池である。次の問いに答えよ。

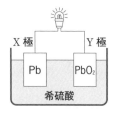

X極　　Y極

Pb　　　PbO_2

希硫酸

問1 放電時には，X極とY極のどちらが正極となるか答えよ。また，両極で起こる反応を，それぞれ e^- を用いた反応式で示せ。

問2 放電によって，電解液である希硫酸の濃度はどのように変化するか。

問3 9.65×10^3 C の電気量が流れたとき，X極，Y極の質量は，それぞれ何 g 増加するか。有効数字 3 桁で答えよ。ただし，原子量を H＝1.00，O＝16.0，S＝32.0，Pb＝207 とし，ファラデー定数は $F＝9.65 \times 10^4$ C/mol として計算せよ。

（島根大）

 鉛蓄電池　（－）Pb｜H_2SO_4 aq｜PbO_2（＋）

負極活物質（還元剤）は酸化数 0 の鉛 Pb，正極活物質（酸化剤）は酸化数 ＋4 の Pb を含む酸化鉛（Ⅳ）PbO_2 です。放電すると，酸化数 ＋2 の Pb^{2+} となりますが，電解液の希硫酸 H_2SO_4 中の $SO_4{}^{2-}$ と結合し，水に難溶な硫酸鉛（Ⅱ）$PbSO_4$ として極板に付着するように加工されています。

$$負極：Pb + SO_4{}^{2-} \longrightarrow \underset{\text{極板に付着}}{PbSO_4} + 2e^- \quad \cdots ①$$

$$正極：PbO_2 + 4H^+ + SO_4{}^{2-} + 2e^- \longrightarrow \underset{\text{極板に付着}}{PbSO_4} + 2H_2O \quad \cdots ②$$

$$全体：Pb + PbO_2 + 2H_2SO_4 \longrightarrow 2PbSO_4 + 2H_2O \quad \longleftarrow ①式＋②式 より$$

鉛蓄電池は**充電**によりもとにもどして**再利用できる二次電池**（蓄電池）です。

Point 69 鉛蓄電池のしくみ

鉛蓄電池の負極活物質（還元剤）は Pb，正極活物質（酸化剤）は PbO_2，変化後はともに $PbSO_4$ として極板に付着する。

 解説

問1 鉛蓄電池の負極は Pb（X極），正極は PbO_2（Y極）になります。

負極（X極）の反応式は次のようにつくりましょう。

$$Pb \longrightarrow Pb^{2+} + 2e^- \qquad \leftarrow Pb \text{ は } Pb^{2+} \text{ となる}$$

$$+)\ \underline{Pb^{2+} + SO_4^{2-} \longrightarrow PbSO_4} \qquad \leftarrow Pb^{2+} \text{ は } SO_4^{2-} \text{ と結びつく}$$

$$Pb + SO_4^{2-} \longrightarrow PbSO_4 + 2e^- \quad \cdots ①$$

正極 (Y極) の反応式は次のようにつくりましょう (➡p.158)。

Step 1 $PbO_2 \qquad\qquad\qquad \longrightarrow Pb^{2+}$ $\leftarrow PbO_2 \text{ は } Pb^{2+} \text{ となる}$

Step 2 $PbO_2 \qquad\qquad\qquad \longrightarrow Pb^{2+} + 2H_2O$ $\leftarrow O \text{ の数を } H_2O \text{ で合わす}$

Step 3 $PbO_2 + 4H^+ \qquad\qquad \longrightarrow Pb^{2+} + 2H_2O$ $\leftarrow H \text{ の数を } H^+ \text{ で合わす}$

Step 4 $PbO_2 + 4H^+ + 2e^- \longrightarrow Pb^{2+} + 2H_2O$ $\leftarrow$両辺の総電荷を電子 e^- で合わす

$$PbO_2 + 4H^+ + 2e^- \longrightarrow Pb^{2+} + 2H_2O$$

$$+)\ \underline{Pb^{2+} + SO_4^{2-} \longrightarrow PbSO_4} \qquad \leftarrow Pb^{2+} \text{ は } SO_4^{2-} \text{ と結びつく}$$

$$PbO_2 + 4H^+ + SO_4^{2-} + 2e^- \longrightarrow PbSO_4 + 2H_2O \quad \cdots ②$$

問2　電池全体で起こっている酸化還元反応を求めるため，**問1**の両極の反応①式と②式を足し合わせて e^- を消します。①式＋②式より，

$$Pb + PbO_2 + \underbrace{4H^+ + 2SO_4^{2-}}_{\text{まとめる}} \longrightarrow 2PbSO_4 + 2H_2O$$

(2e⁻)

$$\Downarrow$$

$$Pb + PbO_2 + 2H_2SO_4 \xrightarrow{e^- 2\,mol} 2PbSO_4 + 2H_2O$$

この電池全体の反応式をみると，Pb から PbO_2 へ電子 e^- が 2 mol 流れると，溶液中の H_2SO_4 分子が 2 mol 消費され，代わりに H_2O 分子が 2 mol 増加しています。ということは，溶液中の希硫酸の濃度はどんどん低くなっていくことがわかります。

問3　問2でつくった電池全体の反応式から，電子 e^- が 2 mol 流れると，負極 (X極) では Pb 1 mol が $PbSO_4$ になり SO_4 分の質量が増加し，正極 (Y極) では PbO_2 1 mol が $PbSO_4$ になり，SO_2 分の質量が増加することになります。

$9.65 \times 10^3\,C$ の電子は $\dfrac{9.65 \times 10^3\,C}{9.65 \times 10^4\,C/mol} = 0.100\,mol$ に相当するので，負極 (X極) では流れた e^- 〔mol〕の $\dfrac{1}{2}$ である 0.0500 mol の Pb が 0.0500 mol の $PbSO_4$ となり，0.0500 mol 分の SO_4 (式量 96.0) だけ質量〔g〕が増えます。正極 (Y極) でも流れた e^- 〔mol〕の $\dfrac{1}{2}$ である 0.0500 mol の PbO_2 が 0.0500 mol の $PbSO_4$ となり，0.0500 mol 分の SO_2 (式量 64.0) だけ質量〔g〕が増えることになります。したがって，

X極：0.0500 mol×96.0 g/mol＝4.80 g 増加する

Y極：0.0500 mol×64.0 g/mol＝3.20 g 増加する

答

問1　正極：Y極

X極：$Pb + SO_4^{2-} \longrightarrow PbSO_4 + 2e^-$

Y極：$PbO_2 + 4H^+ + SO_4^{2-} + 2e^- \longrightarrow PbSO_4 + 2H_2O$

問2　低下する　　**問3**　X極：4.80 g　　Y極：3.20 g

16 燃料電池 〈化学基礎〈化学

次の文中の□□□に最も適するものを，下の⑛〜㊅から選べ。

燃料電池の負極では $H_2 \longrightarrow 2H^+ + 2e^-$，

正極では $O_2 + 4H^+ + 4e^- \longrightarrow 2H_2O$

の反応が起こる。燃料電池を 6.00×10^3 秒稼動させたところ，電圧 $1.00\,V$ で1秒あたり $193\,W\,(W = V \times A)$ の出力が得られた。反応した水素の物質量は□□□ mol である。ファラデー定数 $= 9.65 \times 10^4\,C/mol$ とする。

⑛ 1.0　㋑ 2.0　㋒ 6.0　㋔ 12.0　㋘ 193　　　（早稲田大）

精講 　燃料電池（リン酸形燃料電池） $(-)\,H_2 | H_3PO_4\,aq | O_2\,(+)$

　　　負極では還元剤である H_2 が H^+ になるとともに，負極から正極に向かって電子 e^- が流れ，この電子 e^- を正極で酸化剤である O_2 が受けとって O^{2-} が生成します。ここで生成した O^{2-} は，すぐに電解質の H^+ と反応して H_2O に変化します。

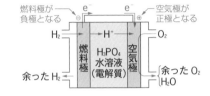

負極：$H_2 \longrightarrow 2H^+ + 2e^-$ 　　　…①

正極：$O_2 + 4e^- \longrightarrow 2O^{2-}$

$\underline{+)\,(O^{2-} + 2H^+ \longrightarrow H_2O) \times 2}$

$O_2 + 4H^+ + 4e^- \longrightarrow 2H_2O$ 　…②

←O^{2-} はすぐに H^+ と反応するので，O^{2-} を消去するために2倍して加える

電池全体の反応は，①式×2＋②式より，$2H_2 + O_2 \xrightarrow{e^- 4mol} 2H_2O$ となります。

　　電圧 $1.00\,V$ で $193\,W$ の出力が得られたことから，$x\,[A]$ の電流が流れたとすると，

$193\,W = 1.00\,V \times x\,[A]$

となり，$x = 193\,A$ とわかります。よって，燃料電池の放電により，

$$\frac{193\,C}{1\,秒} \times 6.00 \times 10^3\,秒 \times \frac{1\,mol}{9.65 \times 10^4\,C} = 12\,mol \quad ←A = C/秒\,(→p.169)\,より$$

〔A＝C/秒〕　　流れた〔C〕　流れた電子 e^-〔mol〕

の e^- が流れたとわかります。反応した H_2 は，負極の反応式 $H_2 \longrightarrow 2H^+ + 2e^-$ から流れた e^- の物質量〔mol〕の $\frac{1}{2}$ とわかりますから，$12 \times \frac{1}{2} = 6.0\,mol$

e^-〔mol〕　　H_2〔mol〕

答 ㋒

次の表にある電解質水溶液と電極の組み合わせ㋐〜㋕を用いて電極間に直流電流を流したとき，それぞれの電極における反応式を書け。

	電解質水溶液	電極			電解質水溶液	電極	
㋐	$CuCl_2$ 水溶液	陽極	炭素	㋓	$AgNO_3$ 水溶液	陽極	白金
		陰極	炭素			陰極	白金
㋑	$CuSO_4$ 水溶液	陽極	白金	㋔	NaOH 水溶液	陽極	白金
		陰極	白金			陰極	白金
㋒	$CuSO_4$ 水溶液	陽極	銅	㋕	H_2SO_4 水溶液	陽極	白金
		陰極	銅			陰極	白金

(中央大)

精　講　　〔電気分解〕
　　　　　　　電気エネルギーによって強制的に酸化還元反応を起こすことを電気分解といいます。

〔電極反応〕

　右図のように電気分解の電解槽を電池につないだとします。**正極に接続した極板**を陽極，**負極に接続した極板**を陰極といいます。

　陽極では極板そのものが酸化されたり，酸化されにくい極板のときは溶液中の陰イオンなどが酸化されます。

　陰極では溶液中の陽イオンなどが還元されます。

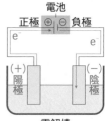

電池
正極 ⊕ ⊖ 負極

(+)　　　　(−)
陽　　　　陰
極　　　　極

電解槽

❶　陽極の反応

（ⅰ）　**極板が白金 Pt，金 Au，黒鉛 C ではないとき**
　極板自身が酸化されて溶解していきます。

$$M(極板) \longrightarrow M^{n+} + ne^-$$

　例えば，陽極に銅 Cu が使われていると，

$$Cu \longrightarrow Cu^{2+} + 2e^-$$

となります。

（ⅱ）　**極板が白金 Pt，金 Au，黒鉛 C のとき**
　溶液中の陰イオンなどが酸化され気体が発生します。Cl^- は OH^- より酸化されやすく，NO_3^- や SO_4^{2-} は酸化されにくいので陽極で反応しません。

❷ 陰極の反応

　イオン化傾向（➡p.153）の小さな陽イオンほど還元されやすいので，一般に，**溶液中のイオン化傾向の小さな陽イオンが還元され，単体が生じます。**

Point 70　電気分解での電極の反応

❶ 陽極
$$\begin{cases} \text{極板}\neq\text{Pt, Au, C} \Rightarrow \text{極板が溶ける} \\ \text{極板}=\text{Pt, Au, C} \Rightarrow \text{Cl}^->\text{OH}^- \text{ の順で酸化される} \end{cases}$$

❷ 陰極
　$\text{Ag}^+>\text{Cu}^{2+}>\text{H}^+>$ …… のように，一般にイオン化傾向の小さい陽イオンから還元され，単体が生じる。

解　説

⑦　（**陽極**）　極板＝C なので極板は溶けません。
　　　　　酸化されやすさは，$\text{Cl}^->\text{OH}^-$ の順なので，
　　　　Cl^- が酸化され Cl_2 が発生します。
$$2\text{Cl}^- \longrightarrow \text{Cl}_2 + 2e^-$$
　　（**陰極**）　イオン化傾向は，$\text{H}_2>\text{Cu}$ なので Cu^{2+} は H^+
　　　　　より還元されやすいです。
$$\text{Cu}^{2+} + 2e^- \longrightarrow \text{Cu} \quad \text{←イオン化傾向の小さな陽イオンが反応する}$$

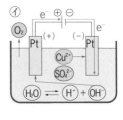

④　（**陽極**）　極板＝Pt なので極板は溶けません。
　　　　　Cl^- はみつからず，SO_4^{2-} は酸化されにくいの
　　　　で，水の電離による OH^- が酸化され O_2 が発生
　　　　します。このとき，2OH^- が O_2 へと変化します。
$$\begin{cases} \text{H}_2\text{O} \rightleftharpoons \text{OH}^- + \text{H}^+ & \cdots① \\ 2\underset{(-2)}{\text{OH}^-} \longrightarrow \underset{(0)}{\text{O}_2} + 2\text{H}^+ + 4e^- & \cdots② \end{cases}$$
　　　　①式×2＋②式で 2OH^- を消去すると，
$$2\text{H}_2\text{O} \longrightarrow \text{O}_2 + 4\text{H}^+ + 4e^-$$
　　（**陰極**）　⑦の（**陰極**）と同様。
$$\text{Cu}^{2+} + 2e^- \longrightarrow \text{Cu} \quad \text{←イオン化傾向の小さな陽イオンが反応する}$$

⑨　（**陽極**）　極板＝Cu であり，Pt, Au, C 以外なので，極
　　　　　板が酸化されます。
$$\text{Cu} \longrightarrow \text{Cu}^{2+} + 2e^-$$
　　（**陰極**）　⑦の（**陰極**）と同様。
$$\text{Cu}^{2+} + 2e^- \longrightarrow \text{Cu} \quad \text{←イオン化傾向の小さな} \atop \text{陽イオンが反応する}$$

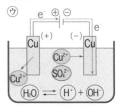

㋑ （**陽極**）　極板＝Pt なので極板は溶けません。

　　　　　　Cl⁻ はみつからず，NO_3^- が酸化されにくいため，水の電離による OH^- が酸化されるので，㋑の（**陽極**）と同じです。

$$2H_2O \longrightarrow O_2 + 4H^+ + 4e^-$$

（**陰極**）　イオン化傾向は $H_2 > Ag$ なので Ag^+ は H^+ より還元されやすいです。

$$Ag^+ + e^- \longrightarrow Ag \quad \Leftarrow イオン化傾向の小さな陽イオンが反応する$$

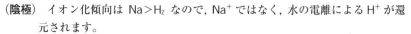

㋔ （**陽極**）　極板の Pt は溶けません。NaOH の OH^- が酸化され，$2OH^-$ が O_2 へと変化します。

$$2OH^- \longrightarrow O_2 + 2H^+ + 4e^- \quad \cdots ①$$

　　　　　　ただし，生じた H^+ は電解液が塩基性なので中和されて H_2O になります。

$$H^+ + OH^- \longrightarrow H_2O \quad \cdots ②$$

　　　　　　①式＋②式×2 で $2H^+$ を消去すると，

$$4OH^- \longrightarrow O_2 + 2H_2O + 4e^-$$

（**陰極**）　イオン化傾向は $Na > H_2$ なので，Na^+ ではなく，水の電離による H^+ が還元されます。

$$\begin{cases} H_2O \rightleftharpoons H^+ + OH^- & \cdots ① \\ 2H^+ + 2e^- \longrightarrow H_2 & \cdots ② \end{cases} \quad \Leftarrow イオン化傾向の小さな陽イオンが反応する$$

　　　　　　①式×2＋②式で $2H^+$ を消去すると，

$$2H_2O + 2e^- \longrightarrow H_2 + 2OH^-$$

㋕ （**陽極**）　㋑の（**陽極**）と同様。極板＝Pt なので極板は溶けません。Cl⁻ はみつからず，SO_4^{2-} は酸化されにくいので，水の電離による OH^- が酸化されて O_2 が発生します。

$$2H_2O \longrightarrow O_2 + 4H^+ + 4e^-$$

（**陰極**）　硫酸 H_2SO_4 の H^+ が還元されます。

$$2H^+ + 2e^- \longrightarrow H_2$$

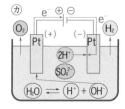

答

㋐　陽極：$2Cl^- \longrightarrow Cl_2 + 2e^-$　　　　陰極：$Cu^{2+} + 2e^- \longrightarrow Cu$

㋑　陽極：$2H_2O \longrightarrow O_2 + 4H^+ + 4e^-$　陰極：$Cu^{2+} + 2e^- \longrightarrow Cu$

㋒　陽極：$Cu \longrightarrow Cu^{2+} + 2e^-$　　　　陰極：$Cu^{2+} + 2e^- \longrightarrow Cu$

㋓　陽極：$2H_2O \longrightarrow O_2 + 4H^+ + 4e^-$　陰極：$Ag^+ + e^- \longrightarrow Ag$

㋔　陽極：$4OH^- \longrightarrow O_2 + 2H_2O + 4e^-$

　　陰極：$2H_2O + 2e^- \longrightarrow H_2 + 2OH^-$

㋕　陽極：$2H_2O \longrightarrow O_2 + 4H^+ + 4e^-$　陰極：$2H^+ + 2e^- \longrightarrow H_2$

実戦 基礎問

17 電気分解(1)

CuSO₄ 水溶液の電気分解を右図の装置を用いて
行った。ここで A, B の電極には白金板を用い, こ
れらを導線で電池に接続して直流電流を流した。

この装置に 0.500 A の電流を流したところ, 片方
の電極に銅が 0.254 g 析出した。電流を流した時間
を求めよ。また, もう一方の電極で発生した気体の
体積は, 0℃, 1.013×10^5 Pa の標準状態で何 mL か。ファラデー定数を
9.65×10^4 C/mol, Cu の原子量=63.5, 0℃, 1.013×10^5 Pa の標準状態の気
体のモル体積を 22.4 L/mol として, 答えは有効数字 3 桁で答えよ。

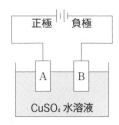

（岡山理科大）

精 講　ファラデーの法則

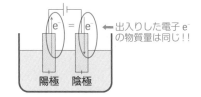

1833 年, イギリスの化
学者ファラデーが, 電気分解では「陽極
や陰極で変化する物質の量は, 流した電
気量に比例する」ことを見つけました。
これがファラデーの法則です。

各電極で変化する物質の量は, 反応によって出入りした電子 e⁻ の量で決まり
ます。よって, 電極反応式の係数から物質量計算で求められます。

また, 1 つの電気分解槽では <u>陽極から出ていった電子 e⁻</u> と <u>陰極に入っ
てきた電子 e⁻</u> の物質量〔mol〕は等しくなるように酸化還元反応が起こるの
で気をつけましょう。

電流

1 アンペア〔A〕の電流とは, 1 秒あたりに 1 クーロン〔C〕の電気量の電荷を
もつ粒子が通過する流れです。

$$〔A〕=〔C/秒〕$$

I〔A〕の電流で t〔分〕電気分解をしたときの電気量 q〔C〕は

$$q〔C〕=I〔C/秒〕\times 60t〔秒〕=60It〔C〕 \qquad となります。$$

また, 電位差の単位であるボルト〔V〕とは〔J/C〕のことであり, 2.1 V の起
電力の電池では, 理論上 1 C あたり 2.1 J のエネルギーがとり出せます。

Point 71 ファラデーの法則

各電極で変化する物質の量は，出入りした電子 e^- の量に比例する。

解　説

電極で起こる反応は **必修基礎問 39** の⑦と同じです。

$$\begin{cases} A（陽極） & 2H_2O \longrightarrow O_2 + 4H^+ + 4e^- \quad \leftarrow 極板＝Pt なので極板は溶けずに，水の電離に \\ & \qquad\qquad\qquad\qquad\qquad\qquad\qquad\quad よる OH^- が反応する \\ B（陰極） & Cu^{2+} + 2e^- \longrightarrow Cu \quad \leftarrow イオン化傾向の小さな陽イオンが反応する \end{cases}$$

まず，片方の電極つまり陰極に Cu が 0.254 g 析出したことから，電解槽に出入りした電子 e^- の物質量〔mol〕が求められます。陰極の反応式 $Cu^{2+} + 2e^- \longrightarrow Cu$ から Cu が 1 mol 析出するときは，e^- は 2 mol 陰極に入ったことがわかるので，今回流れた電子 e^- の物質量は，

$$n_{e^-} = \underbrace{\frac{0.254\,\text{g}}{63.5\,\text{g/mol}}}_{\text{析出した Cu〔mol〕}} \times \underbrace{2}_{\text{流れた}\,e^-\text{〔mol〕}} = 0.00800\,\text{mol}$$

となります。これが電池が電気分解によって流した電子 e^- と同じ物質量〔mol〕になるので，電流を流した時間を t〔秒〕とすると，

$$\overset{\text{A＝C/秒 なので}}{\frac{0.500\,\text{C/秒} \times t\,\text{〔秒〕}}{9.65 \times 10^4\,\text{C/mol}}} = 0.00800\,\text{mol}$$

という式が成立します。

よって，$t = 1544$ 秒

次に陽極から出ていった電子 e^- も 0.00800 mol であり，陽極の反応式 $2H_2O \longrightarrow O_2 + 4H^+ + 4e^-$ から e^- 4 mol に対し O_2 は 1 mol 発生することがわかります。ここで，$0°C$，1.013×10^5 Pa の標準状態で 1 mol の気体は 22.4 L の体積を示すので，陽極では，

$$\underbrace{0.00800\,\text{mol}}_{\text{流れた}\,e^-\text{〔mol〕}} \times \underbrace{\frac{1}{4}}_{\substack{\text{発生した}\\O_2\text{〔mol〕}}} \times \underbrace{22.4\,\text{L/mol}}_{O_2\text{〔L〕}} \times \underbrace{\frac{10^3\,\text{mL}}{1\,\text{L}}}_{O_2\text{〔mL〕}} = 44.8\,\text{mL}$$

の O_2 が発生したことになります。

答 時間：1.54×10^3 秒　　体積：44.8 mL

170

実戦基礎問

18 電気分解(2)

右図のように3つの電解槽を直流電源につなぎ，電流を流したところ，電極(ウ)に1.08 gの金属が析出した。次の問いに答えよ。ただし，原子量は Cu=63.5，Ag=108 とする。

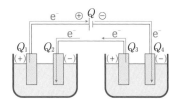

電解槽Ⅰ　電解槽Ⅱ　電解槽Ⅲ

(Ⅰ: 硫酸銅(Ⅱ)水溶液，銅板・銅板(ア))
(Ⅱ: 希硫酸，炭素棒・炭素棒(イ))
(Ⅲ: 硝酸銀水溶液，白金板(ウ)・白金板)

問1 電極(ア)の質量変化について正しく記述したものはどれか。次のA〜Eから1つ選べ。

A．何の変化も起こらない。　　B．質量が 0.635 g 増加した。

C．質量が 0.635 g 減少した。　　D．質量が 0.318 g 増加した。

E．質量が 0.318 g 減少した。

問2 電極(イ)で発生した気体は 0 ℃，1.013×10^5 Pa の標準状態で何 L か。次のA〜Eから1つ選べ。0 ℃，1.013×10^5 Pa の標準状態の気体のモル体積を 22.4 L/mol とする。

A．0.056 L　　B．0.112 L　　C．0.168 L　　D．0.224 L

E．0.280 L

問3 電流を流したとき，各電解槽（Ⅰ〜Ⅲ）中の電解液についての記述の中で正しいのはどれか。次のA〜Eから1つ選べ。

A．電解槽Ⅰの銅(Ⅱ)イオンの濃度は薄くなる。

B．電解槽Ⅰの銅(Ⅱ)イオンの濃度は濃くなる。

C．電解槽Ⅱの硫酸の濃度は濃くなる。

D．電解槽Ⅱの硫酸の濃度は薄くなる。

E．電解槽Ⅲの電解液の pH は高くなる。

(東海大)

精講

直列回路

2つ以上の電解槽を直列につないだ場合，**各電解槽を流れた電気量はすべて等しくなります。**

$Q = Q_1 = Q_2 = Q_3 = Q_4$

　右図のように並列に電解槽がつながっている場合は，電池が流した全電気量は，<u>電解槽Iを流れた電気量</u>　と　<u>電解槽IIを流れた電気量</u>　の和　になります。

$$Q = Q_1 + Q_3$$
$$= Q_2 + Q_4$$

また，$Q_1 = Q_2$，$Q_3 = Q_4$

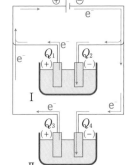

Point 72 直列と並列

{ 直列：各電解槽を流れた電気量は同じ
{ 並列：電池が流した全電気量は，各電解
　　　　槽を流れた<u>電気量の和</u>

解　説

各電解槽で起こる反応は，【必修基礎問 39】の(ウ)，(カ)，(エ)と同じです。

電解槽I {
陽極(ア)：$Cu \longrightarrow Cu^{2+} + 2e^-$ ←極板=Cu なので極板が溶ける
陰極　：$Cu^{2+} + 2e^- \longrightarrow Cu$ ←イオン化傾向の小さな陽イオンが反応する

電解槽II {
陽極　：$2H_2O \longrightarrow O_2 + 4H^+ + 4e^-$ ←極板=C なので極板は溶けずに，水の電離による OH^- が反応する
陰極(イ)：$2H^+ + 2e^- \longrightarrow H_2$ ←H_2SO_4 の H^+ が反応する

電解槽III {
陽極　：$2H_2O \longrightarrow O_2 + 4H^+ + 4e^-$ ←極板=Pt なので極板は溶けずに，水の電離による OH^- が反応する
陰極(ウ)：$Ag^+ + e^- \longrightarrow Ag$ ←イオン化傾向の小さな陽イオンが反応する

問 1　Ag の原子量=108 より，電極(ウ)で析出した Ag は $\dfrac{1.08\,g}{108\,g/mol} = 0.0100\,mol$ です。陰極の反応式 $Ag^+ + e^- \longrightarrow Ag$ より Ag が 1 mol 析出すると e^- が 1 mol 入ったことになるので，電子 e^- が 0.0100 mol 移動したことになります。

　今回は直列なので，すべての電解槽を 0.0100 mol の電子 e^- が移動したといえます。電極(ア)では，

$$Cu \longrightarrow Cu^{2+} + 2e^-$$

が起こり，e^- 2 mol に対し Cu が 1 mol 溶け出すので，今回は，$0.0100 \times \dfrac{1}{2}$ mol の Cu が溶け出します。よって，Cu の原子量=63.5 より，

$$\underbrace{0.0100\,mol \times \frac{1}{2}}_{\text{溶解した Cu (mol)}} \Bigg| \underbrace{\times 63.5\,g/mol}_{\text{Cu (g)}} \Bigg| \fallingdotseq 0.318\,g$$

の Cu が溶け出し，極板の質量は溶け出した分だけ減少します。

よって，E が正しくなります。

問2 電極(イ)の反応式 $2H^+ + 2e^- \longrightarrow H_2$ より，発生した H_2 は e^- 2 mol に対し 1 mol であり，0℃，1.013×10^5 Pa の標準状態で 1 mol の気体が示す体積は 22.4 L なので，

$$\underset{\substack{e^-\,(mol)}}{0.0100} \times \underset{\substack{発生した\;H_2\,(mol)}}{\frac{1}{2}} \times 22.4 = \underset{\substack{H_2\,(L)}}{0.112} \text{ L}$$

となります。

よって，答えは B です。

問3 電解槽 I では，電極(ア)で Cu が Cu^{2+} として溶け出しますが，陰極で Cu^{2+} が Cu として析出するので，水溶液中の Cu^{2+} の物質量〔mol〕は変化しません。また，H_2O は電気分解前後で量が変化しないため水溶液の体積は変化せず，溶液中の Cu^{2+} の濃度は一定です。（➡ A，B は誤り）

電解槽 II では，電極(イ)の反応式を 2 倍して陽極の反応式と足し合わせて e^- を消去すると，

$$2H_2O \longrightarrow O_2 + 2H_2$$

となることから，水の電気分解が起こります。そのため水が少なくなり，厳密には硫酸 H_2SO_4 の濃度は濃くなります。多くの計算問題では，溶媒の H_2O が反応した H_2O よりも多いので，溶液の体積変化を考えませんが，本問では「濃くなる」か「薄くなる」の選択肢しかないので，厳密に考えて硫酸の濃度は「濃くなる」を選びましょう。

電解槽 III では，電極(ウ)で Ag が析出し，陽極で O_2 とともに電解液中に H^+ が生じます。電気分解が始まると，水素イオン濃度が上がるので pH は小さくなります。

以上より，C のみが正しいということになります。

 答 **問1** E **問2** B **問3** C

40 反応速度を決める要素 〈化学〉

〔Ⅰ〕 文中の [　] にあてはまる語句を下より選び記号で答えよ。

　化学反応には反応の途中で [1] とよばれるエネルギーの高い状態がある。反応物が [1] になるのに必要なエネルギーを [2] という。[2] は反応の種類によって異なり，大きいほど反応は [3] なる。反応物分子は加熱により [4] する。反応物分子どうしの [5] が [1] を通過できるエネルギーを与えると生成物が生じる。一般に反応速度は，温度が 10 K 高くなるごとに [6] 倍になるといわれている。これは加熱することで反応の [2] より大きな [7] をもつ反応物分子の数が多くなるためである。

ⓐ 平衡状態　　　ⓑ 遷移状態（活性化状態）　　　ⓒ 標準状態
ⓓ 励起状態　　ⓔ 励起エネルギー　　　ⓕ 結合エネルギー
ⓖ 活性化エネルギー　　　ⓗ 運動エネルギー　　　ⓘ イオン化エネルギー
ⓙ 反応エンタルピー　　　ⓚ 生成エンタルピー　　　ⓛ 衝突　　ⓜ 収縮
ⓝ 膨張　　ⓞ 静止　　　ⓟ 速く　　ⓠ 遅く　　ⓡ 一定値と
ⓢ すべて　　ⓣ 一部　　　ⓤ 激しく運動　　ⓥ 広範囲に運動
ⓦ 約 0.3　　ⓧ 約 3　　ⓨ 約 10　　ⓩ 約 30　　　　　　（星薬科大）

〔Ⅱ〕 **問1**　下の図1のA，Bはそれぞれ何を表しているか答えよ。

問2　低温での分子の運動エネルギー分布の一例が図2に示してある。高温での分子の運動エネルギー分布を，この図にかき加えよ。

問3　$N_2 + 3H_2 \longrightarrow 2NH_3$ の反応では高温ほど反応速度が大きい。その理由を，問2の運動エネルギー分布を参考に40字以内で答えよ。

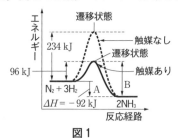

図1

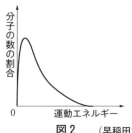

図2　（早稲田大・改）

精　講　　反応条件と化学反応の速さ

❶　濃度と反応速度

空気中で鉄線を熱しても表面が酸化されるだけですが，純粋な酸素に熱し

た鉄線を入れると，激しく燃焼します。酸素の濃度が，純粋な酸素では空気の約5倍も大きいからです。

このように，「**反応物の濃度が大きいほど反応速度は大きく**」なります。反応物の濃度が大きいほど反応することができる粒子どうしの衝突する回数が増えるからです。

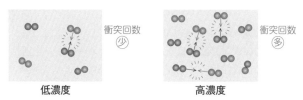

反応物として固体を使うときは，**粉末状にすると表面積が大きくなる**ので，衝突する回数が増加して**反応速度は大きく**なります。

また，反応物が気体のときは，気体の濃度と気体の分圧は比例するので，**反応する気体の分圧が大きいほど**衝突する回数が増加して**反応速度は大きく**なります。

❷ 温度と反応速度

一般に，「**温度が高くなるほど反応速度は大きく**」なります。温度が高くなると反応物を構成する粒子の熱運動が激しくなるので，**反応が進むのに必要な最小のエネルギー**（活性化エネルギー E_a（➡p.177））よりも大きな運動エネルギーをもつ粒子の数の割合が増加するためです。

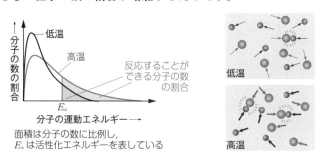

面積は分子の数に比例し，E_aは活性化エネルギーを表している

❸ 触媒と反応速度

反応の前後でそれ自身は変化せず，反応速度を上げる物質を触媒といいます。**触媒を使うと，活性化エネルギーが小さな経路で反応が進み，反応速度が大きく**なります。

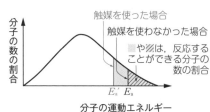

分子の運動エネルギー

解　説

〔Ⅰ〕　化学反応には反応の途中で<u>遷移状態（活性化状態）</u>[1]とよばれるエネルギーの高い状態があって，反応物が遷移状態になるのに必要なエネルギーを<u>活性化エネルギー</u>[2]といいます（➡p.177）。活性化エネルギーは反応の種類によって異なり，大きいほど反応は<u>遅く</u>[3]なります。また，反応物分子は加熱することにより激しく<u>運動</u>[4]します。

　反応物どうしの<u>一部</u>[5]が遷移状態を通過できるエネルギーを受けとると，生成物が生じます。（一般の気体の反応では，）温度が 10 K 上昇するごとに，反応速度は<u>2 ～ 4</u>[6]倍になるものが多いといわれています。これは，加熱することで反応の活性化エネルギーより大きな<u>運動エネルギー</u>[7]をもつ反応物分子の数が多くなるためです。

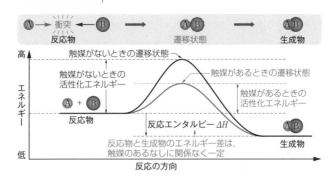

〔Ⅱ〕　**問1**　Ｂ：化学反応で右向きに進む反応を正反応，左向きに進む反応を逆反応といいます。

問2　全体の面積を変えないように，高い運動エネルギーをもつ分子の数の割合が多くなるようにかきます。

問3　高温ほどより大きな運動エネルギーをもつ分子の数の割合が増加しています。

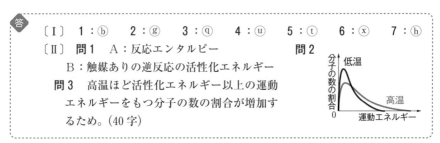

答
〔Ⅰ〕　**1**：ⓑ　　**2**：ⓖ　　**3**：ⓠ　　**4**：ⓤ　　**5**：ⓣ　　**6**：ⓧ　　**7**：ⓗ
〔Ⅱ〕　**問1**　Ａ：反応エンタルピー　　　　　　　　　**問2**
　　　　　　Ｂ：触媒ありの逆反応の活性化エネルギー
　　　問3　高温ほど活性化エネルギー以上の運動
　　　エネルギーをもつ分子の数の割合が増加す
　　　るため。（40字）

41 反応の速さと触媒 　化学

〔I〕 化学反応は①ほぼ瞬時に起こる反応，②数年もかかるような反応，あるいは③その中間で数時間かけて起こる反応などさまざまである。また，④同じ反応でも反応を行う条件によって反応の速度は大きく変化する。

問1 次の㋐〜㋒の3つの反応は下線①〜③のどれに該当するか，答えよ。

㋐ 酢酸エチルを希塩酸と混合すると加水分解が起こる。

㋑ 希塩酸に水酸化ナトリウム水溶液を加えると中和反応が起こる。

㋒ 空気中に銅板をおくと青緑色のさびが生じる。

問2 下線④に関連して，スチールウールは空気中で熱すると表面は酸化されるが内部は変化しないのに対し，酸素中では火花を発して激しく燃焼する。この理由を反応速度の観点から簡潔に説明せよ。

〔II〕 化学反応を工業的に応用する際，⑤触媒が用いられることがある。触媒には，反応物と均一な状態で働く均一触媒と，反応物と不均一な状態で働く不均一触媒が存在する。

問3 下線⑤に関連して，化学反応において触媒の添加によって変化するものを次の㋐〜㋒の中からすべて選べ。

㋐ 反応エンタルピー　　㋑ 活性化エネルギー　　㋒ 反応速度

（弘前大）

精講

〔速い反応と遅い反応〕

水素 H_2 の爆発や塩酸 HCl と水酸化ナトリウム NaOH 水溶液の中和などは，反応させた瞬間に反応がほとんど終わってしまいます。

また，鉄くぎを空気中に放置しておくと，鉄くぎが空気中の酸素や水と長い時間をかけて徐々に反応してさびていきます。

このように，化学反応にはその種類によって，瞬間的に終わるはやい反応から長い時間をかけて進む遅い反応までいろいろあります。

〔活性化エネルギー〕

化学反応が起こるためには，「一定以上のエネルギーをもつ粒子どうし」が「反応するのに都合のよい方向から衝突する」という2つの条件を満たさなくてはなりません。

衝突した粒子が反応するためには，**エネルギーの高い途中状態**（遷移状態または活性化状態）を経由しなければならないのです。

反応物を遷移状態にするのに必要な最小の
エネルギーを活性化エネルギーといい，衝突
する粒子が活性化エネルギーをこえるだけの
エネルギーをもっていないと反応は起こりま
せん。

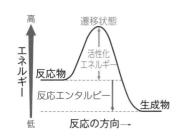

① 温度を高くすると，反応物を構成する
　粒子の熱運動が激しくなり，活性化エネ
　ルギー以上の運動エネルギーを
　もつ粒子の数の割合が増加する。
　その結果，反応速度が大きくな
　ります。

② 触媒を使用すると，活性化エ
　ネルギーが小さくなるため，反
　応速度が大きくなります。ただ
　し，触媒によって反応エンタル
　ピーの値は変化せず，一定のま
　までです。

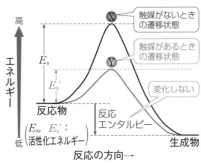

問1 下線①のほぼ瞬時に起こる反応は，爆発（燃焼）や中和反応なので，(イ)の中和反
応とわかります。

(イ) HCl + NaOH ⟶ NaCl + H₂O　（中和反応）

　(ア)の加水分解反応は下線③の数時間かけて起こる反応で，(ウ)のさびが生じる反応
は下線②の数年もかかるような反応となります。

(ア) CH₃COOC₂H₅ + H₂O $\overset{H^+}{\rightleftharpoons}$ CH₃COOH + C₂H₅OH　（加水分解反応）
　　酢酸エチル　　水　　　　　酢酸　　エタノール

問2 空気と比べると酸素濃度が大きくなることに注目しましょう。

問3 触媒の添加によって，活性化エネルギー(イ)が小さくなることで反応速度(ウ)
は大きくなります。ただし，反応エンタルピー(ア)は一定のまま変化しません。よ
って，(イ)と(ウ)が変化します。

答

　問1 (ア) ③　　(イ) ①　　(ウ) ②
　問2 反応物の濃度が大きいほど反応速度は大きくなり，酸素中では空気中
　　よりも酸素濃度が大きいから。
　問3 (イ), (ウ)

必修 基礎問

42 化学反応の速さ 〈化学〉

次の文章を読み，下の問いに答えよ。

化学反応の速さは，単位時間内での反応物質の濃度の減少量，または生成物質の濃度の増加量で表される。一定温度で，反応物質Aが生成物質Bとなる反応（A─→B）について，各反応時間におけるAの濃度は次のようになった。

反応時間〔min〕	0	2	4	6
Aの濃度〔mol/L〕	0.965	0.855	0.755	0.665

問1 0〜2 min，2〜4 min，4〜6 min の各区間における反応物質Aの平均の反応速度（$\bar{v}$）として最も近い値を選び，番号で答えよ。

① 0.030 　② 0.035 　③ 0.040

④ 0.045 　⑤ 0.050 　⑥ 0.055

⑦ 0.060 　⑧ 0.065 　⑨ 0.070

⓪ 0.075

区間〔min〕	平均の反応速度（$\bar{v}$）〔mol/(L·min)〕
0〜2	〈ア〉
2〜4	〈イ〉
4〜6	〈ウ〉

問2 各区間で反応物質Aの平均濃度（$\bar{C}$）として最も近い値を選び，番号で答えよ。

① 0.50 　② 0.55 　③ 0.60

④ 0.65 　⑤ 0.70 　⑥ 0.75

⑦ 0.80 　⑧ 0.85 　⑨ 0.90

⓪ 0.95

区間〔min〕	平均の濃度（$\bar{C}$）〔mol/L〕
0〜2	〈エ〉
2〜4	〈オ〉
4〜6	〈カ〉

問3 反応（A─→B）の反応速度定数 k〔1/min〕〈キ〉として最も近い値を選び，番号で答えよ。

① 0.03 　② 0.04 　③ 0.05 　④ 0.06 　⑤ 0.07

⑥ 0.08 　⑦ 0.09 　⑧ 0.10 　⑨ 0.11 　⓪ 0.12

(東邦大)

精 講 〔反応速度の表し方〕

化学反応の速さは，一般に**単位時間あたりの反応物または生成物の濃度の変化量**で表し，これを**平均の反応速度**または**反応速度**といいます。平均の反応速度を $\bar{v}$ とすると，$\bar{v}$ は次のように表します。

$$\bar{v} = \frac{\text{反応物の濃度の変化量}}{\text{反応時間}} \quad \text{または} \quad \bar{v} = \frac{\text{生成物の濃度の変化量}}{\text{反応時間}}$$

平均を表している

問題文で与えられている反応の，反応物質Aが生成物質Bとなる反応

　　A —→ B

について考えてみましょう。

　反応物質Aの時刻 t_1 におけるモル濃度を $[A]_1$ と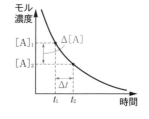
して，時刻 t_2 ではモル濃度が $[A]_2$ まで減少したと
すると，平均の反応速度 $\bar{v}$ は，次のように表します。

変化量を表す記号

$$\bar{v} = -\frac{[A]_2-[A]_1}{t_2-t_1} = -\frac{\Delta[A]}{\Delta t}$$

$\bar{v}$ の値は正とするために −（マイナス）の符号をつける

　ここで Δ は変化量を表す記号なので，$\Delta[A]=[A]_2-[A]_1$, $\Delta t=t_2-t_1$　です。
反応物は時間とともに減少して $\Delta[A]$ は負となるので，$\bar{v}$ の値を正とするため
に右辺に −（マイナス）の符号をつけます。平均の反応速度 $\bar{v}$ は，時間間隔 Δt
のとり方によって変化します。また，Δt を十分に小さくとることで，瞬間の反
応速度を求めることもできます。

問1　平均の反応速度は，次のように求めることができます。

時刻 t_2 の濃度　　　　　　　時刻 t_1 の濃度

$$\bar{v} = -\frac{[A]_2-[A]_1}{t_2-t_1} = -\frac{\Delta[A]}{\Delta t}$$

　よって，各区間における反応物質Aの平均の反応速度 $\bar{v}$ は，

2 min の濃度　　　　　　0 min の濃度

$$0 \sim 2\,\text{min}：\bar{v} = -\frac{(0.855-0.965)\,\text{mol/L}}{(2-0)\,\text{min}} = 0.0550\,\text{mol/(L·min)} \quad ←⟨ア⟩$$

$$2 \sim 4\,\text{min}：\bar{v} = -\frac{(0.755-0.855)\,\text{mol/L}}{(4-2)\,\text{min}} = 0.0500\,\text{mol/(L·min)} \quad ←⟨イ⟩$$

$$4 \sim 6\,\text{min}：\bar{v} = -\frac{(0.665-0.755)\,\text{mol/L}}{(6-4)\,\text{min}} = 0.0450\,\text{mol/(L·min)} \quad ←⟨ウ⟩$$

　（注）　ここでは，分が min（minute）と表されています。

問2　反応物質Aの時刻 t_1 における濃度を $[A]_1$ として，時刻 t_2 では濃度が $[A]_2$ まで
　減少したとすると，反応物質Aの平均の濃度 $\bar{C}$ は，次のように求められます。

時刻 t_1 の濃度　　　　時刻 t_2 の濃度

$$\bar{C} = \frac{[A]_1+[A]_2}{2}$$

　よって，各区間における反応物質Aの平均濃度 $\bar{C}$ は，

0 min の濃度　　　　　2 min の濃度

$$0 \sim 2\,\text{min}：\bar{C} = \frac{0.965+0.855}{2} = 0.910\,\text{mol/L} \quad ←⟨エ⟩$$

$$2 \sim 4 \ \text{min}：\overline{C}=\frac{0.855+0.755}{2}=0.805 \ \text{mol/L} \quad \Leftarrow \langle \text{オ} \rangle$$

$$4 \sim 6 \ \text{min}：\overline{C}=\frac{0.755+0.665}{2}=0.710 \ \text{mol/L} \quad \Leftarrow \langle \text{カ} \rangle$$

問3　ここで，「反応物質Aの平均の反応速度 $\overline{v}$ と反応物質Aの平均濃度 $\overline{C}$ との関係」を調べてみます。

$\overline{v}=k\overline{C}$ が成り立つと仮定し，それぞれの時間について $k=\dfrac{\overline{v}}{\overline{C}}$ を求めてみると，

反応速度定数

$$\frac{\overline{v}}{\overline{C}}=\frac{0.0550 \ \text{mol/(L·min)} \ \Leftarrow \langle \text{ア} \rangle}{0.910 \ \text{mol/L} \quad \Leftarrow \langle \text{エ} \rangle} \fallingdotseq 0.060 \ /\text{min}$$

$$\frac{\overline{v}}{\overline{C}}=\frac{0.0500 \ \text{mol/(L·min)} \ \Leftarrow \langle \text{イ} \rangle}{0.805 \ \text{mol/L} \quad \Leftarrow \langle \text{オ} \rangle} \fallingdotseq 0.062 \ /\text{min}$$

$$\frac{\overline{v}}{\overline{C}}=\frac{0.0450 \ \text{mol/(L·min)} \ \Leftarrow \langle \text{ウ} \rangle}{0.710 \ \text{mol/L} \quad \Leftarrow \langle \text{カ} \rangle} \fallingdotseq 0.063 \ /\text{min}$$

となります。この結果から，k はほぼ 0.06〔1/min〕の一定の値となるため，v と C がほぼ比例することがわかります。

「$\overline{v}$ と $\overline{C}$ との関係」はグラフにすることでも調べることができます。グラフをみると，v と C がほぼ比例することがわかります。

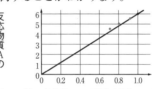

平均の反応速度 $\overline{v}$〔×10⁻²mol/(L·min)〕／反応物質 A の平均濃度 $\overline{C}$〔mol/L〕

このグラフの傾きは，次のように求められます。

$$\frac{6\times10^{-2} \ \text{mol/(L·min)}}{1.0 \ \text{mol/L}}=0.06 \ /\text{min}$$

グラフをみると $\overline{C}=1.0$ mol/L
← のとき $\overline{v}=6\times10^{-2}$ mol/(L·min)
を通っていることがわかる

つまり，反応物質Aが生成物質Bとなる反応速度 v は，

$$v=0.06C=kC$$

と表すことができます。このような**反応物の濃度と反応速度の関係を表す式を反応速度式または速度式**といって，k は**比例定数**で**反応速度定数または速度定数**とよばれます。**速度定数 k は，温度などの条件が一定であれば，濃度にかかわらず一定の値**になります。

答　問1　ア：⑥　　イ：⑤　　ウ：④　　問2　エ：⑨　　オ：⑦　　カ：⑤
　　問3　キ：④

　化学反応には，瞬間的に起こるものや，長い年月をかけて変化が認められる遅いものがある。化学反応の速さは，反応物の濃度，温度，触媒の影響を受けて変化する。温度などの条件が一定であれば，反応速度は反応物の濃度のみに関係して変化する。反応物AとBから生成物Cができる反応の場合，

　　　A ＋ B $\longrightarrow$ C

生成物のできる反応速度と反応物の濃度の関係は，次の反応速度式で与えられる。

　　　$v = k[A]^x[B]^y$

　比例定数 k は，速度定数といい，温度などの反応条件が一定であれば反応物の濃度に無関係で一定である。指数の x と y は，整数あるいは分数などの値をとり，$(x+y)$ は反応の次数とよばれる。反応速度式は実験によって求めなければならないもので，反応式から直接導くことはできない。

　次式の反応の速度式を求めるために，ある温度で，反応物の濃度を変えて反応速度を調べたところ，下の表の結果が得られた。

　　　NO（気）＋ H₂（気）$\longrightarrow$ 生成物

問1　表のデータを用いて，この反応速度式の x と y を求めよ。計算の過程も記述すること。

実験番号	[NO]〔mol/L〕	[H₂]〔mol/L〕	v〔mol/(L·s)〕
1	0.020	0.050	0.0050
2	0.040	0.050	0.0200
3	0.060	0.030	0.0270

問2　この反応の反応速度定数を単位とともに有効数字2桁で答えよ。

（札幌医科大）

精　講　　〔反応速度式〕

　　　　反応物の濃度と反応速度の関係を表す式を反応速度式といいました（➡ 必修基礎問 **42**）。反応物AとBから生成物Cができる反応

　　　A ＋ B $\longrightarrow$ C

の反応速度式は，

　　　$v = k[A]^x[B]^y$

となり，k は反応速度定数とよばれ温度などの条件が一定であれば一定の値になります。反応速度式の次数 x や y は実験により求めるもので，化学反応式だけで単純に決められません。

問1 NO (気) + H_2 (気) ⟶ 生成物

この反応速度式は,

$$v = k[NO]^x[H_2]^y$$

と書くことができます。ここで, $[H_2] = 0.050 \, \text{mol/L}$ で一定のもと, **実験番号1と2**のデータより,

$$[NO] \text{ が } \frac{0.040}{0.020} = 2 \text{ 倍 になると } v \text{ は } \frac{0.0200}{0.0050} = 4 \text{ 倍}$$

となることから, v は $[NO]^2$ に比例するので $x = 2$ とわかります。

よって, 反応速度式は $v = k[NO]^2[H_2]^y$ となり, ここに**実験番号1と3**のデータを代入します。

$$\underset{5 \times 10^{-3}}{0.0050} = k \underset{4 \times 10^{-4}}{(0.020)^2}(0.050)^y \quad \text{←実験番号1のデータを反応速度式に代入する}$$

$$\underset{27 \times 10^{-3}}{0.0270} = k \underset{36 \times 10^{-4}}{(0.060)^2}(0.030)^y \quad \text{←実験番号3のデータを反応速度式に代入する}$$

温度一定の条件のもとで実験しているので, k の値は一定となります。

$$k = \frac{5 \times 10^{-3}}{4 \times 10^{-4} \times (0.050)^y} = \frac{27 \times 10^{-3}}{36 \times 10^{-4} \times (0.030)^y}$$

$$\frac{(0.030)^y}{(0.050)^y} = \frac{27}{36} \times \frac{4}{5} = \frac{3}{5}$$

$$\left(\frac{3 \times 10^{-2}}{5 \times 10^{-2}} \right)^y = \left(\frac{3}{5} \right)^y = \frac{3}{5}$$

$$y = 1$$

よって, $x = 2$, $y = 1$, つまり反応速度式は $v = k[NO]^2[H_2]$ となります。

問2 実験番号1~3のデータで好きなものを1つ代入して k を求めます。どのデータを代入しても, 温度一定のもとで実験しているため k は同じ値になります。

実験番号1のデータを**問1**で求めた反応速度式に代入します。数値だけを代入すると,

$$0.0050 = k \times (0.020)^2 \times (0.050) \quad \text{←} v = k[NO]^2[H_2] \text{ に数値を代入}$$

$$k = 250$$

単位だけを代入すると,

$$\frac{\text{mol}}{\text{L} \cdot \text{s}} = k \times \left(\frac{\text{mol}}{\text{L}} \right)^2 \times \left(\frac{\text{mol}}{\text{L}} \right) \quad \text{←} v = k[NO]^2[H_2] \text{ に単位を代入}$$

$$k = \frac{\text{L}^2}{\text{mol}^2 \cdot \text{s}}$$

となり, 有効数字2桁で答えるので, $k = 2.5 \times 10^2 \, \text{L}^2/(\text{mol}^2 \cdot \text{s})$ となります。

 問1 $x = 2$, $y = 1$, 計算の過程は 解説 参照。 **問2** $2.5 \times 10^2 \, \text{L}^2/(\text{mol}^2 \cdot \text{s})$

$$C_2H_4 (気) + H_2 (気) \rightleftharpoons C_2H_6 (気) \quad \Delta H = -137 \text{ kJ}$$

上の反応が平衡状態に達している。(1)～(5)のように条件を変えると，平衡はどのように変化するか。下の〔解答群〕から選び，記号で答えよ。

(1) 温度と圧力を一定に保ち，エタン C_2H_6 を加える。

(2) 温度と圧力を一定に保ち，窒素 N_2 を加える。

(3) 温度と容器の体積を一定に保ち，窒素 N_2 を加える。

(4) 圧力を一定に保ち，温度を上げる。

(5) 圧力を一定に保ち，水素 H_2 を加えながら温度を上げる。

〔解答群〕　㋐　右に移動する　　㋑　左に移動する　　㋒　はやくなる
　　　　　　㋓　遅くなる　　　　㋔　変わらない　　　㋕　予測できない

(三重大・改)

精講　　（化学平衡の法則）

　　　水素 H_2 とヨウ素 I_2 の混合気体を密閉容器に入れて加熱し，一定温度に保つと，ヨウ化水素 HI が生成します。ある程度の時間がたつと，生成したヨウ化水素 HI の一部が分解して，水素 H_2，ヨウ素 I_2 が生成する逆向きの反応も起こります。

$$H_2 + I_2 \rightleftharpoons 2HI \quad \left\{ \begin{matrix} \longrightarrow を正反応 \\ \longleftarrow を逆反応 \end{matrix} \right\} という$$

　上の反応において，**左から右への反応を正反応**，**右から左への反応を逆反応**といい，**正反応と逆反応の両方が起こるとき，このような反応を可逆反応**といいます。

　可逆反応において，正反応の反応速度を v_1，逆反応の反応速度を v_2 とすると，ある程度の時間がたつと $v_1 = v_2$ になり，**見かけ上は反応が止まったような状態**になります。この状態を化学平衡の状態または単に平衡状態といいます。平衡状態は，正反応や逆反応が止まったのではなく，水素 H_2，ヨウ素 I_2，およびヨウ化水素 HI の各物質が一定の割合で混合した状態になっています。

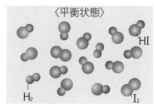

〈平衡状態〉

平衡状態では，
$v_1 = v_2 \neq 0$　となる

反応の初期の段階では，水素 H_2 とヨウ素 I_2 のモル濃度〔mol/L〕（$[H_2]$，$[I_2]$）が大きいために正反応の反応速度 v_1 が大きいのですが，反応が進行すると $[H_2]$，$[I_2]$ が小さくなり，ヨウ化水素 HI のモル濃度〔mol/L〕（$[HI]$）が大きくなるので逆反応の反応速度 v_2 が大きくなります。左から右への反応の見かけの反応速度
右向きの反応
は $v_1 - v_2$ で表され，ある時間が経過すると，v_1 と v_2 の関係は $v_1 = v_2$ つまり $v_1 - v_2 = 0$ となり，見かけ上，反応は停止した状態になります。
平衡状態

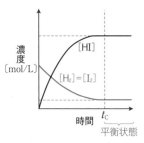

$[H_2]$，$[I_2]$，$[HI]$ の濃度変化

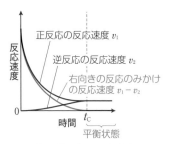

正反応と逆反応の反応速度

物質Aと物質Bが反応して，物質Cと物質Dが生成する可逆反応は，次のように表すことができます。a，b，c，d は係数になります。

$$aA + bB \rightleftarrows cC + dD$$

この可逆反応が，ある温度で平衡状態にあるとき，各物質 A，B，C，D のモル濃度をそれぞれ $[A]$，$[B]$，$[C]$，$[D]$ とすると，次の関係が成り立ちます。

$$K = \frac{[C]^c [D]^d}{[A]^a [B]^b}$$

この K を（濃度）平衡定数といって，**この式で表される関係を化学平衡の法則**（質量作用の法則）といいます。（濃度）平衡定数は，温度が一定であれば，反応物や生成物のモル濃度がさまざまな値をとっても，それらの濃度の間には，一定の関係が成立して平衡定数 K の値は一定に保たれます。

また，溶媒として多量に存在する水や固体物質の濃度は事実上一定であるので，式には含めません。

（例） $N_2 + 3H_2 \rightleftarrows 2NH_3$　　$K = \dfrac{[NH_3]^2}{[N_2][H_2]^3}$

（例） $C（固）+ CO_2（気）\rightleftarrows 2CO（気）$　　$K = \dfrac{[CO]^2}{[CO_2]}$　　←C（固）は含めない

　可逆反応が平衡状態にあるとき，温度・圧力・濃度などの条件に変化をあたえると，平衡状態が一時的にくずれますが，その**変化を緩和する方向へと正反応または逆反応が進んで** (平衡の移動)，新しい平衡状態になります。

　1884 年にルシャトリエは，条件変化と平衡移動の方向について，次のような原理を発表しました。

> 　ある可逆反応が平衡状態にあるとき，外部条件 (温度・圧力・濃度など) を変化させると，その影響を緩和する方向に平衡が移動し，新しい平衡状態になる

　これを**ルシャトリエの原理** または **平衡移動の原理**といいます。

Point 74 　ルシャトリエの原理 (平衡移動の原理)

❶　温度変化と平衡移動
- 温度を上げる ➡ 吸熱反応 ($\Delta H > 0$) の方向へ平衡が移動する
- 温度を下げる ➡ 発熱反応 ($\Delta H < 0$) の方向へ平衡が移動する

❷　圧力変化と平衡移動
- 圧力を上げる ➡ 気体粒子数が減少する方向へ平衡が移動する
- 圧力を下げる ➡ 気体粒子数が増加する方向へ平衡が移動する

❸　濃度変化と平衡移動
- ある物質Aの濃度を上げる
    - ➡ 物質Aの濃度が減少する方向へ平衡が移動する
- ある物質Aの濃度を下げる
    - ➡ 物質Aの濃度が増加する方向へ平衡が移動する

❹　触媒と平衡移動
- 触媒を加える ➡ 反応速度は大きくなるが，平衡は移動しない

　ルシャトリエの原理を使って考えてみましょう。

$$C_2H_4 (気) + H_2 (気) \rightleftharpoons C_2H_6 (気) \quad \Delta H = -137 \, kJ \quad \cdots (*)$$

(1) 「エタン C_2H_6 を加えて濃度を上げる」と「エタン C_2H_6 の濃度が減少する方向」つまり「($*$) の平衡は<u>左に移動</u>」します。

(2) 温度と全圧を一定にして ($*$) の平衡に無関係な窒素 N_2 を加えると，「全圧が一定に保たれているので，エチレン C_2H_4，水素 H_2，エタン C_2H_6 の分圧の和 (平衡混合気体の分圧の和) が減少」します。そのため，「気体分子数が増加する方向 (($*$) の反

応式の係数を読みとって，$1+1 \leftarrow 1$)」，つまり「（＊）の平衡は**左に移動**」します。

C₂H₄ 1 mol　H₂ 1 mol—C₂H₆ 1 mol

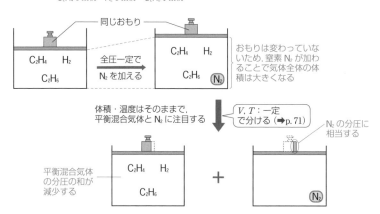

(3)　温度と体積一定で（＊）の平衡に無関係な窒素 N_2 を加えても，「エチレン C_2H_4，水素 H_2，エタン C_2H_6 の物質量〔mol〕や体積に変化がないので，それぞれの濃度に変化はありません」。それぞれの濃度に変化がなければ，「（＊）の平衡も**移動しません**」。

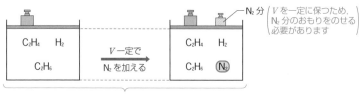

(4)　「温度の変化」を考えるときには，（＊）のエンタルピーを付した反応式に「右向きの矢印」と「右向きが発熱反応の方向か吸熱反応の方向か」を書き込んでから考えるとミスしにくいです。

$$C_2H_4(気) + H_2(気) \rightleftharpoons C_2H_6(気) \quad \Delta H = -137\ kJ$$

発熱反応の方向

「温度を上げる」と「吸熱反応（$\Delta H > 0$）の方向」すなわちエンタルピーが増加する方向に，平衡が移動します。（＊）の反応では**左に移動**することになります。

(5)　「水素 H_2 を加えて濃度を上げる」と「水素 H_2 の濃度が減少する方向」つまり「（＊）の平衡は右に移動」します。しかし，同時に「温度も上げている」ので「吸熱反応（$\Delta H > 0$）の方向」つまり「（＊）の平衡は左に移動」します。そのため，この問題で与えられている条件では移動方向は**予測できません**。

答　(1) ㋑　　(2) ㋑　　(3) ㋔　　(4) ㋑　　(5) ㋕

　　四酸化二窒素 N_2O_4（無色の気体）が分解して二酸化窒素 NO_2（赤褐色の気体）を生じる反応は，次のような可逆反応である。

　　　　$N_2O_4 \rightleftarrows 2NO_2$　…①

　　純粋な N_2O_4 を n_0〔mol〕とり，一定容器 V〔L〕のガラス容器に密封し，温度 T〔K〕に保ったところ，平衡に達し，そのときの圧力は P_0〔Pa〕であった。また，このときの N_2O_4，NO_2 の物質量はそれぞれ n_A〔mol〕，n_B〔mol〕であった。気体は理想気体とし，気体定数を R〔Pa・L/(mol・K)〕として，次の問いに答えよ。

問1　可逆反応①の平衡定数 K を n_A，n_B および V で表せ。また K の単位も書け。

問2　この平衡状態での N_2O_4，NO_2 の分圧をそれぞれ p_A〔Pa〕，p_B〔Pa〕として，問1における平衡定数 K を p_A，p_B を含む式で表せ。

問3　NO_2 の物質量 n_B を n_0 および n_A で表せ。

問4　$\alpha = \dfrac{n_0 - n_A}{n_0}$ とおくと，α は①の反応において何を表しているか。その内容を簡潔に書け。

問5　$\dfrac{n_A}{n_0}$ を α で表せ。また，N_2O_4，NO_2 の分圧 p_A と p_B を P_0 と α で表せ。

問6　上記の状態（平衡定数 K）から温度をさらに上げると，ガラス容器中の気体の色が次第に濃くなり，新しい平衡に達した。次の(ア)，(イ)に答えよ。

(ア)　このときの平衡定数を K' とすると，K' は下記のどれか。(a)～(c)から1つ選び，記号で示せ。

　　(a)　$K' > K$　　　(b)　$K' = K$　　　(c)　$K' < K$

(イ)　N_2O_4 から NO_2 が生成するときの反応エンタルピー変化を ΔH とすると，ΔH は下記のどれか。(a)～(c)から1つ選び，記号で示せ。

　　(a)　$\Delta H > 0$　　　(b)　$\Delta H = 0$　　　(c)　$\Delta H < 0$　　　　　　（岩手大・改）

精　講　　圧平衡定数

　　　　　　　気体の反応が平衡状態の場合には，それぞれの気体のモル濃度（混合気体1Lあたりの物質量）を用いて，その反応の（濃度）平衡定数を表せます（➡p.185）。

　　例えば，窒素 N_2 と水素 H_2 からアンモニア NH_3 が生成する可逆反応

$$N_2 + 3H_2 \rightleftharpoons 2NH_3$$

が平衡状態のとき，この反応の（濃度）平衡定数 K は，それぞれの気体のモル濃度を $[N_2]$，$[H_2]$，$[NH_3]$ とすると，化学平衡の法則より，

$$K = \frac{[NH_3]^2}{[N_2][H_2]^3} \quad \cdots(*)$$

となります。

また，各成分気体のモル濃度の代わりに，成分気体の**分圧を用いた平衡定数**である**圧平衡定数 K_P** を使うこともあります。

$$N_2 + 3H_2 \rightleftharpoons 2NH_3$$

の可逆反応では，それぞれの気体の平衡状態の分圧を P_{N_2}，P_{H_2}，P_{NH_3} とすると，

$$K_P = \frac{P_{NH_3}^2}{P_{N_2} \cdot P_{H_2}^3}$$

と表します。この圧平衡定数も，温度が一定であれば一定の値をとります。

N_2O_4 を n_0〔mol〕とり，T〔K〕のもと，平衡に達したので次のような量的関係になります。

$$N_2O_4 \rightleftharpoons 2NO_2 \quad \cdots①$$

反応前	n_0	0	（単位：mol）
平衡時	n_A	n_B	

問1 容器の容積が V〔L〕なので，それぞれの気体のモル濃度〔mol/L〕は，

$$[N_2O_4] = \frac{n_A}{V} \text{〔mol/L〕} \qquad [NO_2] = \frac{n_B}{V} \text{〔mol/L〕} \quad \Leftarrow \text{mol÷L を求める}$$

となり，平衡定数 K は，

$$K = \frac{[NO_2]^2}{[N_2O_4]} = \frac{\left(\dfrac{n_B}{V}\right)^2}{\left(\dfrac{n_A}{V}\right)} = \frac{n_B^2}{n_A V} \qquad 単位は，\frac{\left(\dfrac{mol}{L}\right)^2}{\left(\dfrac{mol}{L}\right)} = \frac{mol}{L} \quad となります。$$

問2 それぞれの分圧について，理想気体の状態方程式を用いると，

$$\underset{N_2O_4 \text{について成立}}{p_A V = n_A RT} \qquad \underset{NO_2 \text{について成立}}{p_B V = n_B RT} \quad \Leftarrow \begin{array}{l} V, T \text{一定でその成分単独で} \\ \text{示す圧力が分圧である} \end{array}$$

それぞれの気体のモル濃度〔mol/L〕は，

$$[N_2O_4] = \frac{n_A}{V} = \frac{p_A}{RT} \qquad [NO_2] = \frac{n_B}{V} = \frac{p_B}{RT} \quad \Leftarrow \frac{n}{V} = \frac{p}{RT} \text{ を利用している}$$

これを用いると，平衡定数 K は次のように表すことができます。

$$K = \frac{[NO_2]^2}{[N_2O_4]} = \frac{\left(\dfrac{p_B}{RT}\right)^2}{\left(\dfrac{p_A}{RT}\right)} = \frac{p_B^2}{p_A RT}$$

問3 ①の反応式から，N_2O_4 の物質量〔mol〕の2倍の物質量〔mol〕の NO_2 が生成することがわかります。

N_2O_4 の変化した量は (n_0-n_A)〔mol〕，生成している NO_2 は n_B〔mol〕なので，

はじめ　平衡時

$$\underbrace{(n_0-n_A)}_{\text{反応した } N_2O_4 \text{ の mol}} \times \underbrace{2}_{\text{2倍生成}} = \underbrace{n_B}_{\text{生成した } NO_2 \text{ の mol}} \quad \text{の関係式が成り立ちます。}$$

問4 $\alpha = \dfrac{n_0-n_A}{n_0}$ ← 反応した（分解した）N_2O_4 の物質量

　　　　　　　　　← 反応に使用した N_2O_4 の物質量

問5 問4より，$\alpha = \dfrac{n_0-n_A}{n_0}$ なので，$\dfrac{n_A}{n_0}=1-\alpha$ …②

ここで，問3と②式より，

$$n_A+\underbrace{n_B}_{\text{問3より}}=n_A+\underbrace{2(n_0-n_A)}_{}=2n_0-n_A=n_0\left(2-\frac{n_A}{n_0}\right)=n_0(2-\underbrace{(1-\alpha)}_{\text{②式より}})=n_0(1+\alpha)$$

②式より，　$n_A=n_0(1-\alpha)$

問3より，　$n_B=2(n_0-n_A)=2(n_0-n_0(1-\alpha))=2n_0\alpha$

N_2O_4 の分圧 $\underbrace{p_A}_{} = \underbrace{P_0}_{\text{全圧}} \times \underbrace{\frac{n_A}{n_A+n_B}}_{\text{モル分率}} = P_0 \times \frac{n_0(1-\alpha)}{n_0(1+\alpha)}$　　よって，$p_A=\dfrac{1-\alpha}{1+\alpha}P_0$

NO_2 の分圧 $\underbrace{p_B}_{}=\underbrace{P_0}_{\text{全圧}}\times\underbrace{\frac{n_B}{n_A+n_B}}_{\text{モル分率}}=P_0\times\frac{2n_0\alpha}{n_0(1+\alpha)}$　　よって，$p_B=\dfrac{2\alpha}{1+\alpha}P_0$

問6 ルシャトリエの原理から，温度を上げると吸熱反応（$\Delta H>0$）の方向に平衡が移動します。また，温度を上げると容器中の色が次第に濃くなったことから，①の反応は右に進んでいるので，右方向が吸熱反応（$\Delta H>0$）の方向とわかります。

　　　　N_2O_4（無色）$\longrightarrow$ $2NO_2$（赤褐色）　$\Delta H>0$　（エンタルピー増加方向）

①は温度が高いほど平衡が右向きに移動するので，平衡定数は大きくなります。
よって解答は，(ア)が(a)，(イ)が(a)となります。

問1　$K=\dfrac{n_B^2}{n_A V}$〔mol/L〕　　**問2**　$K=\dfrac{p_B^2}{p_A RT}$　　**問3**　$n_B=2(n_0-n_A)$

問4　反応に使用した N_2O_4 の物質量に対する分解した N_2O_4 の物質量の割合を表している。

問5　$\dfrac{n_A}{n_0}=1-\alpha$，$p_A=\dfrac{1-\alpha}{1+\alpha}P_0$，$p_B=\dfrac{2\alpha}{1+\alpha}P_0$

問6　(ア)　(a)　　(イ)　(a)

22 緩衝液　　　　　　　　　　　　　　　　　　　　　　化学

　pH を一定に保つ緩衝液は，酢酸と酢酸ナトリウム水溶液からつくること
ができる。濃度 0.40 mol/L の酢酸水溶液 100 mL と 0.40 mol/L の酢酸ナ
トリウム水溶液 100 mL を混合して緩衝液 200 mL を調製した。以下，この
緩衝液を緩衝液Aと記す。$\log_{10}3=0.48$ とする。

問1　緩衝液A中では，①酢酸は一部が電離して平衡状態となり，②酢酸ナ
　　トリウムは完全に電離している。①，②を表す電離の式を書け。

問2　緩衝液AのpHを有効数字2桁で求めよ。ただし，酢酸はわずかに電
　　離し，酢酸の電離定数 K_a は，$2.7×10^{-5}$ mol/L である。

問3　200 mL の緩衝液Aに 0.10 mol/L の塩酸を 10 mL 加えたところ，pH
　　は変わらなかった。どのような反応でこの緩衝作用が得られるのか，イオ
　　ン反応式で書け。

問4　200 mL の緩衝液Aに水を 20 mL 加えたとき，pH の値はどうなるか。
　　㋐大きくなる，㋑小さくなる，㋒変わらない，の3つのうちから適当なも
　　のを選べ。また，その理由についても 40 字以内で答えよ。　　（関西学院大）

精　講　（緩衝作用）
　　　　　強酸 (H^+) や強塩基 (OH^-) が少量加えられても pH の値をほ
ぼ一定に保つはたらきを緩衝作用，緩衝作用のある水溶液を緩衝液といいます。
緩衝液の例としては，

①弱酸とその塩 ((例) CH_3COOH と CH_3COONa) の混合水溶液や

②弱塩基とその塩 ((例) NH_3 と NH_4Cl) の混合水溶液

があります。これらの緩衝液に少量の強酸 (H^+) や強塩基 (OH^-) を加えると，
次のように反応します。

①の緩衝液の場合

　　　$CH_3COO^- + H^+ \longrightarrow CH_3COOH$ ←加えた H^+ がなくなる！

　　　$CH_3COOH + OH^- \longrightarrow CH_3COO^- + H_2O$ ←加えた OH^- がなくなる！

②の緩衝液の場合

　　　$NH_3 + H^+ \longrightarrow NH_4^+$ ←加えた H^+ がなくなる！

　　　$NH_4^+ + OH^- \longrightarrow NH_3 + H_2O$ ←加えた OH^- がなくなる！

　このように緩衝液に強酸や強塩基を少量加えても，$[H^+]$ や $[OH^-]$ は大きく変
化しないので，pH があまり変化しません。

緩衝液の $[H^+]$

CH_3COOH が A 〔mol/L〕，CH_3COONa が B 〔mol/L〕の濃度で溶けている混合水溶液（緩衝液）の水素イオンのモル濃度 $[H^+]$ を求めてみましょう。

この混合水溶液では，CH_3COONa は完全に CH_3COO^- と Na^+ に電離しています。また，CH_3COOH は弱酸ですからもともとの電離度が小さく，CH_3COONa から CH_3COO^- が多量に生じていることにより，左向きに反応が進んで，ほとんどが電離できず CH_3COOH として残っています。

$$CH_3COONa \longrightarrow CH_3COO^- + Na^+ \quad \text{←完全に電離している}$$

（電離前）	B〔mol/L〕		
（電離後）	0	B〔mol/L〕	B〔mol/L〕

$$CH_3COOH \rightleftharpoons CH_3COO^- + H^+ \quad \text{←電離が抑制されている}$$

$\left(\begin{array}{l}\text{抑制された状態の}\\\text{電離度を}\ \alpha\ \text{とする}\end{array}\right)$

（電離前）	A〔mol/L〕		
（電離平衡時）	$A(1-\alpha)$〔mol/L〕	$A\alpha$〔mol/L〕	$A\alpha$〔mol/L〕

よって，この混合水溶液中の CH_3COOH と CH_3COO^- のモル濃度は，次のように近似できます。

$$[CH_3COOH] = A(1-\alpha) \fallingdotseq A \text{ 〔mol/L〕}$$
$$[CH_3COO^-] = B + A\alpha \fallingdotseq B \text{ 〔mol/L〕}$$

←酢酸の電離は抑制されているため，α は非常に小さな値になり，$1-\alpha \fallingdotseq 1$ や $B + A\alpha \fallingdotseq B$ と近似できる

また，**水溶液の中に CH_3COOH と CH_3COO^- が少しでも存在すれば酢酸の電離定数 K_a が成り立つ**ので，K_a は緩衝液中でも成り立ちます。

$$K_a = \frac{[CH_3COO^-][H^+]}{[CH_3COOH]} \xrightarrow{\text{式を変形します}} [H^+] = \frac{[CH_3COOH]}{[CH_3COO^-]} \times K_a$$

これに，$[CH_3COOH] \fallingdotseq A$〔mol/L〕，$[CH_3COO^-] \fallingdotseq B$〔mol/L〕を代入します。

$$[H^+] = \boxed{\frac{A}{B}} \times K_a \quad \cdots ①$$

mol/L の比となる

また，混合水溶液の体積を V〔L〕とすると，

$$[H^+] = \frac{A}{B} \times K_a = \boxed{\frac{A \times V}{B \times V}} \times K_a \quad \cdots ①'$$

←$\dfrac{A}{B} = \dfrac{A \times V}{B \times V}$ とできる

mol の比となる

と直すこともできますね。

つまり，緩衝液の $[H^+]$ は，電離定数 K_a と CH_3COOH と CH_3COONa のモル濃度の比や物質量の比さえわかれば，①や①'に代入して求められます。

Point 75 緩衝液の $[H^+]$

緩衝液 (CH_3COOH が A 〔mol/L〕, CH_3COONa が B 〔mol/L〕) の $[H^+]$ は,

$$K_a = \frac{[CH_3COO^-][H^+]}{[CH_3COOH]} = \frac{B[H^+]}{A} \quad \text{より,} \quad [H^+] = \frac{A}{B} \times K_a$$

同体積ずつ混合

2種類の水溶液 (どちらも密度がほぼ $1.0\ g/cm^3$) を同体積ずつ混合します。このときの混合後の濃度を求めてみましょう。

例えば, x〔mol/L〕のグルコース水溶液 100 mL と y〔mol/L〕のスクロース水溶液 100 mL とを混合したとき, 混合した後 (うすまった後) のグルコース水溶液やスクロース水溶液はそれぞれ何 mol/L になるでしょうか。

(例)

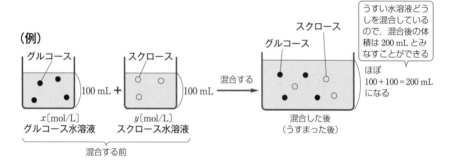

混合した後のグルコース水溶液のモル濃度は, 水溶液中のグルコースの物質量 $x \times \dfrac{100}{1000}$〔mol〕を混合後の水溶液の体積 $\dfrac{200}{1000}$ L で割ることで,

$$\underbrace{x \times \frac{100}{1000}\ \text{〔mol〕}}_{溶質} \div \underbrace{\frac{200}{1000}\ \text{L}}_{溶液} = x \times \frac{1}{2}\ \text{〔mol/L〕}$$

と求めることができますが, できれば次のように (直感的に) 求められるようにしましょう。

「2種類の水溶液を同体積ずつ混合すると, 体積が 2 倍になるから濃度は $\dfrac{1}{2}$ 倍になる」

ので, 混合した後の

グルコース水溶液は $\underbrace{x \times \dfrac{1}{2}\ \text{〔mol/L〕}}_{\text{mol/L は半分になる!}}$, スクロース水溶液は $\underbrace{y \times \dfrac{1}{2}\ \text{〔mol/L〕}}_{\text{mol/L は半分になる!}}$

となります。

問 1　酢酸と酢酸ナトリウムの混合水溶液は緩衝液であり，緩衝液中では酢酸は一部（①），酢酸ナトリウムは完全に（②）電離していました。

① $CH_3COOH \rightleftharpoons CH_3COO^- + H^+$　←可逆（$\rightleftharpoons$）で書く

② $CH_3COONa \longrightarrow CH_3COO^- + Na^+$　←不可逆（$\longrightarrow$）で書く

問 2　酢酸水溶液と酢酸ナトリウム水溶液を同体積（100 mL）ずつ混合しているので，混合後のそれぞれのモル濃度は $\frac{1}{2}$ 倍になります。

$$[CH_3COOH] \fallingdotseq 0.40 \times \frac{1}{2} = 0.20 \text{ mol/L} \qquad [\underline{CH_3COO^-}] \fallingdotseq 0.40 \times \frac{1}{2} = 0.20 \text{ mol/L}$$

CH₃COONa は完全に電離しているので，
[CH₃COONa]＝[CH₃COO⁻] となる

これらの値を K_a に代入し，緩衝液の $[H^+]$ を求めることができます。

$$K_a = \frac{[CH_3COO^-][H^+]}{[CH_3COOH]} \quad \text{より，} \quad K_a = \frac{0.20\,[H^+]}{0.20} \quad \text{となり，}$$

$$[H^+] = K_a = 2.7 \times 10^{-5} \text{ mol/L}$$

ここで，$2.7 \times 10^{-5} = 27 \times 10^{-6} = 3^3 \times 10^{-6}$ になることから，

$$pH = -\log_{10}[H^+] = -\log_{10}(3^3 \times 10^{-6}) = 6 - 3\log_{10}3 = 6 - 3 \times 0.48 \fallingdotseq 4.6$$

別解　CH_3COOH と CH_3COO^- の物質量の比を求めると，

$$CH_3COOH : CH_3COO^- = 0.40 \times \frac{100}{1000} : 0.40 \times \frac{100}{1000} = 1 : 1$$

なので，$[H^+]$ は $K_a = \dfrac{[\cancel{CH_3COO^-}][H^+]}{[\cancel{CH_3COOH}]}$ より，$[H^+] = K_a = 2.7 \times 10^{-5} \text{ mol/L}$

物質量の比が 1 : 1 なので，約分できます

と求めることもできます。

問 3　HCl を少量加えたので，

$$CH_3COO^- + H^+ \longrightarrow CH_3COOH$$

の反応が起こり，pH の変動を抑えられます。

問 4　水を加えても CH_3COOH と CH_3COONa は同じ割合でうすまるので，モル濃度の比は変化せず，$[H^+]$ や pH の値は変化しません。

別解　水を加えても CH_3COOH と CH_3COO^- の物質量の比は変わらないことから，$[H^+]$ や pH の値が変化しないと考えることもできます。

問 1　①　$CH_3COOH \rightleftharpoons CH_3COO^- + H^+$
　　　　②　$CH_3COONa \longrightarrow CH_3COO^- + Na^+$

問 2　4.6　　**問 3**　$CH_3COO^- + H^+ \longrightarrow CH_3COOH$

問 4　㋑　理由：（解答例 1）　水を加えても，酢酸と酢酸ナトリウムは同じ割合でうすまるので pH の値は変わらない。（40 字）

（解答例 2）　水を加えても，酢酸と酢酸ナトリウムの物質量の比は変化せず pH の値は変わらない。（39 字）

実戦 基礎問

23 溶解度積　　　　　　　　　　　　　　　　　　　　　〈化学〉

水溶液中での塩化銀の溶解度積（25℃）を K_{sp} とするとき，$[Ag^+]$ と $\dfrac{K_{sp}}{[Ag^+]}$ との関係は図1の曲線で表される。硝酸銀水溶液と塩化ナトリウム水溶液を，表1に示すア〜オのモル濃度の組み合わせで同体積ずつ混合した。25℃で十分な時間をおいたとき，塩化銀の沈殿が生成するのはどれか。すべてを正しく選択しているものを，下の①〜⑤のうちから1つ選べ。

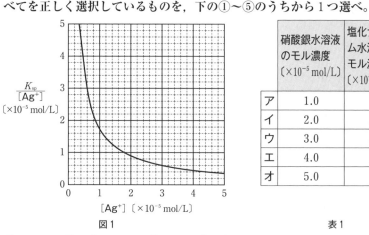

	硝酸銀水溶液のモル濃度（×10⁻⁵ mol/L）	塩化ナトリウム水溶液のモル濃度（×10⁻⁵ mol/L）
ア	1.0	1.0
イ	2.0	2.0
ウ	3.0	3.0
エ	4.0	2.0
オ	5.0	1.0

図1　　　　　　　　　　　　　　　　　　　　　表1

① ア　　② ウ，エ　　③ ア，イ，オ
④ イ，ウ，エ，オ　　⑤ ア，イ，ウ，エ，オ

（センター試験）

 精講　　溶解度積

塩化銀 AgCl は水に溶けにくい塩（沈殿 ➡p.202）といいます）ですが，水にごくわずかに溶けて次のような溶解平衡が成立します。

AgCl（固）⇌ Ag^+ + Cl^-

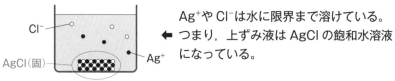

Ag^+ や Cl^- は水に限界まで溶けている。
← つまり，上ずみ液は AgCl の飽和水溶液になっている。

この溶解平衡に化学平衡の法則（質量作用の法則）を適用すると，平衡定数 K は次のように表せます。

$$K = \frac{[\text{Ag}^+][\text{Cl}^-]}{[\text{AgCl}(\text{固})]} \quad (\text{温度一定で}K\text{の値は一定となる})$$

ここで，$[\text{AgCl}(\text{固})]$ は固体（$\text{AgCl}(\text{固})$）の濃度を表していて，固体（単位体積あたりの物質量〔mol〕）なので，一定とみなすことができます。つまり，←決まった体積

$$\underset{\substack{\text{温度一定で} \\ K\text{は一定}}}{K} = \frac{[\text{Ag}^+][\text{Cl}^-]}{\underset{\text{一定とみなせる}}{[\text{AgCl}(\text{固})]}} \quad \text{は} \quad \underset{\substack{\text{一定}}}{K} \underset{\substack{\text{一定}}}{[\text{AgCl}(\text{固})]} = [\text{Ag}^+][\text{Cl}^-] = K_{\text{sp}}$$

新たな定数 K_{sp} とおくことができる

と変形でき，K_{sp} を**溶解度積**（solubility product）といいます。

$$K_{\text{sp}} = [\text{Ag}^+][\text{Cl}^-]$$

K_{sp} は温度が<u>一定</u>のときは<u>一定値</u>となります。

Point 76　溶解度積 K_{sp} について

AgCl や Ag_2CrO_4 のような沈殿がそれぞれ次のような溶解平衡

$$\text{AgCl} \rightleftharpoons \text{Ag}^+ + \text{Cl}^-$$
$$\text{Ag}_2\text{CrO}_4 \rightleftharpoons 2\,\text{Ag}^+ + \text{CrO}_4^{2-}$$

にあるとき，溶解度積 K_{sp} はそれぞれ，

$$K_{\text{sp}} = [\text{Ag}^+][\text{Cl}^-]$$
$$K_{\text{sp}} = [\text{Ag}^+]^2[\text{CrO}_4^{2-}]$$

「反応式の係数乗」となるので注意！

と表すことができる。温度が一定で K_{sp} の値は一定となる。

溶解度積の利用

溶解度積 K_{sp} を利用すると，**沈殿が生じるか・生じないかを判定**することができます。具体的には，

すべてイオンとして存在している（沈殿を生じていない）と仮定したときのモル濃度の積を計算して溶解度積と比べる

ことで，沈殿が生じる・生じないを判定します。

沈殿が生じる・生じないの条件は，次のようになります。

Point 77　沈殿が生じる・生じないの条件

❶ （計算値）$> K_{\text{sp}}$ のとき
   沈殿が生じており，水溶液中では K_{sp} が成立している。
❷ （計算値）$\leqq K_{\text{sp}}$ のとき
   沈殿が生じていない。

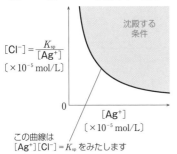

与えられた**図1**は，色部分 ▨ の領域の条件で AgCl が沈殿します。

$[Cl^-] = \dfrac{K_{sp}}{[Ag^+]}$
$[\times 10^{-5}\,mol/L]$

沈殿する条件

この曲線は
$[Ag^+][Cl^-] = K_{sp}$ をみたします

$[Ag^+]$
$[\times 10^{-5}\,mol/L]$

> AgCl は，
> $[Ag^+][Cl^-] > K_{sp}$ つまり $[Cl^-] > \dfrac{K_{sp}}{[Ag^+]}$
> の条件で沈殿するので，色部分 ▨ の条件で沈殿します。
> または，$[Ag^+]$ と $[Cl^-]$ がともに大きければ AgCl が沈殿することから，色部分 ▨ の条件が沈殿する条件と直感的に判定することもできます。

硝酸銀 $AgNO_3$ 水溶液（Ag^+ の水溶液）と塩化ナトリウム NaCl 水溶液（Cl^- の水溶液）を同体積ずつ混合しているので，混合直後のそれぞれのモル濃度は $\dfrac{1}{2}$ 倍になります（➡p.193）。

混合直後のモル濃度を表にして，図1にア〜オを書き込むと下のようになります。

	混合直後の Ag^+ のモル濃度〔$\times 10^{-5}\,mol/L$〕	混合直後の Cl^- のモル濃度〔$\times 10^{-5}\,mol/L$〕
ア	$1.0 \times \dfrac{1}{2} = 0.50$	$1.0 \times \dfrac{1}{2} = 0.50$
イ	$2.0 \times \dfrac{1}{2} = 1.0$	$2.0 \times \dfrac{1}{2} = 1.0$
ウ	$3.0 \times \dfrac{1}{2} = 1.5$	$3.0 \times \dfrac{1}{2} = 1.5$
エ	$4.0 \times \dfrac{1}{2} = 2.0$	$2.0 \times \dfrac{1}{2} = 1.0$
オ	$5.0 \times \dfrac{1}{2} = 2.5$	$1.0 \times \dfrac{1}{2} = 0.5$

ア〜オのモル濃度の組み合わせを図1に書き込みます

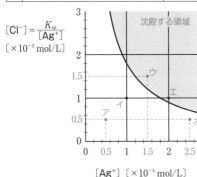

$[Cl^-] = \dfrac{K_{sp}}{[Ag^+]}$
$[\times 10^{-5}\,mol/L]$

沈殿する領域

$[Ag^+]$ 〔$\times 10^{-5}\,mol/L$〕

色部分 ▨ の領域で AgCl の沈殿が生成するので，**ウ，エ**で AgCl の沈殿が生成することがわかります。

答 ②

① 次の文章を読み，問い（**問 1 ~ 4**）に答えよ。

　私たちが暮らす地球の大気には二酸化炭素 CO_2 が含まれている。(a)CO_2 が水に溶けると，その一部が炭酸 H_2CO_3 になる。

$$CO_2 + H_2O \rightleftharpoons H_2CO_3$$

このとき，H_2CO_3，炭酸水素イオン HCO_3^-，炭酸イオン CO_3^{2-} の間に式(1)，(2)のような電離平衡が成り立っている。ここで，式(1)，(2)における電離定数をそれぞれ K_1，K_2 とする。

$$H_2CO_3 \rightleftharpoons H^+ + HCO_3^- \quad \cdots(1)$$

$$HCO_3^- \rightleftharpoons H^+ + CO_3^{2-} \quad \cdots(2)$$

式(1)，(2)が H^+ を含むことから，水中の H_2CO_3，HCO_3^-，CO_3^{2-} の割合は pH に依存し，pH を変化させると図1のようになる。

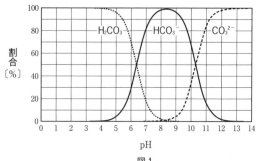

図1

　一方，海水は地殻由来の無機塩が溶けているため，弱塩基性を保っている。しかし，産業革命後は，人口の急増や化石燃料の多用で増加した CO_2 の一部が海水に溶けることによって，(b)海水の pH は徐々に低下しつつある。

　宇宙に目を向ければ，(c)ある惑星では大気のほとんどが CO_2 で，大気圧はほぼ 600 Pa，表面温度は最高で 20 ℃，最低で −140 ℃ に達する。

問 1 下線部(a)に関連して，25 ℃，1.0×10^5 Pa の地球の大気と接している水 1.0 L に溶ける CO_2 の物質量は何 mol か。最も適当な数値を，次の①~⑤のうちから 1 つ選べ。ただし，CO_2 の水への溶解はヘンリーの法則のみに従い，25 ℃，1.0×10^5 Pa の CO_2 は水 1.0 L に 0.033 mol 溶けるものとする。また，地球の大気は CO_2 を体積で 0.040 ％ 含むものとする。

① 3.3×10^{-2} mol 　　② 1.3×10^{-3} mol 　　③ 6.5×10^{-4} mol

④ 1.3×10^{-5} mol 　　⑤ 6.5×10^{-6} mol

問 2 式(2)における電離定数 K_2 に関する次の問い（**a・b**）に答えよ。

a 電離定数 K_2 を次の式(3)で表すとき，　1　と　2　に当てはまる最も適当なものを，あとの①~⑤のうちからそれぞれ 1 つずつ選べ。

$$K_2 = [\text{H}^+] \times \dfrac{\boxed{}\;①}{\boxed{}\;②} \quad \cdots(3)$$

① $[\text{H}^+]$ ② $[\text{HCO}_3{}^-]$ ③ $[\text{CO}_3{}^{2-}]$

④ $[\text{HCO}_3{}^-]^2$ ⑤ $[\text{CO}_3{}^{2-}]^2$

b 電離定数の値は数桁にわたるので，K_2 の対数をとって $\text{p}K_2\,(=-\log_{10}K_2)$ として表すことがある。式(3)を変形した次の式(4)と**図1**を参考に，$\text{p}K_2$ の値を求めると，およそいくらになるか。最も適当な数値を，下の①〜⑤のうちから1つ選べ。

$$-\log_{10}K_2 = -\log_{10}[\text{H}^+] - \log_{10}\dfrac{\boxed{}\;①}{\boxed{}\;②} \quad \cdots(4)$$

① 6.3   ② 7.3   ③ 8.3   ④ 9.3   ⑤ 10.3

問3 下線部(b)に関連して，pH が 8.17 から 8.07 に低下したとき，水素イオン濃度はおよそ何倍になるか。最も適当な数値を，次の①〜⑥のうちから1つ選べ。必要があれば常用対数表の一部を抜き出した**表1**を参考にせよ。例えば，$\log_{10}2.03$ の値は，**表1**の 2.0 の行と 3 の列が交わる太枠内の数値 0.307 となる。

① 0.10   ② 0.75   ③ 1.0   ④ 1.3   ⑤ 7.5   ⑥ 10

数	0	1	2	3	4	5	6	7	8	9
1.0	0.000	0.004	0.009	0.013	0.017	0.021	0.025	0.029	0.033	0.037
1.1	0.041	0.045	0.049	0.053	0.057	0.061	0.064	0.068	0.072	0.076
1.2	0.079	0.083	0.086	0.090	0.093	0.097	0.100	0.104	0.107	0.111
1.3	0.114	0.117	0.121	0.124	0.127	0.130	0.134	0.137	0.140	0.143
1.4	0.146	0.149	0.152	0.155	0.158	0.161	0.164	0.167	0.170	0.173
1.5	0.176	0.179	0.182	0.185	0.188	0.190	0.193	0.196	0.199	0.201
1.6	0.204	0.207	0.210	0.212	0.215	0.217	0.220	0.223	0.225	0.228
1.7	0.230	0.233	0.236	0.238	0.241	0.243	0.246	0.248	0.250	0.253
1.8	0.255	0.258	0.260	0.262	0.265	0.267	0.270	0.272	0.274	0.276
1.9	0.279	0.281	0.283	0.286	0.288	0.290	0.292	0.294	0.297	0.299
2.0	0.301	0.303	0.305	0.307	0.310	0.312	0.314	0.316	0.318	0.320
2.1	0.322	0.324	0.326	0.328	0.330	0.332	0.334	0.336	0.338	0.340
〜	〜	〜	〜	〜	〜	〜	〜	〜	〜	〜
9.6	0.982	0.983	0.983	0.984	0.984	0.985	0.985	0.985	0.986	0.986
9.7	0.987	0.987	0.988	0.988	0.989	0.989	0.989	0.990	0.990	0.991
9.8	0.991	0.992	0.992	0.993	0.993	0.993	0.994	0.994	0.995	0.995
9.9	0.996	0.996	0.997	0.997	0.997	0.998	0.998	0.999	0.999	1.000

表1　常用対数表（抜粋，小数第4位を四捨五入して小数第3位までを記載）

問4 下線部(c)に関連して，なめらかに動くピストン付きの密閉容器に $20\,^\circ\text{C}$ で CO_2 を入れ，圧力 $600\,\text{Pa}$ に保ち，温度を $20\,^\circ\text{C}$ から $-140\,^\circ\text{C}$ まで変化させた。このとき，容器内の CO_2 の温度 t と体積 V の関係を模式的に表した図として最も適当なもの

を，下の①〜④のうちから１つ選べ。ただし，温度 t と圧力 p において CO_2 がとりうる状態は図２のようになる。なお，図２は縦軸が対数で表されている。

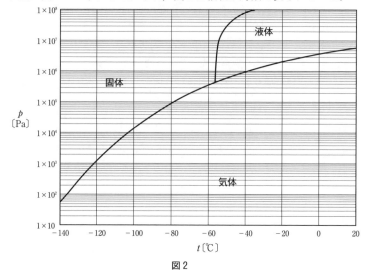

図２

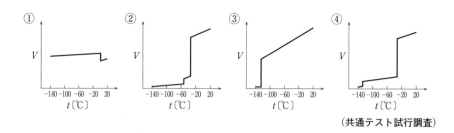

（共通テスト試行調査）

200

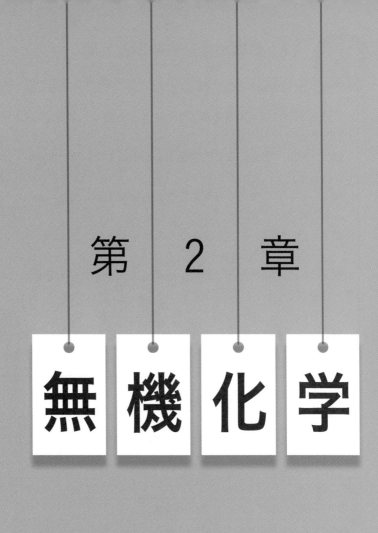

第 2 章

無機化学

43　金属イオンの反応(1)　　　　　　　　　　　　　　　　　　　　〈化学〉

次の問いに該当する金属イオンをすべて選べ。該当するものがない場合には f と記せ。

問1　SO_4^{2-} を加えると沈殿を生じる金属イオンはどれか。

　a．Ba^{2+}　　b．Ca^{2+}　　c．Mg^{2+}　　d．Pb^{2+}　　e．Zn^{2+}

問2　CO_3^{2-} を加えると沈殿を生じる金属イオンはどれか。

　a．Na^+　　b．Ba^{2+}　　c．Ca^{2+}　　d．Mg^{2+}　　e．Sr^{2+}

問3　Cl^- を加えると沈殿を生じる金属イオンはどれか。

　a．Cu^{2+}　　b．Fe^{2+}　　c．Ni^{2+}　　d．Pb^{2+}　　e．Al^{3+}

問4　H_2S を通じると，酸性，塩基性のいずれでも沈殿を生じる金属イオンはどれか。

　a．Ca^{2+}　　b．Cd^{2+}　　c．Cu^{2+}　　d．Hg^{2+}　　e．Zn^{2+}

問5　H_2S を通じると，中性で沈殿を生じる金属イオンはどれか。

　a．Ba^{2+}　　b．Fe^{2+}　　c．Ni^{2+}　　d．Mg^{2+}　　e．Mn^{2+}　　（上智大）

精講　　　（金属イオンの沈殿）

　　　　　　　陽イオンと陰イオンのペアが水に溶けにくい化合物をつくるときに，沈殿が生じます。どのペアが沈殿しやすいかは，覚えましょう。

NO_3^-	金属イオンとは沈殿しにくい
Cl^-	Ag^+，Pb^{2+} が沈殿する
SO_4^{2-}	Ca^{2+}，Sr^{2+}，Ba^{2+}，Pb^{2+} が沈殿する
CO_3^{2-}	アルカリ金属イオン(Na^+，K^+)以外の金属イオンが沈殿する
$OH^{-(注)}$	イオン化列で Mg 以下の金属イオンが沈殿する
S^{2-}	水溶液の液性(酸性・中性・塩基性)による。 中～塩基性で H_2S を加えたとき 　➡イオン化列で Zn 以下と Mn^{2+} は，硫化物として沈殿する 酸性で H_2S を加えたとき 　➡イオン化列で Sn 以下の金属イオンと Cd^{2+} は，硫化物として沈殿する
CrO_4^{2-}	Ag^+，Ba^{2+}，Pb^{2+} が沈殿する

(注)　$Ca(OH)_2$ はやや溶解度が小さいので，沈殿することもあります。

また，次ページの表のイオンや化合物の色も覚えましょう。

水溶液中のイオン	Fe^{2+}：淡緑　　Fe^{3+}：黄褐　　Cu^{2+}：青　　　　Cr^{3+}：緑 Ni^{2+}：緑　　CrO_4^{2-}：黄　　$Cr_2O_7^{2-}$：橙赤　　MnO_4^-：赤紫 $[Cu(NH_3)_4]^{2+}$：深青　　これら以外の金属イオンは，ほとんど無色
塩化物	$AgCl$：白　　$PbCl_2$：白 ←すべて白
硫酸塩	$CaSO_4$：白　　$SrSO_4$：白　　$BaSO_4$：白　　$PbSO_4$：白 ←すべて白
炭酸塩	$CaCO_3$：白　　$BaCO_3$：白 ←すべて白
酸化物	CuO：黒　　Cu_2O：赤　　　Ag_2O：褐　　　MnO_2：黒 FeO：黒　　Fe_3O_4：黒　　Fe_2O_3：赤褐　　ZnO：白
水酸化物	$Fe(OH)_2$：緑白　　水酸化鉄(III)：赤褐　　$Cu(OH)_2$：青白 $Cr(OH)_3$：灰緑　　これら以外の水酸化物は，ほとんど白
クロム酸塩	Ag_2CrO_4：赤褐（暗赤）　　$BaCrO_4$：黄　　$PbCrO_4$：黄
硫化物	ZnS：白　　CdS：黄　　MnS：淡桃　　残りの硫化物は，ほとんど黒

問1　SO_4^{2-} で沈殿するのは，Ca^{2+}，Sr^{2+}，Ba^{2+}，Pb^{2+} なので，a，b，d です。

問2　CO_3^{2-} は，アルカリ金属イオンであるaの $\overset{..}{N}a^+$ 以外の金属イオンと沈殿します。よって，b，c，d，e が CO_3^{2-} と沈殿を生じます。

問3　Cl^- で沈殿するのは Ag^+，Pb^{2+} です。よって，dの Pb^{2+} が沈殿を生じます。

問4　H_2S は水に通じると，　$H_2S \rightleftharpoons 2H^+ + S^{2-}$　のように電離します。

　　ここで，ルシャトリエの原理を利用して考えてみます。水溶液が中～塩基性なら，$[H^+]$ が比較的小さいので平衡が $[H^+]$ を増加する方向である右方向へ移動し $[S^{2-}]$ が大きくなります。このとき，イオン化列で Zn 以下と Mn^{2+} は硫化物として沈殿します。

　　次に，水溶液を酸性にしてあるところに H_2S を吹きこむと，$[H^+]$ が大きいため，平衡が $[H^+]$ を減少する方向である左方向へ移動し，$[S^{2-}]$ が極めて小さくなります。このような条件では硫化物の沈殿は生じにくくなり，イオン化列で Sn 以下の金属イオン（Sn^{2+}，Pb^{2+}，Cu^{2+}，Hg^{2+}，Ag^+ など）と Cd^{2+} の硫化物が沈殿します。

　　よって，酸性，塩基性のいずれでも沈殿を生じるものは，イオン化列で Sn 以下の金属イオンと Cd^{2+} となり，イオン化列で Sn より大きなaの Ca^{2+} やeの Zn^{2+} 以外の b，c，d が液性に関係なく S^{2-} と沈殿します。

問5　H_2S を通じて，中性で沈殿を生じるものは，イオン化列で Zn 以下と Mn^{2+} です。（1族）$^+$，（2族）$^{2+}$，Al^{3+} では硫化物は沈殿しません。よってaの Ba^{2+} とdの Mg^{2+} 以外の b，c，e となります。

　問1　a，b，d　　**問2**　b，c，d，e　　**問3**　d　　**問4**　b，c，d
　　問5　b，c，e

　錯イオンは，　ア　電子対をもつイオンあるいは分子と，金属イオンの　イ　結合によってつくられ，金属イオンと結合したイオンあるいは分子は　ウ　とよばれる。この場合，金属イオンとの　イ　結合の数は決まっていることが多く，特別な立体構造をとる。これが6個の場合には　エ　形の構造となることが多い。

　また，特有な色を示すことが多いのも錯イオンの特徴で，このような性質は金属イオンの鋭敏な検出反応に用いられることがある。すなわち，ある金属イオンを含む水溶液に適当な化合物を加え，そのとき生成する錯イオンの色でこの金属イオンの存在が確認できる。錯イオンの塩は水に溶けるものが多い。これを利用して水に難溶な金属化合物から，この金属を錯イオンとして水溶液中に溶かし出すことが可能となる。

問1　文中の□□□に適当な語句を入れよ。

問2　下線部の過程を，銀の化合物について反応式で示せ。　　（名古屋市立大）

精　講　　（錯イオン）

　非共有電子対をもつ分子である水 H–Ö–H，アンモニア H–N̈–H（H），や，非共有電子対をもつイオンである水酸化物イオン ⁻:Ö–H，シアン化物イオン ⁻:C≡N などは，**金属イオンと非共有電子対を利用して配位結合し**，錯イオンをつくります。

　例えば，水中の Cu^{2+} は，正確には $[Cu(H_2O)_4]^{2+}$ と書くべき Cu^{2+} と H_2O 分子の錯イオンで，Cu^{2+} が水中で青色なのは $[Cu(H_2O)_4]^{2+}$ の色なのです。

　代表的な錯イオンと色を次にまとめておきます。

配位子	重要な錯イオン		
NH₃ （濃アンモニア水中で）	$[Ag(NH_3)_2]^+$	（無色）	ジアンミン銀（Ⅰ）イオン
	$[Cu(NH_3)_4]^{2+}$	（深青色）	テトラアンミン銅（Ⅱ）イオン
	$[Zn(NH_3)_4]^{2+}$	（無色）	テトラアンミン亜鉛（Ⅱ）イオン
OH⁻ （強塩基性水溶液中で）	$[Al(OH)_4]^-$	（無色）	テトラヒドロキシドアルミン酸イオン
	$[Zn(OH)_4]^{2-}$	（無色）	テトラヒドロキシド亜鉛（Ⅱ）酸イオン
	$[Sn(OH)_4]^{2-}$	（無色）	テトラヒドロキシドスズ（Ⅱ）酸イオン
	$[Pb(OH)_4]^{2-}$	（無色）	テトラヒドロキシド鉛（Ⅱ）酸イオン

銀 の ド
Ag^+, Cu^{2+},
Zn^{2+}

←両性金属
Al^{3+}, Zn^{2+},
Sn^{2+}, Pb^{2+}

実際には不定だが，便宜的に4にしておく。

配位数と形

錯イオンをつくるときに，**配位結合する分子やイオンを配位子**，その数を配位数といいます。Ag^+ の錯イオンは配位数 2，Cu^{2+} と Zn^{2+} の錯イオンは配位数 4，Fe^{2+} や Fe^{3+} の錯イオンは配位数 6 となっていますね。配位数によって錯イオンの立体構造が決まります。

配位数	形	例	
2	直線形（図 a ）	$[Ag(NH_3)_2]^+$	$[Ag(CN)_2]^-$
4	正四面体形（図 b ）	$[Zn(NH_3)_4]^{2+}$	$[Zn(OH)_4]^{2-}$
	正方形（図 c ）	$[Cu(NH_3)_4]^{2+}$	$[Cu(H_2O)_4]^{2+}$
6	正八面体形（図 d ）	$[Fe(CN)_6]^{3-}$	$[Fe(CN)_6]^{4-}$

（←は配位結合）

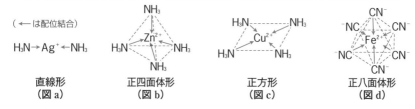

| 直線形
（図 a ） | 正四面体形
（図 b ） | 正方形
（図 c ） | 正八面体形
（図 d ） |

問1 錯イオンは，<u>非共有</u>ア 電子対をもつイオンや分子（<u>配位子</u>ウ）と金属イオンの<u>配位</u>イ 結合によってつくられます。配位結合の数が 6 個のときの立体構造は，<u>正八面体</u>エ 形になります。

問2 塩化銀 $AgCl$ は水にごくわずかに溶け，①式のような電離平衡が成り立っています。ただし，$AgCl$ は水に溶けにくいため，①式の電離平衡はあまり右へは傾いていません。

$$AgCl（固体） \rightleftharpoons Ag^+ + Cl^- \quad \cdots①$$

ここに，NH_3 水を加えていくと，

$$Ag^+ + 2NH_3 \rightleftharpoons [Ag(NH_3)_2]^+ \quad \cdots②$$

の平衡が形成されはじめ，NH_3 の濃度を上げていくと，どんどんと右へ平衡を移動させることができます。すると Ag^+ の濃度が小さくなり，①式の平衡が右へ進み，$AgCl$ がどんどんと溶解していくのです。そこで反応式は，①式＋②式より，

$$AgCl + 2NH_3 \longrightarrow [Ag(NH_3)_2]^+ + Cl^-$$

と書くことができます。

> **問1** ア：非共有　　イ：配位　　ウ：配位子　　エ：正八面体
>
> **問2** $AgCl + 2NH_3 \longrightarrow [Ag(NH_3)_2]^+ + Cl^-$

　　金属イオンを含む水溶液と酸・塩基との反応を次の表にまとめた。下の問いに答えよ。

酸・塩基 ＼ 金属イオン	Cu^{2+}	(ア)	(イ)	(ウ)	Al^{3+}
HCl	変化なし	変化なし	変化なし	白色沈殿	変化なし
H_2SO_4	変化なし	変化なし	変化なし	白色沈殿	変化なし
NH_3 水少量	青白色沈殿	赤褐色沈殿	白色沈殿	白色沈殿	白色沈殿
NH_3 水過剰	沈殿が溶けて深青色（反応①）	生じた沈殿は変化しない	沈殿が溶けて無色	生じた沈殿は変化しない	生じた沈殿は変化しない
NaOH 水溶液少量	青白色沈殿	赤褐色沈殿	白色沈殿	白色沈殿	白色沈殿
NaOH 水溶液過剰	生じた沈殿は変化しない	生じた沈殿は変化しない	生じた沈殿が溶ける	生じた沈殿が溶ける	生じた沈殿が溶ける（反応②）

問1　表中の(ア)〜(ウ)の金属イオンは何か。化学式で答えよ。

問2　表中の反応①，②をイオン反応式で書け。　　　　　　　（慶應義塾大）

精　講

❶　**金属イオンに NaOH 水溶液を少しずつ加える**

　　イオン化列で Mg 以下の金属イオンが OH^- と沈殿します

（➡p.202）。ただし，Ag^+ は AgOH が常温でも分解しやすいので Ag_2O として沈殿します。

$$2\,Ag^+ + 2\,OH^- \longrightarrow (2\,AgOH) \xrightarrow{分解} Ag_2O\downarrow（褐色）+ H_2O$$

　さらに NaOH 水溶液を十分に加え，$[OH^-]$ がかなり大きくなると，OH^- と錯イオンをつくる Al^{3+}，Zn^{2+}，Sn^{2+}，Pb^{2+} など（➡p.204）は溶けていきます。

❷　**金属イオンに NH_3 水を少しずつ加える**

$$NH_3 + H_2O \rightleftarrows NH_4^+ + OH^-$$

の平衡式からわかるように NH_3 水も塩基性であり OH^- を含むため，❶と同様，**イオン化列で Mg 以下の金属イオンが沈殿します**。

　さらに NH_3 水を加えアンモニア分子の濃度 $[NH_3]$ がかなり大きくなると，Ag^+，Cu^{2+}，Zn^{2+} などは NH_3 分子と錯イオンをつくり溶けていきます。

	アンモニア水		NaOHaq	
	少量加える	過剰に加える	少量加える	過剰に加える
Ag^+	$Ag_2O↓$褐	$[Ag(NH_3)_2]^+$ 溶	$Ag_2O↓$	$Ag_2O↓$のまま
Zn^{2+}	$Zn(OH)_2↓$白	$[Zn(NH_3)_4]^{2+}$ 溶	$Zn(OH)_2↓$	$[Zn(OH)_4]^{2-}$ 溶
Al^{3+}	$Al(OH)_3↓$白	$Al(OH)_3↓$のまま	$Al(OH)_3↓$	$[Al(OH)_4]^-$ 溶
Fe^{3+} 黄褐	(注) 水酸化鉄(Ⅲ)赤褐	水酸化鉄(Ⅲ)のまま	水酸化鉄(Ⅲ)	水酸化鉄(Ⅲ)のまま
Cu^{2+} 青	$Cu(OH)_2↓$青白	$[Cu(NH_3)_4]^{2+}$深青 溶	$Cu(OH)_2↓$	$Cu(OH)_2↓$のまま

(注) 水酸化鉄(Ⅲ)は Fe^{3+}, OH^-, O^{2-}, H_2O などが集まってできた混合物で，一定の組成を
　　　もっていません。$Fe_2O_3 \cdot n H_2O$ や，$n=1$ に相当する $FeO(OH)$ と表すこともあります。

解　説

問1　(ア)　赤褐色沈殿は水酸化鉄(Ⅲ)だと考えられるので Fe^{3+} です。(Ag_2O は褐色
　　　沈殿ですが，NH_3 水過剰で沈殿が溶けることや Ag^+ が HCl と白色沈殿を生じるこ
　　　とから，(ア)は Ag^+ にはなりません。)
　　(イ)　NH_3 とも NaOH とも錯イオンをつくって沈殿が溶けているので Zn^{2+} です。
　　(ウ)　Cl^- や SO_4^{2-} で沈殿し，NaOH と錯イオンをつくって沈殿が溶けているので
　　　Pb^{2+} です。

問2　反応① $\begin{cases} Cu(OH)_2 \rightleftharpoons Cu^{2+} + 2OH^- & \cdots(\text{i}) \\ Cu^{2+} + 4NH_3 \longrightarrow [Cu(NH_3)_4]^{2+} & \cdots(\text{ii}) \end{cases}$

　　　(i)式＋(ii)式より，$Cu(OH)_2 + 4NH_3 \longrightarrow [Cu(NH_3)_4]^{2+} + 2OH^-$
　　　　　　　　　　　　　　　　　　　　　　　　　　　　　　深青色

　　　反応② $\begin{cases} Al(OH)_3 \rightleftharpoons Al^{3+} + 3OH^- & \cdots(\text{iii}) \\ Al^{3+} + 4OH^- \longrightarrow [Al(OH)_4]^- & \cdots(\text{iv}) \end{cases}$

　　　(iii)式＋(iv)式より，$Al(OH)_3 + OH^- \longrightarrow [Al(OH)_4]^-$
　　　　　　　　　　　　　　　　　　　　　　　　　　　無色

答
問1　(ア) Fe^{3+}　(イ) Zn^{2+}　(ウ) Pb^{2+}
問2　反応① $Cu(OH)_2 + 4NH_3 \longrightarrow [Cu(NH_3)_4]^{2+} + 2OH^-$
　　　反応② $Al(OH)_3 + OH^- \longrightarrow [Al(OH)_4]^-$

実戦 基礎問

25 金属イオンの分離

Ag^+, Cu^{2+}, Zn^{2+}, Al^{3+}, Fe^{3+}, Ca^{2+} の 6 種の金属陽イオンの混合水溶液からそれぞれのイオンを分離する操作を右図に示してある。次の問いに答えよ。

問 1 　沈殿A, D, E に入る化学式を書け。

問 2 　ろ液Fに存在する金属イオンはどのような錯イオンを形成しているか。

（東邦大）

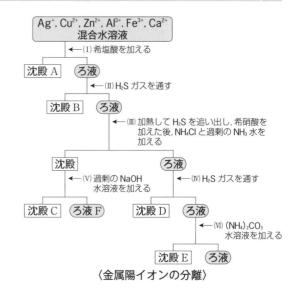

〈金属陽イオンの分離〉

精 講 　陽イオンの系統分析

　　金属イオンを分離する場合，陽イオンの数が多いときは沈殿反応を利用し，次のような手順によりおもに 6 つのグループに分けます。

Point 78 　陽イオンの系統分析

❶ Cl^- で沈殿するグループ ➡ Ag^+ や Pb^{2+}

❷ 酸性溶液で S^{2-} と沈殿するグループ
　　➡ イオン化列で Sn 以下の金属イオンと Cd^{2+}

❸ 比較的低い pH で OH^- と沈殿するグループ
　　➡ 3 価の陽イオンである Fe^{3+} や Al^{3+} など

❹ 中〜塩基性溶液で S^{2-} と沈殿するグループ
　　➡ イオン化列で Zn 以下の金属イオンと Mn^{2+}

❺ CO_3^{2-} で沈殿するグループ ➡ Ca^{2+} や Ba^{2+} など

❻ 最後まで残るグループ ➡ Na^+ などのアルカリ金属イオン

問1，2 （Ⅰ）の操作によって希塩酸 HCl の Cl^- と Ag^+ がまず沈殿します。<u>沈殿Aは白色の AgCl</u> です。

次に，（Ⅰ）の操作によって希塩酸 HCl により酸性になったろ液に，H_2S を吹きこみます（（Ⅱ）の操作）。酸性溶液中では $[H^+]$ が大きいため

$$H_2S \rightleftharpoons 2H^+ + S^{2-}$$

の平衡が左へ移動するので，S^{2-} の濃度は小さくなります。それでも S^{2-} と沈殿するのが，イオン化列で Sn 以下の金属イオンなので，ここでは Cu^{2+} です。沈殿Bは黒色の CuS です。

（Ⅲ）の操作では，まず，加熱することで，ろ液中に溶解している H_2S をろ液から追い出しています。次に，還元性をもつ H_2S によって，Fe^{3+} が一部または全部 Fe^{2+} に還元されているので，希硝酸 HNO_3 によって酸化してすべて Fe^{3+} にもどします。それから，$NH_3 + NH_4Cl$ の混合溶液を加えています。NH_3 の電離平衡

$$NH_3 + H_2O \rightleftharpoons NH_4^+ + OH^-$$

は，NH_4Cl が共存すると，NH_4^+ の濃度が高くなるため左へ移動し，比較的 OH^- の濃度が小さくなるものの，水酸化物の溶解度が極めて小さい3価の陽イオンである Fe^{3+} と Al^{3+} が，水酸化鉄（Ⅲ）や $Al(OH)_3$ として沈殿します。なお，Zn^{2+} は NH_3 の濃度が高いために，$[Zn(NH_3)_4]^{2+}$ として，ろ液中に存在します。

その後，（Ⅳ）の操作により再び H_2S を加えると，

$$2NH_3 + H_2S \longrightarrow 2NH_4^+ + S^{2-}$$

の反応によって NH_3 が中和され，Zn^{2+} は NH_3 と錯イオンをつくれなくなり，S^{2-} が多くなるため ZnS として沈殿します。したがって，<u>沈殿Dは白色の ZnS</u> です。

（Ⅴ）の操作では，水酸化鉄（Ⅲ）と $Al(OH)_3$ のうち両性水酸化物である $Al(OH)_3$ が，NaOH 水溶液を十分加えると錯イオンをつくって溶けていきます。

$$Al(OH)_3 + OH^- \longrightarrow [Al(OH)_4]^-$$

よって，沈殿Cは赤褐色の水酸化鉄（Ⅲ）で，ろ液Fは無色の $[Al(OH)_4]^-$ を含みます。

最後に（Ⅵ）の操作によって，CO_3^{2-} を加えると Ca^{2+} が $CaCO_3$ として沈殿します。よって，<u>沈殿Eは白色の $CaCO_3$</u> です。

問1 沈殿A：AgCl　　沈殿D：ZnS　　沈殿E：CaCO₃
問2 $[Al(OH)_4]^-$

12. 気体の発生

次表は，5種類の気体とそれらを発生させるために用いる試薬を示している。下の問いに答えよ。

気体	気体を発生させるために用いる試薬		
水素	亜鉛	と	希硫酸
硫化水素	(1)	と	希硫酸
塩化水素	(2)	と	濃硫酸
二酸化硫黄	(3)	と	希硫酸
塩素	(4)	と	濃塩酸

問1　表中の(1)〜(4)にあてはまる試薬として最も適したものを，次の中からそれぞれ1つ選び，組成式で答えよ。

　　　塩化ナトリウム　　硫化鉄(II)　　酸化マンガン(IV)　　亜硫酸ナトリウム

問2　表中に示した(1)と希硫酸から硫化水素を発生させる反応，および，(4)と濃塩酸から塩素を発生させる反応の化学反応式を書け。　　　　　　　（信州大）

精　講　　　実験室での気体の発生方法

　　　　実験室での気体の発生は，手に入りやすい試薬を利用し，せいぜい加熱する程度の簡単な方法で行います。試薬の組み合わせをみて，反応式を書けるようにしましょう。❶〜❹に分類し次に紹介していきます。また，加熱が必要な反応としては，次の@〜@を覚えておきましょう。

> @ アンモニア NH_3 を発生させる反応
> ⓑ 濃塩酸 HCl と酸化マンガン(IV) MnO_2 の反応
> ⓒ $KClO_3$，NH_4NO_2 の熱分解反応
> ⓓ 濃硫酸を使う反応

$2NH_4Cl + Ca(OH)_2 \longrightarrow 2NH_3 + 2H_2O + CaCl_2$　は，通常，固体どうしを反応させます。もちろん水溶液を加熱してもよいのですが，発生した NH_3 が水蒸気を多く含むと，後で乾燥するのが大変なので，実験室で NH_3 を発生させるときは，NH_4Cl と $Ca(OH)_2$ の固体どうしを加熱します。

❶　酸・塩基反応を利用する方法

　「弱酸の陰イオン（弱塩基の陽イオン）」に「強酸（強塩基）」を加えると，「弱酸の陰イオン（弱塩基の陽イオン）」は H^+（OH^-）と結びつきやすいので，「強酸（強塩基）」の H^+（OH^-）と結びついて弱酸（弱塩基）になります。

気　体	製　法	反　応
硫化水素 H_2S	硫化鉄（Ⅱ）に希塩酸または希硫酸を注ぐ	$FeS（固）+ 2HCl \longrightarrow H_2S + FeCl_2$ $FeS（固）+ H_2SO_4（希）\longrightarrow H_2S + FeSO_4$
二酸化炭素^(注1) CO_2	炭酸カルシウムに希塩酸を注ぐ	$CaCO_3（固）+ 2HCl$ $\longrightarrow H_2O + CO_2 + CaCl_2$
二酸化硫黄 SO_2	亜硫酸ナトリウムに希硫酸を注ぐ	$Na_2SO_3（固）+ H_2SO_4（希）$ $\longrightarrow Na_2SO_4 + H_2O + SO_2$
アンモニア^(注2) NH_3	塩化アンモニウムに水酸化カルシウムを加えて熱する	$2NH_4Cl（固）+ Ca(OH)_2（固）$ $\longrightarrow CaCl_2 + 2NH_3 + 2H_2O$

（注1）　二酸化炭素 CO_2 の発生方法

　　　弱酸である炭酸 $H_2CO_3（H_2O + CO_2）$ の陰イオン CO_3^{2-} に強酸の HCl を注ぐと，

　　　　$CO_3^{2-} + 2HCl \longrightarrow H_2O + CO_2 + 2Cl^-$

　　の反応が起こります。この反応式の両辺に Ca^{2+} を加えると，表の反応式になります。

　　$\left(\begin{array}{l}希硫酸 H_2SO_4 を注いだときには，CaCO_3 の表面を難溶性の CaSO_4 が覆ってしま\\うので，内部まで反応が進みにくくなります。\end{array}\right)$

（注2）　アンモニア NH_3 の発生方法

　　　NH_4^+ に強塩基の $Ca(OH)_2$ を混ぜて加熱すると，NH_4^+ は $Ca(OH)_2$ の OH^- に H^+ を奪われて NH_3 になるので，

　　　　$NH_4^+ + OH^- \longrightarrow NH_3 + H_2O$

　　の反応が起こります。この反応式を2倍した両辺に $2Cl^-$ と Ca^{2+} を加えると，表の反応式になります。

❷　酸化・還元反応を利用する方法

気　体	製　法	反　応
水素^(注3) H_2	水素よりもイオン化傾向の大きな金属と塩酸や希硫酸を反応させる	（例）　$Zn（固）+ H_2SO_4（希）$ $\longrightarrow ZnSO_4 + H_2$
二酸化窒素^(注4) NO_2	銅に濃硝酸を注ぐ	$Cu（固）+ 4HNO_3（濃）$ $\longrightarrow Cu(NO_3)_2 + 2H_2O + 2NO_2$
一酸化窒素^(注4) NO	銅に希硝酸を注ぐ	$3Cu（固）+ 8HNO_3（希）$ $\longrightarrow 3Cu(NO_3)_2 + 4H_2O + 2NO$
二酸化硫黄^(注4) SO_2	銅に熱濃硫酸を反応させる	$Cu（固）+ 2H_2SO_4（濃）$ $\longrightarrow CuSO_4 + 2H_2O + SO_2$
酸素 O_2	過酸化水素水に酸化マンガン（Ⅳ）を触媒として加える	$2H_2O_2 \longrightarrow 2H_2O + O_2$
塩素 Cl_2	酸化マンガン（Ⅳ）に濃塩酸を加えて熱する	$MnO_2（固）+ 4HCl（濃）$ $\longrightarrow MnCl_2 + 2H_2O + Cl_2$

（注3）　(ⅰ)　Fe を塩酸 HCl や希硫酸 H_2SO_4 に加えると，Fe は Fe^{2+} に変化します。H^+ では Fe^{3+} まで酸化されないので注意しましょう。

　　　　$Fe + 2HCl \longrightarrow FeCl_2 + H_2$

(ⅱ) Pb を塩酸 HCl や希硫酸 H$_2$SO$_4$ と反応させても，難溶性の PbCl$_2$ や PbSO$_4$ が Pb の表面を覆ってしまうために反応がほとんど進みません。(➡p.154)

（注4） Cu や Ag に，濃硝酸を注ぐと NO$_2$，希硝酸を注ぐと NO，熱濃硫酸を反応させると SO$_2$ が発生します。(➡p.154)

（例） Cu に希硝酸 HNO$_3$ を注ぐ

$$Cu \longrightarrow Cu^{2+} + 2e^- \quad \cdots ① \quad \Leftarrow Cu \text{ は } Cu^{2+} \text{ へと変化する}$$

$$HNO_3 + 3H^+ + 3e^- \longrightarrow NO + 2H_2O \quad \cdots ② \quad \Leftarrow 希硝酸は NO へと変化する$$

となり，①式×3+②式×2，両辺に 6NO$_3^-$ を加えることで表の反応式になります。

❸ 熱分解反応を利用する方法

加熱したらバラバラに変化する反応を熱分解反応といいます。熱分解反応は暗記しましょう。

気 体	製 法	反 応	
酸素 O$_2$	塩素酸カリウムに酸化マンガン（Ⅳ）を触媒として加えて熱する	$2\underline{KClO_3} (固) \longrightarrow 2KCl + 3\underline{O_2}$	⬅KCl と O$_2$ に分解する
窒素 N$_2$	亜硝酸アンモニウム水溶液を熱する	$\underline{NH_4NO_2} \longrightarrow \underline{N_2} + 2H_2O$	⬅N$_2$ と H$_2$O に分解する

❹ 濃硫酸を利用する方法

┌ 硫酸は分子間の水素結合の形成により，気体になりにくい

（a） 濃硫酸が**沸点の高い不揮発性の酸**であることを利用します。

気 体	製 法	反 応
塩化水素 HCl	塩化ナトリウムに濃硫酸を加えて熱する	NaCl (固) + H$_2$SO$_4$ $\longrightarrow$ NaHSO$_4$ + $\boxed{\text{HCl}}$
フッ化水素(注) HF	ホタル石（CaF$_2$）に濃硫酸を加えて熱する	CaF$_2$ (固) + H$_2$SO$_4$ $\longrightarrow$ 2$\boxed{\text{HF}}$ + CaSO$_4$

（注） フッ化水素 HF の発生方法

濃硫酸 H$_2$SO$_4$ が F$^-$ に H$^+$ を与え，加熱することで HF が気体として発生します。このとき，2 mol の HF が発生する点に注意しましょう。

$$2F^- + H_2SO_4 \longrightarrow 2HF + SO_4^{2-} \quad \Leftarrow HF \text{ は } HSO_4^- \text{ より弱い酸だから}$$

この反応式の両辺に Ca^{2+} を加えると，表の反応式になります。

（b） 濃硫酸の**水 H$_2$O を奪う働き**（脱水作用）を利用します。

気 体	製 法	反 応
一酸化炭素 CO	ギ酸に濃硫酸を加えて熱する	HCOOH $\longrightarrow$ $\boxed{\text{CO}}$ + H$_2$O $\quad$ H$_2$O が奪われる

 Point 79 表中の化学反応式がすぐ書けるようにしよう！

問 1, 2 (1) 硫化水素 H_2S を発生させるためには, S^{2-} を含む試薬である硫化鉄(Ⅱ) FeS を選べばよいでしょう。強酸である希硫酸 H_2SO_4 を加えると S^{2-} が $2H^+$ を受けとり H_2S が発生します（➡❶酸・塩基反応を利用する方法）。

$$FeS + H_2SO_4 \longrightarrow H_2S\uparrow + FeSO_4 \quad \Leftarrow S^{2-} + H_2SO_4 \longrightarrow H_2S + SO_4^{2-} \;\; からつくる$$

(2) 塩化水素 HCl を発生させるためには, Cl^- を含む試薬である塩化ナトリウム NaCl を選べばよいでしょう。濃硫酸 H_2SO_4 がこの Cl^- に H^+ を与え, あとは加熱すると, HCl が気体として発生します（➡❹濃硫酸を利用する方法(a)）。

$$NaCl + H_2SO_4 \longrightarrow HCl\uparrow + NaHSO_4 \quad \Leftarrow Cl^- + H_2SO_4 \longrightarrow HCl + HSO_4^-$$
HCl は揮発性で加熱すると逃げていく

(3) 二酸化硫黄 SO_2 を発生させるには, 酸化剤として熱濃硫酸 H_2SO_4 を利用する（➡❷酸化・還元反応を利用する方法）か, 亜硫酸イオン SO_3^{2-} に, 強酸を加えて $2H^+$ を与え, 亜硫酸 H_2SO_3 から $SO_2 + H_2O$ とする方法（➡❶酸・塩基反応を利用する方法）があります。ここでは後者を選び, 亜硫酸ナトリウム Na_2SO_3 を選べばよいでしょう。

$$Na_2SO_3 + H_2SO_4 \longrightarrow SO_2\uparrow + H_2O + Na_2SO_4 \quad \Leftarrow SO_3^{2-} + 2H^+ \longrightarrow (H_2SO_3)$$
$$\longrightarrow SO_2 + H_2O$$
からつくる

(4) Cl^- を塩素 Cl_2 にするには酸化剤が必要となります。酸性条件で酸化マンガン(Ⅳ) MnO_2 は酸化剤として働くので, これを選べばよいでしょう（➡❷酸化・還元反応を利用する方法）。

$$\begin{cases} 還元剤 : 2Cl^- \longrightarrow Cl_2 + 2e^- & \cdots① \Leftarrow 2Cl^- は Cl_2 へと変化する \\ 酸化剤 : MnO_2 + 4H^+ + 2e^- \longrightarrow Mn^{2+} + 2H_2O & \cdots② \Leftarrow MnO_2 は Mn^{2+} へと \\ & \quad\quad\quad 変化する \end{cases}$$

①式＋②式で e^- を消去し, 両辺に $2Cl^-$ を加えてつくります。

$$MnO_2 + 4HCl \longrightarrow Cl_2 + MnCl_2 + 2H_2O$$

なお, この反応は加熱しないと進まない（➡p.210）ことを覚えておきましょう。

問 1 (1) FeS (2) NaCl (3) Na_2SO_3 (4) MnO_2
問 2 $FeS + H_2SO_4 \longrightarrow H_2S + FeSO_4$
$MnO_2 + 4HCl \longrightarrow Cl_2 + MnCl_2 + 2H_2O$

下図の装置Ⅰ，Ⅱ，Ⅲを使い，〔語群欄〕の試薬を用いて，アンモニア，塩素，塩化水素を生成したい。下の問いに答えよ。

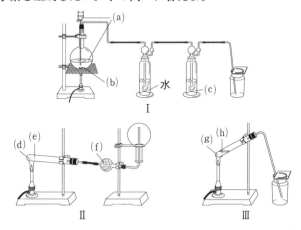

Ⅰ

Ⅱ　　　　　　　　　　　Ⅲ

〔語群欄〕

　　ア．塩化ナトリウム　　　イ．水酸化カルシウム
　　ウ．酸化マンガン(Ⅳ)　　エ．ソーダ石灰
　　オ．塩化アンモニウム　　カ．濃塩酸　　キ．濃硫酸

問1　アンモニア，塩素，塩化水素を発生させるときの化学反応式を書け。ただし，用いる試薬は〔語群欄〕の中から選ぶこと。

問2　アンモニア，塩素，塩化水素を生成するには，それぞれ装置Ⅰ，Ⅱ，Ⅲのどれを使ったらよいか答えよ。

問3　図中の(a)～(h)に入る適切な試薬を，〔語群欄〕から選び記号で答えよ。ただし，同じものを何度使ってもよい。また(d)と(e)，(g)と(h)に入る試薬の順番は問わないものとする。

問4　アンモニア，塩素，塩化水素の性質を次の①～⑥の中から1つずつ選べ。
①　黄緑色の気体で，酸化力がある。
②　石灰水に通すと白濁する。
③　腐卵臭の有毒気体である。
④　濃塩酸を付けたガラス棒を近づけると白煙を生じる。
⑤　空気と混合すると赤褐色になる。
⑥　水によく溶け強酸性を示す。

(問1～3 日本歯科大)

214

気体の捕集法

【水に溶けにくい気体】

水に溶けにくい気体，例えば NO，CO，H₂，O₂，N₂ などは水の上で集めます。これを水上置換といいます。

気体発生
装置に
つながっている

水上置換 ➡ NO, CO, H₂, O₂, N₂

【水に溶けやすい気体】

酸性，塩基性を示す気体，例えば CO_2 や NH_3 などは，水に溶けるために水上置換では集めず，上方置換もしくは下方置換によって集めます。

ここで，気体の密度 d〔g/L〕は，理想気体の状態方程式により次のように表せます。

$$d = \frac{w \, [\mathrm{g}]}{V \, [\mathrm{L}]} = \frac{PM}{RT} = \frac{P}{RT} \times M \quad \Leftarrow PV = \frac{w}{M}RT \ (\Rightarrow p.72) \text{を変形している}$$

よって，同温，同圧のもとでは，密度 d は $d = \dfrac{P}{RT} \times M$ より，分子量 M に

（T：一定，P：一定）

比例します。

したがって，分子量 M の大きな気体ほど密度 d は大きいので下の方にたまることがわかります。空気の平均分子量 $\overline{M}$ は，

$$\overline{M} = 28 \times \frac{4}{5} + 32 \times \frac{1}{5}$$

（N₂ の分子量）（O₂ の分子量）

$\Leftarrow$ N₂ と O₂ は空気中では 4：1 の物質量比なので，N₂ のモル分率は $\dfrac{4}{5}$，O₂ のモル分率は $\dfrac{1}{5}$

$$= 28.8$$

なので，アンモニア NH_3（分子量 17）は空気より軽く，二酸化炭素 CO_2（分子量 44）は空気より重くなります。また，酸性を示す気体はたいてい分子量が空気より大きくなります。

そこで，**空気より軽い NH_3 は上方置換**，それ以外の**空気より重い酸性を示す気体はすべて下方置換**で集めます。

上方置換 ➡ NH₃

下方置換 ➡ 空気より重い酸性気体

気体が水蒸気を含んでいる場合，それをとり除くために乾燥剤を利用します。一般に，次の乾燥剤がよく利用されます。ただし，乾燥剤 と 乾燥させたい気体 が反応する組み合わせは不適当です。

	乾燥剤		乾燥に適さない気体
酸　性	濃硫酸	H_2SO_4	NH_3，H_2S(注1)
	十酸化四リン	P_4O_{10}	NH_3(注1)
塩基性	ソーダ石灰	$CaO + NaOH$	酸性を示す気体(注2)
中　性	塩化カルシウム	$CaCl_2$	NH_3(注3)

（注1） 酸性の乾燥剤は，塩基性の NH_3 と中和反応が起こり，NH_3 がアンモニウム塩となり，吸収されるため，NH_3 の乾燥には不適当です。
また，H_2S は還元力が強く，濃硫酸と反応するために適しません。
（注2） 中和反応が起こり吸収されるので不適当です。
（注3） $CaCl_2 \cdot 8NH_3$ の形で吸収されるので不適当です。

Point 80　気体の捕集法

水上置換：水に溶けにくい気体（NO, CO, H_2, O_2, N_2 など）
上方置換：NH_3
下方置換：酸性を示す気体（H_2S, CO_2, SO_2, NO_2, Cl_2, HCl, HF など）

解　説

問1　NH_3 は，NH_4^+ を含む塩 と 強塩基を混ぜて加熱し，OH^- に H^+ を奪われる反応により発生させます（→p.211（注2））。

$$\underline{2NH_4Cl}_{(d)} + \underline{Ca(OH)_2}_{(e)} \longrightarrow 2NH_3 + 2H_2O + CaCl_2 \qquad \leftarrow 2NH_4^+ + 2OH^- \longrightarrow 2NH_3 + 2H_2O$$
が起こっている

Cl_2 と HCl は 必修基礎問 45 で利用した反応と同じ反応で発生させます。

$$\underline{MnO_2}_{(b)} + \underline{4HCl}_{(a)} \longrightarrow Cl_2 + MnCl_2 + 2H_2O$$
$$\underline{NaCl}_{(g)} + \underline{H_2SO_4}_{(h)} \longrightarrow HCl + NaHSO_4$$

問2　NH_3 は，上方置換で捕集するので装置Ⅱとなります。
$MnO_2 + HCl$ では，加熱によって Cl_2 と同時に未反応の HCl が揮発します。この未反応の HCl をとり除く必要があるので，まず，発生した気体を水にくぐらせます。よって，装置Ⅰとなります。
そこで残された $NaCl + H_2SO_4$ が装置Ⅲとなります。

問3　(c)は Cl_2 に混ざった水蒸気をとり除くための乾燥剤です。液体なので濃硫酸だ

と考えられます。

（f）は NH_3 に混ざった水蒸気をとり除くための乾燥剤です。固体なので塩化カルシウムやソーダ石灰ですが、塩化カルシウムは NH_3 の乾燥には不適当ですし、解答群にもありません。

純粋な塩素 Cl_2 の製法（装置 I）は、入試で頻出です。不純物を除去する順序に注意して、下の図をよくチェックしておいてください。

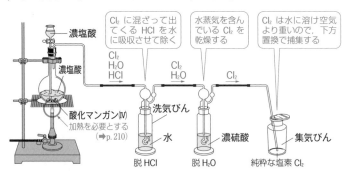

問4　① Cl_2 の性質です。常温・常圧で有色の気体は、F_2（淡黄色）、Cl_2（黄緑色）、NO_2（赤褐色）、O_3（淡青色）の4つを覚えましょう。また、Cl_2 には酸化力があります（➡p.233）

②　CO_2 の性質です。$Ca(OH)_2$ の飽和水溶液を石灰水といいます。石灰水に CO_2 を通すと、$CaCO_3$ の白色沈殿が生じ白濁します。

$$Ca(OH)_2 + CO_2 \longrightarrow CaCO_3\downarrow(白) + H_2O$$

③　H_2S の性質です。においをもつ気体は、H_2S（腐卵臭）、O_3（特異臭）、Cl_2、NH_3、HF、HCl、NO_2、SO_2（刺激臭）を覚えましょう。これら以外は無臭と覚えます。

④　NH_3 の性質です。濃塩酸から揮発した HCl と、$HCl + NH_3 \longrightarrow NH_4Cl$ の反応が起こり、NH_4Cl の白煙が生じます。

⑤　NO の性質です。空気中ですぐに酸化され、赤褐色の NO_2 になります。

$$2NO + O_2 \longrightarrow 2NO_2$$

⑥　HCl の性質です。水によく溶けて強酸性を示します。

答

問1　アンモニア：$2NH_4Cl + Ca(OH)_2 \longrightarrow 2NH_3 + 2H_2O + CaCl_2$
　　　塩素：$MnO_2 + 4HCl \longrightarrow Cl_2 + MnCl_2 + 2H_2O$
　　　塩化水素：$NaCl + H_2SO_4 \longrightarrow HCl + NaHSO_4$

問2　アンモニア：装置 II　　塩素：装置 I　　塩化水素：装置 III

問3　(a)　カ　　(b)　ウ　　(c)　キ　　(d), (e)　イ, オ　　(f)　エ
　　　(g), (h)　ア, キ　　　((d)と(e)、(g)と(h)は順不同)

問4　アンモニア：④　　塩素：①　　塩化水素：⑥

　右図は，$CaCO_3$ と $NaCl$ から Na_2CO_3 を合成するための反応工程を示したものである。

　図中の $\boxed{\text{A}}$ ～ $\boxed{\text{D}}$ に該当する物質の化学式を書け。

（中央大）

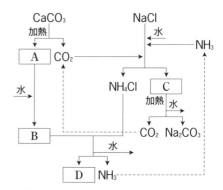

解　説

アンモニアソーダ法

　炭酸ナトリウム Na_2CO_3 の工業的製法として有名なアンモニアソーダ法では，$NaCl$ と $CaCO_3$ を原料とし，Na_2CO_3 以外の生成物として $\underset{D}{CaCl_2}$ が得られます。

工程1 炭酸カルシウム $CaCO_3$ を加熱によって分解します。

　一般に炭酸塩は，加熱すると二酸化炭素と金属酸化物になります。（ただし Na_2CO_3 のようなアルカリ金属の炭酸塩では，このように分解する前に融解します。）

$$CaCO_3 \longrightarrow \underset{A}{CaO} + CO_2 \quad \Leftarrow CO_3^{2-} \longrightarrow O^{2-} + CO_2 \quad という変化$$

工程2 飽和食塩水にアンモニア NH_3 を十分に吸収させて，二酸化炭素 CO_2 を吹きこみます。すると，

$$\begin{cases} CO_2 + H_2O \longrightarrow H_2CO_3 \text{（炭酸）} & \cdots ① \\ \boxed{H_2CO_3} \overset{H^+}{+} NH_3 \longrightarrow HCO_3^- + NH_4^+ & \cdots ② \end{cases}$$

が起こり，溶液中に NH_4^+ や HCO_3^- が増加します。このとき，NH_3 は飽和食塩水を弱塩基性にし，CO_2 から HCO_3^- を生成しやすくしています。

　$\boxed{Na^+}$，Cl^-，NH_4^+，$\boxed{HCO_3^-}$ からできる塩の中では $NaHCO_3$ の溶解度が最も小さいため，やがて $NaHCO_3$ が析出します。

$$Na^+ + HCO_3^- \longrightarrow NaHCO_3\downarrow \quad \cdots ③$$

　これを1つにまとめる（①式＋②式＋③式，両辺に Cl^- を加える）と，

$$NaCl + H_2O + CO_2 + NH_3 \longrightarrow \underset{C}{NaHCO_3}\downarrow + NH_4Cl$$

となります。

工程3 析出した炭酸水素ナトリウム $NaHCO_3$ を加熱することによって炭酸ナトリウ

ム Na_2CO_3 を得ます。

　一般に炭酸水素塩は，加熱すると炭酸塩と二酸化炭素 CO_2 と水 H_2O になります。

$$2NaHCO_3 \longrightarrow Na_2CO_3 + CO_2 + H_2O$$

　　　$2HCO_3^- \longrightarrow CO_3^{2-} + CO_2 + H_2O$　という変化

工程4 **工程1** で得た酸化カルシウム CaO を水に溶かします。

$$CaO + H_2O \longrightarrow \underline{Ca(OH)_2}_B \quad \longleftarrow O^{2-} + \boxed{H_2O} \xrightarrow{H^+} 2OH^-$$　という変化

工程5 **工程2** で得た塩化アンモニウム NH_4Cl と **工程4** の水酸化カルシウム $Ca(OH)_2$
から NH_3 を回収します。

$$2NH_4Cl + Ca(OH)_2 \longrightarrow 2NH_3 + 2H_2O + \underline{CaCl_2}_D$$

　　　$2NH_4^+ + 2OH^- \longrightarrow 2NH_3 + 2H_2O$　という変化

　このとき，CO_2 や NH_3 は循環するだけです。全体としては

$$2NaCl + CaCO_3 \longrightarrow Na_2CO_3 + CaCl_2$$

$\left(\begin{array}{l}\text{この反応式は，}\\ \textbf{工程2} \text{の反応式を2倍し，} \textbf{工程1} ，\textbf{工程3} ，\textbf{工程4} ，\textbf{工程5} \text{の反応式を加える}\\ \text{ことでつくることができます。}\end{array}\right)$

という反応になります。

　全体としては，$NaCl$ 2 mol がすべて反応すると，Na_2CO_3 が 1 mol 生成する点に注意してください。

　このように $NaCl$ と $CaCO_3$ という安価な原料から Na_2CO_3 が得られます。

　〝安価に効率よく大量につくる〟というのが，実験室での製法と工業的な製法の大きく異なる点です。Na_2CO_3 はガラス工業などに利用され，ケイ砂 SiO_2 や石灰石 $CaCO_3$ とともに加熱しソーダガラスを合成します。

　　　　　窓ガラスなどに使われる一般的なガラス

　また，**アンモニアソーダ法**は，ベルギーのソルベーが工業化したので，ソルベー法ともいわれています。

Point 81　アンモニアソーダ法

アンモニアソーダ法は，
$$2NaCl + CaCO_3 \longrightarrow Na_2CO_3 + CaCl_2$$
の反応を，NH_3 を利用して 5 つの工程で起こしている。

答 　A：CaO　　B：$Ca(OH)_2$　　C：$NaHCO_3$　　D：$CaCl_2$

47 金属の製錬

文中，（ A ），（ B ），（ C ）に最も適合するものを，それぞれA群，B群，C群の(ア)～(オ)から選び，答えなさい。

鉄は溶鉱炉（高炉）で鉄鉱石を高温で還元させて製錬されるが，この際，主に作用する還元剤は（ A ）である。一方，Al_2O_3 を氷晶石とともに高温で融解させて電気分解すると，（ B ），Alの単体が得られる。粗銅には不純物として他の金属元素が多く含まれるが，電解精錬を行うと純度の高い銅が得られる。このとき（ C ）は陽極泥となって除かれる。

A：(ア) H_2（気）　(イ) C（気）　(ウ) C（液）　(エ) CO（気）　(オ) SiO_2（液）

B：(ア) アルミニウムイオンに電子が与えられ

　(イ) アルミニウムイオンと CO が反応し

　(ウ) アルミニウムイオンと氷晶石が反応し

　(エ) 酸化物イオンに電子が与えられ

　(オ) 酸化物イオンが窒素と反応し

C：(ア) アルミニウム　(イ) ニッケル　(ウ) 銅　(エ) 鉄や銀

　(オ) 金や銀

(早稲田大)

精講

鉄 Fe の工業的製法

単体の Fe は，赤鉄鉱（主成分 Fe_2O_3）や磁鉄鉱（主成分 Fe_3O_4）などの鉄鉱石をコークス C から生じる CO で還元してつくります。

まず，溶鉱炉（高炉）内でコークス C を燃焼し，一酸化炭素 CO を発生させます。次に，CO の還元作用で Fe_2O_3 は還元され Fe となります。

$$\begin{cases} 2C + O_2 \longrightarrow 2CO \\ Fe_2O_3 + 3CO \longrightarrow 2Fe + 3CO_2 \end{cases}$$ ←CO が O を奪っている

この結果得られる Fe は約 4 ％の C を含み，硬くてもろく銑鉄とよばれます。この銑鉄から含まれている C の含有量を減少させたものを鋼といい，建築材料などに使います。

アルミニウム Al の工業的製法

ボーキサイト（主成分 $Al_2O_3 \cdot nH_2O$）から酸化アルミニウム（アルミナ）Al_2O_3 を得ます。この Al_2O_3 を電気分解（溶融塩電解）して Al を得るのですが，Al_2O_3 は融点があまりにも高いため，氷晶石を加熱して融解し，そこに Al_2O_3 を溶か

します。こうすることで，より低い温度で電気分解することができます。

このとき，陽極，陰極とも炭素 C 電極を利用します。陽極は，
$2O^{2-} \longrightarrow O_2 + 4e^-$ が起こると考えられそうですが，高温なので O_2 が電極の
炭素 C と反応し，CO や CO_2 となり陽極の C は消費されます。

$\begin{cases} 陽極：C + O^{2-} \longrightarrow CO + 2e^- ~~ や ~~ C + 2O^{2-} \longrightarrow CO_2 + 4e^- \\ 陰極：Al^{3+} + 3e^- \longrightarrow Al \end{cases}$

銅 Cu の工業的製法

黄銅鉱 $CuFeS_2$ からまず粗銅を得ます。その後，**粗銅板を陽極に，純銅板を陰**

極にして，硫酸銅(Ⅱ) $CuSO_4$
水溶液を電気分解すると（右
図），粗銅板中の銅 Cu は Cu^{2+}
となって溶け，陰極の純銅板
に銅 Cu が析出します。この
とき，粗銅板中の Cu よりも

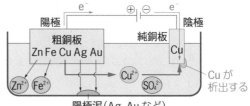

銅 Cu にいくつかの別の金属（Zn, Fe, Ag, Au など）が混ざっている

イオン化傾向の大きな Zn や Fe は，Cu^{2+} とともに Zn^{2+} や Fe^{2+} として溶け出し
溶液中にそのまま存在します。一方，Cu よりもイオン化傾向の小さな Ag や
Au は極板からはがれ落ちて沈殿し，陽極泥に含まれます。

Point 82 Fe, Al, Cu の工業的製法

$\begin{cases} Fe は Fe_2O_3 をコークス C から生じる CO で還元 \\ Al は（Al_2O_3＋氷晶石）の溶融塩電解 \\ Cu は粗銅から電気分解 \end{cases}$ で手に入れる。

A コークス C の燃焼で生じた気体の $\underset{A}{CO}$ が還元剤として働きます。

$$Fe_2O_3 + 3\underset{(+2)}{CO} \longrightarrow 2Fe + 3\underset{(+4)}{CO_2}$$ ◀酸化数が増加する原子 C を含む
CO が還元剤です

B 陰極で Al^{3+} に電子 e^- が与えられ${}_B$，Al が得られます。
陰極：$Al^{3+} + 3e^- \longrightarrow Al$

C Cu よりもイオン化傾向の大きな金属と Cu は，陽イオンとなって溶け出します。
(ア)〜(オ)に与えられている金属のイオン化列は次のようになります。

イオン化列 Al Fe Ni （H_2） Cu┘ Ag Au
イオン化傾向 (ア) | 陽イオンとなって溶け出す 陽極泥となる (オ)

よって，Cu よりもイオン化傾向の小さな金 Au や銀 Ag${}_C$ が陽極泥となります。

答

A：(エ)　　B：(ア)　　C：(オ)

48 オストワルト法

　右図はオストワルト法による工業的な硝酸製造工程を示している。次の問いに答えよ。

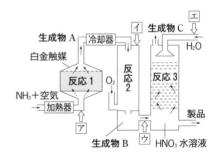

問1　生成物AおよびBは窒素化合物である。それぞれの物質の化学式を書き，窒素原子の酸化数を答えよ。

問2　製造工程では次の3つの反応が関わる。（　）内の①～③に係数を入れ化学反応式を完成させよ。

反応1：$4NH_3 + 5O_2 \longrightarrow$ （①）（**生成物A**）＋（②）H_2O

反応2：2（**生成物A**）$+ O_2 \longrightarrow$ （③）（**生成物B**）

反応3：3（**生成物B**）$+ H_2O \longrightarrow 2HNO_3 +$ （**生成物C**）

問3　生成物Cは製造工程中のどこかに再投入できる。白抜き矢印のア～エから最も適当な場所を選び記号で答えよ。

（名古屋大）

精講　オストワルト法

　硝酸 HNO_3 の工業的製法として有名なオストワルト法（Point 83 の➡）では，ハーバー・ボッシュ法で合成したアンモニア NH_3 を利用し，これを酸化して HNO_3 を合成しています。

> ハーバー・ボッシュ法（Point 83 の⬅）
> 　窒素 N_2 と水素 H_2 から四酸化三鉄 Fe_3O_4 などを含む触媒を用い，400～600°C，$1×10^7$～$3×10^7$ Pa の条件で NH_3 を合成します。
> 　　$N_2 + 3H_2 \rightleftharpoons 2NH_3$

Point 83　オストワルト法　　➡がオストワルト法　⬅がハーバー・ボッシュ法

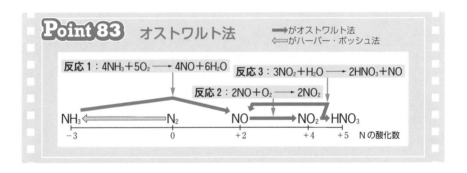

問1 生成物Aは一酸化窒素 NO, 生成物Bは二酸化窒素 NO₂ です。A, BのNの酸化数を x, y とすると, Oの酸化数が化合物中では通常 -2 (H_2O_2 以外), 分子全体では電気的に中性で電荷をもたないことから (➡p.157), 次の式が成り立ちます。

$$\begin{cases} \text{生成物A} \rightarrow NO : \underset{N}{x} + \underset{O}{(-2)} = 0 & \text{よって,} \quad x = +2 \\[2mm] \text{生成物B} \rightarrow NO_2 : \underset{N}{y} + \underset{O}{(-2)} \times 2 = 0 & \text{よって,} \quad y = +4 \end{cases}$$

問2 反応1：NH_3 を空気中の O_2 によって白金 Pt 触媒下で約 800°C に加熱し酸化します。このとき NO が生成します。

Step 1 $\quad 1NH_3 + O_2 \longrightarrow NO + H_2O \quad$ ←NはNOに, HはH₂Oに。NH₃の係数を1にする

Step 2 $\quad 1NH_3 + O_2 \longrightarrow NO + \dfrac{3}{2}H_2O \quad$ ←Nの数は合っているので両辺のHの数を合わせる

Step 3 $\quad NH_3 + \dfrac{5}{4}O_2 \longrightarrow NO + \dfrac{3}{2}H_2O \quad$ ←Oの数を合わせる

完成 $\quad 4NH_3 + 5O_2 \longrightarrow 4NO + 6H_2O \quad$ ←分母をはらって整数にする

反応2：NO と O_2 は約 140°C 以下にまで冷却すると赤褐色の NO₂ に変化します。

Step 1 $\quad 1NO + \dfrac{1}{2}O_2 \longrightarrow 1NO_2 \quad$ ←NOの係数を1とし, Nの数は合っているのでOの数を合わせる

完成 $\quad 2NO + O_2 \longrightarrow 2NO_2 \quad$ ←分母をはらって整数にする

反応3：NO_2 を温水と反応させると, NO_2 どうしで酸化還元反応し, 酸化された NO_2 は HNO_3 に, 還元された NO_2 は NO になります。**生成物Cは NO です。**

Step 1 $\quad NO_2 + H_2O \longrightarrow HNO_3 + NO \quad$ ←NO₂は, HNO₃とNOになっている

Step 2 $\quad NO_2 + H_2O \longrightarrow 2HNO_3 + NO \quad$ ←Hの数を合わせる

完成 $\quad 3NO_2 + H_2O \longrightarrow 2HNO_3 + NO \quad$ ←Nの数を合わせるとOの数も同時に合う

問3 反応3で HNO_3 とともに生じた NO は図の ［ イ ］ から再投入し, **反応2によって** NO_2 **に変化させ再利用します。**このようにして最終的には NH_3 をすべて HNO_3 にすることができます。

反応1〜反応3を1つにまとめると次のようになります。

$$4NH_3 + 5O_2 \longrightarrow 4\cancel{NO} + \overset{4}{\cancel{6}}H_2O$$
$$\{2\cancel{NO} + O_2 \longrightarrow 2\cancel{NO_2}\} \times 3$$
$$\underline{+)\ \{3\cancel{NO_2} + H_2O \longrightarrow 2HNO_3 + \cancel{NO}\} \times 2}$$
$$\cancel{4}NH_3 + \underset{2}{\cancel{8}}O_2 \longrightarrow \cancel{4}HNO_3 + \cancel{4}H_2O \ \Rightarrow\ NH_3 + 2O_2 \longrightarrow HNO_3 + H_2O$$

> 「まん中を3倍, 下を2倍してまとめる」と覚えておきましょう

（最後に4で割る）

問1 生成物A：NO（Nの酸化数＋2）　　**生成物B**：NO₂（Nの酸化数＋4）

問2 ① 4　② 6　③ 2　　**問3** イ

第2章　無機化学

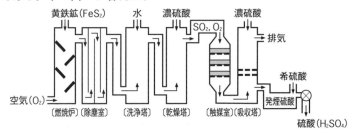

実戦 基礎問

27 接触法

〈化学

次図は黄鉄鉱（FeS₂）から硫酸を製造する化学工業的製法の概略を示したものである。下の問いに答えよ。

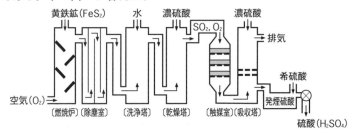

問1 触媒には何を用いるか。その名称と化学式を示せ。

問2 上図における燃焼炉では酸化鉄（Ⅲ）と二酸化硫黄が生じており、これを化学反応式で示すと、

$$\boxed{ア} + \boxed{イ} \longrightarrow \boxed{ウ} + \boxed{エ} \quad\cdots(1)$$

となる。また触媒室においては(2)式のような化学反応が進んでいる。

$$\boxed{オ} + \boxed{カ} \longrightarrow \boxed{キ} \quad\cdots(2)$$

この触媒室で生じた化合物を濃硫酸に吸収させて発煙硫酸とし、希硫酸で薄めると(3)式のように硫酸が生じる。

$$\boxed{ク} + \boxed{ケ} \longrightarrow H_2SO_4 \quad\cdots(3)$$

$\boxed{ア} \sim \boxed{ケ}$ に適切な化学式および係数を記入し、上記の化学反応(1)，(2)，(3)を完成させよ。

問3 黄鉄鉱を完全燃焼させて、密度 $1.80\,\mathrm{g/mL}$ で濃度 98.1% の硫酸を 10.0 キロリットル得るためには黄鉄鉱は何トン必要か。ただし黄鉄鉱の純度は 100% と仮定し、小数第 1 位まで求めよ。なお FeS₂ の式量は 120，H₂SO₄ の分子量は 98.1 とする。

（岐阜大）

精 講 （接触法）

　　硫酸 H₂SO₄ の工業的製法には接触法を用います。黄鉄鉱 FeS₂ 中の S₂²⁻ や硫黄の単体 S などを空気中の酸素 O₂ によって酸化し、SO₂ にします。SO₂ をさらに SO₃ にするには触媒が必要となり、一般に酸化バナジウム（Ⅴ）V₂O₅ が使われます。

　次に SO₃ を H₂O と反応させ、H₂SO₄ とします。**実際は純水ではなく濃硫酸に吸収させ発煙硫酸として**、その後、希硫酸で希釈します。

Point 84 　接触法

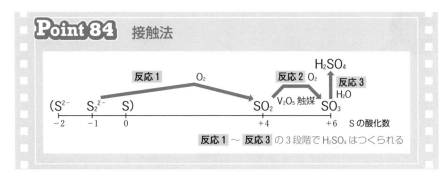

反応1 〜 反応3 の3段階で H_2SO_4 はつくられる

問1 　V_2O_5 は覚えてください。

問2 （1）　Step1　$1FeS_2 + O_2 \longrightarrow Fe_2O_3 + SO_2$ 　←FeS_2の係数を1にする

Step2　$1FeS_2 + O_2 \longrightarrow \dfrac{1}{2}Fe_2O_3 + 2SO_2$ 　←FeとSの数を合わせる

Step3　$1FeS_2 + \dfrac{11}{4}O_2 \longrightarrow \dfrac{1}{2}Fe_2O_3 + 2SO_2$ 　←Oの数を合わせる

完成　$4FeS_2 + 11O_2 \longrightarrow 2Fe_2O_3 + 8SO_2$ 　←分母を払って，係数を整数にする

（2）　Step1　$1SO_2 + \dfrac{1}{2}O_2 \longrightarrow SO_3$ 　←SO_2の係数を1とし，Sの数は合っているので Oの数を合わせる

完成　$2SO_2 + O_2 \longrightarrow 2SO_3$ 　←分母を払って，係数を整数にする

（3）　$SO_3 + H_2O \longrightarrow H_2SO_4$

問3 　FeS_2 1つの中にS原子は2つあります。これが H_2SO_4 に変わるのですから FeS_2 1つから H_2SO_4 が2つ生じますね。つまり，FeS_2 ①mol から H_2SO_4 が ②mol 生じるのです。いま，必要な FeS_2 が x〔トン〕 つまり $x \times 10^6$〔g〕とすると，$FeS_2 = 120$，$H_2SO_4 = 98.1$ より，

$$\underset{\substack{FeS_2 \\ (mol)}}{\dfrac{x \times 10^6}{120}} \times \underset{\substack{H_2SO_4 \\ (mol)}}{\dfrac{②}{①}} = \underset{\substack{濃硫酸 \\ (kL)}}{10.0} \times \underset{(L)}{10^3} \times \underset{(mL)}{10^3} \times \underset{濃硫酸(g)}{1.80} \times \underset{H_2SO_4(g)}{\dfrac{98.1}{100}} \div \underset{H_2SO_4(mol)}{98.1}$$

よって，$x = 10.8$ トン

答

　　問1 　名称：酸化バナジウム（Ⅴ）　　化学式：V_2O_5

　　問2 　ア，イ：$4FeS_2$，$11O_2$ 　　ウ，エ：$2Fe_2O_3$，$8SO_2$

　　　　　　オ，カ：$2SO_2$，O_2 　　キ：$2SO_3$　　ク，ケ：SO_3，H_2O （各順不同）

　　問3 　10.8 トン

　炭素とケイ素は周期表の　ア　族の典型元素で非金属元素である。これらの原子は価電子を　イ　個もち，他の原子と共有結合を形成する。

　炭素の単体にはダイヤモンド，黒鉛，フラーレンなどの　ウ　がある。これらの炭素は燃えると二酸化炭素を生じる。二酸化炭素を石灰水に通すと白色沈殿を生じ，①さらに過剰に通じると沈殿は炭酸水素カルシウムとなって溶解する。②この溶液にある操作を行うと白色沈殿が生じる。

　ケイ素の酸化物である③二酸化ケイ素に水酸化ナトリウムを加えて熱すると，ケイ酸ナトリウムを生成する。ケイ酸ナトリウムに水を加えて熱すると，無色透明の　エ　を得ることができる。　エ　に塩酸を加えると，弱酸であるケイ酸が沈殿する。ケイ酸を水洗して加熱すると，④固体のシリカゲルが得られる。

問1　　ア　および　イ　にあてはまる数字，　ウ　および　エ　にあてはまる適切な語句を書け。

問2　黒鉛，フラーレン，単体のケイ素，それぞれの電気的性質と光学的性質の組み合わせとして正しいものを右の(1)〜(6)から選び番号で答えよ。

番号	電気的性質，光学的性質
(1)	絶縁体，透明
(2)	絶縁体，不透明
(3)	半導体，透明
(4)	半導体，不透明
(5)	良導体，透明
(6)	良導体，不透明

問3　下線部①の化学反応式を書け。

問4　下線部②の適切な操作を1つ書け。ただし，物質を添加する操作は除くものとする。

問5　下線部③の化学反応式を書け。

問6　下線部④の用途を1つあげよ。また，その用途に応じた性質を示す理由を60字以内で答えよ。

（千葉大）

精講　　炭素，ケイ素

　　炭素とケイ素は周期表14族の元素です。炭素の単体や化合物については，p.10，57，211，212で学習したので，ここでは，ケイ素についてまとめておきます。

　ケイ素は岩石や鉱物を構成する元素です。ケイ酸やケイ酸塩は，いろいろな構造のものがあります。高校化学では次のものだけ記憶すれば十分でしょう。

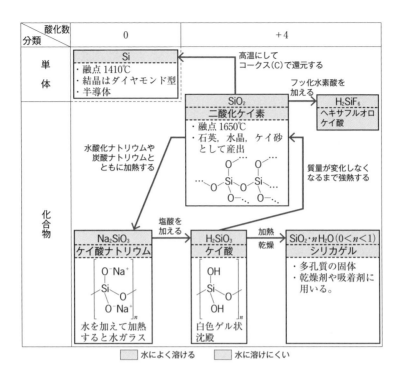

	酸化数	0	+4

（図中のテキスト）

単体
Si
・融点 1410℃
・結晶はダイヤモンド型
・半導体

高温にして
コークス(C)で還元する

化合物

SiO₂
二酸化ケイ素
・融点 1650℃
・石英，水晶，ケイ砂として産出

フッ化水素酸を加える

H_2SiF_6
ヘキサフルオロケイ酸

水酸化ナトリウムや炭酸ナトリウムとともに加熱する

質量が変化しなくなるまで強熱する

Na_2SiO_3
ケイ酸ナトリウム

塩酸を加える

H_2SiO_3
ケイ酸

加熱
乾燥

$SiO_2 \cdot nH_2O \, (0 < n < 1)$
シリカゲル
・多孔質の固体
・乾燥剤や吸着剤に用いる。

水を加えて加熱すると水ガラス

白色ゲル状沈殿

■ 水によく溶ける　■ 水に溶けにくい

問題では問われていませんが，セラミックスについてもまとめておきます。

〈セラミックス〉

ガラス，陶磁器，セメントのように，**ケイ酸塩を原料として高温で焼き固めた無機物質**をセラミックスといいます。
（石灰石，粘土，セッコウからつくられる）

(1) ガラス

ガラスの主原料はケイ砂（SiO_2）で，構成粒子の配列が不規則な状態の固体で，代表的なアモルファス（非晶質）です。次のようなものがあります。

	ソーダ石灰ガラス	ホウケイ酸ガラス	鉛ガラス	石英ガラス
原料	SiO_2 Na_2CO_3 $CaCO_3$	SiO_2 $Na_2B_4O_7 \cdot 10H_2O$ （ホウ砂）	SiO_2 Na_2CO_3 PbO	SiO_2
用途	窓ガラス，瓶	ビーカー，フラスコ	光学レンズ	光ファイバー

(2) ファインセラミックス

　純度の高い原料を用い，精密な条件で焼成したセラミックスをファインセ
ラミックス（ニューセラミックス）といい，電子材料，耐熱材料，人工骨など
に用いられています。

アルミナ Al_2O_3，
炭化ケイ素 SiC，窒化ケイ素 Si_3N_4 などがある

Point 85

- 炭素とケイ素の単体の性質
- 二酸化ケイ素 → 水ガラス → シリカゲル の合成経路と，
　　　　　　　　　　　　　それぞれの性質（➡ 解 説）

を記憶しておくこと。

解 説

問1～5　炭素とケイ素は周期表14族の元素で，最外殻の電子数は4なので，ともに
　　　　　　　問1, ア
価電子を4個もっています。
　　　問1, イ

元素	K殻	L殻	M殻
$_6$C	2	4	
$_{14}$Si	2	8	4

　ダイヤモンド，黒鉛（グラファイト），フラーレン（C_{60}，C_{70} など）は，すべて炭素の
単体ですが，構造や性質が異なっていて，互いに同素体です。
　　　　　　　　　　　　　　　　　　　　　　　　　　　　　問1, ウ

	ダイヤモンド	黒鉛	フラーレン
色	無色透明	黒色不透明	黒色不透明
電気伝導性	なし	あり	なし
		問2(6)	問2(2)

　二酸化炭素を石灰水に通すと，炭酸カルシウムが生じて白濁します。

$$CO_2 + Ca(OH)_2 \longrightarrow CaCO_3\downarrow + H_2O$$

　さらに二酸化炭素を通すと，次の①の可逆反応が右に進んで，白濁が消失して，溶
液は無色透明になります。

$$CO_3^{2-} + CO_2 + H_2O \rightleftharpoons 2HCO_3^-$$
$$\underline{+)\ CaCO_3 \rightleftharpoons Ca^{2+} + CO_3^{2-}}$$
$$CaCO_3 + CO_2 + H_2O \rightleftharpoons Ca(HCO_3)_2 \quad \cdots① \text{ 問3}$$
水に難溶　　　　　　　　　　　水によく溶ける

　加熱すると，CO_2 が溶液中から逃げるため，①の平衡が左へ進み，再び $CaCO_3$ が
析出するので，白濁します。

$$Ca(HCO_3)_2 \xrightarrow[\text{問4}]{\text{加熱}} CaCO_3\downarrow + CO_2\uparrow + H_2O \quad \cdots②$$

228

ケイ素の単体は，ダイヤモンド型の構造をもつ<u>灰黒色の結晶</u>を形成します。<u>電気伝導性は半導体の性質</u>を示し，コンピューターの部品や太陽電池などの材料に使われています。
_{問2(4)}

　二酸化ケイ素 SiO_2 は，Si と O が交互に共有結合した立体網目構造をもつ水に溶けにくい安定な化合物です。酸性酸化物であり，水酸化ナトリウムや炭酸ナトリウムの固体とともに加熱すると，Si-O-Si 結合が切れて，ケイ酸ナトリウム Na_2SiO_3 が生じます。

$$\begin{cases} SiO_2 + 2NaOH \xrightarrow{加熱} Na_2SiO_3 + H_2O \quad \cdots③ \text{ 問5} \\ SiO_2 + Na_2CO_3 \xrightarrow{加熱} Na_2SiO_3 + CO_2 \end{cases}$$

Na_2SiO_3 に水を加えて加熱すると，水あめ状の粘性が大きな液体が得られます。これを<u>水ガラス</u>とよんでいます。
_{問1，エ}

　水ガラスに塩酸を加えると，弱酸遊離反応が起こり，白色ゲル状のケイ酸 H_2SiO_3 が沈殿します。

$$\underset{\text{弱酸の塩}}{Na_2SiO_3} + \underset{\text{強酸}}{2HCl} \longrightarrow \underset{\text{弱酸}}{H_2SiO_3\downarrow} + 2NaCl$$

　このケイ酸の沈殿を適度に加熱して，乾燥すると，シリカゲルが得られます。

$$\begin{array}{c} OH\quad OH \\ | \quad\;\; | \\ -Si-O-Si-O- \\ | \quad\;\; | \\ OH\quad OH \\ \text{ケイ酸} \end{array} \xrightarrow{加熱} \begin{array}{c} \vdots \quad\;\; \vdots \\ \cdots Si-O-Si \cdots \\ | \quad\;\; | \\ O \quad\;\; OH \\ | \\ \cdots Si-O- \\ | \\ O \\ | \\ \text{シリカゲル} \end{array}$$

$SiO_2 \cdot nH_2O$
$(0 < n < 1)$
と表します

問6　シリカゲルは，<u>多孔質の固体</u>で，単位質量あたりの表面積が非常に大きく，<u>親水性の -OH が多数存在している</u>ため，H_2O 分子を強く吸着するので，乾燥剤に利用されています。
_{小さな空間が多数}

問1　ア：14　　イ：4　　ウ：同素体　　エ：水ガラス

問2　黒鉛：(6)　　フラーレン：(2)　　単体のケイ素：(4)

問3　$CaCO_3 + CO_2 + H_2O \longrightarrow Ca(HCO_3)_2$

問4　加熱する。

問5　$SiO_2 + 2NaOH \longrightarrow Na_2SiO_3 + H_2O$

問6　用途：乾燥剤
　　　理由：シリカゲルは多孔質の固体で表面積が大きく，親水性のヒドロキシ基が多数存在するため，水分子を吸着する力が強いから。(56字)

リンは，リン鉱石（主成分 $Ca_3(PO_4)_2$）にケイ砂（主成分 SiO_2）とコークス（主成分 C）を混ぜたものを高温で反応させてつくられる。このときに発生したリンの蒸気を，水中で固化させると，　A　が得られる。この反応は式①のように表される。

$$Ca_3(PO_4)_2 + \boxed{\text{ア}}\ SiO_2 + \boxed{\text{イ}}\ C$$
$$\longrightarrow \boxed{\text{ウ}}\ CaSiO_3 + \boxed{\text{エ}}\ \boxed{\text{B}} + \boxed{\text{オ}}\ CO \quad \cdots①$$

　A　は分子式　B　で表され，　C　中で自然発火する。一方，(i)　C　を遮断して $250\,℃$ で　A　を加熱すると　D　になる。　D　を酸素中で燃焼させると，　E　になる。　E　を水に加えて加熱すると，　F　の結晶になる。

問1　　A　～　F　に適当な化学式，語句を，次の@～⑩からそれぞれ1つ選べ。該当する選択肢がない場合は，②とせよ。

@ $Ca(H_2PO_4)_2$　　⑥ P　　© P_4　　⑥ 黄リン　　⑥ 空気
① 十酸化四リン　　⑧ 真空　　⑥ 赤リン　　① 窒素　　① 二リン酸
⑥ リン酸　　① リン酸エステル　　⑩ リン酸カルシウム

問2　　ア　～　オ　に適当な数を，次の@～⑩からそれぞれ1つ選べ。同じ選択肢を何度使用してもよい。該当する選択肢がない場合は，②とせよ。

@ $\dfrac{1}{4}$　　⑥ $\dfrac{1}{3}$　　© $\dfrac{1}{2}$　　⑥ 1　　⑥ 2　　① 3　　⑧ 4
⑥ 5　　① 6　　① 7　　⑥ 8　　① 9　　⑩ 10

問3　下線部(i)について，　D　の性質として誤りを含むものを，次の@～⑥から1つ選べ。該当する選択肢がない場合は，②とせよ。

@　A　と比べて融点が高い。　　⑥　A　と比べて密度が高い。
©　A　と比べて発火点が低い。　　⑥　A　と比べて毒性が低い。
⑥　A　と　D　は互いに同素体である。

問4　リン鉱石と硫酸 H_2SO_4 を反応させると，リン酸二水素カルシウム $Ca(H_2PO_4)_2$ とセッコウ $CaSO_4$ との混合物である過リン酸石灰が得られる。リン鉱石中のリン酸カルシウム $Ca_3(PO_4)_2$ の質量比が $93\,\%$ のとき，$1000\,kg$ のリン鉱石と反応させるのに必要な硫酸の量は何 kg か。有効数字2桁で求めよ。ただし，硫酸の質量パーセント濃度は $98\,\%$ とし，リン鉱石中の不純物は硫酸と反応しないものとする。原子量は $H=1.00$，$O=16.0$，$P=31.0$，$S=32.0$，$Ca=40.0$ とせよ。

（上智大）

<u>リン</u>

リンは周期表の 15 族に属する元素で，5 個の価電子
をもっています。

$\ddot{\cdot}\overset{\displaystyle\cdot\cdot}{P}\cdot$

　自然界では，リン灰石（主成分 $Ca_3(PO_4)_2$）などの鉱物，<u>DNA や RNA</u>，
　　　　　　　かいせき　　　　　　　　　　　　　　　　　　　　　　　　　　　　核酸
ATP などの生体物質がリンを含んでいます。
アデノシン三リン酸
　リンを含む代表的な無機物質をまとめておきましょう。

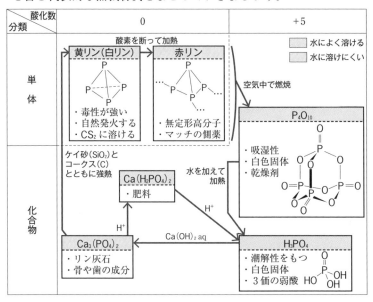

Point 86
●黄リン（白リン）と赤リンの性質の違い
●十酸化四リン P_4O_{10}，リン酸 H_3PO_4 の性質
を中心に知識を頭に入れておこう。

解　説　　問1，2　リンにはいくつかの同素体が存在します。P 原子が正四面
体の頂点に位置する 4 原子分子 P_4 の分子結晶である黄リンと，P の無定形高分子で
ある赤リンが有名です。黄リンは毒性が強く，自然発火するため水中に保存します。
　黄リンは，純粋なものは白色なので白リンともよばれます。二硫化炭素 CS_2 のよ
うな無極性溶媒によく溶けます。<u>黄リン</u> $\underset{B}{P_4}$ を<u>空気</u>を遮断して $250℃$ で加熱す
　　　　　　　　　　　　　　　A　　　　　　　　C
ると，P 原子が共有結合で次々と結びついて無定形高分子の<u>赤リン</u>に変化します。
　　　　　　　　　　　　　　　　　　　　　　　　　　　　　　　　D
　空気中でリンを燃焼すると十酸化四リンが生じます。

$$P_4 + 5O_2 \longrightarrow P_4O_{10} \qquad 4P + 5O_2 \overset{加熱}{\longrightarrow} P_4O_{10}$$
　黄リン　　　　　　　　　　　　赤リン

黄リンは，リン酸カルシウム $Ca_3(PO_4)_2$ を主成分とする鉱石に，ケイ砂 SiO_2 とコークス C を混ぜて電気炉を用いて高温で反応させてつくられます。

$$2\,Ca_3(PO_4)_2 + 6\,SiO_2 \longrightarrow 6\,CaSiO_3 + P_4O_{10}\quad\leftarrow P_4O_{10}\text{が揮発する}$$
$$P_4O_{10} + 10\,C \longrightarrow 4P + 10\,CO\quad\leftarrow\text{コークスで}P_4O_{10}\text{が還元される}$$
$$4P \longrightarrow P_4\quad\leftarrow\text{リンの蒸気を冷水中に導く}$$

全体の反応式は，

$$2\,Ca_3(PO_4)_2 + 6\,SiO_2 + 10\,C \longrightarrow 6\,CaSiO_3 + P_4 + 10\,CO$$

と表されます（設問の①の反応式は，$Ca_3(PO_4)_2$ の係数が 1 なので，上の反応式を 2 で割る）。

十酸化四リン$_E$は吸湿性の強い白色物質で乾燥剤に用いられています。酸性酸化物で，水を加えて加熱すると，リン酸$_F$が生じます。

$$P_4O_{10} + 6\,H_2O \xrightarrow{\text{加熱}} 4\,H_3PO_4$$

リン酸は弱酸の中でも電離度が比較的大きく，中程度の強さを示す 3 価のオキソ酸で，燃料電池の電解質に使われています。

$$H_3PO_4 \rightleftharpoons H^+ + H_2PO_4^-\quad(\text{第一電離})$$
$$H_2PO_4^- \rightleftharpoons H^+ + HPO_4^{2-}\quad(\text{第二電離})$$
$$HPO_4^{2-} \rightleftharpoons H^+ + PO_4^{3-}\quad(\text{第三電離})$$

問3 無定形高分子である赤リンは比較的安定な物質で，黄リンと異なり自然発火しません。よって©が誤り。

問4 窒素 N，リン P，カリウム K は，植物の成長に大量に必要な元素ですが，不足しがちなために肥料で補います。リン肥料は，果実の糖度の増加や根の発育促進の目的で土壌などに加える肥料で，過リン酸石灰や重過リン酸石灰などがあり，リン酸カルシウムを原料に酸処理をしてつくられています。

$$Ca_3(PO_4)_2 + 2\,H_2SO_4 \longrightarrow \underbrace{Ca(H_2PO_4)_2 + 2\,CaSO_4}_{\text{過リン酸石灰}}\quad\cdots(1)$$

$$Ca_3(PO_4)_2 + 4\,H_3PO_4 \longrightarrow \underbrace{3\,Ca(H_2PO_4)_2}_{\text{重過リン酸石灰}}$$

求める 98 % 硫酸の質量を x [kg] とします。モル質量は，$Ca_3(PO_4)_2 = 310$ g/mol，$H_2SO_4 = 98$ g/mol なので，(1)の反応式の係数より次式が成り立ちます。

$$\underbrace{\frac{\overset{\text{g (リン鉱石)}}{1000 \times 10^3} \times \overset{\text{g }(Ca_3(PO_4)_2)}{\frac{93}{100}}}{310\ \text{g/mol}}}_{\text{mol }(Ca_3(PO_4)_2)} \times \underbrace{\frac{2\ \text{mol }(H_2SO_4)}{1\ \text{mol }(Ca_3(PO_4)_2)}}_{\text{mol }(H_2SO_4)} = \frac{\overset{\text{g (硫酸)}}{x \times 10^3} \times \overset{\text{g }(H_2SO_4)}{\frac{98}{100}}}{98\ \text{g/mol}}$$

よって，$x = 6.0 \times 10^2$ kg

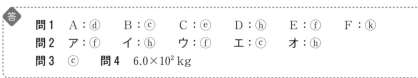

答

問1　A：ⓓ　　B：ⓒ　　C：ⓔ　　D：ⓗ　　E：ⓕ　　F：ⓚ

問2　ア：ⓕ　　イ：ⓗ　　ウ：ⓕ　　エ：ⓒ　　オ：ⓗ

問3　ⓒ　　問4　6.0×10^2 kg

実戦 基礎問

30 ハロゲン 〈化学〉

塩素, ア , イ , ウ , アスタチンはハロゲンとよばれている。

ア の単体は,室温において赤褐色の エ で水に少しだけ溶ける。

ア のカリウム塩の水溶液に塩素を加えると ア の単体が遊離するが,これは ア よりも塩素の方が オ が強いためである。 イ は,刺激臭のある毒性の強い気体で,水と激しく反応して酸素を発生する。また,その反応液はガラスの主成分である二酸化ケイ素と反応するので,つや消しガラスの製造などに利用されている。 ウ の単体は,昇華性のある黒紫色の結晶で,水に溶けにくいが, ウ のカリウム塩の水溶液にはよく溶ける。

塩素の単体は刺激臭のある黄緑色の有毒気体で,空気より重い。塩素はほとんどの元素と結びついて カ をつくる。塩素は,さらし粉(主成分:CaCl(ClO)·H₂O)に希塩酸を加えるか,または,酸化マンガン(Ⅳ)に濃塩酸を加えて加熱すると発生する。

問1 ア ～ ウ にあてはまる元素名を記せ。

問2 エ ～ カ に入れる語句として最も適当なものを次から選べ。

ただし,同じものを繰り返し選んでもよい。

気体　　固体　　液体　　酸化力　　還元力　　水素化合物

塩化物　　水和物

(群馬大)

精 講 ハロゲンの単体

17族の単体はすべて X_2 のような二原子分子です。一般に酸化剤として作用し1価の陰イオンとなります。ハロゲンの単体の**酸化力の強さ**は $F_2 > Cl_2 > Br_2 > I_2$ の順です。

次表におもなハロゲンの単体の性質と反応をまとめておきます。

	F_2	Cl_2	Br_2	I_2
状態(注1)	淡黄色の気体	黄緑色の気体	赤褐色の液体	黒紫色の固体
酸化力	大 ←			小
水との反応(注2)	$2F_2 + 2H_2O \longrightarrow 4HF + O_2$	$X_2 + H_2O \rightleftharpoons HX + HXO$		水には溶けにくい
H_2との反応	$H_2 + F_2 \longrightarrow 2HF$ 暗所でも爆発的	$H_2 + Cl_2 \longrightarrow 2HCl$ 光照射で爆発的	$H_2 + Br_2 \longrightarrow 2HBr$ 高温で反応	$H_2 + I_2 \rightleftharpoons 2HI$ 高温でも平衡状態

第2章 無機化学

13. 工業的製法・無機物質　**233**

（注1） 分子量が大きいほどファンデルワールス力が強くなり，$F_2 < Cl_2 < Br_2 < I_2$ の順に沸点や融点が高くなります。なお，I_2 の固体は常温で昇華性があります。

（注2） (1) F_2 は H_2O を酸化し，O_2 を発生させます。

$$酸化剤：F_2 + 2e^- \longrightarrow 2F^- \qquad \cdots ①$$
$$還元剤：2H_2O \longrightarrow 4H^+ + O_2 + 4e^- \quad \cdots ②$$

①式×2＋②式によって e^- を消去すると，

$$2F_2 + 2H_2O \longrightarrow 4HF + O_2$$

となります。

(2) Cl_2 は自己酸化還元反応によって，水中では次の平衡を形成します。

$$\underset{(0)}{Cl_2} + H_2O \rightleftarrows \underset{(-1)}{HCl} + \underset{(+1)}{HClO} \quad \leftarrow 次亜塩素酸は HOCl と表記することもある$$

HClO は次亜塩素酸といい，酸化力が強いため，塩素水は漂白・殺菌に使われます。

(3) Br_2 は Cl_2 と同じように自己酸化還元反応を水中で形成しますが，Cl_2 ほど右に進んでいません。

$$Br_2 + H_2O \rightleftarrows HBr + HBrO$$

(4) I_2 は Cl_2 や Br_2 のような自己酸化還元反応が進まず，水には溶けにくい固体です。ただし，**ヨウ化カリウム KI 水溶液中では次の平衡を形成して，溶解度が大きくなります。**

$$I_2（黒紫色） + I^-（無色） \rightleftarrows I_3^-（褐色）$$

一般に私たちがヨウ素溶液とよんでいるのは，ヨウ素ヨウ化カリウム水溶液のことです。三ヨウ化物イオン I_3^- のために褐色を示します。

（ ハロゲン化合物 ）

	ハロゲン化水素	カルシウム塩	銀塩
F	HF (弱酸)(注3)	CaF₂↓	AgF
Cl	HCl ┐	CaCl₂	AgCl↓ (白色)
Br	HBr ├強酸	CaBr₂	AgBr↓ (淡黄色)
I	HI ┘	CaI₂	AgI↓ (黄色)

←フッ素 F の化合物は他の3つと異なる

◯は水に溶ける

（注3） HF はガラスや石英の主成分である SiO_2 と反応し，これらを溶かします。

［フッ化水素（気体）と反応するとき］

$$SiO_2 + 4HF \longrightarrow \underset{四フッ化ケイ素}{SiF_4} + 2H_2O$$

［フッ化水素酸（HF の水溶液）と反応するとき］

$$SiO_2 + 6HF \longrightarrow \underset{ヘキサフルオロケイ酸}{H_2SiF_6} + 2H_2O$$

このため，**HF の水溶液はポリエチレン製のびんに保存します。**
　　　　　　フッ化水素酸

Point 87　ハロゲン

❶ 単体の反応性は，$F_2 > Cl_2 > Br_2 > I_2$

❷ フッ化物が，塩化物・臭化物・ヨウ化物と異なる性質を示す3つの化合物に注意しよう。

問1，2　**ア，エ，オ**：赤褐色の単体であることから臭素_ア Br_2 であり，常温・常圧では液体_エです。KBr に塩素 Cl_2 を加えると，Cl_2 の方が Br_2 より酸化力_オが強く陰イオンになりやすいので，

$$Cl_2 + 2e^- \longrightarrow 2Cl^- \quad \cdots ① \quad ← Cl_2 \text{ が } e^- \text{ を奪って } Cl^- \text{ へと変化する}$$
$$2Br^- \longrightarrow Br_2 + 2e^- \quad \cdots ② \quad ← Br^- \text{ は } e^- \text{ を奪われて } Br_2 \text{ へと変化する}$$

①式＋②式より，

$$2Br^- + Cl_2 \longrightarrow Br_2 + 2Cl^-$$

イ：水と激しく反応する気体であることからフッ素 F_2 であり，水との反応では H_2O の酸化数 -2 の酸素原子を酸化して，O_2 を発生させます。

$$2F_2 + 2H_2O \longrightarrow O_2 + 4HF \quad ← \begin{cases} F_2 + 2e^- \longrightarrow 2F^- \\ 2H_2O \longrightarrow O_2 + 4H^+ + 4e^- \end{cases}$$
$$\text{から } e^- \text{ を消去すればよい}$$

　　この反応により生じる HF の水溶液（フッ化水素酸）は，ガラスの主成分である二酸化ケイ素 SiO_2 と反応します（➡p.234）。

ウ：黒紫色の結晶（固体）であることからヨウ素 I_2 であり，水には溶けにくいですが，KI 水溶液にはよく溶けます。

$$I_2 + I^- \rightleftharpoons I_3^-$$

の可逆反応が右へ進むことが，KI 水溶液に溶ける理由です。

　　塩素 Cl_2 はさらし粉 $CaCl(ClO)\cdot H_2O$ に希塩酸 HCl を加えて発生させることができます。次のように考えるとよいでしょう。

$$CaCl(ClO)\cdot H_2O \xrightarrow{\text{水}} Ca^{2+} + Cl^- + ClO^- + H_2O \quad \cdots ③$$
$$Cl^- + ClO^- + 2H^+ \longrightarrow Cl_2 + H_2O \quad \cdots ④ \quad ← Cl_2 + H_2O$$
$$\rightleftharpoons HCl + HClO$$
$$\text{の逆反応だね}$$

③式＋④式をしてから，両辺に $2Cl^-$ を加えて整理すると，

$$CaCl(ClO)\cdot H_2O + 2HCl \longrightarrow Cl_2 + 2H_2O + CaCl_2$$

となり，完成です。

　　この反応は，塩素 Cl_2 の発生方法として p.217 で学んだ方法とともに有名な反応です。

補足　さらし粉から $CaCl_2$ を除いた高度さらし粉 $Ca(ClO)_2\cdot 2H_2O$ に希塩酸を加えたときは，
$$Ca(ClO)_2\cdot 2H_2O + 4HCl \longrightarrow 2Cl_2 + 4H_2O + CaCl_2$$

問1　**ア**：臭素　　**イ**：フッ素　　**ウ**：ヨウ素
問2　**エ**：液体　　**オ**：酸化力　　**カ**：塩化物

第2章　無機化学

2　ハロゲン化銀のうち，AgF は水に溶け，AgI はほとんど水に溶けないということに興味をもった生徒が図書館で資料を調べたところ，次のことがわかった。

　一般に，(1)イオン半径は，原子核の正電荷の大きさと電子の数に依存する。また，イオン半径が大きなイオンでは，原子核から遠い位置にも電子があるので，反対の電荷をもつイオンと結合するとき電荷の偏りが起こりやすい。このような電荷の偏りの起こりやすさでイオンを分類すると，表1のようになる。

	偏りが起こりにくい	中間	偏りが起こりやすい
陽イオン	Mg^{2+}, Al^{3+}, Ca^{2+}	Fe^{2+}, Cu^{2+}	Ag^+
陰イオン	OH^-, F^-, $SO_4{}^{2-}$, O^{2-}	Br^-	S^{2-}, I^-

表1　イオンにおける電荷の偏りの起こりやすさ

　イオンどうしの結合は，陽イオンと陰イオンの間に働く強い[　　　]に加えて，この電荷の偏りの効果によっても強くなる。経験則として，陽イオンと陰イオンは，電荷の偏りの起こりやすいイオンどうし，もしくは起こりにくいイオンどうしだと強く結合する傾向がある。そのため，水和などの影響が小さい場合，(2)化合物を構成するイオンの電荷の偏りの起こりやすさが同程度であるほど，その化合物は水に溶けにくくなる。例えば Ag^+ は電荷の偏りが起こりやすいので，電荷の偏りが起こりやすい I^- とは水に溶けにくい化合物 AgI をつくり，偏りの起こりにくい F^- とは水に溶けやすい化合物 AgF をつくる。

　このような電荷の偏りの起こりやすさにもとづく考え方で，化学におけるさまざまな現象を説明することができる。ただし，他の要因のために説明できない場合もあるので注意が必要である。

問1　下線部(1)に関連して，同じ電子配置であるイオンのうち，イオン半径の最も大きなものを，次の①〜④のうちから1つ選べ。

①　O^{2-}　　②　F^-　　③　Mg^{2+}　　④　Al^{3+}

問2　[　　　]に当てはまる語として最も適当なものを，次の①〜⑤のうちから1つ選べ。

①　ファンデルワールス力　　②　電子親和力　　③　水素結合
④　静電気力（クーロン力）　　⑤　金属結合

問3　溶解性に関する事実を述べた記述のうち，下線部(2)のような考え方では説明することができないものを，次の①〜④のうちから1つ選べ。

①　フッ化マグネシウムとフッ化カルシウムは，ともに水に溶けにくい。
②　Al^{3+} を含む酸性水溶液に硫化水素を通じた後に塩基性にしていくと，水酸化アルミニウムの沈殿が生成する。
③　ヨウ化銀と同様に硫化銀は水に溶けにくい。
④　硫酸銅（Ⅱ）と硫酸マグネシウムは，ともに水によく溶ける。（共通テスト試行調査）

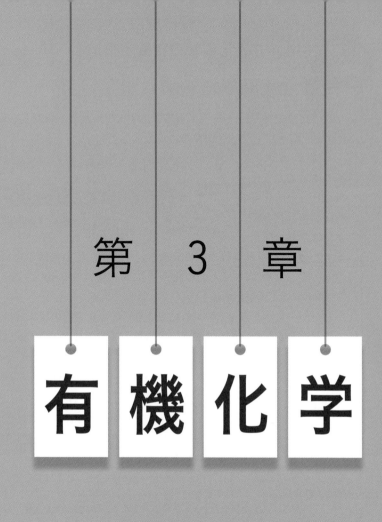

第 3 章

有機化学

49 有機化合物の元素分析 〈化学〉

次の文章を読み，☐に適当な化学式を入れよ。ただし，原子量は
H＝1.0，C＝12，O＝16 とする。

右図に示した装
置を使って元素分
析を行った。化合
物 A 14.6 mg を精
密にはかり，酸化

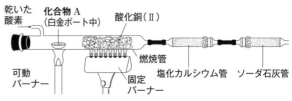

乾いた　化合物 A　　　　酸化銅（Ⅱ）
酸素　（白金ボート中）

　　　　　　　　　　　　　　　　燃焼管　塩化カルシウム管　ソーダ石灰管
可動　　　　　　　　　固定
バーナー　　　　　　　バーナー

銅（Ⅱ）をつめた燃焼管の中に入れる。その後，乾いた酸素を通しながら加
熱し，完全に燃焼させた。塩化カルシウム管は 9.0 mg，ソーダ石灰管は
26.39 mg だけ質量が増加した。

したがって，この元素分析の結果より，この化合物の組成式は☐ **a** ☐であ
ることがわかった。また，酸素原子の数が 4 であると，分子式は☐ **b** ☐で表
される。

（神戸薬科大）

精 講　（有機化合物の元素分析）

　　　　　　C，H，O からなる有機化合物 W〔mg〕を完全燃焼させ，「C
を CO_2」「H を H_2O」に変えてから，H_2O を塩化カルシウム $CaCl_2$ 管，CO_2 をソ
ーダ石灰 CaO ＋ NaOH 管に吸収させます。

> 塩化カルシウム（無水物）は中性の乾燥剤（➡p.216）で，H_2O を吸収します。ソーダ石
> 灰は塩基性物質なので，酸性酸化物の CO_2 と反応し，炭酸塩に変化します。また，試料の
> 有機化合物からは不完全燃焼物（CO）が発生するため，酸化銅（Ⅱ）CuO で酸化して CO_2
> に変えます。

増加した質量をそれぞれ W_{H_2O}〔mg〕，W_{CO_2}〔mg〕とすると，有機化合物 W
〔mg〕の中に含まれる炭素 C 原子の質量 W_C〔mg〕，および水素 H 原子の質量
W_H〔mg〕は与えられた原子量から次のように表せます。

$$\text{炭素原子の質量 } W_C\text{〔mg〕}= W_{CO_2} \times \frac{12}{44}$$

←CO_2 の分子量 44 のうち 12 が C

　　　　　　　　　　CO_2〔mg〕　C〔mg〕

$$\text{水素原子の質量 } W_H\text{〔mg〕}= W_{H_2O} \times \frac{2}{18}$$

←H_2O の分子量 18 のうち 2 が H

　　　　　　　　　　H_2O〔mg〕　H〔mg〕

また，W〔mg〕中のO原子の質量 W_O〔mg〕は，次のように表せます。

$$W_O = W - (W_C + W_H)$$

そこで，W_C〔mg〕，W_H〔mg〕，W_O〔mg〕を mg から g に変換し，それぞれの原子量で割ると，各原子の物質量〔mol〕の比がわかります（➡Point88）。原子数の比を最も簡単な整数比で表したものを組成式といいます。

Point 88　組成式の求め方

組成式 $C_nH_mO_l$ は次のように求める。
ただし，$C=12$，$H=1.0$，$O=16$ とする。

$$n : m : l = \frac{W_C \times 10^{-3}}{12} : \frac{W_H \times 10^{-3}}{1.0} : \frac{W_O \times 10^{-3}}{16} \quad \leftarrow \text{mol 比}$$

（mg から g に変換している）

$$\begin{cases} W_C〔mg〕= \boxed{W_{CO_2}} \times \dfrac{12}{44} & \leftarrow \text{ソーダ石灰管（塩基性物質）で吸収} \\[2mm] W_H〔mg〕= \boxed{W_{H_2O}} \times \dfrac{2}{18} & \leftarrow \text{塩化カルシウム管（中性の乾燥剤）で吸収} \\[2mm] W_O〔mg〕= W - (W_C + W_H) \end{cases}$$

化合物Aの中にあるCは完全燃焼することによって CO_2 となりソーダ石灰管で吸収（＋26.39 mg）され，Hは H_2O となり塩化カルシウム管で吸収（＋9.0 mg）されています。酸化銅（Ⅱ）CuO は完全燃焼を助けるための酸化剤であり，不完全燃焼物の CO などが出てきたときに CO_2 に変えています。

このとき，ソーダ石灰管と塩化カルシウム管を逆につないではいけません。ソーダ石灰は塩基性の乾燥剤でしたね。アンモニアの乾燥に使ったことを思い出してください（➡p.216）。先にソーダ石灰管をつなぐと酸性酸化物の CO_2 だけでなく，水蒸気 H_2O も吸収してしまい，CO_2 と H_2O の質量を別々に測定できなくなってしまいます。

$$\underset{\text{物質量〔mol〕比}}{C : H : O} = \frac{26.39 \times \dfrac{12}{44} \times 10^{-3}}{12} : \frac{9.0 \times \dfrac{2}{18} \times 10^{-3}}{1.0} : \frac{\left(14.6 - 26.39 \times \dfrac{12}{44} - 9.0 \times \dfrac{2}{18}\right) \times 10^{-3}}{16}$$

$$= 0.599 : 1 : 0.400 \fallingdotseq 3 : 5 : 2$$

組成式は $\underset{a}{C_3H_5O_2}$ となります。

1分子あたりの化学式である分子式では，O原子を4つ含むとあるので，分子式は

$$(C_3H_5O_2)_2 = \underset{b}{C_6H_{10}O_4}$$

です。

答　**a**：$C_3H_5O_2$　　**b**：$C_6H_{10}O_4$

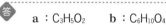

次の文中の　□　に適当な数字を入れよ。

分子式が C_4H_8，$C_4H_{10}O$ で表される化合物には構造異性体がそれぞれ

　A　種，　B　種，存在する。　　　　　　　　　　　　　　（立命館大）

精　講　　（異性体）

分子式は同じで性質が異なるものどうしを異性体（いせいたい）といいます。

異性体のうち「炭素骨格」，「官能基の種類」，「官能基の結合している場所」が異なるものを構造異性体といいます。原子のつながる順序が違うために生じ，分子式 C_2H_6O で表される化合物には，次の「官能基の種類」が異なる構造異性体が存在します。

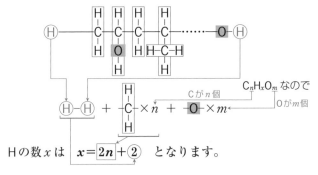

ジメチルエーテル　　構造異性体の関係　　エタノール

←–C–O–C– はエーテル結合，
–O–H はヒドロキシ基という

（構造異性体の数え方）

Step 1　Hの数を Check しよう

環構造をもたず，すべて単結合でできた鎖状飽和の分子の場合，分子式 $C_nH_xO_m$ ならHの数は，$x = 2n + 2$ となります。Cは4価 $\left(-\overset{|}{\underset{|}{C}}-\right)$，Hは1価（H–），Oは2価（–O–）なので，次のように $(H)–(H)$，$(CH_2)_n$，$(O)_m$ に分けて考えると，

Hの数 x は　$\boxed{x = 2n + 2}$　となります。

次に，二重結合や環構造をもつとHの数がどう変化するかを考えてみましょう。二重結合または環構造が1つ生じるとHが2つ減ることがわかりますか？次のページの図を見てください。

①でHを2つ除いてCの線をつなぐと，H–C=C–…　となります。

②でHを2つ除いてCの線をつなぐと，　となります。

③でHを2つ除いてCとOの線をつなぐと，…–C–C=O　となります。

　つまり，$C_nH_xO_m$ の場合，Hの数が $x=2n+2$ なら鎖状で飽和，x が $2n+2$ より2つ少なくなるごとに，それに応じて二重結合か環構造が1つ増加します。

Step 2　**C骨格で分類しよう**

C_1〜C_5 の鎖状の骨格パターンを覚えましょう。

C_1	C_2	C_3	C_4	C_5	
C	C–C	C–C–C	C–C–C–C	C–C–C–C–C	←直鎖状の (まっすぐな) C骨格
C_1〜C_3 の骨格は1種			C C–C–C	C C–C–C–C	←枝分かれをもつC骨格
				C C–C–C C	

Step 3　**官能基で分類し，その位置を確定しよう。**

　分子式 C_3H_8O の構造異性体を考えてみましょう。

　Hの数は $2\times3+2=8$ であり，鎖状で飽和（Step 1）。←$x=2n+2$ になっている

　C_3 の鎖状の骨格は C–C–C のみ（Step 2）。←C_3 の骨格は1種

　次に –O– を押しこむ位置によって，アルコール C–O–H，エーテル C–O–C の違いが生じるので，C–H の間か，C–C の間かを場合分けして数えます。

←の間にO原子を押しこむ　⇒　どこに入れても同じ　CH_3–CH_2–CH_2
　　　　　　　　　　　　　　　　　　　　　OH

⇦の間にO原子を押しこむ　⇒　どこに入れても　CH₃–CH–CH₃
　　　　　　　　　　　　　　　　　　　　　　　　　 |
　　　　　　　　　　　　　　　　　　　　　　　　 OH

▼の間にO原子を押しこむ　⇒　どこに入れても　CH₃–O–CH₂–CH₃

となります。このようにC骨格内の対称性に注意して数えましょう。

Point 89　$C_nH_xO_m$ では

Hの数が $x=2n+2$ だと，鎖状の炭素骨格ですべて単結合！
ここからHが2つ減ると，二重結合や環構造が1つ増える。

解　説

◀C₄H₈▶　Hの数は $2×4+2=10$ より2つ少ないので，二重結合 か 環構造を1つもちます。

(1) 鎖状の骨格にC=Cを1つもつ場合は，C=C結合の入る場所は次の①〜③です。

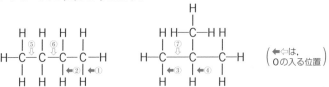

① CH₂=CH–CH₂–CH₃　　② CH₃–CH=CH–CH₃　　③ CH₂=C–CH₃
　　　　　　　　　　　　　　　　　　　　　　　　　　　　　　　 |
　　　　　　　　　　　　　　　　　　　　　　　　　　　　　　 CH₃

2-ブテンという

(2) 環構造は四員環(四角形) か 三員環(三角形)+枝1つ，つまり次の④，⑤です。

④
C—C
|　|
C—C

⑤
　C
 ╱＼
C—C

⇒

④
CH₂–CH₂
|　　|
CH₂–CH₂

⑤
　CH₃
　|
　CH
 ╱＼
CH₂–CH₂

よって，構造異性体は①〜⑤の5種です。

(②の2-ブテンに存在する立体異性体については，必修基礎問 51 で学習します。)

◀C₄H₁₀O▶　Hの数は $2×4+2=10$ と同じなので鎖状飽和です。まず C_4H_{10} の構造式をかいてからOの入る位置を考えます。

(⇦は，Oの入る位置)

①〜④がヒドロキシ基–OHをもつアルコール，⑤〜⑦がエーテル結合 –C–O–C– をもつエーテルです。よって，構造異性体は7種となります。

(②のアルコールに存在する立体異性体については，p.250を参照してください。)

答　A：5　B：7

51 異性体(2)

化学

問1 次の分子①～⑤から，シス-トランス異性体が存在するものを1つ選べ。

① CH_3-CH_2-COOH ② $CH_3-CH(OH)-COOH$

③ $CH_2=CH-COOH$ ④ $HOOC-(CH_2)_4-COOH$

⑤ $HOOC-CH=CH-COOH$

問2 互いに鏡像の関係にある一対の鏡像異性体に関する次の記述a～dについて，正誤の組み合わせとして正しいものを，右の①～⑧から1つ選べ。

a 偏光(平面偏光)に対する性質が異なる。

b 融点・沸点が異なる。

c 立体構造が異なる。

d 分子式が異なる。

(センター試験)

	a	b	c	d
①	正	正	正	正
②	正	正	誤	正
③	正	誤	正	誤
④	正	誤	誤	誤
⑤	誤	正	正	正
⑥	誤	正	誤	誤
⑦	誤	誤	正	正
⑧	誤	誤	誤	正

精 講　

　　　　分子をつくっている原子のつながり方は同じなのに互いに重ね合わせることができない(立体構造が異なる)ものを立体異性体といいます。代表例としてシス-トランス異性体(幾何異性体)と鏡像異性体(光学異性体)があります。

❶　シス-トランス異性体(幾何異性体)

　　炭素-炭素二重結合(C=C)は単結合のように自由に回転できないために異性体が生じます。**置換基が同じ側にあるものをシス形，逆側にあるものをトランス形**といいます。例えば，p.242の C_4H_8 の②で考えた2-ブテン $CH_3-CH=CH-CH_3$ には次のようなシス-トランス異性体が存在します。

❷　鏡像異性体(光学異性体)

　　4つの異なる原子や原子団が結合している不斉炭素原子をもつものは，「鏡にうつす実物」と「鏡にうつった像」の関係にあり，互いに重なり合わない立体異性体が存在します。化学的な性質や沸点，融点などはほぼ同じですが，**平面偏光に対する性質が異なる**ので光学異性体ともよびます。例えば，乳酸

第3章　有機化学

14. 有機化合物の特徴と構造　**243**

CH₃-C*-COOH には，次の2種類の鏡像異性体が存在します。(C* は不斉炭
素原子)

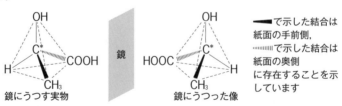

鏡にうつす実物　　　　　　　鏡にうつった像

━━ で示した結合は
紙面の手前側，
┈┈┈┈ で示した結合は
紙面の奥側
に存在することを示
しています

立体異性体

シス-トランス異性体（幾何異性体）や鏡像異性体（光学異性体）
がある。

解説

問1　シス形やトランス形は C=C のまわりに生じるので，C=C をもたない①，②，④
はダメ。

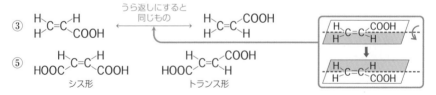

③からわかるように，$\overset{X}{\underset{X}{}}C=C\overset{}{\underset{}{}}$ の構造にはシス-トランス異性体が生じません。

問2　互いに鏡像異性体の関係にあるものは，沸点，融点，密度，化学的性質などはほ
とんど同じです。ただし，<u>平面偏光（一定方向に振動面をもつ光）の振動面を回転さ
せる性質である旋光性が異なります。</u>

a　正しい。一方が平面偏光を右へ回転させる（右旋性）と，もう一方は左へ回転さ
せます（左旋性）。
b　誤り。融点・沸点は同じです。
c　正しい。「鏡にうつす実物」と「鏡にうつった像」の関係にあります。
d　誤り。異性体は同じ分子式です。

答　**問1**　⑤　　**問2**　③

15. 脂肪族化合物の性質と反応

52 炭化水素

次の①〜⑦の記述で，正しいものには○，誤っているものには×をつけよ。

① エタンは，炭素原子間の結合距離がアセチレンやエチレン（エテン）より長い。

② エタンは，触媒を用いてエチレンに水素を反応させると得られる。

③ エチレンに塩素が付加すると，1, 2-ジクロロエタンになる。

④ メタンに光照射下で塩素を反応させると置換反応が起こる。

⑤ CH_2 の組成式（実験式）をもつ化合物は，すべて二重結合をもつ。

⑥ アセチレンは，触媒を用いて酢酸と反応させると，酢酸ビニルになる。

⑦ アセチレンは，触媒を用いて水を付加させると，アセトアルデヒドになる。

精 講 アルカンの反応

すべて単結合（C–C 結合，C–H 結合のみ）

鎖式飽和の炭化水素はアルカン C_nH_{2n+2} とよびます。C–C 結

環をもたない　CとHだけからなる

合，C–H 結合のみからなり比較的安定な化合物です。ただし，O_2 による燃焼反応や光照射での Cl_2 による置換のような反応は起こります。

CO_2 や H_2O へ変化する

❶ 燃焼反応

$$H-\overset{\displaystyle H}{\underset{\displaystyle H}{C}}-\overset{\displaystyle H}{\underset{\displaystyle H}{C}}-H + \frac{7}{2}O_2 \xrightarrow{\text{加熱}} 2CO_2 + 3H_2O$$

エタン

完全燃焼では，
C → CO_2, H → H_2O
と変化する

❷ Cl_2 による置換反応

HとClが置き換わる

$$H-\overset{\displaystyle H}{\underset{\displaystyle H}{C}}-H + Cl_2 \xrightarrow{\text{光照射}} H-\overset{\displaystyle H}{\underset{\displaystyle H}{C}}-Cl + HCl$$

メタン　　　　　　クロロメタン（塩化メチル）

アルケンの反応

C=C 結合を 1 つもつ鎖式不飽和炭化水素はアルケン C_nH_{2n} とよびます。C=C 結合に対し，酸 (HX) や H_2O，ハロゲン (Br_2 など)，水素 H_2 が付加します。ただし，H–OH や H–H を付加させるときは触媒が必要です。

❶ 酸 HX の付加反応

C=C 結合のうち 1 本の結合は反応しやすいので，
反応しやすい 1 本の結合を切ってくっつける（付加する）

❷ 臭素 Br₂ の付加反応

$$\begin{array}{c} \diagdown \\ C = C \\ \diagup \end{array} \quad \longrightarrow \quad \begin{array}{c} | \; | \\ -C-C- \\ | \; | \end{array}$$

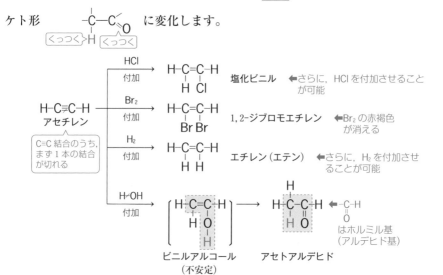

赤褐色 Br–Br   Br Br （無色）   ←このとき Br₂ の赤褐色が消える

この反応は **C=C 結合の検出反応** に利用します。

❸ 水素 H₂ の付加反応

$$\begin{array}{c} \diagdown \\ C = C \\ \diagup \end{array} \xrightarrow{\text{Ni や Pt のような触媒}} \begin{array}{c} | \; | \\ -C-C- \\ | \; | \end{array}$$

H–H   H H

┌─────────────┐
│ **アルキンの反応** │
└─────────────┘

C≡C 結合を 1 つもつ鎖式不飽和炭化水素をアルキン C_nH_{2n-2} とよびます。

C=C 結合と同様に付加反応が起こります。ただし，H₂O の付加は注意が必要です。

H₂O を付加すると生じるエノール形
$$\begin{array}{c} \diagdown \\ C = C \\ \diagup \; \; \diagdown \; O \\ H \end{array}$$
の構造が不安定で，

切れて　移動　切れて

ケト形
$$\begin{array}{c} | \\ -C-C \diagdown \\ | \; \; \; \; O \\ H \end{array}$$
に変化します。

くっつく H　くっつく

H–C≡C–H
アセチレン

C≡C 結合のうち，まず 1 本の結合が切れる

HCl 付加 → H–C=C–H （H Cl）　塩化ビニル　←さらに，HCl を付加させることが可能

Br₂ 付加 → H–C=C–H （Br Br）　1,2-ジブロモエチレン　←Br₂ の赤褐色が消える

H₂ 付加 → H–C=C–H （H H）　エチレン（エテン）　←さらに，H₂ を付加させることが可能

H–OH 付加 → [H–C=C–H （H O H）] ビニルアルコール（不安定） → H–C–C–H （H O）アセトアルデヒド　←−C–H ‖ O はホルミル基（アルデヒド基）

┌──────────────────────────────┐
│ **Point 91**　炭化水素 │
│ │
│ ❶ アルカンは比較的安定。 │
│ ❷ アルケンやアルキンの C=C や C≡C へは，酸や H₂O，ハロゲン │
│ 　　の単体，H₂ が付加。ただし，C≡C への H₂O の付加は注意せよ。 │
└──────────────────────────────┘

① 炭素原子間は，C—C＞C＝C＞C≡C　と結合の多重度が増すと炭素原子どうしを強く結びつけるため，距離が短くなります。よって，

H-C-C-H（エタン　0.15 nm）＞H-C=C-H（エチレン　0.13 nm）＞H-C≡C-H（アセチレン　0.12 nm）　となり，〇です。

② H-C=C-H（エチレン）　H-H 付加→　H-C-C-H（エタン）　なので，〇です。

③ H-C=C-H（エチレン）　Cl-Cl 付加→　H-C-C-H（1,2-ジクロロエタン）であり，〇です。　←1,2- は炭素骨格の番号を表す

④ H-C-H（メタン）　Cl₂ 光→　H-C-Cl（クロロメタン（塩化メチル））　Cl₂ 光→　H-C-Cl（ジクロロメタン（塩化メチレン））　Cl₂ 光→　Cl-C-Cl（トリクロロメタン（クロロホルム））　Cl₂ 光→　Cl-C-Cl（テトラクロロメタン（四塩化炭素））

と置換反応が進んでいきます。〇です。

⑤ 組成式 CH_2，つまり C_nH_{2n} の分子式をもつ炭化水素は，鎖状飽和のときのHの数 $2n+2$ より2つ少ないので，二重結合または環構造を1つもつことになります。例えば，C_4H_8 という分子式では　必修基礎問 50　で考えたように

$CH_3-CH=CH-CH_3$（2-ブテン）のようなアルケンもあれば，CH_2-CH_2 / CH_2-CH_2（シクロブタン）のような環式飽和炭化水素

（シクロアルカン）もあります。つまり，すべてが二重結合をもつとはいえず，×です。

⑥ H-C≡C-H / H-O-C-CH₃（酢酸）　付加→　H-C=C-H / O-C-CH₃（酢酸ビニル）　←H-C=C-H はビニル基，C-O-C- はエステル結合という

となり，〇です。

⑦ H-C≡C-H / H-O-H　付加→　（H-C=C-H / H O　ビニルアルコール（不安定））　→　H-C-C-H / H O　アセトアルデヒド（安定）　←C=C（エノール形）は不安定

となり，〇です。

答　① 〇　② 〇　③ 〇　④ 〇　⑤ ×　⑥ 〇　⑦ 〇

53　アルコールとその誘導体

次の①〜⑤の記述で，正しいものには○，誤っているものには×をつけよ。

① エタノールは水中でわずかに電離するので，その水溶液は弱酸性を示す。

② エタノールは水酸化ナトリウムで中和され，ナトリウム塩になる。

③ エタノールを濃硫酸と約 130℃ に加熱するとジエチルエーテルになる。

④ 分子式 C_2H_6O の化合物はナトリウムと反応し水素を発生する。

⑤ エタノールは，希硫酸溶液中で二クロム酸カリウムと反応して，アセトアルデヒドになる。

精　講　（アルコール）

炭化水素のHをヒドロキシ基 –OH に置き換えた化合物をアルコール R–OH といいます。アルコール R–OH の水溶液は中性です。

❶ アルコールと金属ナトリウム Na の反応

アルコールは，金属ナトリウム Na と反応して水素 H_2 を発生します。この反応は**アルコールとエーテルの識別**に利用されます。

$$2R-O\underline{H} + 2\underline{Na} \longrightarrow 2R-ONa + H_2 \qquad R-O-R' + Na \xrightarrow{\quad} 反応しない$$

アルコール　置き換える　　　　ナトリウムアルコキシド　エーテル

❷ 濃硫酸による脱水反応

アルコールは濃硫酸によって脱水され，**高温（約 160〜170℃）ではおもに分子内脱水**が，**中温（約 130〜140℃）ではおもに分子間脱水**が起こります。

$$\begin{array}{ccc}
\text{H} & \text{H} \\
| & | \\
\text{H}-\text{C}-\text{C}-\text{H} \\
| & | \\
\text{H} & \text{OH}
\end{array} \xrightarrow[\text{約 160〜170℃}]{\text{濃硫酸}} \begin{array}{c} \text{H} \\ \backslash \\ \text{H} \end{array}\text{C}=\text{C}\begin{array}{c} \text{H} \\ / \\ \text{H} \end{array} + H_2O$$

エタノール　→分子内で H_2O がとれる　　　エチレン（エテン）　（アルケン）

　　　　　　　　　　　　　　　　　　　　　　　　　　　　　　左右対称のエーテル

$$CH_3CH_2O\underline{H} + \underline{HO}CH_2CH_3 \xrightarrow[\text{約 130〜140℃}]{\text{濃硫酸}} CH_3CH_2OCH_2CH_3 + H_2O$$

エタノール　└分子間で H_2O がとれる　　　　　　　ジエチルエーテル

❸ アルコールの酸化

硫酸酸性二クロム酸カリウム $K_2Cr_2O_7$ や過マンガン酸カリウム $KMnO_4$ などで酸化すると，次のように構造式が変化します。

第一級アルコール
（–OHの結合しているC原子に（注）炭化水素基R– が 1 か所結合している）

$$\begin{array}{c} \text{H} \\ | \\ \text{R}-\text{C}-\text{O} \\ | \quad | \\ \text{H} \quad \text{H} \end{array} \xrightarrow[\text{酸化}]{-2H} \begin{array}{c} \text{H} \\ | \\ \text{R}-\text{C}=\text{O} \end{array} \xrightarrow[\text{酸化}]{+O} \begin{array}{c} \text{O-H} \\ | \\ \text{R}-\text{C}=\text{O} \end{array}$$

　　　　　　　　　　　└→Hを 2 個とる　　アルデヒド　Oが 1 個入る→　カルボン酸

248

第二級アルコール
$\left(\begin{array}{c}\text{−OHの結合しているC原子に}\\\text{炭化水素基 R− が2か所結合している}\end{array}\right)$

$$\underset{\substack{\boxed{\text{H H}}\\ \text{←Hを2個とる}}}{R-\overset{\displaystyle R'}{\underset{\displaystyle }{C}}-O} \xrightarrow[\text{酸化}]{-2H} \underset{\text{ケトン}}{R-\overset{\displaystyle R'}{C}=O}$$

第三級アルコール
$\left(\begin{array}{c}\text{−OHの結合しているC原子に}\\\text{炭化水素基 R− が3か所結合している}\end{array}\right)$

$$R-\overset{\displaystyle R'}{\underset{\displaystyle R''H}{C}}-O \quad \xrightarrow{\quad\times\quad} \quad \text{酸化されにくい}$$

(注) 炭化水素基 R− の例
メチル基 CH_3-，エチル基 CH_3-CH_2- など

Point 92　アルコール

❶ 金属 Na で H_2 発生 ➡ アルコールとエーテルの識別に利用

❷ 濃硫酸で脱水 ➡ 高温で分子内，中温で分子間

❸ 第一級アルコール $\xrightarrow{\text{酸化}}$ アルデヒド $\xrightarrow{\text{酸化}}$ カルボン酸

　第二級アルコール $\xrightarrow{\text{酸化}}$ ケトン

　第三級アルコール $\xrightarrow{\quad\times\quad}$ 酸化されにくい

第3章　有機化学

解説

① アルコールは H_2O よりも H^+ を出す力が弱く，水に溶かしても水に H^+ を与えてオキソニウムイオン H_3O^+ を増やすことができないので中性です。よって，×です。

② アルコールは中性であり，水酸化ナトリウムで中和できません。よって，×です。

③ エタノールを約 130℃ (中温) で加熱すると，分子間脱水が起こりジエチルエーテルが生じます (➡p.248)。よって，○です。

④ $\underset{\text{エタノール}}{H-\overset{H}{\underset{H}{C}}-\overset{H}{\underset{H}{C}}-O-H}$ と $\underset{\text{ジメチルエーテル}}{H-\overset{H}{\underset{H}{C}}-O-\overset{H}{\underset{H}{C}}-H}$ の2つの構造異性体がありますが，エタノールが

「ジ」は2個，「メチル」は CH_3-，「エーテル」は ◄ $-C\boxed{O}C-$ のエーテル結合を表す

Na で H_2 が発生するのに対し，ジメチルエーテルでは変化がありません。よって，×です。

⑤ エタノールは第一級アルコールで次のように変化します。よって，○です。

$$\underset{\text{エタノール } C_2H_5OH}{H-\overset{H}{\underset{H}{C}}-\overset{H}{\underset{\boxed{H}}{C}}-O} \xrightarrow[\text{酸化}]{-2H} \underset{\text{アセトアルデヒド } CH_3CHO}{H-\overset{H}{\underset{H}{C}}-\overset{H}{C}=O} \xrightarrow[\text{酸化}]{+O} \underset{\text{酢酸 } CH_3COOH}{H-\overset{H}{\underset{H}{C}}-\overset{\boxed{O}-H}{C}=O}$$

答　① ×　　② ×　　③ ○　　④ ×　　⑤ ○

54　アルコールの性質と反応　　　　　　　　　化学

次の文章を読んで下の問いに答えよ。

1-プロパノールAには，他に2種の構造異性体B，Cが存在する。それぞれに酸性二クロム酸カリウム水溶液を加えたところA，Bからは酸化反応によりそれぞれ化合物D，Eが得られ，化合物Cは反応しなかった。さらに，化合物D，Eに酸化反応したところ，Dのみが反応し酸性物質Fが得られた。化合物Aに濃硫酸を加えて130〜140℃に加熱したところ，化合物Gが得られた。一方，化合物Bに濃硫酸を加えて170〜180℃に加熱したところ，分子内脱水反応が進み臭素水を脱色する気体Hが得られた。

問1　化合物B，C，D，E，F，G，Hの構造式を書け。

問2　化合物A，B，Cの中で最も沸点の低い化合物を選び，記号で答えよ。

(新潟大)

精　講

アルコールの命名法

対応する炭素原子数のアルカンの語尾 ane の e をとって ol（オール）とします。例えば $CH_3-CH_2-CH-CH_3$ では，炭素原子数が4なのでアルカンなら
　　　　　　　　　　　　　　　　　$\overset{|}{OH}$

ブタンです。このブタン (butane) の語尾の「e」を「ol」にして，ブタノール (butanol) とします。

また，単にブタノールだと $\overset{4}{CH_3}-\overset{3}{CH_2}-\overset{2}{CH_2}-\overset{1}{CH_2}$ と区別ができませんので，$-OH$
　　　　　　　　　　　　　　　　　　　$\overset{|}{OH}$ ➡ 1-ブタノールという

のついている炭素原子の位置を表す番号を小さくするように右からつけ，2-ブタノールとよびます。

$\overset{4}{CH_3}-\overset{3}{CH_2}-\overset{2}{CH}-\overset{1}{CH_3}$　　（2-ブタノールは2の炭素原子が不斉炭素
　　　　　　　$\overset{|}{OH}$　　　　　　　原子なので鏡像異性体が存在します。）

アルコールの沸点

アルコールは同程度の分子量の炭化水素やエーテルに比べて沸点が高くなります。これは分子間でファンデルワールス力より強い水素結合を形成するために分子間を引き離すのに大きなエネルギーが必要となるからです。

$CH_3-CH_2-\overset{\delta-}{O}\cdots\cdots\overset{\delta+}{H}O-CH_2-CH_3$　➡　アルコールは沸点が高い
エタノール　　$\underset{分子間水素結合}{H}$

Point 93　アルコールの沸点

　アルコールは，同程度の分子量の炭化水素やエーテルより沸点が高い。

解説

問1　1-プロパノールは $\overset{3}{CH_3}-\overset{2}{CH_2}-\overset{1}{CH_2}$ であり，分子式は C_3H_8O です。
　　　　　　　　　　　　　　　　　　　　　　OH

　$A=①$，$\underline{B=②}$，二クロム酸カリウム $K_2Cr_2O_7$ で酸化されないエーテルの $\underline{C}$ が③
となります。

　次にAとBの反応を示します。

　A：$\overset{3}{CH_3}-\overset{2}{CH_2}-\overset{1}{CH_2}$ $\xrightarrow[-2H]{酸化}$ $CH_3-CH_2-\overset{}{C}-H$ $\xrightarrow[+O]{酸化}$ $CH_3-CH_2-\overset{}{C}-OH$
　　　　　　　　　　OH　　　　　　　　　　　　O ◀D　　　　　　　　　O ◀F
　　　　1-プロパノール　　　　　プロピオンアルデヒド　　　　　　プロピオン酸
　　　　（第一級アルコール）　　　（アルデヒド）　　　　　　　　（カルボン酸）

　B：$\overset{1}{CH_3}-\overset{2}{CH}-\overset{3}{CH_3}$ $\xrightarrow[-2H]{酸化}$ $CH_3-\overset{}{C}-CH_3$
　　　　　　　　OH　　　　　　　　　　　　　O ◀E
　　　　2-プロパノール　　　　　　アセトン
　　　　（第二級アルコール）　　　（ケトン）

　A：CH₃-CH₂-CH₂-O:H　HO-CH₂-CH₂-CH₃
　　　　　　　　　　　　分子間で H₂O がとれる

　　　$\xrightarrow[-H_2O]{分子間脱水（130～140℃）}$ $CH_3-CH_2-CH_2-O-CH_2-CH_2-CH_3$ ◀G
　　　　　　　　　　　　　　　　　　　　　　ジプロピルエーテル
　　　　　　　　　　　　　　　　　　　　　　（エーテル）

　B：$CH_3-\overset{H}{\underset{OH}{C}}-\overset{H}{\underset{H}{C}}-H$ $\xrightarrow[-H_2O]{分子内脱水（170～180℃）}$ $CH_3-\overset{H}{C}=\overset{H}{C}-H$ ◀C=C 結合をもつので
　　　分子内で　　←OH H　　　　　　　　　　　　　　　　　　　プロペン　　　　Br₂ が付加し赤褐色が
　　　H₂O がとれる　　　　　　　　　　　　　　　　　　　　　（アルケン）　　消える

問2　エーテルは，分子間で水素結合を形成できないためアルコールより沸点が低い。

答　問1　構造式は 解説 参照　　問2　C

55 カルボニル化合物の性質と反応 〈化学〉

問1 ホルムアルデヒドは還元性があり，銀鏡反応を示し，フェーリング液を還元する。銀鏡反応およびフェーリング液の還元反応において，ホルムアルデヒドが変化してできる物質もまた還元性をもつ。この物質は何か。構造式で示せ。また，化合物の化学構造と還元性の有無との関係を，構造式を書いて説明せよ。 (東京女子大)

問2 ケトンに関する次の(a)〜(d)の記述のうち，正しい記述の記号をすべて選べ。

(a) カルボニル基に炭化水素基が 2 個結合している化合物を総称してケトンという。

(b) ケトンは一般に，第二級アルコールあるいはアルデヒドを酸化すると得られる。

(c) アセトンとプロピオンアルデヒドは，互いに構造異性体の関係にある。

(d) アセトンに水酸化ナトリウムとヨウ素を加えて温めるとヨードホルムが生じる。この反応をヨードホルム反応といい，アセトンとアセトアルデヒドを区別するのに利用できる。 (愛知工業大)

精 講

アルデヒド

ホルミル基（アルデヒド基） $\overset{O}{\underset{\|}{-C}}-H$ をもつ化合物をアルデヒド R–CHO といいます。アルデヒドは酸化されやすく，e^- を奪われやすい化合物です。酸化されやすいという性質は，相手に e^- を与え還元しやすい，つまり還元性が大きい性質とも表現できます。

アルデヒドの検出反応

アルデヒドは塩基性の溶液中でとくに酸化されやすく，Cu^{2+} や Ag^+ といった弱い酸化剤にも酸化されてしまいます。これを検出反応に利用します。

❶ フェーリング液の還元

アルデヒド R–CHO にフェーリング液を加えて加熱すると，**酸化銅（Ⅰ）** Cu_2O **の赤色沈殿** が生じます。 Cu^{2+} や NaOH，酒石酸塩を含む

$$R\text{–}CHO + 2\underset{(+2)}{Cu^{2+}} + 5OH^- \longrightarrow R\text{–}COO^- + \underset{(+1)}{Cu_2O}\downarrow(\text{赤}) + 3H_2O$$

アルデヒド   カルボン酸イオン

❷ 銀鏡反応

アンモニア性硝酸銀水溶液にアルデヒド R–CHO を加えて温めると，**銀 Ag**

$[Ag(NH_3)_2]^+$ を含む

が析出します。

$$R-CHO + 2[Ag(NH_3)_2]^+ + 3OH^- \longrightarrow R-COO^- + 2Ag + 4NH_3 + 2H_2O$$

アルデヒド $(+1)$　　　　　　　カルボン酸イオン　　(0)

（ケトン）

$R_1-\underset{O}{C}-R_2$ のように**カルボニル基**（$>C=O$）の**両側が**

$(R_1, R_2 は炭化水素基)$

（例）$\underset{CH_3}{\overset{CH_3}{>}}C=O$

アセトン

炭化水素基 R– である化合物を**ケトン**といいます。

（ヨードホルム反応）

アセチル基 $CH_3-\underset{O}{C}-R$ をもつ化合物に，ヨウ素 I_2 と水酸化ナトリウム NaOH

$(R は水素 H 原子や炭化水素基)$

水溶液を加え，加熱すると**特異臭のある黄色の沈殿ヨードホルム（トリヨードメタン）CHI_3 が析出**します。

$$CH_3-\underset{O}{C}-R + 4NaOH + 3I_2 \longrightarrow CHI_3\downarrow + R-\underset{O}{C}-ONa + 3NaI + 3H_2O$$

黄色

また，$CH_3-\underset{OH}{CH}-R$ のような構造をもつアルコールも塩基性下で I_2 に酸化され

て $CH_3-\underset{O}{C}-R$ となり，ヨードホルム反応が起こります。ヨードホルム反応を示す

化合物には次のようなカルボニル化合物やアルコールがあります。

$CH_3-\underset{O}{C}-H$　　$CH_3-\underset{O}{C}-CH_3$　　$\overset{1}{CH_3}-\underset{OH}{\overset{2}{CH}}-\overset{3}{CH_3}$　　$CH_3-\underset{OH}{CH}-H$

アセトアルデヒド　　　アセトン　　　2-プロパノール　　　エタノール

ただし，$CH_3-\underset{O}{C}-OH$ はアセチル基 $CH_3-\underset{O}{C}-$ がありますが，ヨードホルム反応

酢酸

が起こりません。一般に，$CH_3-\underset{O}{C}-$ の横の原子は，C や H でなければヨードホル

ム反応は起こらないと，おさえましょう。

Point 94　アルデヒドの検出反応・ヨードホルム反応

❶ アルデヒド（R–CHO）

　➡ フェーリング液の還元（Cu_2O（赤）↓）と 銀鏡反応（Ag 析出）

❷ $CH_3-\underset{O}{C}-R$ や $CH_3-\underset{OH}{CH}-R$ （R は H や炭化水素基）

　➡ ヨードホルム反応陽性（CHI_3（黄）↓）

問1 ホルムアルデヒド $H-C\overset{O}{\underset{H}{\diagdown}}$ は，酸化されるとギ酸 $H-C\overset{O}{\underset{O-H}{\diagdown}}$ に変化します。

ギ酸は，ホルミル基（アルデヒド基）をもつカルボン酸で，還元
性があります。ギ酸に硫酸酸性の過マンガン酸カリウム $KMnO_4$

$H-C\overset{O}{\underset{OH}{\diagdown}}$
ホルミル基
ギ酸

（赤紫色）を加えると，酸化されて，炭酸 $H-O-C\overset{O}{\underset{OH}{\diagdown}}$ を経て

$CO_2 + H_2O$ に変化します。

まず O が 1 個入る　　　　　さらに O がもう 1 個入る

$$H\underset{H}{\overset{|}{-C}}=O \xrightarrow[\text{酸化}]{} H-O-\underset{H}{\overset{|}{C}}=O \xrightarrow[\text{さらに酸化}]{} H-O-\underset{H-O}{\overset{|}{C}}=O \overset{\to CO_2}{\underset{\text{分解する}}{\nearrow}} H_2O$$

ホルムアルデヒド　　　　　　ギ酸　　　　　　　　炭酸 H_2CO_3

問2 (a) $\underset{O}{\overset{|}{ⓒ-C-ⓒ}}$ となっているのがケトンなので，正しい。

(b) 第二級アルコールは，酸化されるとケトンに変化します。

$$R-\underset{OH}{\overset{|}{C}}H-R' \xrightarrow[\text{酸化}]{-2H} R-\underset{O}{\overset{|}{C}}-R'$$
$\to H$ を 2 個とる

ただし，アルデヒドは酸化されると，ケトンではなくカルボン酸に変化します。

$$R-\underset{O}{\overset{|}{C}}H \xrightarrow{\text{酸化}} R-\underset{O}{\overset{|}{C}}-OH$$
O が入る
アルデヒド　　　カルボン酸

よって，誤り。

(c) アセトン $CH_3-\underset{O}{\overset{|}{C}}-CH_3$ とプロピオンアルデヒド $CH_3-CH_2-\underset{O}{\overset{|}{C}}-H$ は，ともに分子式

が C_3H_6O であり，構造異性体の関係にあります。よって，正しい。

(d) アセトン $\boxed{CH_3-\underset{O}{\overset{|}{C}}-CH_3}$ と アセトアルデヒド $\boxed{CH_3-\underset{O}{\overset{|}{C}}-H}$ は，ともにヨードホルム

反応陽性です。ヨウ素 I_2 と水酸化ナトリウム $NaOH$ 水溶液を加えて加熱すると，
ともにヨードホルム CHI_3（黄色）が沈殿するために識別できません。よって，誤り。

答

問1 物質：$H-C\overset{O}{\underset{O-H}{\diagdown}}$

関係：$H-C\overset{O}{\diagdown}$ のようなホルミル基（アルデヒド基）をもつため還元性を有する。

問2 (a)と(c)

254

右の構造をもつアルケ
ンA(分子式 C_6H_{12})のオ
ゾン O_3 による酸化反応
について調べた。

$$R^1 \diagdown C = C \diagup R^2$$
$$H \diagup \qquad \diagdown R^3$$
アルケンA

R^1=H, CH_3, CH_3CH_2 のいずれか
R^2=CH_3, CH_3CH_2 のいずれか
R^3=CH_3, CH_3CH_2 のいずれか

気体のアルケンAと O_3 を二酸化硫黄 SO_2 の存在下で反応させると、式(1)
に示すように、最初に化合物X(分子式 $C_6H_{12}O_3$)が生成し、続いてアルデヒ
ドBとケトンCが生成した。式(1)の反応に関する後の問いに答えよ。

$$R^1 \diagdown C = C \diagup R^2 \xrightarrow{O_3} C_6H_{12}O_3 \xrightarrow{SO_2} R^1 \diagdown C = O + O = C \diagup R^2 + SO_3 \qquad (1)$$
$$H \diagup \qquad \diagdown R^3 \qquad\qquad\qquad\qquad\qquad H \diagup \qquad \diagdown R^3$$
アルケンA　　　　　　化合物X　　　アルデヒドB　ケトンC
(C_6H_{12})

〔問〕 式(1)の反応で生成したアルデヒドB
はヨードホルム反応を示さず、ケトンC
はヨードホルム反応を示した。R^1, R^2,
R^3 の組合せとして正しいものを、右の①
～④のうちから1つ選べ。

(共通テスト)

	R^1	R^2	R^3
①	H	CH_3CH_2	CH_3CH_2
②	CH_3	CH_3	CH_3CH_2
③	CH_3	CH_3CH_2	CH_3
④	CH_3CH_2	CH_3	CH_3

第3章 有機化学

精 講 （アルケンの酸化）

アルケンの C=C 結合は酸化されやすく、次の①や②の条件で
酸化すると以下の生成物が得られます。

❶ オゾン O_3 分解

$$R^1 \diagdown C = C \diagup R^3 \xrightarrow[低温]{O_3} R^1 \diagdown C \diagup{O-O} \diagdown C \diagup R^3 \xrightarrow[で処理]{還元剤} R^1 \diagdown C = O + O = C \diagup R^3$$
$$R^2 \diagup \qquad \diagdown H \qquad\qquad R^2 \diagup \diagdown O \diagup \diagdown H \qquad\qquad R^2 \diagup \qquad \diagdown H$$
$(R^1～R^3：アルキル基)$ 　　　　オゾニド　　　　　　　　ケトンやアルデヒド

❷ 過マンガン酸カリウム $KMnO_4$ 分解（酸性条件）

$$R^1 \diagdown C = C \diagup R^3 \xrightarrow[酸性]{KMnO_4} R^1 \diagdown C = O + \left(O = C \diagup R^3 \right)$$
$$R^2 \diagup \qquad \diagdown H \qquad\qquad R^2 \diagup \qquad\qquad \diagdown H$$
ケトン　　　アルデヒド

さらに ↓ 酸化

$$O = C \diagup R^3$$
$$\diagdown O-H$$
カルボン酸

これらの反応は条件が変わると生成物が異なります。問題に与えられた条件をよく見て，生成物からもとのアルケンの構造を予測しましょう。

問題に与えられた情報を整理してみましょう。

$$\underset{\substack{\text{アルケンA}\\(\mathrm{C_6H_{12}})}}{\overset{R^1}{\underset{H}{}}C=C\overset{R^2}{\underset{R^3}{}}} \xrightarrow{O_3} \underset{\substack{\text{化合物X}\\(\mathrm{C_6H_{12}O_3})}}{\overset{R^1}{\underset{H}{}}C\overset{O-O}{\underset{O}{}}C\overset{R^2}{\underset{R^3}{}}} \xrightarrow[SO_2]{\text{還元剤}} \underset{\substack{\text{アルデヒドB}\\\text{ヨードホルム}\\\text{反応しない}}}{\overset{R^1}{\underset{H}{}}C=O} + \underset{\substack{\text{ケトンC}\\\text{ヨードホルム}\\\text{反応する}}}{O=C\overset{R^2}{\underset{R^3}{}}}$$

　まず，アルデヒドBがヨードホルム反応を示さないことから，R^1 は $-CH_3$ ではありません。よって，アルケンAは①か④のどちらかとわかります。式(1)の反応で，①と④からそれぞれ次のような生成物が得られます。

① $\underset{H}{\overset{H}{}}C=C\underset{CH_2-CH_3}{\overset{CH_2-CH_3}{}}$ $\xrightarrow{\text{式(1)の反応}}$ $\underset{\substack{\text{ホルム}\\\text{アルデヒド}}}{\overset{H}{\underset{H}{}}C=O}$ + $\underset{\text{3-ペンタノン（ジエチルケトン）}}{O=C\underset{CH_2-CH_3}{\overset{CH_2-CH_3}{}}}$ $\longleftarrow CH_3-\overset{O}{\overset{\|}{C}}-$ なし

④ $CH_3-CH_2\underset{H}{\overset{}{}}C=C\underset{CH_3}{\overset{CH_3}{}}$ $\xrightarrow{\text{式(1)の反応}}$ $CH_3-CH_2\underset{\substack{\text{プロピオン}\\\text{アルデヒド}}}{\overset{}{}}C=O$ + $\underset{\text{アセトン}}{O=C\underset{CH_3}{\overset{CH_3}{}}}$ $\longleftarrow CH_3-\overset{O}{\overset{\|}{C}}-$ あり

　①から得られる3-ペンタノン（ジエチルケトン）はアセチル基（$CH_3-\overset{O}{\overset{\|}{C}}-$）をもたないのでヨードホルム反応を示しませんが，④から得られるアセトンはアセチル基をもつので，ヨードホルム反応を示します。よって，R^1，R^2，R^3 の組合せは④で，Bはプロピオンアルデヒド，Cはアセトンです。

答　④

次の文中の □ に最も適当な語句を入れよ。

分子中に ［ ア ］ 基をもつ化合物をカルボン酸という。また，乳酸のように ［ ア ］ 基と ［ イ ］ 基をもつ化合物をヒドロキシ酸，アラニンのように ［ ア ］ 基と ［ ウ ］ 基をもつ化合物をアミノ酸という。

ギ酸は最も簡単なカルボン酸で，構造中に ［ ア ］ 基の他に ［ エ ］ 基に相当する部分を含むので還元性を示す。酢酸は食酢中にも含まれ，純粋なものは冬季に凍結するので氷酢酸とよばれる。酢酸の水溶液は弱い酸性を示し，水酸化ナトリウム水溶液に酢酸を加えると反応して酢酸ナトリウムとなる。酢酸ナトリウム水溶液に塩酸を加えると酢酸が遊離するが，二酸化炭素を通じても酢酸は遊離しない。このことから，酢酸は酸として，塩酸よりも ［ オ ］ こと，ならびに，二酸化炭素の水溶液よりも ［ カ ］ ことがわかる。

カルボン酸には，上に述べた1価カルボン酸の他に，シュウ酸，フマル酸，フタル酸やマレイン酸のように同一分子内に ［ ア ］ 基を2個もつ2価カルボン酸がある。このうち，フマル酸とマレイン酸は互いに立体異性体の一種である ［ キ ］ 異性体であり，シス形の ［ ク ］ は加熱すると脱水反応により ［ ケ ］ になる。

(立命館大)

 カルボン酸

カルボキシ基 $-C\overset{\displaystyle O}{\underset{\displaystyle OH}{}}$ をもつ化合物をカルボン酸 RCOOH といいます。

カルボン酸の性質

❶ 弱酸である

$$R-C\overset{\displaystyle O}{\underset{\displaystyle OH}{}} + H_2O \rightleftharpoons R-C\overset{\displaystyle O}{\underset{\displaystyle O^-}{}} + H_3O^+$$ ←カルボン酸の水溶液は，弱酸性を示す

(単に $RCOOH \rightleftharpoons RCOO^- + H^+$ と書くことも多い)

$$R-C\overset{\displaystyle O}{\underset{\displaystyle OH}{}} + NaOH \longrightarrow R-C\overset{\displaystyle O}{\underset{\displaystyle ONa}{}} + H_2O$$ ←NaOH水溶液で中和することができる

ただし，カルボン酸 RCOOH は同じ弱酸でも炭酸 $H_2CO_3 (= CO_2 + H_2O)$ よりは強い酸であるために炭酸水素イオン HCO_3^- と反応し，CO_2 が発泡します。

$$R-COO(H) + NaHCO_3 \longrightarrow R-COONa + CO_2\uparrow + H_2O$$

より強い酸　　より弱い酸の塩　　　　　　　　　　　　　　より弱い酸

←自分より弱い酸である炭酸を追い出す

この反応では気体が発生するため，反応が起こったことを確認しやすく，–COOH の検出反応に利用されます。

❷ 酸無水物の形成

カルボン酸 RCOOH から H_2O 分子がとれた構造をもつ有機化合物を酸無水物（さんむすい）といいます。極めて反応性の高い化合物です。

(ⅰ)**分子間脱水**（P_4O_{10} のような脱水剤とともに高温にします。）

$$CH_3-C\overset{O}{\underset{O\text{-}H}{}} + \underset{HO}{\overset{O}{}}C-CH_3 \xrightarrow[\text{高温}]{\text{脱水剤}} CH_3-C\overset{O}{} \overset{O}{} C-CH_3 + H_2O$$

酢酸　　　　　　　　　酢酸　　　　　　　　　　　無水酢酸（$(CH_3CO)_2O$ とも書く）

H_2O がとれる

(ⅱ)**分子内脱水**

シス形のマレイン酸や *o*-（オルト）体のフタル酸（➡p.274）のように2つのカルボキシ基 –COOH が近くにあって，五員環や六員環のようにひずみの少ない環構造の酸無水物をつくる場合は，脱水剤がなくても加熱するだけで変化が起こります。また，トランス形のフマル酸や *p*-（パラ）体のテレフタル酸ではこのような変化は起こりません。

マレイン酸（シス形）　　　　　　無水マレイン酸（五員環）　H_2O がとれる

フタル酸（*o*-体）　　　　　　無水フタル酸（五員環）

$$HOOC\underset{H}{\overset{}{}}C=C\overset{H}{\underset{COOH}{}} \xrightarrow{\text{加熱}} \times \text{酸無水物に変化しない}$$

フマル酸（トランス形）

$$HOOC- \bigcirc -COOH \xrightarrow{\text{加熱}} \times \text{酸無水物に変化しない}$$

テレフタル酸（*p*-体）

$\left.\right\}$ 2つの –COOH が遠い

❸ 脱炭酸反応

カルボン酸塩などが熱分解を受けると CO_3^{2-} がぬける形で変化することがあります。次の2つが有名です。

$$CH_3COONa + NaOH \xrightarrow{\text{加熱}} CH_4\uparrow + Na_2CO_3$$

酢酸ナトリウム（固）　水酸化ナトリウム（固）　メタン（気）

Na_2CO_3 がぬける

258

$$CH_3-\overset{\overset{O}{\|}}{C}-O^-\,Ca^{2+}\,\,^-O-\overset{\overset{O}{\|}}{C}-CH_3 \xrightarrow{\text{(注)}乾留} CH_3-\overset{\overset{O}{\|}}{C}-CH_3 + CaCO_3$$

酢酸カルシウム (固)　　　　　　　　　　　アセトン　　　　　　　CaCO₃ がぬける

(注)　空気を遮断して固体を加熱すること

Point 95　カルボン酸

❶ カルボン酸 RCOOH は弱酸だが炭酸 ($H_2O + CO_2$) よりは強い。

❷ マレイン酸とフタル酸は，加熱すると分子内脱水によって酸無水物になる。

第3章　有機化学

解説

ア，イ，ウ：分子内にカルボキシ基 $-COOH$ をもつ化合物をカルボン酸といいます。さらにヒドロキシ基 $-OH$ をもつ乳酸のようなカルボン酸をヒドロキシ酸，アミノ基 $-NH_2$ をもつアラニンのようなカルボン酸をアミノ酸とよんでいます。

$$CH_3-\overset{\overset{H}{|}}{\underset{\underset{OH}{|}}{C^*}}-\overset{\overset{O}{\|}}{C}-OH \qquad H_2N-\overset{\overset{H}{|}}{\underset{\underset{CH_3}{|}}{C^*}}-\overset{\overset{O}{\|}}{C}-OH$$

　　　乳酸 (ヒドロキシ酸)　　　アラニン (アミノ酸)　　　C* は不斉炭素原子

エ：ギ酸 はカルボキシ基以外にホルミル基をもち，還元性があります

（➡ p.254）。酢酸 $CH_3-C\overset{OH}{\underset{O}{\diagdown}}$ は食酢に含まれているカルボン酸です。

オ，カ：

$$CH_3COOH + NaOH \longrightarrow CH_3COONa + H_2O \quad \cdots① \quad \Leftarrow 中和$$

$$CH_3COONa + ⒽCl \longrightarrow CH_3COOH + NaCl \quad \cdots② \quad \Leftarrow HCl が CH_3COOH を追い出す$$

$$CH_3COONa + \underset{(H_2CO_3)}{(CO_2 + H_2O)} \not\longrightarrow 変化なし \quad \cdots③ \quad \Leftarrow H_2CO_3 は CH_3COOH を追い出せない$$

　　この①式～③式の反応式からわかるのは，CH_3COOH は HCl より H^+ を出す能力が小さく，H_2CO_3 や H_2O より大きいということです。

キ，ク，ケ：フマル酸とマレイン酸はシス-トランス (幾何) 異性体の関係にあります。シス形はマレイン酸で，マレイン酸は脱水反応により無水マレイン酸になります。

答

　　ア：カルボキシ　　**イ**：ヒドロキシ　　**ウ**：アミノ

　　エ：ホルミル (アルデヒド)　　**オ**：弱い　　**カ**：強い

　　キ：シス-トランス (幾何)　　**ク**：マレイン酸　　**ケ**：無水マレイン酸

次の文中の 　　 に適当な語句，物質名，式を入れよ。

エタノールに濃硫酸を加えて，約 130 °C に熱すると　a　反応が起こり，　b　と水が生成する（反応A）。エタノールと酢酸の混合物に濃硫酸を加えて加熱すると，　c　反応が起こり，　d　と水が生成する（反応B）。AおよびBの反応の化学反応式は，それぞれ　e　および　f　で表せるが，このように分子と分子の間から水のような簡単な分子がとれて1つの分子ができる反応を　g　という。

Bの反応を，反応物に ^{16}O の酸素のみを含む酢酸と，その　h　である ^{18}O を含むエタノールとを用いて行った。反応後，その反応液に冷水を注いだところ，表面に液体の層が浮いてきて，この上層に分離された液体物質に ^{18}O が含まれていた。このことから判断して，Bの反応では　i　分子からOHがとれ，　j　分子からHがとれて分子　d　が生成したと推測される。

（東京女子大）

精　講　（エステルとアミド）

カルボン酸 RCOOH とアルコール R′OH から H_2O がとれた構造をもつ化合物をエステル，カルボン酸 RCOOH とアミン R′NH₂ から H_2O がとれた構造をもつ化合物をアミドといいます。このように2分子間から H_2O のような簡単な分子がとれて1つの分子ができる反応を縮合といいます。

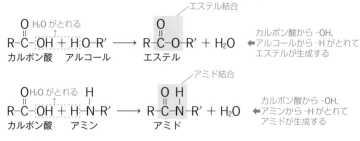

エステルやアミドは中性物質で，水に溶けにくいものが多いです。

（例）　$CH_3-\overset{O}{\overset{\|}{C}}-OH + HO-CH_2-CH_3 \xrightarrow{縮合} CH_3-\overset{O}{\overset{\|}{C}}-O-CH_2-CH_3 + H_2O$
　　　　酢酸　　　　　エタノール　　　　　酢酸エチル（エステル）

$$\underset{\text{酢酸}}{CH_3\text{-}\overset{\overset{\displaystyle O}{\|}}{C}\text{-}O\text{-}H} + \underset{\text{アニリン}}{H\text{-}\overset{\overset{\displaystyle H}{|}}{N}\text{-}\langle\!\!\!\bigcirc\!\!\!\rangle} \xrightarrow{\text{縮合}} \underset{\text{アセトアニリド(アミド)}}{CH_3\text{-}\overset{\overset{\displaystyle O}{\|}}{C}\text{-}\overset{\overset{\displaystyle }{|}}{\underset{\underset{\displaystyle H}{|}}{N}}\text{-}\langle\!\!\!\bigcirc\!\!\!\rangle} + H_2O$$

H₂O がとれる

（ エステルの合成 ）（アミドの合成も同様です）

① 濃硫酸 H_2SO_4 のような酸触媒とともに，カルボン酸とアルコールを加熱する。

$$R\text{-}CO\text{-}OH + R'O\text{-}H \underset{}{\overset{[H_2SO_4]}{\rightleftharpoons}} \underset{\text{エステル}}{RCOOR'} + H_2O \quad \left(\begin{array}{c}\text{縮合または}\\ \text{エステル化}\end{array}\right)$$

② アルコール $R'OH$ に酸無水物 $(RCO)_2O$ を加える。

$$\begin{array}{c}R\text{-}C\overset{\displaystyle O}{\diagdown}\\ \diagup O\\ R\text{-}C\overset{\displaystyle O}{\diagup}\end{array} + R'O\text{-}H \longrightarrow \begin{array}{c}R\text{-}C\overset{\displaystyle O}{\diagdown}\\ \diagup O\\ H\end{array} + R\text{-}\overset{\overset{\displaystyle O}{\|}}{C}\text{-}O\text{-}R' \quad \longleftarrow\text{不可逆反応}$$

交換する

（例）

$$\underset{\substack{\text{無水酢酸}\\ \text{(酸無水物)}}}{\begin{array}{c}CH_3\text{-}C\overset{\displaystyle O}{\diagdown}\\ \diagup O\\ CH_3\text{-}C\overset{\displaystyle O}{\diagup}\end{array}} + \underset{\substack{\text{エタノール}\\ \text{(アルコール)}}}{CH_3CH_2O\text{-}H} \xrightarrow{\text{アセチル化}} \underset{\substack{\text{酢酸}\\ \text{(カルボン酸)}}}{CH_3\text{-}\overset{\overset{\displaystyle O}{\|}}{C}\text{-}O\text{-}H} + \underset{\substack{\text{酢酸エチル}\\ \text{(エステル)}}}{CH_3\text{-}\overset{\overset{\displaystyle O}{\|}}{C}\text{-}O\text{-}CH_2\text{-}CH_3}$$

（ エステルの加水分解 ）（アミドの加水分解も同様です）

① 水酸化ナトリウム $NaOH$ 水溶液とともに加熱する（けん化という）。

$$R\text{-}\overset{\overset{\displaystyle O}{\|}}{C}\text{-}O\text{-}R' + NaOH \xrightarrow{\text{加熱}} R\text{-}\overset{\overset{\displaystyle O}{\|}}{C}\text{-}ONa + R'OH \qquad \longleftarrow \begin{array}{c}R\text{-}\overset{\overset{\displaystyle O}{\|}}{C}\text{-}O\text{-}R'\\ Na^+\text{-}O\text{-}H\end{array}$$

矢印で切って，…をつなぐ

（例） $CH_3\text{-}\overset{\overset{\displaystyle O}{\|}}{C}\text{-}O\text{-}CH_2\text{-}CH_3 + NaOH \xrightarrow{\text{加熱}} CH_3\text{-}\overset{\overset{\displaystyle O}{\|}}{C}\text{-}ONa + CH_3CH_2OH$

② 希硫酸 H_2SO_4 とともに加熱すると，次の反応が右へ進む。

$$R\text{-}\overset{\overset{\displaystyle O}{\|}}{C}\text{-}O\text{-}R' + H_2O \underset{}{\overset{[\text{希硫酸}]}{\rightleftharpoons}} RCOOH + R'OH \qquad \longleftarrow \begin{array}{c}R\text{-}\overset{\overset{\displaystyle O}{\|}}{C}\text{-}O\text{-}R'\\ H\text{-}O\text{-}H\end{array}$$

矢印で切って，…をつなぐ

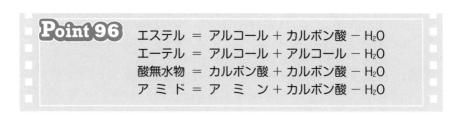

Point 96
エステル ＝ アルコール ＋ カルボン酸 － H_2O
エーテル ＝ アルコール ＋ アルコール － H_2O
酸無水物 ＝ カルボン酸 ＋ カルボン酸 － H_2O
ア ミ ド ＝ ア ミ ン ＋ カルボン酸 － H_2O

第3章 有機化学

反応A：エタノール C_2H_5OH を濃硫酸 H_2SO_4 とともに約130℃に加熱すると，<u>分子間脱水</u> によりジエチルエーテル_bが生じます（➡p.248）。
_a

$$2\,CH_3CH_2OH \xrightarrow[130℃]{濃硫酸} CH_3CH_2OCH_2CH_3 + H_2O \quad \Leftarrow e \quad \begin{pmatrix}分子間脱水\\(脱水)縮合\end{pmatrix}$$
エタノール　　　　　　　　ジエチルエーテル

反応B：エタノール C_2H_5OH と酢酸 CH_3COOH とともに濃硫酸 H_2SO_4 を加え加熱すると，<u>分子間脱水</u> により<u>酢酸エチル</u>$CH_3COOC_2H_5$ が生じます。これは，酢酸とエタ
_c　　　　　　　　　　_d
ノールのエステルです。

$$CH_3\text{-}C\text{+}OH + H\text{+}O\text{-}CH_2\text{-}CH_3 \underset{\begin{smallmatrix}エステル化\\(脱水)縮合\\分子間脱水\end{smallmatrix}}{\overset{濃硫酸}{\rightleftharpoons}} CH_3\text{-}C\text{-}O\text{-}CH_2\text{-}CH_3 + H_2O \quad \Leftarrow f$$
酢酸　　　O　　　　エタノール　　　　　　　　　　　　　　　　O
　　　　　　　　　　　　　　　　　　　　　　　　　　　　　　　酢酸エチル

g：2分子間から簡単な分子がとれて，1つの分子ができる反応を<u>縮合</u>といいます。
_g

h：^{16}O と ^{18}O は同じ元素で質量数が異なる原子どうしなので，互いに<u>同位体</u>です。
_h

i，j：
$$\overset{(a)}{CH_3\text{-}C\text{+}OH}\;\;\overset{(b)}{H\text{+}O\text{-}CH_2\text{-}CH_3}$$
　　　　　O

(a)のように H_2O がとれるのか，(b)のように H_2O がとれるのか実験によって調べています。

$$CH_3\text{-}C\text{-}^{16}OH \quad と \quad CH_3\text{-}CH_2\text{-}^{18}OH \quad を用いた場合，\underset{有機層}{\underline{水層から遊離した層が酢酸エ}}$$
　　　　^{16}O

チル $CH_3COOC_2H_5$ と考えられますが，ここに ^{18}O が含まれていたのですから(a)のように脱水したことがわかります。この H_2O のとれ方は覚えておきましょう。

$$\overset{(a)}{CH_3\text{-}C\text{-}^{16}OH} + H\text{-}^{18}O\text{-}CH_2\text{-}CH_3 \rightleftharpoons CH_3\text{-}C\text{-}^{18}O\text{-}CH_2\text{-}CH_3 + \overset{16}{\underset{H\;\;\;H}{O}}$$
　　　　O　　　　　　　　　　　　　　　　　　　　　O

カルボン酸(この場合<u>酢酸</u>)から −OH，アルコール(この場合<u>エタノール</u>)から −H がとれて，
_i　　　　　　　　　　　　　　　　　　　　　　　　_j
エステルが生成している

答

　a：分子間脱水（または（脱水）縮合）　　**b**：ジエチルエーテル
　c：分子間脱水（または エステル化，（脱水）縮合）　　**d**：酢酸エチル
　e：$2\,CH_3CH_2OH \longrightarrow CH_3CH_2OCH_2CH_3 + H_2O$
　f：$CH_3COOH + CH_3CH_2OH \rightleftharpoons CH_3COOCH_2CH_3 + H_2O$
　g：縮合（反応）　　**h**：同位体　　**i**：酢酸　　**j**：エタノール

56 油脂

次の文章を読み，下の問いに答えよ。

油脂は，炭素原子数の多い高級脂肪酸と 3 価アルコールである ア との
エステルである。油脂に水酸化ナトリウム水溶液を加えて加熱すると，高級
脂肪酸のナトリウム塩（セッケン）と ア が生成する。この加水分解反応
を イ という。

油脂を構成する高級脂肪酸には，ステアリン酸 $C_{17}H_{35}COOH$ のような飽和
脂肪酸や，二重結合を 1 個もつオレイン酸 $C_{17}H_{33}COOH$ のような不飽和脂肪
酸がある。不飽和脂肪酸の二重結合には，ニッケルなどを触媒として，二重
結合 1 個に対して水素が 1 分子付加する。いくつかの二重結合をもつ 1 種類
の直鎖状不飽和脂肪酸 5.6 g に，触媒の存在下で水素を作用させたところ，
飽和脂肪酸を得るために 0.040 mol の水素を要した。

問1　文中の ア と イ に適切な語句を記せ。

問2　下線部について，次の(i)〜(iii)に答えよ。ただし，原子量は H=1.0,
C=12, O=16 とする。

(i)　炭素原子の数を n，二重結合の数を m（n, m はともに正の整数であ
る）として，この不飽和脂肪酸の分子式を示せ。

(ii)　この不飽和脂肪酸の水素付加反応を n, m を用いた化学反応式で示せ。

(iii)　炭素原子の数 n が 18 のとき，二重結合の数 m の値を計算せよ。

（熊本大）

精講　油脂の構造

動植物中の脂肪や油である油脂（ゆし）は，グリセリン $C_3H_5(OH)_3$ と
高級脂肪酸（しぼうさん）からなるトリエステル（トリグリセリドという）の混合物です。

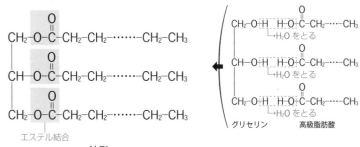

エステル結合

油脂

グリセリン　　高級脂肪酸

なお，高級とは炭素数が多いことを，脂肪酸とは鎖式1価カルボン酸を意味します。

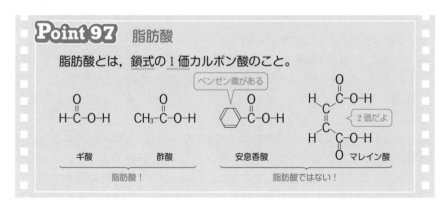

油脂はエステルなので，**水酸化ナトリウム NaOH 水溶液とともに加熱すると**
けん化反応が起きて，成分アルコールであるグリセリン $C_3H_5(OH)_3$ と構成脂肪
酸のナトリウム塩 RCOONa が生成します。ここで，生じた**高級脂肪酸のナトリ**
ウム塩 RCOONa が，セッケンとよばれています。

$$
\begin{array}{c}
CH_2-O\!\!\vdots\!\!\overset{O}{\overset{\|}{C}}-R_1 \\
CH-O\!\!\vdots\!\!\overset{O}{\overset{\|}{C}}-R_2 \\
CH_2-O\!\!\vdots\!\!\overset{O}{\overset{\|}{C}}-R_3
\end{array}
+ \ 3Na^+OH^- \ \xrightarrow{\text{加熱}}
\begin{array}{c}
CH_2-OH \\
CH-OH \\
CH_2-OH
\end{array}
+ \
\begin{array}{c}
R_1-\overset{O}{\overset{\|}{C}}-O^-Na^+ \\
R_2-\overset{O}{\overset{\|}{C}}-O^-Na^+ \\
R_3-\overset{O}{\overset{\|}{C}}-O^-Na^+
\end{array}
$$

エステル結合が
3か所あるので
3 mol 必要です

油脂
（エステル）　　　　　　　　　　　　　　　　グリセリン　　　　　　セッケン
　　　　　　　　　　　　　　　　　　　　　　（アルコール）　（高級脂肪酸のナトリウム塩）

(高級脂肪酸)

油脂を構成する高級脂肪酸は炭素原子数が 16 と 18 のものが多く，次表のも
のがおもな高級脂肪酸の分子式と名称です。

炭素数	分子式	名称	C=C 結合の数	分子量	融点	
16	$C_{15}H_{31}COOH$	パルミチン酸	0	256	63℃	飽和脂肪酸 (C=C 結合なし)
18	$C_{17}H_{35}COOH$	ステアリン酸	0	284	70℃	
	$C_{17}H_{33}COOH$	オレイン酸	1	282	13℃	不飽和脂肪酸 (C=C 結合あり)
	$C_{17}H_{31}COOH$	リノール酸	2	280	−6℃	
	$C_{17}H_{29}COOH$	リノレン酸	3	278	−11℃	

Hが2個減るたびに C=C 結合が1個増える　　　分子内の C=C 結合が増すと融点は低くなっている

C–C 結合と C–H 結合だけからなる　　　　　　　　　カルボキシ基は 1 個

パルミチン酸 $C_{15}H_{31}COOH$

天然のものは一般にシス形に折れ曲がっている

C=C 結合をもっている　　　　　　　　　カルボキシ基は 1 個

オレイン酸 $C_{17}H_{33}COOH$

　パルミチン酸 $C_{15}H_{31}COOH$ やステアリン酸 $C_{17}H_{35}COOH$ のような飽和脂肪酸は分子の形がまっすぐなので，分子どうしが集まりやすいため，オレイン酸 $C_{17}H_{33}COOH$ のような折れ曲がった形の分子と比べ，融解させるには高い温度が必要です。飽和脂肪酸は，同程度の分子量の不飽和脂肪酸より融点が高くなっていますね。

Point 98　油脂

　グリセリン（3価のアルコール）　と　高級脂肪酸　のエステル

解説

問 1　油脂は高級脂肪酸と<u>グリセリン</u>（3価アルコール）のエステルです。油脂を水酸化ナトリウム NaOH 水溶液とともに加熱すると<u>けん化</u>が起こり，セッケンとグリセリンが生じます（→p.264）。

高級脂肪酸のナトリウム塩

$$\begin{array}{l} CH_2\text{-O-CO-R}_1 \\ CH\text{-O-CO-R}_2 \\ CH_2\text{-O-CO-R}_3 \end{array} + 3NaOH \xrightarrow{\text{けん化}} \begin{array}{l} CH_2\text{-OH} \\ CH\text{-OH} \\ CH_2\text{-OH} \end{array} + \begin{array}{l} R_1\text{-COONa} \\ R_2\text{-COONa} \\ R_3\text{-COONa} \end{array}$$

　　　油脂　　　　　水酸化ナトリウム　　　　　グリセリン　　　セッケン

問 2　（i）　この不飽和脂肪酸は，全炭素原子の数が n なので示性式を

①ここに C が 1 個ある
↓

$C_{n-1}H_xCOOH$
②残った C は $n-1$ 個

と表せます。

の部分がメチル基 CH_3-，エチル基 CH_3-CH_2- のような鎖状飽和のアルキル基ならH原子の数は，

H原子の数$=(n-1)\times 2+1$　　←CH_3，C_2H_5…のように $C_■H_{■\times 2+1}$ となる

$$=2n-1$$

ここに，$C=C$ 結合が m〔個〕存在すると，さらにH原子が $2m$〔個〕少なくなるので，この不飽和脂肪酸の〰〰〰〰の部分のH原子の数 (x) は，

$$x=2n-1-2m$$

となります。

よって，示性式が $C_{n-1}H_{2n-1-2m}COOH$，つまり，分子式は $C_nH_{2n-2m}O_2$ となります。

(ii) $C=C$ 結合1つに対して H_2 分子1つが付加するので，この不飽和脂肪酸は $C=C$ 結合が m〔個〕あるから，脂肪酸1分子に m〔個〕の H_2 分子が付加します。

$$C_nH_{2n-2m}O_2 + mH_2 \longrightarrow C_nH_{2n}O_2$$

(iii) この不飽和脂肪酸の分子量$=12\times n+1.0\times(2n-2m)+16\times 2$　　←分子式が $C_nH_{2n-2m}O_2$ なので

$$=14n-2m+32$$

$n=18$ のときは，分子量は $14\times 18-2m+32$ となります。(ii)でつくった化学反応式から，不飽和脂肪酸 $C_nH_{2n-2m}O_2$ 1 mol に H_2 が m〔mol〕付加することがわかるので，次式が成り立ちます。

$$\frac{5.6\,\text{g}}{(14\times 18-2m+32)\,\text{〔g/mol〕}} \times m =0.040\ \text{mol}$$

不飽和脂肪酸〔mol〕　　付加する H_2〔mol〕

よって，$m=2$　となります。この不飽和脂肪酸は炭素原子の数が18個，$C=C$ 結合の数が2個なのでリノール酸 $C_{17}H_{31}COOH$ ですね。

問1　ア：グリセリン　　イ：けん化
問2　(i)　$C_nH_{2n-2m}O_2$
　　　(ii)　$C_nH_{2n-2m}O_2 + mH_2 \longrightarrow C_nH_{2n}O_2$
　　　(iii)　2

57 セッケンと合成洗剤 〈化学〉

次の文章を読み，文中の□□□に適当な語句を記入せよ。

油脂は脂肪酸と　ア　のエステルであり，水酸化ナトリウムのような強塩基を加えて加熱すると，けん化されてセッケンと　ア　が得られる。セッケンあるいは合成洗剤を水に溶かすと，分子が集合して　イ　性部分を内側に，　ウ　性部分を外側にしたコロイド粒子をつくる。これを　エ　といい，セッケンの場合は　オ　に帯電している。

セッケンの水溶液は　カ　性を示す。また，カルシウムイオンやマグネシウムイオンが多く含まれる硬水では沈殿を生じ，洗浄力が低下する。合成洗剤であるアルキルベンゼンスルホン酸ナトリウムでは，その水溶液は　キ　性を示す。これは，硬水においても沈殿を生じない。

精　講　（セッケン）

セッケンは高級脂肪酸のナトリウム塩で，疎水性（親油性）の長い炭化水素基と親水性のカルボキシ基の陰イオンを合わせもっています。

$$CH_3-CH_2-CH_2-\ \cdots\cdots\cdots\ -CH_2-C\!\!\begin{smallmatrix}O\\O\end{smallmatrix}$$

　　　　疎水基（親油基）　　　　　　　　　　親水基

セッケンを水に溶かしていくと，ある濃度以上で疎水（親油）性の部分を内側に，親水性の部分を外側に向けて陰イオンが集合したミセルをつくり，コロイド溶液になります。油で汚れた布をセッケン水に入れると，疎水（親油）性の部分で油汚れを包みこみ，水中に分散させて乳濁します。これを乳化作用といいます。

　　　　　　　ミセル　　　　　　　　　　　　　　　　　　油汚れ

【セッケンの欠点】

① セッケン水は，塩の加水分解反応により塩基性を示します。そのため，動物性繊維（➡p.315）の絹や羊毛中のタンパク質が変性してしまうので，これらの洗浄には適しません。

$$RCOO^- + H_2O \rightleftharpoons RCOOH + OH^-$$ ◀水溶液が塩基性を示す

② Mg^{2+} や Ca^{2+} を多く含む水である**海水や硬水では**，水に難溶な塩を形成して沈殿するため**泡立ちが悪くなります。**

$$2RCOO^- + Mg^{2+} \longrightarrow (RCOO)_2Mg\downarrow$$
$$2RCOO^- + Ca^{2+} \longrightarrow (RCOO)_2Ca\downarrow$$

合成洗剤

合成洗剤は加水分解せず，その**水溶液は中性**です。また，マグネシウム塩やカルシウム塩は水に溶けるので，**海水や硬水でも泡立ちがよくなります。**

(例) （i）直鎖アルキルベンゼンスルホン酸ナトリウム（略称 LAS）系

 $C_{12}H_{25}$—⬡—$SO_3^-Na^+$　ドデシルベンゼンスルホン酸ナトリウム

（ii）硫酸アルキルナトリウム（略称 AS）系

$CH_3-(CH_2)_{10}-CH_2-OSO_3^-Na^+$　硫酸ドデシルナトリウム

Point 99 セッケン

> セッケンは，疎水基を内側に，親水基を外側に向け，ミセルをつくり水中に分散する。

解 説

ア：天然油脂を水酸化ナトリウム NaOH 水溶液とともに加熱すると，けん化反応が起きて，セッケン RCOONa と<u>グリセリン</u>$\underset{ア}{}$ $C_3H_5(OH)_3$ が得られます。

$$\underset{油脂}{C_3H_5(OCOR)_3} + 3NaOH \xrightarrow{加熱} \underset{グリセリン}{C_3H_5(OH)_3} + \underset{セッケン}{3RCOONa}$$

イ〜オ：セッケン水の濃度が大きくなると，セッケンは<u>疎水</u>$\underset{イ}{}$基を内側に，<u>親水</u>$\underset{ウ}{}$基を外側にして球状のコロイド粒子である（<u>ミセル</u>$\underset{エ}{}$）をつくって，水中に細かく分散します。

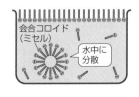

また，セッケンは高級脂肪酸の陰イオンなので，<u>負</u>$\underset{オ}{}$に帯電しています。

カ，キ：セッケンの水溶液は次の反応により弱い<u>塩基</u>$\underset{カ}{}$性を示します。

$$R-COO^- + H_2O \rightleftharpoons R-COOH + OH^-$$

それに対して，石油から合成した合成洗剤であるアルキルベンゼンスルホン酸ナトリウムの水溶液は<u>中</u>$\underset{キ}{}$性を示します。

 ア：グリセリン　**イ**：疎水（または親油）　**ウ**：親水
　　エ：ミセル　**オ**：負（またはマイナス）　**カ**：塩基　**キ**：中

ベンゼンは，鉄触媒存在下で　 a 　を重合させることにより合成できる。ベンゼンはしばしば単結合と二重結合が交互に連なった環状構造で表されるが，実際には6個の炭素-炭素結合は同等であり，その長さは　 ア 　。ベンゼンに対し，塩素を紫外線照射下で作用させると　 b 　が生成する。一方，ベンゼンに対し，塩素を鉄粉存在下でおだやかに反応させた場合には　 c 　が得られる。　 c 　に対して濃硫酸存在下で　 d 　を反応させると，ニトロ化反応が室温で進行して，　 e 　種類の異性体が生成する。

問1 文章中の　 a 　〜 e 　にあてはまる適切な化合物名あるいは数値を記せ。

問2 文章中の　 ア 　に入る適切なものを次の中から選び，記号で記せ。

　あ　単結合と同じである　　　　い　単結合より短く，二重結合より長い

　う　二重結合と同じである　　　え　単結合より長く，二重結合より短い

　お　三重結合と同じである 　　　　　　　　　　　　　　　　（名古屋市立大）

精 講 　（ベンゼン）

　　ベンゼン C_6H_6 は，次のような2つの構造式が混ざったような分子で，炭素原子間はすべて二重結合と単結合の中間的な結合になっています。そのため，すべての炭素原子間の距離は等しく，正六角形の分子となっています。

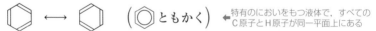

特有のにおいをもつ液体で，すべての C 原子と H 原子が同一平面上にある

　エチレン（エテン） $CH_2=CH_2$ などとは異なり，臭素 Br_2 が容易に付加したりせず安定な化合物です。

（ベンゼンの付加反応）

　アルケンよりも付加反応は起こりにくいものの，次のような激しい条件のもとでは付加反応が起こります。

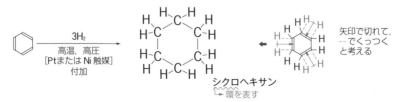

矢印で切れて，
‑‑でくっつく
と考える

シクロヘキサン
↳環を表す

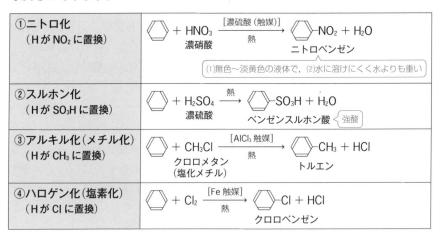

1, 2, 3, 4, 5, 6-ヘキサクロロシクロヘキサン
（ベンゼンヘキサクロリド（略称 BHC））

ベンゼンの置換反応

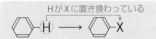

（HがXに置き換わる反応）

　ベンゼンでは付加反応より置換反応が起こりやすく，置換反応には次のような反応があります。

①ニトロ化 （HがNO₂に置換）	$\bigcirc$ + HNO₃ $\xrightarrow[熱]{[濃硫酸（触媒）]}$ $\bigcirc$—NO₂ + H₂O 濃硝酸　　　　　　　　　　　ニトロベンゼン (1)無色〜淡黄色の液体で，(2)水に溶けにくく水よりも重い
②スルホン化 （HがSO₃Hに置換）	$\bigcirc$ + H₂SO₄ $\xrightarrow{熱}$ $\bigcirc$—SO₃H + H₂O 濃硫酸　　　　ベンゼンスルホン酸〈強酸〉
③アルキル化（メチル化） （HがCH₃に置換）	$\bigcirc$ + CH₃Cl $\xrightarrow[熱]{[AlCl₃ 触媒]}$ $\bigcirc$—CH₃ + HCl クロロメタン　　　　　　　　トルエン （塩化メチル）
④ハロゲン化（塩素化） （HがClに置換）	$\bigcirc$ + Cl₂ $\xrightarrow[熱]{[Fe 触媒]}$ $\bigcirc$—Cl + HCl クロロベンゼン

　①のニトロ化，②のスルホン化では濃硫酸 H_2SO_4 による脱水，③のアルキル化，④のハロゲン化では塩化アルミニウム $AlCl_3$ や鉄 Fe による脱塩化水素が起こっていると考えると暗記しやすいです。

① $\bigcirc$—H HO-N$\overset{O}{\underset{O}{\diagdown}}$　② $\bigcirc$—H HO-S$\overset{O}{\underset{O}{\|}}$-OH　（←は配位結合を表す）
H₂O がとれる　硝酸　　　　　H₂O がとれる　硫酸

③ $\bigcirc$—H Cl-C$\overset{H}{\underset{H}{|}}$-H　④ $\bigcirc$—H Cl-Cl
HClがとれる　　　　　　　　HClがとれる　塩素
　　　クロロメタン
　　　（塩化メチル）

270

問1 ベンゼン C_6H_6 は，<u>アセチレン（エチン）</u>C_2H_2 を赤熱した鉄 Fe などの触媒存在_a下で重合させることにより合成できます。

$$\text{アセチレン} \xrightarrow[\text{3分子が重合}]{\text{アセチレン}} \text{ベンゼン} \quad \text{つまり} \quad \text{ベンゼン}$$

ベンゼンに対し，塩素 Cl_2 を紫外線照射下で作用させると<u>1, 2, 3, 4, 5, 6-ヘキサクロロシクロヘキサン（ベンゼンヘキサクロリド（略称 BHC））</u>が生成します。_b

$$\xrightarrow[\text{紫外線照射}]{Cl_2}$$ 1, 2, 3, 4, 5, 6-ヘキサクロロシクロヘキサン（付加）
（ベンゼンヘキサクロリド（BHC））

ベンゼンに対し，塩素 Cl_2 を鉄粉存在下でおだやかに反応させると<u>クロロベンゼン</u>が得られます。_c

$$\text{⟨⟩H} \xrightarrow[\text{[Fe 触媒]}]{Cl_2} \text{⟨⟩Cl} + HCl \quad \left(\begin{array}{l}\text{塩素化}\\\text{ハロゲン化}\end{array}\right)$$

クロロベンゼンに対して濃硫酸 H_2SO_4 存在下で<u>濃硝酸</u>HNO_3 を反応させるとニトロ_d化反応が進行し，*o*-体，*m*-体，*p*-体の<u>3</u> 種類の異性体が生成します（➡p.273（注））。_e

オルト メタ パラ

$$\xrightarrow[\text{[H_2SO_4 触媒]}]{\substack{\text{室温}\\HNO_3}}$$

o-体　　*m*-体（極めて少量）　　*p*-体

問2

$$\underset{\text{エタン}}{\overset{0.15\,nm}{H-C-C-H}} > \underset{\text{ベンゼン}}{\overset{0.14\,nm}{\bigcirc}} > \underset{\text{エチレン（エテン）}}{\overset{0.13\,nm}{C=C}} > \underset{\text{アセチレン（エチン）}}{\overset{0.12\,nm}{H-C≡C-H}} \quad \text{← 1 nm=}10^{-7}\text{cm}$$

ベンゼンは正六角形なので，炭素-炭素結合は同等です。よって，その長さは<u>単結合より短く，二重結合より長い</u>となります。_ア

答　　**問1**　　**a**：アセチレン（エチン）

　　　　b：1, 2, 3, 4, 5, 6-ヘキサクロロシクロヘキサン（ベンゼンヘキサクロリド）

　　　　c：クロロベンゼン　　　**d**：濃硝酸　　　**e**：3

　　　問2　（い）

59　芳香族化合物の異性体

〈化学〉

　　次の(1)〜(3)に示した分子式と有機化合物の分類にあてはまる，構造異性体
の構造式をすべて書け。

(1)　C_8H_{10}：芳香族炭化水素

(2)　$C_8H_6O_4$：芳香族ジカルボン酸

(3)　C_7H_8O：芳香族化合物

(神奈川大)

精　講

芳香族

　　ベンゼン環をもつ化合物を芳香族（化合物）といいます。

芳香族化合物の構造異性体の数え方

　ベンゼン環以外の側鎖が鎖状飽和の芳香族化合物の構造式は，次のように分けて考えられます。

右図のように ⬡ ベンゼン に $\left(\begin{array}{c}H\\-C-\\H\end{array}\right)$ が n 回，

$\left(\begin{array}{c}H\\|\\-N-\end{array}\right)$ が m 回，$-(O)-$ が l 回　入りこむ

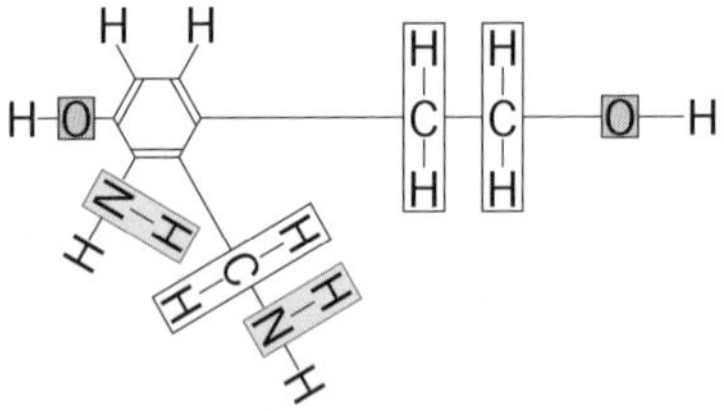

と，分子式は，

$$⬡ \text{ベンゼン} + \left(\begin{array}{c}H\\-C-\\H\end{array}\right)_n + \left(\begin{array}{c}H\\|\\-N-\end{array}\right)_m + (O)_l = C_6H_6 \cdot C_nH_{2n+m}N_mO_l$$

となります。

　つまり，C_6H_6 以外でH原子の数が $2n+m$ なら側鎖は鎖状で飽和であり，こ

つまり，$2 \times (C_6H_6$ 以外のC原子の数 $n) + (N$原子の数 $m)$

こからH原子が2つ少なくなるとベンゼン環以外に二重結合か環構造を1つもつということになります。これは 必修基礎問 50 と同じ関係です。

Point 100　芳香族化合物の側鎖

　　ベンゼン環をもつ化合物（芳香族化合物）は，

　　　　C_6H_6 以外で $C_nN_mO_l$ のとき，Hの数が　$2n+m$　なら，

　　ベンゼン環以外は鎖状で飽和。

(1) $C_8H_{10} = \boxed{C_6H_6} \cdot C_2H_4$ となり，C_6H_6 以外の C 原子の数 $(n)=2$，N 原子の数 $(m)=0$ とわかります。

C_6H_6 以外の部分 C_2H_4 で考えてみると，$2n+m=2\times2+0=4$ と同じ H 原子の数であり，鎖状で飽和と考えられます。よって，C_8H_{10} は次のように考えるとよいでしょう。

$$C_8H_{10} = \underset{\text{ベンゼン}}{\bigcirc} + \underset{\text{側鎖は鎖状で飽和}}{+(CH_2) + (CH_2)}$$

まず，$\bigcirc$ に $-CH_2-$ を１つ入れると，$\boxed{H-C-H}$付きの構造 となります。

次に，さらにもう１つ $-CH_2-$ を入れますが，ベンゼンが正六角形であることに注意すると，

$\boxed{H-C-H}$ を入れる位置は右の①～④の$\Leftarrow$になります。

① エチルベンゼン ② $\underset{o\text{-キシレン}}{\text{オルト}}$ ③ $\underset{m\text{-キシレン}}{\text{メタ}}$ ④ $\underset{p\text{-キシレン}}{\text{パラ}}$

(注) 二置換体は，②をオルト体（o と記す），③をメタ体（m と記す），④をパラ体（p と記す）といいます。

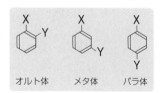

オルト体　メタ体　パラ体

(2) $C_8H_6O_4 = \boxed{C_6H_6} \cdot C_2O_4$ となり，C_6H_6 以外の C 原子の数 $(n)=2$，N 原子の数 $(m)=0$ とわかります。

C_6H_6 以外の部分 C_2O_4 で考えてみると，$2n+m=2\times2+0=4$ と同じ H 原子の数であれば鎖状で飽和ですが，C_6H_6 以外の部分 C_2O_4 の H 原子$=0$ なので $-4H$，つまり，H 原子が４つ少なくなるため，二重結合や環構造が合わせて２つあります。

今回は問題に芳香族ジカルボン酸とあるので，$-\overset{O}{\underset{}{C}}-O-H$ を２つもち，これで二重結合が２つとなり，他に二重結合や環構造はありません。

よって，

$$C_8H_6O_4 = \underset{\text{ベンゼン}}{\bigcirc} + \underset{\text{側鎖には二重結合 (C=O) が２つ}}{(\overset{O}{\underset{}{C}}-O) + (\overset{O}{\underset{}{C}}-O)}$$

と分けて考えると，オルト体，メタ体，パラ体の３つの二置換体があります。

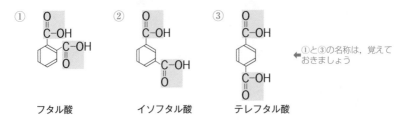

① フタル酸　② イソフタル酸　③ テレフタル酸

← ①と③の名称は，覚えておきましょう

(3)　$C_7H_8O=\boxed{C_6H_6}\cdot CH_2O$ となり，C_6H_6 以外のC原子の数 $(n)=1$，N原子の数 $(m)=0$ とわかります。

　　C_6H_6 以外の部分 CH_2O で考えてみると，$2n+m=2\times1+0=2$ と同じH原子の数であり側鎖は鎖状で飽和です。そこで，

$$C_7H_8O = \text{ベンゼン} + \underbrace{(CH_2) + (O)}_{\text{側鎖は鎖状で飽和}}$$

と考えます。まず，⬡ に $-CH_2-$ を入れると，

H-C-H（下にベンゼン環）

となります。

　　さらにここに，$-O-$ を入れましょう。$-O-$ を入れる位置は右の①～⑤の⬅になります。

① CH_2-OH　ベンジルアルコール

② CH_3（Oを介したフェニル）メチルフェニルエーテル

③ CH_3 ・ OH　$o-$クレゾール

④ CH_3 ・ OH　$m-$クレゾール

⑤ CH_3 ・ OH　$p-$クレゾール

⬡$-CH_2-$ をベンジル基という　　CH_3- をメチル基，⬡$-$ をフェニル基という

答

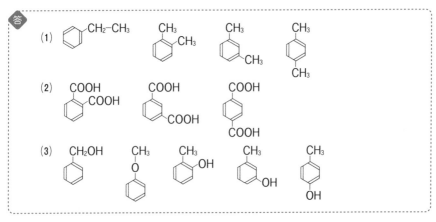

(1)　⬡$-CH_2-CH_3$　　（CH_3，CH_3 オルト）　　（CH_3，CH_3 メタ）　　（CH_3，CH_3 パラ）

(2)　$COOH$, $COOH$（オルト）　　$COOH$, $COOH$（メタ）　　$COOH$, $COOH$（パラ）

(3)　CH_2OH　　CH_3（O-フェニル）　　CH_3 ・OH　　CH_3 ・OH　　CH_3 ・OH

60 芳香族化合物の誘導体⑴

次の〔1〕，〔2〕の1)～5)には，ベンゼンおよびベンゼンから得られるフェノールに関する一般的な化学反応を示した。□□□□にあてはまる最も適切な反応操作を，それぞれ解答群から1つ選び答えよ。

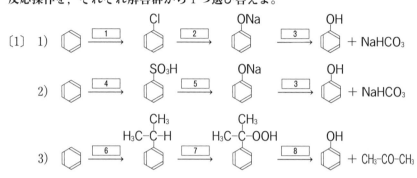

□1□～□8□の解答群

① 希硫酸を作用させる。　② 水酸化ナトリウム水溶液を加える。

③ 触媒を用いて，酸素と反応させる。

④ 水に溶かして，二酸化炭素を通す。

⑤ 触媒を用いて，プロペン（プロピレン）と反応させる。

⑥ 水酸化ナトリウムで中和して得られる塩を，水酸化ナトリウムとアルカリ融解する。

⑦ 濃硫酸を加えて加熱する。　⑧ 鉄粉を触媒として，塩素を通す。

⑨ 濃硝酸と濃硫酸の混合物（混酸）を作用させる。

⓪ 触媒を用いて，プロパンと反応させる。

ⓐ 食塩水を作用させる。　ⓑ 紫外線をあてながら，塩素を通す。

ⓒ 水酸化ナトリウム水溶液を加え，加圧下で加熱する。

〔2〕〔1〕で得られたフェノールの化学的性質を調べるために，4)の反応を行うと，ナトリウムフェノキシドが生成する。また，5)の反応を行うと，2, 4, 6-トリブロモフェノールが生成する。

4) ![OH]→[9]→[ONa] + H₂O

$$\text{4)} \quad \text{C}_6\text{H}_5\text{OH} \xrightarrow{\boxed{9}} \text{C}_6\text{H}_5\text{ONa} + H_2O$$

5) フェノール $\xrightarrow{\boxed{10}}$ 2,4,6-トリブロモフェノール（2位と6位にBr，OH，4位にBr）

9 ， 10 の解答群

① 臭素水を加える。

② 水酸化ナトリウム水溶液を加え，加圧下で加熱する。

③ 臭化水素酸を加える。

④ 炭酸水素ナトリウム水溶液を加える。

⑤ 金属ナトリウムを作用させる。

⑥ 水酸化ナトリウム水溶液を加える。　（近畿大）

精講　フェノールの性質

フェノールはベンゼンのH原子を −OH で置換した構造をもっており，構造はアルコールと似ていますが，異なる性質があるので注意しましょう。

❶ 水に少し溶け，弱酸性を示す

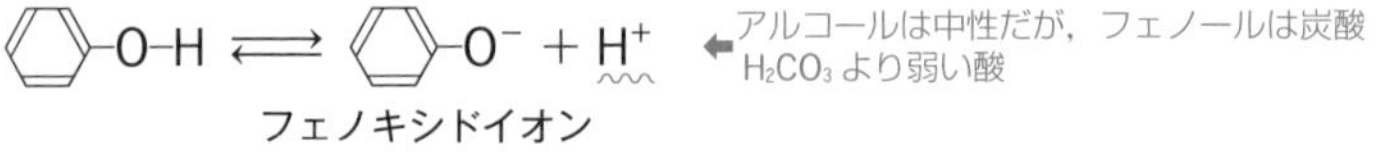
O−H
O⁻ ＋ H⁺
アルコールは中性だが，フェノールは炭酸
H₂CO₃ より弱い酸
フェノキシドイオン

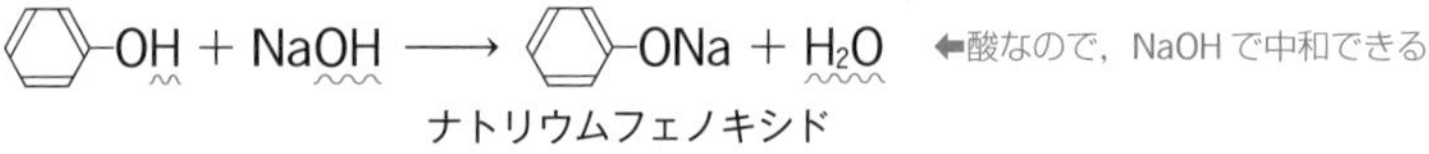
OH ＋ NaOH
ONa ＋ H₂O
酸なので，NaOH で中和できる
ナトリウムフェノキシド

❷ Br_2 による白色沈殿

フェノールは *o*- 位，*p*- 位で置換反応が起こりやすく，触媒がなくても Br_2 を加えると，*o*- 位，*p*- 位でHとBr が置換反応を起こします。

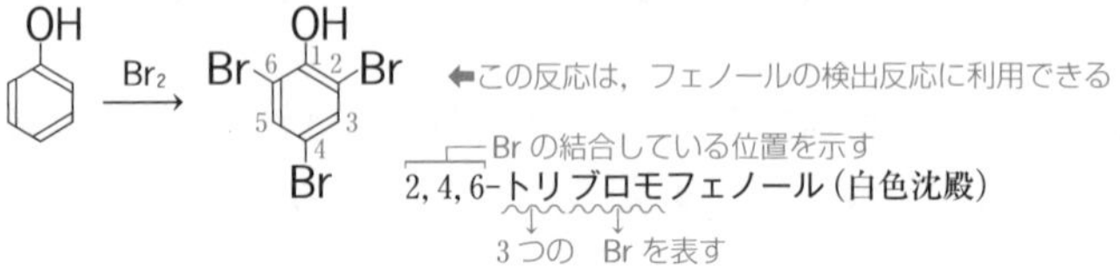
OH
Br₂
OH
Br
Br
Br
1
2
3
4
5
6
この反応は，フェノールの検出反応に利用できる
Br の結合している位置を示す
2, 4, 6-トリブロモフェノール（白色沈殿）
3つの
Br を表す

❸ カルボン酸無水物 $(R'CO)_2O$ との反応

アルコール ROH と同じようにカルボン酸無水物 $(R'CO)_2O$ とエステルをつくります。

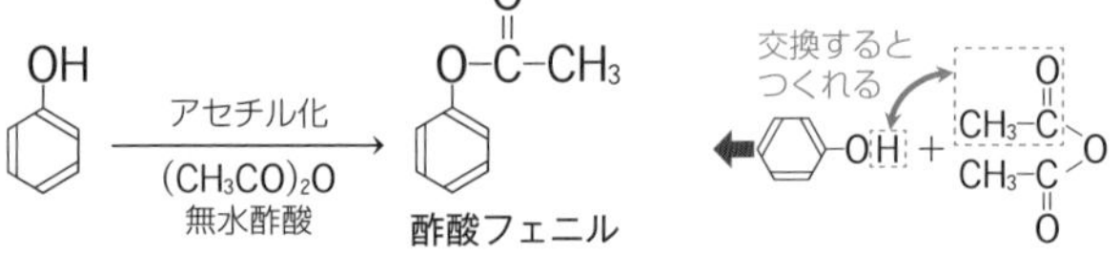
OH
アセチル化
(CH₃CO)₂O
無水酢酸
O
O−C−CH₃
酢酸フェニル
交換すると
つくれる
OH
CH₃−C
CH₃−C
O
O
O

❹ サリチル酸の合成原料となる

フェノキシドイオン 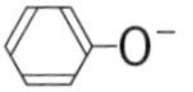 は，フェノールよりさらに *o*- 位や *p*- 位での置換反応が起こりやすいため，ナトリウムフェノキシド（フェノールの Na 塩（無水物））に加圧しながら

140℃ くらいで二酸化炭素 CO_2 を押しこむと，サリチル酸ナトリウムができます。あとは希塩酸 HCl を加え，弱酸遊離反応によりサリチル酸とします。

間に入れると考える
H^+ が移動

ONa
H
ナトリウムフェノキシド
水溶液ではなく固体

CO_2
加圧，加熱

($\overset{\ominus}{ONa}$-COOH)
フェノールよりカルボン酸の方が酸として強いので，–COOH の H^+ がフェノール性 –OH の方へ移動する

OH
COONa
サリチル酸ナトリウム

H^+
HCl
自分より弱い酸を追い出す

OH
COOH
サリチル酸

サリチル酸のエステルは，次の(i)と(ii)を覚えておきましょう。

(i)アセチルサリチル酸

サリチル酸と無水酢酸を縮合すると，解熱鎮痛作用を示す**固体**であるアセチルサリチル酸が得られます。

交換するとつくれる

OH
COOH
サリチル酸

+

O
CH_3-C
CH_3-C
O
無水酢酸

アセチル化 →

O
$O-C-CH_3$
COOH
アセチルサリチル酸

+ CH_3COOH

(ii)サリチル酸メチル

サリチル酸とメタノールが縮合すると，消炎作用を示す**液体**であるサリチル酸メチルが得られます。

OH
COOH
サリチル酸

+ CH_3-OH
メタノール

エステル化
[濃硫酸 (触媒)] →

OH
$C-O-CH_3$
O
サリチル酸メチル

+ H_2O

H_2O がとれる

フェノールの合成法

❶ 置換反応の利用

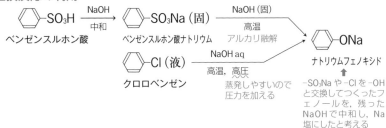

$\bigcirc$–SO_3H
ベンゼンスルホン酸

$\xrightarrow[\text{中和}]{NaOH}$

$\bigcirc$–SO_3Na (固)
ベンゼンスルホン酸ナトリウム

$\xrightarrow[\substack{\text{高温} \\ \text{アルカリ融解}}]{NaOH (固)}$

$\bigcirc$–Cl (液)
クロロベンゼン

$\xrightarrow[\substack{\text{高温，高圧} \\ \text{蒸発しやすいので} \\ \text{圧力を加える}}]{NaOH aq}$

$\bigcirc$–ONa
ナトリウムフェノキシド
–SO_3Na や –Cl を –OH と交換してつくったフェノールを，残ったNaOHで中和し，Na 塩にしたと考える

❷ クメン法（現在の工業的製法）

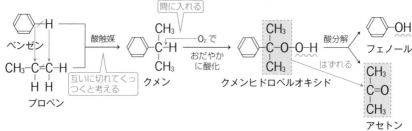

現在，フェノールはほとんどこのクメン法で工業的につくられています。

1，4：1はハロゲン化（塩素化），4はスルホン化です（➡p.270）。

2：クロロベンゼンは加熱すると蒸発するので，水酸化ナトリウム水溶液と混ぜて加圧下で反応させます。

3：$NaHCO_3$ がフェノールとともに生じているので④が正解です。

5：ベンゼンスルホン酸を中和してベンゼンスルホン酸ナトリウムとし，NaOH の固体とともに300℃前後で融解すると，ナトリウムフェノキシドが得られます。

6，7，8：クメン法です。ベンゼンをプロペン（プロピレン）と反応させて得られたクメンを，酸素と反応させクメンヒドロペルオキシドにします。これを酸で分解すると，フェノールとアセトンが得られます（➡上の❷）。

9：フェノールは酸なので，NaOH 水溶液で中和できます。

10：フェノールに臭素水を加えると，2,4,6-トリブロモフェノールの白色沈殿が生じます（➡p.276）。

答						
1：⑧	2：ⓒ	3：④	4：⑦	5：⑥	6：⑤	7：③
8：①	9：⑥	10：①				

　染料として用いられる有機化合物 p-ヒドロキシアゾベンゼン（p-フェニルアゾフェノール）は，ベンゼンを原料として右図に示すように，**有機化合物 C および F をジアゾカップリング**して合成することができる。

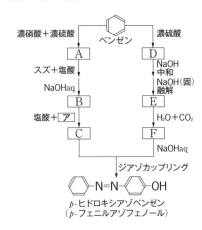

濃硝酸＋濃硫酸　　ベンゼン　　濃硫酸

A　　　　　　　　D
スズ＋塩酸　　　　　　　NaOH
　　　　　　　　　　　中和
NaOHaq　　　　　　NaOH(固)
　　　　　　　　　　　融解
B　　　　　　　　E
塩酸＋[ア]　　　　　　H₂O＋CO₂
C　　　　　　　　F
　　　　　　　　　NaOHaq

ジアゾカップリング

p-ヒドロキシアゾベンゼン
（p-フェニルアゾフェノール）

　有機化合物 C を合成するためには，まず，ベンゼンを濃硝酸と濃硫酸とで[　a　]して化合物 A を合成する。次に，化合物 A をスズと塩酸で[　b　]した後，水酸化ナトリウム水溶液を加えて化合物 B を合成する。最後に化合物 B を塩酸に溶かし，0 ～ 5 ℃ に冷やしながら[　ア　]により[　c　]して化合物 C を合成する。

　一方，**化合物 F の合成**では，まず，ベンゼンを濃硫酸とともに熱して[　d　]して化合物 D を合成する。さらに化合物 D を水酸化ナトリウムで中和して生じた塩と，水酸化ナトリウムを加熱融解して化合物 E を合成し，最後に**化合物 E の水溶液に二酸化炭素を通して化合物 F を合成する**。

　p-ヒドロキシアゾベンゼンは，5 ℃ に冷やした化合物 F の水酸化ナトリウム水溶液に化合物 C の水溶液を加え，ジアゾカップリングさせて合成する。

問 1　化合物 A ～ F に適当な構造式を示せ。

問 2　[　a　]～[　d　]に適当な反応名を示せ。

問 3　[　ア　]に適切な試薬名を示せ。

問 4　本文の下線で示した反応が進行するのは，[　イ　]より[　ウ　]の方が酸として強いためである。この[　イ　]および[　ウ　]に適当な物質名を示せ。

（岐阜大）

精　講　　アニリンの性質

❶　**塩基である**

　アニリンは水にわずかに溶けて，弱塩基性を示します。

$$\text{C}_6\text{H}_5\text{-NH}_2 + \text{H}_2\text{O} \underset{\text{H}^+}{\rightleftharpoons} \text{C}_6\text{H}_5\text{-NH}_3^+ + \text{OH}^-$$

よって，次ページのような反応が起こります。

第 3 章　有機化学

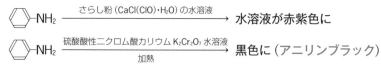

$$\text{C}_6\text{H}_5\text{-NH}_2 + \text{HCl} \xrightarrow{\text{H}^+} \text{C}_6\text{H}_5\text{-NH}_3\text{Cl} \quad \leftarrow \text{中和反応}$$

$$\text{C}_6\text{H}_5\text{-NH}_3\text{Cl} + \text{NaOH} \xrightarrow{\text{H}^+} \text{C}_6\text{H}_5\text{-NH}_2 + \text{NaCl} + \text{H}_2\text{O} \quad \leftarrow \begin{array}{l} \text{強塩基である NaOH} \\ \text{が弱塩基のアニリン} \\ \text{を追い出す} \end{array}$$

❷ **酸化されやすい**

アニリンは非常に酸化されやすいので，酸化剤と反応します。
さらし粉，ニクロム酸カリウム

$$\text{C}_6\text{H}_5\text{-NH}_2 \xrightarrow{\text{さらし粉 (CaCl(ClO)·H}_2\text{O) の水溶液}} \text{水溶液が赤紫色に}$$

$$\text{C}_6\text{H}_5\text{-NH}_2 \xrightarrow[\text{加熱}]{\text{硫酸酸性ニクロム酸カリウム K}_2\text{Cr}_2\text{O}_7 \text{水溶液}} \text{黒色に (アニリンブラック)}$$

❸ **アミドの形成**

（例）

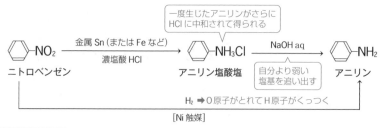

交換すると
つくれる

アニリン　　　　無水酢酸　　　　　　　　　アセトアニリド

（アミド結合）

アニリンの合成法

ニトロベンゼンを次のように還元します。

一度生じたアニリンがさらに
HCl に中和されて得られる

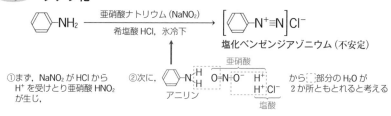

ニトロベンゼン　　　　　　　アニリン塩酸塩　　　　　　　　アニリン

自分より弱い
塩基を追い出す

H_2 ➡ O 原子がとれて H 原子がくっつく

[Ni 触媒]

アゾ染料の合成

Step 1 **ジアゾ化**

$$\text{C}_6\text{H}_5\text{-NH}_2 \xrightarrow[\text{希塩酸 HCl，氷冷下}]{\text{亜硝酸ナトリウム (NaNO}_2\text{)}} [\text{C}_6\text{H}_5\text{-N}^+\text{≡N}]\text{Cl}^-$$

塩化ベンゼンジアゾニウム (不安定)

①まず，NaNO_2 が HCl から　　②次に，　　　　　　　　　　から　　部分の H_2O が
H^+ を受けとり亜硝酸 HNO_2　　　　　　　　　　　　　　　　　　　　２か所ともとれると考える
が生じ，

亜硝酸

アニリン

塩酸

アニリンを希塩酸 HCl に溶かし，亜硝酸ナトリウム NaNO_2 水溶液を加えると，塩化ベンゼンジアゾニウムが生成します。塩化ベンゼンジアゾニウムが不安定なため，分解しないように反応を氷冷下で行う必要があります。常温では，次

のような分解反応が進行して，フェノールが生じます。

$$\text{\Large⟨⟩}-\overset{+}{\text{N}}{\equiv}\text{N} + H_2O \longrightarrow \text{\Large⟨⟩}-OH + N_2 + H^+$$ ← N_2 が逃げることで生じる⟨⟩$^+$ に H_2O の OH^- がくっつき，H^+ が残る

Step 2 ジアゾカップリング

①ベンゼン環にくっつき，

$$\text{\Large⟨⟩}-N_2^+ + \overset{\frown}{(H)}\text{\Large⟨⟩}-O^- \xrightarrow{\text{氷冷下}} \text{\Large⟨⟩}-N{=}N-\text{\Large⟨⟩}-OH$$
②H^+ が移動する

ジアゾニウムイオン　フェノキシドイオン　　p-ヒドロキシアゾベンゼン (橙赤色)
　　　　　　　　　　　　　　　　　　　　　　(p-フェニルアゾフェノール)

塩化ベンゼンジアゾニウム水溶液に，フェノールを水酸化ナトリウム NaOH 水溶液に溶かした溶液を加えると，p- 位で置換が起こりアゾ染料の一種である p-ヒドロキシアゾベンゼン (p-フェニルアゾフェノール) が生成します。一般に −N=N− をアゾ基といい，鮮やかな黄〜赤色を示すものが多いです。

問1，2，3，4　p-ヒドロキシアゾベンゼンは，ベンゼンを原料として塩化ベンゼンジアゾニウム (**C**) とフェノール (**F**) をジアゾカップリングすると得られます。

まず，ベンゼンを濃硝酸 HNO_3 と濃硫酸 H_2SO_4 とでニトロ化$_a$ してニトロベンゼン (**A**) をつくります。

$$\text{\Large⟨⟩} + HNO_3 \xrightarrow{[H_2SO_4]} \text{\Large⟨⟩}-NO_2 + H_2O \quad (\text{ニトロ化})$$
ベンゼン　　　　　　　　　　ニトロベンゼン **A**

次に，ニトロベンゼン (**A**) をスズ Sn (または鉄 Fe) と塩酸 HCl で還元$_b$ しアニリン塩酸塩とした後，水酸化ナトリウム NaOH 水溶液を加えてアニリン (**B**) を合成します。

$$\text{\Large⟨⟩}-NO_2 \xrightarrow[\text{還元}]{\text{Sn (または Fe) + HCl}} \text{\Large⟨⟩}-NH_3Cl \xrightarrow[\text{弱塩基遊離}]{\text{NaOH}} \text{\Large⟨⟩}-NH_2$$
ニトロベンゼン　　　　　　　　　アニリン塩酸塩　　　　　　アニリン **B**

最後に，アニリン (**B**) を塩酸 HCl に溶かし，0 〜 5 ℃ に冷やしながら，亜硝酸ナトリウム $NaNO_2$ によりジアゾ化$_c$ して，塩化ベンゼンジアゾニウム (**C**) をつくります。
問3 ア

$$\text{\Large⟨⟩}-NH_2 \xrightarrow[\text{ジアゾ化}]{NaNO_2 + HCl} \text{\Large⟨⟩}-N_2Cl$$
アニリン　　　　　　　　　塩化ベンゼンジアゾニウム **C**

一方，フェノール (**F**) の合成では，まず，ベンゼンを濃硫酸 H_2SO_4 とともに熱してスルホン化$_d$ してベンゼンスルホン酸 (**D**) を合成します。

$$\text{\Large⟨⟩} + H_2SO_4 \xrightarrow{\text{加熱}} \text{\Large⟨⟩}-SO_3H + H_2O \quad (\text{スルホン化})$$
ベンゼン　　　　　　　ベンゼンスルホン酸 **D**

さらに，ベンゼンスルホン酸（D）を NaOH で中和してベンゼンスルホン酸ナトリウムとし，これと水酸化ナトリウム NaOH（固）を加熱融解（アルカリ融解）すると，ナトリウムフェノキシド（E）が得られます。

$$\text{◯-SO}_3\text{H} \xrightarrow[\text{中和}]{\text{NaOH}} \text{◯-SO}_3\text{Na} \xrightarrow[\text{アルカリ融解}]{\text{NaOH（固）}} \text{◯-ONa}$$

ベンゼンスルホン酸　　　ベンゼンスルホン酸　　　　　　　ナトリウムフェノキシド
　　　　　　　　　　　ナトリウム

最後に，ナトリウムフェノキシド（E）の水溶液に二酸化炭素 CO_2 を通してフェノール（F）が生じます。

$$\text{◯-ONa} + CO_2 + H_2O \longrightarrow \text{◯-OH} + NaHCO_3$$

ナトリウムフェノキシド　　　　　　　　フェノール

この反応が進行するのは，<u>フェノール</u>ィより<u>炭酸</u>ゥ$H_2O + CO_2$ の方が酸として強いためです。←問4

ちなみに，酸としての強さは，

$$HCl > R\text{-}COOH > CO_2 + H_2O > \text{◯-OH}$$
塩酸　　　カルボン酸　　　炭酸　　　　　　　フェノール

の順になります。

p-ヒドロキシアゾベンゼン（p-フェニルアゾフェノール）は，5 ℃ に冷やしたフェノール（F）の水酸化ナトリウム NaOH 水溶液に塩化ベンゼンジアゾニウム（C）の水溶液を加え，ジアゾカップリングさせて合成します。

$$\begin{cases} \text{◯-OH} + NaOH \longrightarrow \text{◯-ONa} + H_2O \\ \text{◯-N}_2{}^+Cl^- + \text{◯-O}^-Na^+ \longrightarrow \text{◯-N=N-◯-OH} + NaCl \end{cases}$$

塩化ベンゼン　　　ナトリウムフェノキシド　　p-ヒドロキシアゾベンゼン
ジアゾニウム　　　　　　　　　　　　　　　（p-フェニルアゾフェノール）

芳香族アゾ化合物は，黄～赤色を示すものが多く，染料（アゾ染料）や顔料（アゾ顔料）として用いられています。

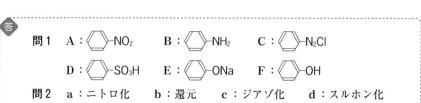

答

問1　A：◯-NO₂　　B：◯-NH₂　　C：◯-N₂Cl

　　　D：◯-SO₃H　　E：◯-ONa　　F：◯-OH

問2　a：ニトロ化　　b：還元　　c：ジアゾ化　　d：スルホン化
問3　亜硝酸ナトリウム
問4　イ：フェノール　　ウ：炭酸

34 芳香族化合物の誘導体⑶ 〈化学〉

次の文章を読み，下の問いに答えよ。

　石炭を乾留して得られるコールタールにはベンゼンの他に，ベンゼン環に
1個のメチル基をもつトルエンや2個のメチル基をもつ3種類の異性体 A，
B，C などが含まれる。ベンゼンやトルエンは無色の液体で，水に溶けにく
い。トルエンに室温で濃硫酸と濃硝酸との混合物を作用させると，異性体で
ある D と E がおもに得られる。しかし，(a)高温で反応させると爆薬として用
いられる化合物が得られる。A を過マンガン酸カリウムを用いて酸化すると
F が得られ，(b)これをさらに加熱すると分子内脱水により無色の結晶が得ら
れる。これは染料，合成樹脂などの原料に用いられる。B を酸化するとテレ
フタル酸になる。

問1　化合物 D，E の構造式を記せ。

問2　C の名称を記せ。

問3　下線部⒜および⒝の化学反応式を記せ。 　　　　　　　（東京都市大）

精　講　　　芳香族炭化水素の反応

　　　　　　芳香族炭化水素は，ベンゼン環に直接結合した C 原子が酸化
されやすく，過マンガン酸カリウム $KMnO_4$ によって酸化され，側鎖のアルキル
基がカルボキシ基 –COOH に変化します。

（例）

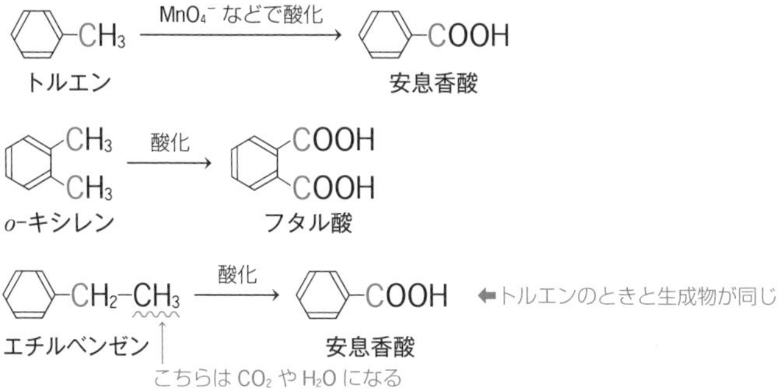

トルエン　$\xrightarrow{MnO_4^- \text{などで酸化}}$　安息香酸

o-キシレン　$\xrightarrow{酸化}$　フタル酸

エチルベンゼン　$\xrightarrow{酸化}$　安息香酸　←トルエンのときと生成物が同じ

こちらは CO_2 や H_2O になる

トルエンの置換反応

　トルエンはフェノールと同じく**オルト位とパラ位で置換反応が起こりやすく**
（➡p.276），トルエンをニトロ化すると次ページのようになります。

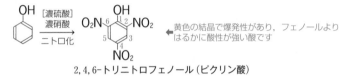

と ←o-体とp-体が多く生成する

o-体　　p-体

←(1) の②, ④, ⑥で-NO₂になっている

(2) 爆薬に用いられる

-NO₂の結合している位置を示す

2, 4, 6-トリニトロトルエン（略称 TNT）

3つの -NO₂ を表す

フェノールも類似の反応が起こり，高温でニトロ化すると，2, 4, 6-トリニト
ロフェノール（ピクリン酸）になります。

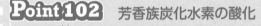

←黄色の結晶で爆発性があり，フェノールより
　はるかに酸性が強い酸です

2, 4, 6-トリニトロフェノール（ピクリン酸）

Point 102　芳香族炭化水素の酸化

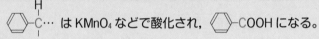 は KMnO₄ などで酸化され， —COOH になる。

A，B，C は，ベンゼン環に2個のメチル基 -CH₃ をもつとあるので，

o-キシレン　　m-キシレン　　p-キシレン

のいずれかだと考えられます。

問1，問3(a) 「濃硫酸と濃硝酸との混合物を作用させる」とは，ニトロ化のことです。
トルエンをニトロ化すると，おもに o-位と p-位のHがNO₂に置換されます。
　ニトロ化を高温で行うと，o-位と p-位のHすべてがNO₂に置換された 2, 4, 6-ト
リニトロトルエンが得られます。

$$\text{（トルエン）} + 3\,HNO_3 \xrightarrow[\text{ニトロ化}]{[H_2SO_4]} \text{（TNT）} + 3\,H_2O$$ ←下線部(a)

2, 4, 6-トリニトロトルエン（略称 TNT）　➡爆薬として用いられる

問3(b)　Aを酸化し，さらに加熱すると分子内脱水が起こっていることから，Aは *o*-体であり，次のような変化が起こったと考えられます。

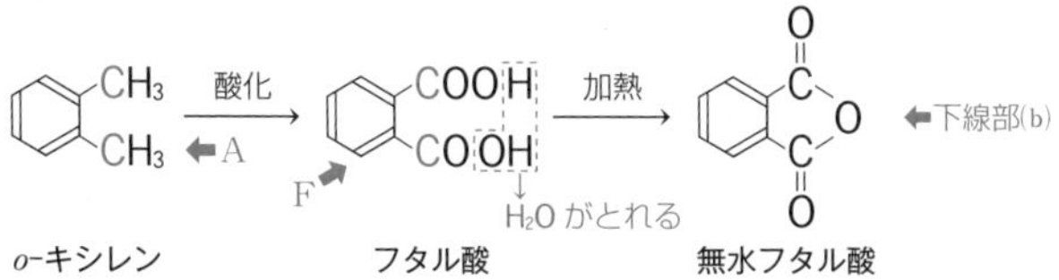

o-キシレン　　　フタル酸　　　　無水フタル酸

　無水フタル酸は，ナフタレンを酸化バナジウム（V）V_2O_5 などを触媒として，高温で空気酸化しても得られます。

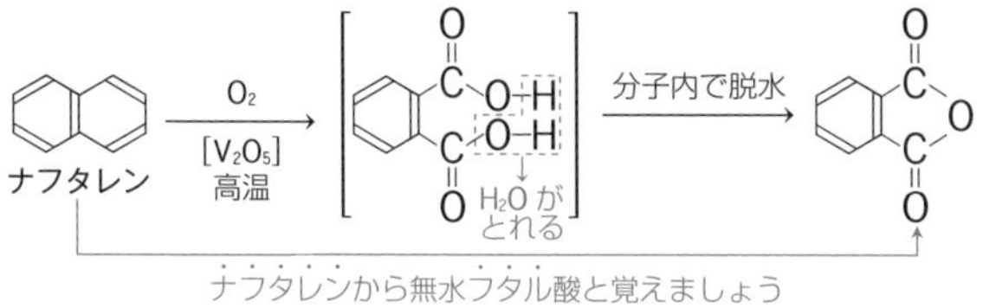

ナフタレン

ナフタレンから無水フタル酸と覚えましょう

問2　Bはテレフタル酸が生じていることから *p*-体，残りから考えてCが *m*-体となります。

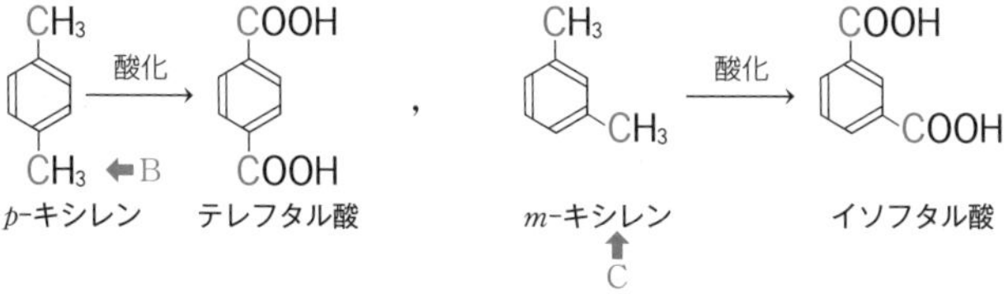

p-キシレン　テレフタル酸　　　　　*m*-キシレン　　イソフタル酸

問1　D, E：　，　（順不同）

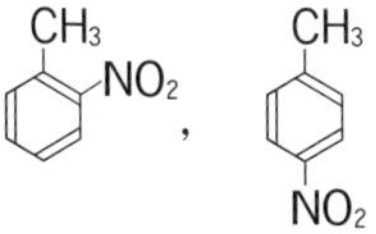

問2　*m*-キシレン（あるいは1,3-ジメチルベンゼン）

問3　(a) 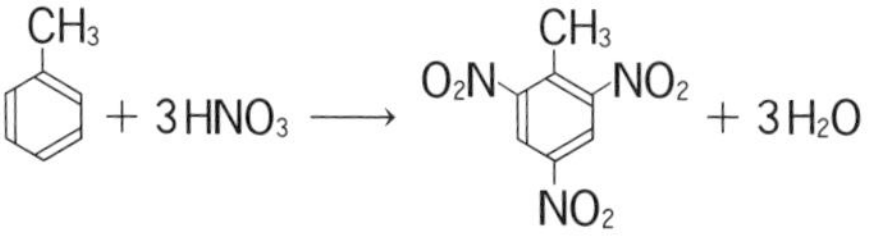　　+ 3HNO$_3$ ⟶ + 3H$_2$O

　　　(b) 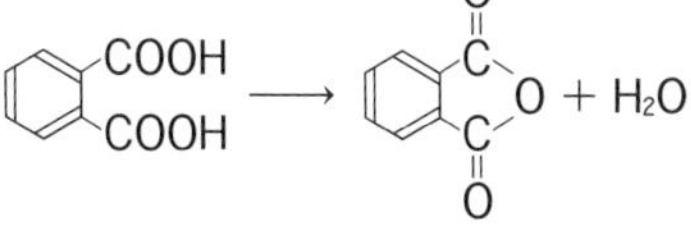　 ⟶ + H$_2$O

　　安息香酸，フェノール，アニリンのエーテル混合溶液から各成分を分離する操作を次の①～④に述べてある。それぞれの操作における□□□に最も適切な化合物の構造式を答えよ。

①　エーテル混合溶液を分液ろうとにとり，これに希塩酸を加えよく振り混ぜた後，静かに放置して2層に分かれた水層（下層）には　a　が　b　となり溶けている。

②　①の水層をとり出し，これに水酸化ナトリウム水溶液を加えると油状の　a　が遊離してくる。

③　①の分液ろうとに残っているエーテル層（上層）の中に炭酸水素ナトリウム水溶液を加えよく振った後，静置して2層に分かれた水層（下層）には　c　が　d　となり溶けている。

　　しかし，　e　は炭酸水素ナトリウムと反応せずエーテルに溶けたまま上層に残る。

④　③の水層（下層）をとり出し，これに希塩酸を加え酸性水溶液にすると　d　は　c　となって析出する。

（神奈川大）

精講　　　抽出

　　　　　芳香族化合物は，一般に水に溶けにくいものが多く，ジエチルエーテルのような無極性溶媒によく溶けます。しかし，<u>芳香族化合物も中和反応などによって塩になるとイオン結合性化合物となり，水によく溶けるようになります</u>。

　この性質を利用して，分液ろうと内に水とジエチルエーテルのような，互いに混ざり合わない2つの溶媒を用いて，抽出で分離することができます。

【分液ろうとの使い方】

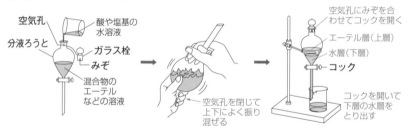

Point 103　芳香族化合物の特徴

一般に，水よりエーテルによく溶ける。
ただし，塩になると水によく溶ける。

解　説

① 　安息香酸，フェノール，アニリンのエーテル混合溶液に希塩酸 HCl を加えよく振り混ぜると，弱塩基のアニリンが HCl に中和されて塩となり水層（下層）に移ります。

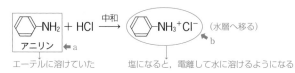

　　ここで，安息香酸，フェノールは酸なので，希塩酸 HCl とは反応せず，分子のままエーテル層（上層）に溶けています。

② 　①の水層をとり出し，これに水酸化ナトリウム NaOH 水溶液を加えると，塩基の強さが，

$$NaOH > \text{〈ベンゼン環〉}-NH_2$$

であることから，弱塩基遊離反応により油状のアニリンが遊離してきます。

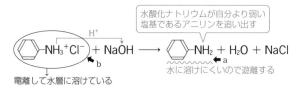

③ 　①の分液ろうとに残っているエーテル層（上層）の中に炭酸水素ナトリウム
NaHCO₃ 水溶液を加えてよく振ると，酸の強さの順序が，

$$\underset{\text{塩酸}}{HCl} > \underset{\text{カルボン酸}}{RCOOH} > \underset{\text{炭酸（H}_2\text{CO}_3\text{）}}{CO_2 + H_2O} > \underset{\text{フェノール}}{\text{〈ベンゼン環〉}-OH}$$

の順であることから，エーテル層（上層）に溶けている安息香酸とフェノールのうち，カルボン酸である安息香酸だけが反応して塩となり水層（下層）に移動します。

第3章　有機化学

フェノールは炭酸よりも弱い酸なので，炭酸水素ナトリウム NaHCO₃ 水溶液とは反応しません。

エーテル層に溶けており，NaHCO₃ 水溶液と反応しないので，エーテル層に残る

フェノールは自分より強い酸である炭酸を遊離できない

よって，フェノールは炭酸水素ナトリウムと反応せず，エーテルに溶けたままで上層のエーテル層に残っています。

④ ③の水層（下層）をとり出し，これに希塩酸 HCl を加え強酸性水溶液にすると，酸の強さが HCl $>$ —COOH であることから，弱酸遊離反応により安息香酸が析出します。

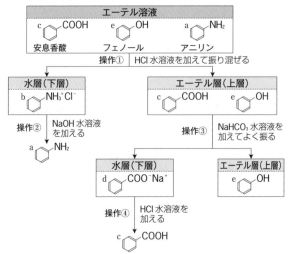

操作①〜④をまとめると次のようになります。

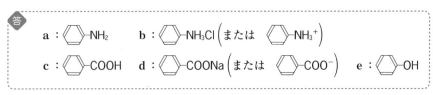

（注） b や d は水層中でほぼ完全に電離しているので，イオンの形で答えてもよい。

答

a : —NH₂   b : —NH₃Cl（または —NH₃⁺）

c : —COOH   d : —COONa（または —COO⁻）   e : —OH

17. 天然高分子化合物と合成高分子化合物

62 単糖・二糖 化学

グルコース$(C_6H_{12}O_6)$は，溶液中では一部の分子の六員環構造が開いて鎖状構造となり，右図のような環状のα型，鎖状，環状のβ型の3種類の異性体の混合物として存在する。

$$\text{環状の}\alpha\text{型} \rightleftharpoons A \rightleftharpoons B$$
$$\text{鎖状 環状の}\beta\text{型}$$

　鎖状のグルコースは，□□□基が存在するので，還元性を示す。

問1 図の環状のα型にならって，グルコースの鎖状(A)および環状のβ型(B)の構造をかけ。

問2 文中の□□□に適当な語句を記入せよ。

問3 次の3種類の糖から還元性を示すものすべて選び，記号で答えよ。

　　ⓐ フルクトース　　ⓑ スクロース　　ⓒ マルトース　　　　　（島根大）

精 講 単糖

たんとう

　単糖は一般に分子式$C_6H_{12}O_6$で表され，**ホルミル基 −CHO を**もつアルドースとカルボニル基（ケトン基）$>C=O$ をもつケトースがあります。アルドースやケトースには不斉炭素原子があり，立体異性体が数多く存在し，そのうちの1つがグルコース（ブドウ糖）やフルクトース（果糖）なのです。

　ただし，グルコース，フルクトースなどの単糖は，結晶中で鎖状構造ではなく，環構造をとっています。

　結晶中のグルコース分子は六員環をもち，α-グルコース，β-グルコースの2種の立体異性体があります。α- および β- は1位のCに結合する −OH の向きで区別されます。結晶を水に溶かすと，環が一部開いて次のような平衡状態になっており，ホルミル基を有する鎖状構造のものが少量存在しています。

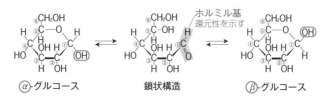

ⓐ-グルコース　　　　鎖状構造　　　　ⓑ-グルコース

　入試では，グルコースの構造式をかかせたり，選択させたりする問題が多く出題されます。構造式をかくことができれば，選択する問題は簡単に解けます。構造式は次ページの **Point104** のように，練習してかけるようにしましょう。

Point 104 グルコースの構造式のかき方

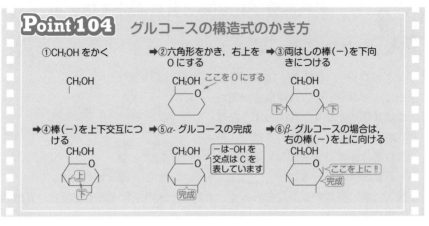

①CH₂OH をかく　➡②六角形をかき，右上を O にする　➡③両はしの棒（-）を下向きにつける

➡④棒（-）を上下交互につける　➡⑤α- グルコースの完成　➡⑥β- グルコースの場合は，右の棒（-）を上に向ける

【補足】 入試では，交点は C，棒（-）は -OH，C の価標の数が 4 であることを考えながら，

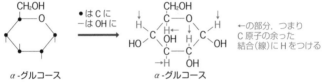

α -グルコース　　　　　α -グルコース

とかきます。入試によっては，構造式を省略した形でかかせることもありますので，問題文をよく読んで判断しましょう。

（二糖）

単糖が 2 つ縮合したものを二糖といいます。一般に分子式は
$C_6H_{12}O_6 \times 2 - H_2O$ から $C_{12}H_{22}O_{11}$ となります。

二糖は「O 原子の隣の C 原子の -OH」と「別の単糖の -OH」の間で縮合した構造をしており，この結合はグリコシド結合とよばれ，希硫酸中で加熱すると加水分解しやすいという性質があります。おもな二糖を次表に記します。

名　称	構成単糖	加水分解する酵素	水溶液の還元性
マルトース（麦芽糖）	α-グルコース（1 位の OH）+（α-）グルコース（4 位の OH）	マルターゼ	あり
セロビオース	β-グルコース（1 位の OH）+（β-）グルコース（4 位の OH）	セロビアーゼ	あり
ラクトース（乳糖）	β-ガラクトース（1 位の OH）+（β-）グルコース（4 位の OH）	ラクターゼ	あり
スクロース（ショ糖）	α-グルコース（1 位の OH）+β-フルクトース（2 位の OH）	インベルターゼ（スクラーゼ）	なし

290

マルトース　　　　　　　　セロビオース

の構造が
水溶液中で開
環して、還元
性を示します

ラクトース　　　　　　　　スクロース

還元性

　単糖や二糖は 〔構造式〕 の構造があると、水溶液中で開環し、ホルミ

ル基 –CHO が生じるので、**フェーリング液の還元反応や銀鏡反応に対し陽性**です。ただし、**スクロース（ショ糖）**はこの部分をもたず、水溶液中で開環できないため、**還元性がありません**。

解説

問1　グルコースの構造はしっかりかけるようにしましょう（➡p.290）。

問2　単糖や二糖（スクロースを除く）は、水溶液中で一部が開環し鎖状構造をとります。この鎖状構造にホルミル基が存在するため、還元性を示します。

問3　ⓐのフルクトース（果糖）は、水溶液中で次のように開環し、フェーリング液やアンモニア性硝酸銀水溶液のような塩基性溶液を加えると、ホルミル基をもつ構造が生じ、還元性を示します。

六員環の β 型　　　　　　鎖状構造　　　　　　　五員環の β 型
（α 型もあります）　　　　　　　　　　　　　　（α 型もあります）

ホルミル基

ⓑ　スクロースは水溶液中で開環できず、還元性を示しません。

ⓒ　マルトースは水溶液中で開環して、還元性を示します。

答

問1　(A) 〔構造式〕　(B) 〔構造式〕

問2　ホルミル
　　　　（アルデヒド）

問3　ⓐとⓒ

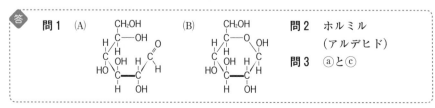

第 **3** 章　有機化学

63 多糖

次の文章を読み，下の問いに答えよ。

デンプン $(C_6H_{10}O_5)_n$ は，数百〜数万個の α-グルコースが縮合重合してできた多糖であり，α-グルコースが直鎖状に連なった比較的分子量の小さい ［　ア　］と，α-グルコースが枝分かれ状に連なった比較的分子量の大きい ［　イ　］の混合物である。

デンプンの水溶液は，ヨウ素と反応して青から青紫色を示す。この反応を ［　ウ　］反応という。

問1 文中の［　　　　］に適当な語句を記入せよ。

問2 デンプン 32.4 g を溶かした水溶液に希硫酸を加えて加熱し，単糖まで完全に加水分解すると，何 g のグルコースが得られるか計算せよ。答えは整数で答えよ。ただし，デンプンの分子量＝162n，グルコースの分子量＝180 とする。

(島根大)

精 講

(多糖)

多数の単糖 $C_6H_{12}O_6$ が縮合した糖を多糖 $(C_6H_{10}O_5)_n$ といいます。天然の多糖には，デンプン，グリコーゲン，セルロースなどがあります。

❶ デンプン $(C_6H_{10}O_5)_n$

デンプンは，多数の α-グルコースが縮合重合した構造をもち，アミロースとアミロペクチンからなります。

アミロースは，α-グルコースが 1，4 グリコシド結合でつながっており，枝分かれのない直鎖状のらせん構造をしています。

アミロペクチンは，α-グルコースが 1，4 グリコシド結合と 1，6 グリコシド結合でつながっており，枝分かれしたらせん構造をしています。

また，動物の肝臓などには，α-グルコースの多糖であるグリコーゲン $(C_6H_{10}O_5)_n$ が存在しています。これは動物性デンプンともいいます。グリコーゲンは，アミロペクチンがもっと枝分かれしたような構造をしています。

(ⅰ)**アミロース**（α-グルコースが 1，4 グリコシド結合でつながった高分子化合物）

デンプン中の 10〜25 % を占める成分で，冷水には溶けにくく温水には親水コロイドとなりよく溶けます。直鎖状のらせん構造をもつ高分子化合物であり，ヨウ素デンプン反応で濃青色を示します。

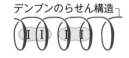

（•はH原子）

1,4 結合

α-グルコース単位

温水に溶け，直鎖状のらせん構造をもち，I_2で濃青色になる

(ii)アミロペクチン（α-グルコースが1，4と1，6グリコシド結合でつながった高分子化合物）

デンプン中の75～90％を占める成分で，**温水に溶けにくく，枝分かれしたらせん構造をもつ高分子化合物**で，**ヨウ素デンプン反応で赤紫色**を示します。

温水に溶けにくく，枝分かれしたらせん構造をもち，I_2で赤紫色になる

1,6 結合

α-グルコース単位

1,4 結合

(iii)ヨウ素デンプン反応

デンプンにヨウ素溶液を加えると，デンプン分子のらせん構造の中にヨウ素I_2分子が入りこみ，ヨウ素デンプン反応が起き，発色します。**らせん構造が長いほど青色は濃くなります**（アミロペクチンのように，らせん構造が短いと赤紫色になります）。

デンプンのらせん構造

(iv)酵素による加水分解

デンプンであるアミロースやアミロペクチンは，アミラーゼという酵素により，デキストリンとよばれる中間体（少糖の混合物）を経て，最終的にマルトースにまで加水分解されます。

アミロース
アミロペクチン }　$\xrightarrow{\text{アミラーゼ}}$　（デキストリン）　⟶　マルトース

(v)多糖の還元性

多糖は還元性を示す末端の数に対して分子量が大きいので，還元性を示すとはいえず，**フェーリング液の還元反応や銀鏡反応に陰性**です。

❷ セルロース $(C_6H_{10}O_5)_n$

　セルロースは，植物の細胞壁などの主成分で，多数の β-グルコースが $1,4$ グリコシド結合で縮合した構造をもつ直線状の高分子です。セルロースは分子内だけでなく，分子間でも水素結合して寄り集まって束状になるため水に不溶です。アミロースやアミロペクチンのようならせん構造はもたないので，ヨウ素デンプン反応は示しません。

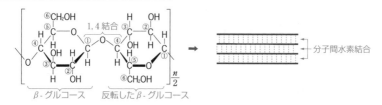

Point 105 多糖

$$\left\{ \begin{array}{l} \alpha\text{-グルコースの多糖}\cdots \left\{ \begin{array}{l} \text{植物：デンプン} \left\{ \begin{array}{l} \text{アミロース} \\ \text{アミロペクチン} \end{array} \right. \\ \text{動物：グリコーゲン} \end{array} \right. \\ \beta\text{-グルコースの多糖}\cdots\text{セルロース} \end{array} \right.$$

解説

問1　デンプンは，α-グルコースが直鎖らせん状に連なった<u>アミロース</u>〔ア〕と枝分かれらせん状に連なった<u>アミロペクチン</u>〔イ〕の混合物です。デンプンの水溶液がヨウ素と反応して青から青紫色を示す反応を<u>ヨウ素デンプン</u>〔ウ〕反応といいます（➡p.293）。

問2　デンプン $(C_6H_{10}O_5)_n$ 1分子を加水分解するとグルコース $C_6H_{12}O_6$ は n 分子得られます。

$$1(C_6H_{10}O_5)_n \xrightarrow{\text{加水分解}} \boxed{n}\,C_6H_{12}O_6 \quad \leftarrow \text{C原子の数に注目して，係数をつける}$$

よって，$(C_6H_{10}O_5)_n$ の分子量 $=162n$，$C_6H_{12}O_6$ の分子量 $=180$ より，

$$\underbrace{\frac{32.4\ \mathrm{g}}{162n\ [\mathrm{g/mol}]}}_{\substack{(C_6H_{10}O_5)_n \\ [\mathrm{mol}]}} \times \underbrace{\boxed{n}}_{\substack{C_6H_{12}O_6 \\ [\mathrm{mol}]}} \times \underbrace{180\ \mathrm{g/mol}}_{\substack{C_6H_{12}O_6 \\ [\mathrm{g}]}} = 36\ \mathrm{g}$$

答
　問1　ア：アミロース　　イ：アミロペクチン　　ウ：ヨウ素デンプン
　問2　36 g

64 アミノ酸とタンパク質 〈化学〉

　構造の最も簡単なグリシンを除いて α-アミノ酸の α-炭素原子は　ア　炭素原子であり，立体配置の違いによる　イ　異性体が存在する。アミノ酸は塩基と酸の両方の性質を示し，結晶中や水中では分子内に正電荷と負電荷をもつ　ウ　イオンとして存在する。アミノ酸の水溶液はある pH において正と負の電荷が等しくなり，分子全体としての電荷はゼロとなる。このときの pH を　エ　という。(a)アミノ酸は一般的に水には溶けやすいが，有機溶媒には溶けにくい。また，　エ　においてはアミノ酸の溶解度は最も低い。多数の α-アミノ酸が　オ　で結合し，高分子になったものがタンパク質である。(b)タンパク質も分子内に正電荷や負電荷をもち，アミノ酸の場合と同様，　エ　ではタンパク質分子の電荷はゼロとなる。

　牛乳にはカゼインをはじめとして約 3.3% のタンパク質が含まれている。(c)牛乳に体積にして 3 倍のエタノールを加えてかき混ぜると沈殿が生じた。沈殿を分離し，少量の沈殿を水酸化ナトリウム水溶液に溶解して，硫酸銅(II)水溶液を加えると　カ　色を示した。これは　キ　反応とよばれるもので，タンパク質分子中の　ク　結合に起因する。また，少量の沈殿を水酸化ナトリウム水溶液に溶解して加熱分解した後，酢酸で中和し，酢酸鉛(II)水溶液を加えたところ，黒色沈殿が生じた。これは牛乳タンパク質に含まれる　ケ　が分解して　コ　が生成したものと考えられる。

問1　文中の　　　　に適切な語句を入れよ。

問2　下線部(a)の理由をアミノ酸の構造から簡潔に説明せよ。

問3　下線部(b)の理由をタンパク質の構造から簡潔に説明せよ。

問4　下線部(c)の原因を簡潔に説明せよ。

（静岡大）

精講 　アミノ酸

　分子内にアミノ基 –NH₂ とカルボキシ基 –COOH をもつ化合物をアミノ酸といいます。この 2 つの基が同じ炭素原子に結合しているものを α-アミノ酸といい，タンパク質は約 20 種のアミノ酸によってつくられています。代表的な α-アミノ酸を次ページの表に示します。グリシン以外は不斉炭素原子をもっているので注意しましょう。

$$\begin{array}{ccc} H & H & O \\ | & | & \| \\ H-N-C-C-OH \\ & | \\ & R \end{array}$$

ここに余分に –COOH をもつものを酸性アミノ酸，–NH₂ をもつものを塩基性アミノ酸という

α-アミノ酸の一般的な構造式

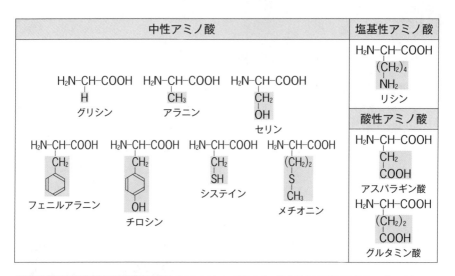

中性アミノ酸			塩基性アミノ酸

| 中性アミノ酸 | | | 塩基性アミノ酸 |

中性アミノ酸の表:

H₂N-CH-COOH
H
グリシン

H₂N-CH-COOH
CH₃
アラニン

H₂N-CH-COOH
CH₂
OH
セリン

H₂N-CH-COOH
CH₂
(ベンゼン環)
フェニルアラニン

H₂N-CH-COOH
CH₂
(ベンゼン環)
OH
チロシン

H₂N-CH-COOH
CH₂
SH
システイン

H₂N-CH-COOH
(CH₂)₂
S
CH₃
メチオニン

塩基性アミノ酸:

H₂N-CH-COOH
(CH₂)₄
NH₂
リシン

酸性アミノ酸:

H₂N-CH-COOH
CH₂
COOH
アスパラギン酸

H₂N-CH-COOH
(CH₂)₂
COOH
グルタミン酸

α-アミノ酸の覚え方のコツ

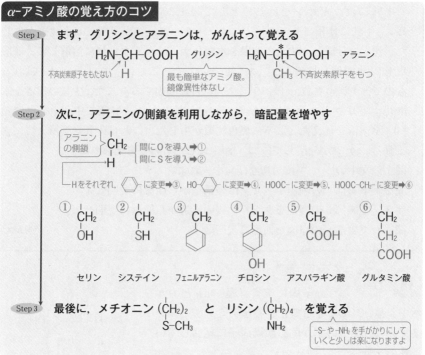

Step 1 まず，グリシンとアラニンは，がんばって覚える

H₂N-CH-COOH グリシン
不斉炭素原子をもたない H

最も簡単なアミノ酸。鏡像異性体なし

H₂N-C̲H-COOH アラニン
CH₃ 不斉炭素原子をもつ

Step 2 次に，アラニンの側鎖を利用しながら，暗記量を増やす

アラニンの側鎖
CH₂
H
間にOを導入➡①
間にSを導入➡②

Hをそれぞれ，(ベンゼン環)に変更➡③，HO-(ベンゼン環)に変更➡④，HOOC-に変更➡⑤，HOOC-CH₂-に変更➡⑥

① CH₂
OH
セリン

② CH₂
SH
システイン

③ CH₂
(ベンゼン環)
フェニルアラニン

④ CH₂
(ベンゼン環)
OH
チロシン

⑤ CH₂
COOH
アスパラギン酸

⑥ CH₂
CH₂
COOH
グルタミン酸

Step 3 最後に，メチオニン (CH₂)₂ と リシン (CH₂)₄ を覚える
S-CH₃   NH₂

-S-や-NH₂を手がかりにしていくと少しは楽になりますよ

α-アミノ酸の双性イオンと水溶液中での平衡状態

α-アミノ酸は結晶中では**分子内で塩をつくり**，$H_3N^+-CHR-COO^-$ のような双性イオンとなっています。双性イオンどうしが静電気的な引力で結びついてい

るため融点が高く，水によく溶けます。

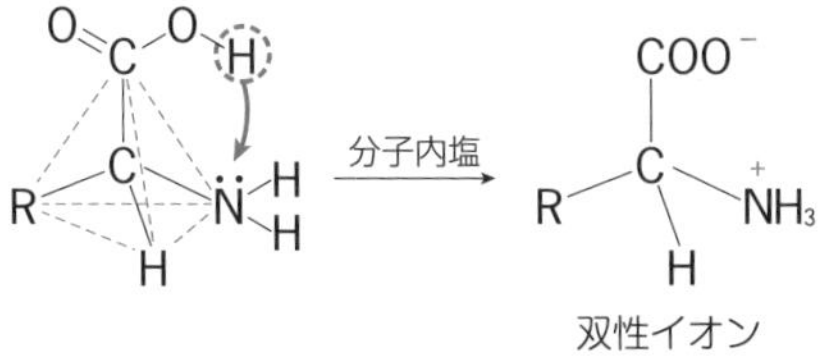

双性イオン

また，水溶液中の α-アミノ酸は陽イオン，双性イオン，陰イオンの平衡状態にあり，pHを変化させると，その割合が変化します。**おもに双性イオンとなり，アミノ酸全体の電荷が0となっているときのpHを等電点**といいます。

陽イオン	双性イオン	陰イオン
酸性水溶液中で比率が大きくなる	等電点では比率が最大になる	塩基性水溶液中で比率が大きくなる

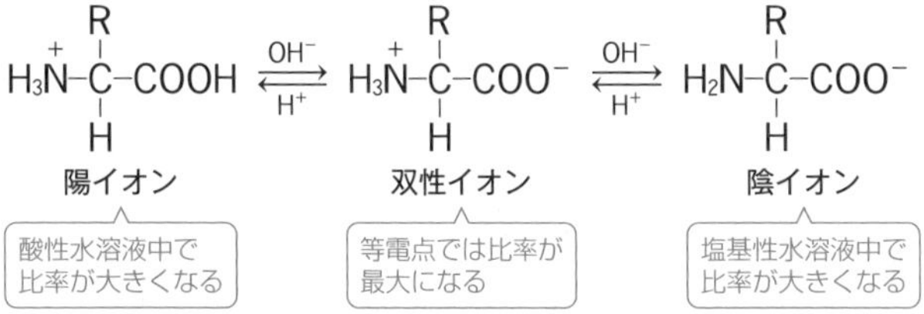

等電点は，中性アミノ酸は6くらい，酸性アミノ酸では3くらい，塩基性アミノ酸は10くらいとなります。

Point 106　α-アミノ酸の等電点

酸性アミノ酸の等電点は酸性側　　（例）グルタミン酸の等電点は約3
中性アミノ酸の等電点は中性付近　（例）グリシンの等電点は約6，
　　　　　　　　　　　　　　　　　　　　アラニンの等電点は約6
塩基性アミノ酸の等電点は塩基性側（例）リシンの等電点は約10

(タンパク質)

アミノ酸どうしのアミド結合を，とくにペプチド結合といいます。そして，2分子，3分子，…，多数分子のアミノ酸がペプチド結合で結合した分子をそれぞれジペプチド，トリペプチド，…，ポリペプチドといいます。タンパク質は，ポリペプチドが母体となっています。

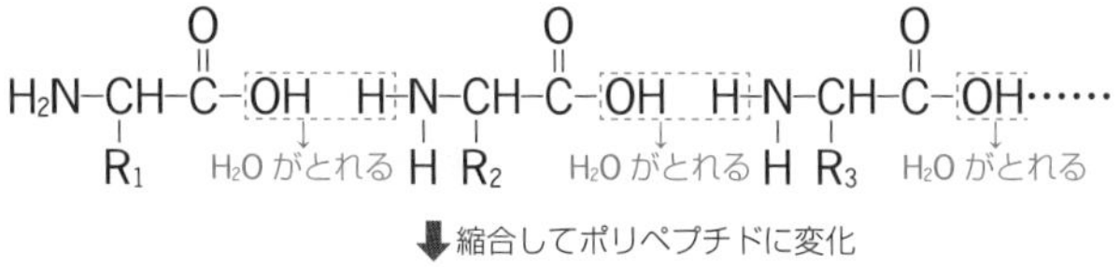

H_2O がとれる　　H_2O がとれる　　H_2O がとれる

⬇ 縮合してポリペプチドに変化

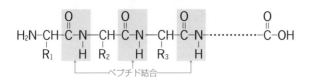

$$H_2N-\underset{R_1}{\underset{|}{CH}}-\underset{O}{\overset{O}{\underset{||}{C}}}-\underset{H}{\underset{|}{N}}-\underset{R_2}{\underset{|}{CH}}-\underset{O}{\overset{O}{\underset{||}{C}}}-\underset{H}{\underset{|}{N}}-\underset{R_3}{\underset{|}{CH}}-\underset{O}{\overset{O}{\underset{||}{C}}}-\underset{H}{\underset{|}{N}}\cdots\cdots\cdots-\underset{O}{\overset{O}{\underset{||}{C}}}-OH$$

ペプチド結合

アミノ酸やタンパク質の検出反応

ニンヒドリン反応	$-NH_2$ の検出
アミノ酸やタンパク質に**ニンヒドリン水溶液を加えて温める**と**紫色**を呈します。	

ビウレット反応	ペプチド結合を2つ以上有する**トリペプチド以上**のペプチドなら起こる
NaOH 水溶液を加えた後，CuSO₄ 水溶液を加えると Cu^{2+} の錯体が生成し，**赤紫色**になります。	

キサントプロテイン反応	ベンゼン環をもつアミノ酸やタンパク質の検出
濃硝酸を加えて加熱すると，ベンゼン環がニトロ化されて**黄色**になります。さらに，**アンモニア水などを加えて塩基性**にすると**橙黄色**になります。	

硫黄の検出	Sをもつアミノ酸やタンパク質の検出
NaOH 水溶液を加えて加熱し，冷却後，酢酸鉛(Ⅱ)(CH₃COO)₂Pb 水溶液を加えると，**PbS の黒色沈殿**が生じます。	

タンパク質の変性

　タンパク質を**加熱**したり，**酸，塩基，アルコール，重金属イオン**などを加えると**凝固することがあります**。これは，タンパク質分子の立体構造がくずれるためであり，タンパク質の**変性**といいます。また，タンパク質の水溶液は親水コロイド溶液であるため，**多量の電解質**を加えることにより水和水が奪われてタンパク質が沈殿します。**塩析**が起こるためです。

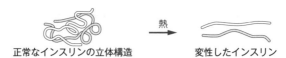

正常なインスリンの立体構造　　熱　→　　変性したインスリン

Point 107　　タンパク質

α-アミノ酸　　ペプチド結合　　ポリペプチド
（約20種）　　　　　→　　　　　　（タンパク質の母体）

問1 α-アミノ酸（グリシンを除く）は<u>不斉</u>炭素原子をもつので，<u>鏡像</u>異性体（光
学異性体）が存在します。

また，α-アミノ酸には分子内に正電荷と負電荷の両方をもつ<u>双性</u>イオンの状態
があります。アミノ酸の水溶液の電荷がゼロになったときのpHを<u>等電点</u>といい
ます。

タンパク質は多数の α-アミノ酸が<u>ペプチド結合</u>で高分子になったものです。タ
ンパク質に NaOH 水溶液を加えた後，$CuSO_4$ 水溶液を加えると，<u>赤紫</u>色を示しま
す。これは<u>ビウレット</u>反応とよばれ，<u>ペプチド</u>結合が2つ以上あると起こります。
また，タンパク質に NaOH 水溶液を加え，$(CH_3COO)_2Pb$ 水溶液を加えると，硫黄 S
を含むアミノ酸である<u>システインまたはメチオニン</u>が分解して<u>硫化鉛(Ⅱ)</u> PbS
の黒色沈殿が生じます（➡p.298）。

問2 一般に，極性の大きな分子やイオン結晶は水に溶けやすく，極性の小さな有機
溶媒には溶けにくくなります。α-アミノ酸の結晶は NaCl のイオン結晶のように双
性イオンが静電気的な引力（クーロン力）で集まったもので，水に溶けやすく有機溶
媒に溶けにくくなります。

問3 リシンのような塩基性アミノ酸は側鎖に $-NH_2$ を，アスパラギン酸やグルタミ
ン酸のような酸性アミノ酸は側鎖に $-COOH$ をもっています。

これらが電離することで $-NH_3^+$ や $-COO^-$ となり，タンパク質でも正電荷や負電
荷をもちます。

問4 アルコールはヒドロキシ基をもっています。タンパク質に大量のアルコールを
加えると，タンパク質の高次構造を保っている水素結合（➡p.303）が切れて，構造
が不可逆的に変化します。牛乳にエタノールを加えたことで，牛乳中のタンパク質
が変性し，凝固・沈殿したと考えられます。

答
　問1 ア：不斉　　イ：鏡像（または光学）　　ウ：双性　　エ：等電点
　　オ：ペプチド結合　　**カ**：赤紫　　**キ**：ビウレット　　**ク**：ペプチド
　　ケ：システイン（またはメチオニン）　　**コ**：硫化鉛(Ⅱ)
　問2　アミノ酸の結晶は双性イオンが集まってできており，極性の小さい有
　　機溶媒より，極性の大きい水のような溶媒によく溶けるから。
　問3　側鎖のアミノ基やカルボキシ基が電離するから。
　問4　エタノールによって牛乳中のタンパク質が変性したから。

第3章　有機化学

36 アミノ酸の電離平衡

アラニン (Ala) の水溶液は，図1に示すような3種類のイオンの電離平衡の状態で存在する。

$$
\underset{\text{Ala}^+}{\overset{\text{COOH}}{\underset{\text{CH}_3}{^+\text{H}_3\text{N--C--H}}}}
\underset{\text{H}^+}{\overset{\text{OH}^-}{\rightleftharpoons}}
\underset{\text{Ala}^\pm}{\overset{\text{COO}^-}{\underset{\text{CH}_3}{^+\text{H}_3\text{N--C--H}}}}
\underset{\text{H}^+}{\overset{\text{OH}^-}{\rightleftharpoons}}
\underset{\text{Ala}^-}{\overset{\text{COO}^-}{\underset{\text{CH}_3}{\text{H}_2\text{N--C--H}}}}
$$

図1　アラニンの電離平衡

水溶液中における Ala^+, $\text{Ala}^\pm$, Ala^-, H^+ の濃度をそれぞれ $[\text{Ala}^+]$, $[\text{Ala}^\pm]$, $[\text{Ala}^-]$, $[\text{H}^+]$ とおく。

$\text{Ala}^+ \rightleftharpoons \text{Ala}^\pm + \text{H}^+$ の電離定数を K_1,

$\text{Ala}^\pm \rightleftharpoons \text{Ala}^- + \text{H}^+$ の電離定数を K_2

とすると，等電点 (pI) は次の式①で与えられることを示せ。

$$\text{pI} = -\frac{1}{2}(\log_{10} K_1 + \log_{10} K_2) \quad \cdots ①$$

（東京農工大）

精 講　　アミノ酸の電離平衡

　　等電点 (➡p.297) では，アミノ酸はほとんどが双性イオンとして存在し，電荷の総和は0になっています。

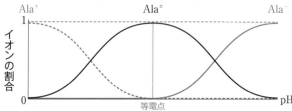

〈アラニン (Ala) 水溶液の pH とイオンの割合〉

等電点を求めるときは，多価の弱酸の電離平衡と同じように考えます。

$$
\begin{cases}
\underset{\substack{\text{第一電離}\\ \text{H}_2\text{S のような2価の弱酸とみなす}}}{\text{Ala}^+ \rightleftharpoons \text{Ala}^\pm + \text{H}^+} \quad \Rightarrow \quad K_1 = \dfrac{[\text{Ala}^\pm][\text{H}^+]}{[\text{Ala}^+]} \quad \cdots ⓐ \\[3mm]
\underset{\text{第二電離}}{\text{Ala}^\pm \rightleftharpoons \text{Ala}^- + \text{H}^+} \quad \Rightarrow \quad K_2 = \dfrac{[\text{Ala}^-][\text{H}^+]}{[\text{Ala}^\pm]} \quad \cdots ⓑ
\end{cases}
$$

ⓐ, ⓑより，$[\text{Ala}^+] = \dfrac{[\text{Ala}^\pm][\text{H}^+]}{K_1}$ ，$[\text{Ala}^-] = \dfrac{K_2[\text{Ala}^\pm]}{[\text{H}^+]}$

ⓐを $[\text{Ala}^+]=\sim$ に変形　　ⓑを $[\text{Ala}^-]=\sim$ に変形

Ala^+，$Ala^±$，Ala^- の濃度の比は，

$$[Ala^+]:[Ala^±]:[Ala^-]=\frac{[Ala^±][H^+]}{K_1}:[Ala^±]:\frac{K_2[Ala^±]}{[H^+]}$$

$$=\frac{[H^+]}{K_1}:1:\frac{K_2}{[H^+]}$$

となり，$[H^+]$ で決まることがわかります。

等電点ではアミノ酸の電荷の総和が 0 であり，$Ala^±$ の電荷は 0 なので，$[Ala^+]=[Ala^-]$ が成立するから，

$$\frac{[H^+]}{K_1}=\frac{K_2}{[H^+]} \iff [H^+]^2=K_1K_2$$

よって，$[H^+]=\sqrt{K_1K_2}$

 Point 108 アミノ酸の電離平衡は，酸性型のアミノ酸陽イオンを多価の弱酸とみなす。

解 説

化学平衡の法則より，

$$K_1=\frac{[Ala^±][H^+]}{[Ala^+]} \quad \cdots(1) \quad , \quad K_2=\frac{[Ala^-][H^+]}{[Ala^±]} \quad \cdots(2)$$

等電点では，$[Ala^+]=[Ala^-]$ なので，(1)，(2)より，

$$\underbrace{\frac{[Ala^±][H^+]}{K_1}}_{[Ala^+]}=\underbrace{\frac{K_2[Ala^±]}{[H^+]}}_{[Ala^-]} \quad で, \quad K_1K_2=[H^+]^2$$

$[H^+]>0$ なので，$[H^+]=\sqrt{K_1K_2}$ $\cdots(3)$

(3)の両辺の常用対数をとると，
$$\begin{cases} \log_a(MN)=\log_a M+\log_a N \\ \log_a x^n=n\log_a x \end{cases}$$

$$\log_{10}[H^+]=\frac{1}{2}(\log_{10}K_1+\log_{10}K_2) \quad \cdots(4)$$

等電点 (pI) は，アミノ酸の電荷の総和が 0 になるときの pH のことなので，(4)の両辺に -1 をかけると，

$$pH=-\log_{10}[H^+]$$

$$pI=-\frac{1}{2}(\log_{10}K_1+\log_{10}K_2)$$

となり，式①に一致します。

補足 なお，$-\log_{10}K_1=pK_1$，$-\log_{10}K_2=pK_2$ と表すと，問題文にある式①は，

$$pI=\frac{pK_1+pK_2}{2} \quad となり，pK_1 と pK_2 の平均値が pI に一致します。$$

 解 説 参照

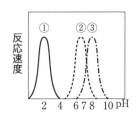

　アルブミンのように，加水分解するとアミノ酸だけを生じるタンパク質を，とくに　ア　とよぶ。一方，カタラーゼはタンパク質に色素が結合した色素タンパク質であるが，カタラーゼのようにアミノ酸以外の成分物質をもつタンパク質を　イ　とよぶ。タンパク質の二次構造において
ポリペプチドがらせん状に巻いた構造を　ウ　とよび，ジグザグ状に折れ曲がった構造を　エ　とよぶ。また，側鎖Rの相互作用や，　オ　の側鎖間でつくられるジスルフィド結合によって複雑に折りたたまれて，特有の立体構造をとっていることが多く，このような構造をタンパク質の三次構造という。タンパク質の二次構造以上の構造をまとめてタンパク質の　カ　といい，　カ　を形成することによって，酵素のように特有の機能を発揮する。

問1　　ア　～　カ　にあてはまる語句あるいは物質名を記せ。

問2　酵素の触媒作用の3つの特徴について，それぞれ10字以内で書け。

問3　右上のグラフはヒトの唾液アミラーゼ，ペプシン，トリプシンの酵素の反応速度とpHとの関係を示したグラフである。①，②，③に該当する酵素はこの3つのうちどれか。

問4　ある酵素と基質Aおよび基質Bについて，基質濃度$[S]$と酵素反応の反応速度vとの関係を調べると，右図のように基質Aでは実線，基質Bでは点線のようになった。なお，V_{max}は最大反応速度を意味する。基質Aと基質Bの酵素反応に重要な性質の違いを35字以内で説明せよ。

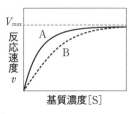

（名古屋市立大）

精　講　　（タンパク質の構造）

　　　　　タンパク質の性質は，立体構造によっておおむね決まります。タンパク質の構造は，次の4つの階層に分けて考えます。

高次構造

一次構造	⟹	二次構造	⟹	三次構造	⟹	四次構造

一次構造
アミノ酸の
配列順序

二次構造
局所構造
{ α-ヘリックス（らせん構造）
{ β-シート（ジグザグシート構造）

三次構造
ポリペプチド鎖
全体の立体構造

四次構造
複数のポリペプチド鎖
で構成された立体構造

　ペプチド結合間の水素結合による　　　側鎖間の相互作用による

　触媒として機能するタンパク質を**酵素**といいます。1つの酵素は，特定の分子（これを**基質**という）の特定の反応だけに触媒作用を示すという特徴があり，これを**酵素の基質特異性**といいます。例えば，マルターゼはマルトースを加水分解する酵素ですが，マルトースにしか作用せず，セロビオースやスクロースなどには働きかけません。またマルトースに対しても，加水分解という反応以外は引き起こしません。

　また，それぞれの**酵素**には，触媒として最もよく機能する温度と pH の範囲があり，この範囲を**最適温度**，**最適 pH** とよびます。

酵素名	作用する反応
ペプシン，トリプシン	タンパク質中のペプチド結合の加水分解
アミラーゼ	デンプン中のグリコシド結合を加水分解 （デキストリンという中間体を経てマルトースに）
リパーゼ	油脂 $\longrightarrow$ モノグリセリド + 脂肪酸
カタラーゼ	$2H_2O_2 \longrightarrow O_2 + 2H_2O$

Point 109　タンパク質の性質は，主にその立体構造で決まる。

解　説　**問1**　タンパク質を構成成分によって分類すると，

- **単純タンパク質**ₐ…アミノ酸のみから構成されている。
- **複合タンパク質**ᵢ…アミノ酸以外に，糖，リン酸，脂質，核酸，色素などを含む。

α-ヘリックスᵤ（らせん構造）や**β-シート**ₑ（ジグザグ構造）とよばれる局所的な立体構造を**二次構造**といいます。これらの構造はペプチド結合間の水素結合

$$\overset{\delta-}{C}=O \cdots H-\overset{\delta+}{N}$$

によって保たれています。

α-ヘリックス

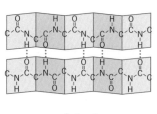

β-シート

ポリペプチド鎖が，側鎖間の相互作用や**システイン**ₒの -SH どうしで形成するジ

水素結合，静電気的な引力，
ファンデルワールス力など

p.316 参照

スルフィド結合によって特有の立体構造を形成すると，これを三次構造といいます。

-S-S- 結合

三次構造をとったポリペプチド鎖がさらに集まって1つの複合体を形成することが

サブユニットという

あります。これを四次構造といい，二次構造以上の構造をタンパク質の高次構造_カ

とよんでいます。

問2 タンパク質である酵素は，自らの立体構造内にうまくとりこめないと触媒作用を示さないために基質特異性をもち，温度やpHによって変性し立体構造が変化するため最適温度や最適pHが存在します。

問3 私たちは，糖類（デンプンなど），脂肪，タンパク質を食べ，口，胃，小腸などから分泌される加水分解酵素により，これらを小さな分子にまで分解します。この働きを消化といいます。糖類，脂肪，タンパク質の消化は次のフローチャートを覚えておきましょう。

デンプン　——アミラーゼ→　デキストリン　——アミラーゼ→　マルトース　——マルターゼ→　グルコース
米，パンなど　　（だ液）

脂肪　——リパーゼ→　モノグリセリド ＋ 脂肪酸
バターなど　（すい液）

タンパク質　——ペプシン→　——トリプシン→　——ペプチダーゼ→　アミノ酸
肉，卵など　（胃液）　（すい液）　（すい液，腸液）

　だ液が中性，胃液が酸性であることは体感でわかると思います。だ液に含まれる

酸性はすっぱい。塩基性はにがい。

アミラーゼは中性付近に最適pHをもつので②，胃液に含まれるペプシンは酸性側

pH 6～7付近　　　　　　　　　　　　　　　　　　　　　　　pH 2付近

に最適pHをもつので①と判断できます。残りから考えて，トリプシンは塩基性側

に最適pHをもつので③となります。

すい液に含まれるトリプシンはpH 8～9付近が最適pH

問4 V_{max} の値は同じですが，基質濃度が低い領域では，基質Aが基質Bより反応速度が大きい点に注目しましょう。基質濃度が同じでもAはBより酵素に結合しやすいと考えられます。

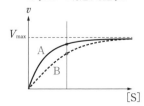

答

　問1 ア：単純タンパク質　イ：複合タンパク質　ウ：α-ヘリックス（構造）

　　エ：β-シート（構造）　オ：システイン　カ：高次構造

　問2 基質特異性をもつ。（9字）　　最適温度をもつ。（8字）

　　最適pHをもつ。（8字）

　問3 ①　ペプシン　　②　アミラーゼ　　③　トリプシン

　問4 低濃度では，基質Aが基質Bより酵素と結合しやすく反応速度が大きい。（33字）

実戦 基礎問

38 核酸

核酸は大きく分けて2種類あり，一方はデオキシリボ核酸（DNA），もう一方はリボ核酸（RNA）という。核酸は ア を構成単位とし， ア は塩基，糖， イ より構成されている。DNA は ウ 構造を形成している。その構造では，アデニンと エ ， オ と カ がそれぞれ キ 結合を形成している。DNA は ク を伝える働きがあるのに対し，RNA は ケ 合成に関与している。

問1 文中の ア 〜 ケ に最適な語句を，以下の語群から選べ。

語群：アラニン，ウラシル，グアニン，シトシン，チミン，α-ヘリックス，β-シート，二重らせん，水素，共有，配位，塩酸，酢酸，リン酸，ヌクレオチド，遺伝情報，タンパク質，アミノ酸，糖類

問2 核酸を構成する元素名をすべて書け。

(鳥取大)

精講

生物には，"細胞の核から取り出したら酸性物質だった"ことから核酸（かくさん）と名付けられた<u>高分子化合物</u>が存在していて，遺伝情報の伝達に中心的な役割を果たしています。<u>核酸にはDNA（デオキシリボ核酸）とRNA（リボ核酸）の2種類があり</u>，構成している糖と塩基（4種類）のうちの1種類が異なります。

Point 110

核酸 ┬ DNA（デオキシリボ核酸）
　　　└ RNA（リボ核酸）

解説

問1，2 核酸であるDNAやRNAは，窒素Nを含む塩基，五炭糖（ペントース），<u>リン酸</u> H_3PO_4 から構成されている<u>ヌクレオチド</u>を構成単位とし，このヌクレオチドどうしが糖

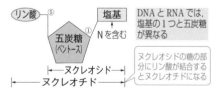

リン酸 ⑤
五炭糖（ペントース） ①
塩基 Nを含む

DNAとRNAでは，塩基の1つと五炭糖が異なる

├─ ヌクレオシド ─┤
├──── ヌクレオチド ────┤

ヌクレオシドの糖の部分にリン酸が結合するとヌクレオチドになる

の −OH とリン酸の −OH 間で多数縮合重合したポリヌクレオチドです。

よって，核酸を構成する元素は，<u>炭素C，水素H，酸素O，窒素N，リンP</u> とわかります。（問2）

リン酸 H_3PO_4 を含んでいますね

DNAやRNAをつくっている五炭糖（ペントースという）は，2位に −OH のないデオキシリボース（DNA）や，2位に −OH のあるリボース（RNA）です。

① DNA を構成する五炭糖(ペントース)　② RNA を構成する五炭糖(ペントース)

デオキシリボース　　　　　　　　　　　　　リボース

ここが H であればデオキシリボース,
OH であればリボース

また, DNA や RNA をつくっている塩基はそれぞれ4種類で, そのうち3種類は共通で, 残り1種類にチミン(DNA)とウラシル(RNA)の違いがあります。

(i) DNA と RNA に共通する塩基　　　(ii) DNA のみ　(iii) RNA のみ
　　　　　　　　　　　　　　　　　　　にある塩基　　にある塩基

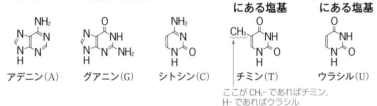

アデニン(A)　グアニン(G)　シトシン(C)　チミン(T)　ウラシル(U)

ここが CH_3- であればチミン,
H- であればウラシル

　DNA は遺伝情報を伝える働きがあり, ポリヌクレオチド
鎖どうしが塩基対を形成し, 二重らせん構造を形成しています。次のようにAとT, GとCは水素結合により相補的な対をなしています。

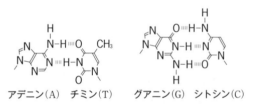

アデニン(A)　チミン(T)　　グアニン(G)　シトシン(C)

3.4 nm

1.0 nm

DNA の構造

アデニンとチミンの間は2つの水素結合を形成し, グアニンとシトシンの間は3つの水素結合を形成しています。そのため, AとT, GとCは常に同じ数ずつ存在しているのです。

　RNA はタンパク質合成に関与し, 働きの違いで伝令 RNA (mRNA), 転移 RNA
(tRNA), リボソーム RNA (rRNA) の3種類があり, 通常は1本鎖で存在しています。

DNA から転写された
タンパク質の設計図

アミノ酸を
つれてくる

リボソームはタンパク質をつくる場所

答
問1　ア:ヌクレオチド　　イ:リン酸　　ウ:二重らせん　　エ:チミン
　　　オ, カ:シトシン, グアニン(順不同)　　キ:水素　　ク:遺伝情報
　　　ケ:タンパク質
問2　炭素, 水素, 酸素, 窒素, リン

39 合成高分子化合物 〈化学〉

次の文章を読んで，問1～問4の答えを記せ。

　一般に分子量が約1万以上の化合物を高分子化合物という。多くの高分子化合物は小さな構成単位が繰り返し共有結合した構造をしている。この構成単位となる小さな分子を単量体という。多数の単量体が次々に結合し，高分子化合物を生成する反応を重合反応という。

　重合反応には，<u>不飽和結合が開いて単量体が次々に結び付く重合反応</u>(a)，<u>単量体間で水などの簡単な分子が取れる反応を繰り返して単量体が結び付く重合反応</u>(b)，<u>環状構造をもつ単量体が環を開きながら結び付く重合反応</u>(c)などがある。

　合成高分子化合物は用途によって合成樹脂，合成繊維，合成ゴムなどに分類される。

問1 　下線部a～cの重合反応の名称をそれぞれ記せ。また，それぞれの反応で合成されている高分子化合物の例を下の①～⑤からすべて選び，その番号を記せ。

　① ポリエチレン　　② ナイロン6　　③ ポリエチレンテレフタラート
　④ ポリ塩化ビニル　　⑤ ナイロン66

問2 　ポリメタクリル酸メチルの正しい構造はどれか。次の(あ)～(う)から適切なものを1つ選び，記号で答えよ。

(あ) $\left[\begin{array}{c}CH_2-CH\\ |\\ CN\end{array}\right]_n$　　(い) $\left[\begin{array}{c}CH_2-CH\\ |\\ OCOCH_3\end{array}\right]_n$　　(う) $\left[\begin{array}{c}\qquad CH_3\\ |\\ CH_2-C\\ |\\ COOCH_3\end{array}\right]_n$

(問1 群馬大，問2 長崎大)

精　講 （合成高分子化合物）

　　　合成高分子化合物は，小さな分子を多数結合させてつくられます。この**小さな分子を単量体（モノマー）**といい，**単量体が多数結合する反応を重合**とよびます。また，**重合により生成する高分子を重合体（ポリマー）**といい，**重合体1分子中の単量体の数を重合度**といいます。

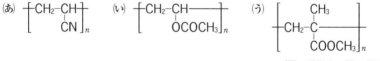

$$n\mathrm{M} \xrightarrow{\text{重合}} -\mathrm{M}-\mathrm{M}-\mathrm{M}-\cdots\cdots-\mathrm{M}-$$

単量体
（モノマー）

$\updownarrow$

$\left(\mathrm{M}\right)_n$ （ n：重合度）

重合体
（ポリマー）

→繊維状に → 合成繊維
→樹脂状に → 合成樹脂（プラスチック）
→ゴムに　 → 合成ゴム

第3章 有機化学

繊維状に加工した合成高分子化合物を合成繊維といい，樹脂状に加工したものは合成樹脂またはプラスチックといいます。**合成高分子化合物の中にはゴム弾性をもつものがあり，合成ゴムといいます。**

付加重合による高分子

　C＝C のような不飽和結合をもつ単量体（モノマー）を付加反応によって次々と重合させていくことを付加重合といいます。次のようなものが有名です。

❶　ビニル系

$$\begin{array}{c} H\ \ H \\ C=C \\ H\ \ X \end{array} \xrightarrow{\text{付加重合}} \left[\begin{array}{c} H \\ CH_2-C \\ X \end{array} \right]_n$$
　←CH_2=CH– をビニル基という

–X	単量体（モノマー）	重合体（ポリマー）	用　途
–H	エチレン	ポリエチレン（補足）	袋，容器
–CH_3	プロペン（プロピレン）	ポリプロピレン	容器
–Cl	塩化ビニル	ポリ塩化ビニル	電線の被覆材，パイプ
–C≡N	アクリロニトリル	ポリアクリロニトリル	繊維
–O–C–CH_3 ‖ O	酢酸ビニル	ポリ酢酸ビニル	接着剤
⬡	スチレン	ポリスチレン	発泡スチロール

（補足）　1950 年代以前は，エチレンを高圧（$1\sim3\times10^8$ Pa），高温（約 200℃）で付加重合させて得られる低密度ポリエチレンしかつくれませんでした。低密度ポリエチレンは，分子中に多くの枝分かれがあり，透明でやわらかい性質があります。ところが，1950 年代以降にチーグラー・ナッタ触媒（塩化チタン（IV）$TiCl_4$ ＋ トリエチルアルミニウム $Al(C_2H_5)_3$）が開発され，エチレンを低圧（$7\sim40\times10^5$ Pa），低温（約 60℃）で付加重合させてポリエチレンを得ることができるようになりました。このポリエチレンは，分子中に枝分かれが少なく，結晶の領域が多く，高密度ポリエチレンとよばれ，不透明で硬いのでポリ容器などに使われています。

高圧でつくる　ポリ袋　透明でやわらかい　枝分かれが多い!!　〈低密度ポリエチレンの例〉

低圧でつくる　ポリバケツ　不透明で硬い　枝分かれが少ない!!　〈高密度ポリエチレンの例〉

❷　ビニリデン系

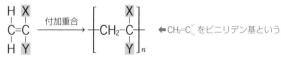

$$\begin{array}{c} H\ \ X \\ C=C \\ H\ \ Y \end{array} \xrightarrow{\text{付加重合}} \left[\begin{array}{c} X \\ CH_2-C \\ Y \end{array} \right]_n$$
　←CH_2=C〈 をビニリデン基という

-X	-Y	単量体（モノマー）	重合体（ポリマー）	用　途
-CH₃	-C-O-CH₃ ‖ O	メタクリル酸メチル(注)	ポリメタクリル酸メチル	有機ガラス
-Cl	-Cl	塩化ビニリデン	ポリ塩化ビニリデン	ラップ

（注） メタクリル酸メチルの構造式は，次のような流れで覚えておきましょう。

CH₂=CH｜COOH アクリル酸 —Hを-CH₃にすると,→ CH₂=C｜CH₃｜CO:OH メタクリル酸 メタノール CH₃O:H とエステルをつくると,→ CH₂=C｜CH₃｜COOCH₃ メタクリル酸メチル ＋ H₂O とれる！

❸ フッ素樹脂

n C=C （F F ｜ ｜ C=C ｜ ｜ F F） テトラフルオロエチレン →付加重合→ —（C-C）ₙ （F F ｜ ｜ C-C ｜ ｜ F F）ₙ ポリテトラフルオロエチレン（テフロン）

テトラフルオロエチレンは，エチレン CH₂=CH₂ の水素原子H ←4個がフッ素原子F →テトラ →フルオロ になっている

　ポリテトラフルオロエチレンは熱や薬品に強く，フライパンなどの表面の加工に使われています。

(縮合重合による高分子)

　H_2O のような**小さな分子を分子間でとり除きながら単量体をつないでいくこ**とを縮合重合といいます。

❶ ポリエステル

　カルボキシ基 -COOH とヒドロキシ基 -OH 間の縮合重合により合成され，
多数のエステル結合 -C-O- をもつ重合体をポリエステルといいます。
（上に O）

n H-O-C（〇）C-O-H ＋ n H-O-CH₂-CH₂-O-H
（C の上下に O）
テレフタル酸　　　　　　　　エチレングリコール

→縮合重合→ —（C（〇）C-O-CH₂-CH₂-O）ₙ— ＋ $2n$ H₂O
ポリエチレンテレフタラート（PET）

　ポリエチレンテレフタラート（polyethylene terephthalate）は PET とよばれ，ワイシャツなどの衣料品や飲み物のボトルなどに使用されています。

❷ ポリアミド

　カルボキシ基 -COOH とアミノ基 -NH₂ 間の縮合重合により合成され，多数
のアミド結合 -C-N- をもつ重合体をポリアミドといいます。
（C の上に O，N の上に H）

$$n\text{H-N-(CH}_2)_6\text{-N-H} + n\text{H-O-C-(CH}_2)_4\text{-C-O-H}$$

ヘキサメチレンジアミン(注)　　　　　　　アジピン酸

$$\xrightarrow{\text{縮合重合}} \left[\text{N-(CH}_2)_6\text{-N-C-(CH}_2)_4\text{-C}\right]_n + 2n\text{H}_2\text{O}$$

ナイロン66

ヘキサメチレンジアミンの炭素数 6 個を表している─┘└─アジピン酸の炭素数 6 個を表している

(注)　「ヘキサ」は 6，「メチレン」はメチレン基 $-\text{CH}_2-$ の部分，「ジ」は 2，「アミン」はアミノ基 $-\text{NH}_2$ の部分を表しています。

　他にもポリアミド系合成繊維には，ε-カプロラクタムの開環重合でつくられるナイロン 6 があります。第二次世界大戦中に日本でつくられました。

$$n\text{H}_2\text{C}\begin{array}{c}\text{CH}_2-\text{CH}_2-\text{C}=\text{O}\\\text{CH}_2-\text{CH}_2-\text{N-H}\end{array} \xrightarrow{\text{開環重合}} \left[\text{N-(CH}_2)_5\text{-C}\right]_n$$

ε-カプロラクタム　　　　　　　　　　　ナイロン 6

Point 111

"単量体 $\xrightarrow{\text{重合}}$ 重合体"
の関係をつかみ，構造式は手を動かして紙にかいて覚えよう！

解説

問 1　単量体から合成高分子化合物をつくる重合反応には，次のようなものがあります。

[付加重合]

名称
$$n\,\text{CH}_2=\text{CH}_2 \longrightarrow \left[\text{CH}_2-\text{CH}_2\right]_n$$
エチレン　　　　　①ポリエチレン
　　　　　　　　　　　　　例

$$n\,\text{CH}_2=\underset{\text{Cl}}{\text{CH}} \longrightarrow \left[\text{CH}_2-\underset{\text{Cl}}{\text{CH}}\right]_n$$
塩化ビニル　　　④ポリ塩化ビニル
　　　　　　　　　　　例

> 燃えにくく，電気絶縁性が高いので，電線の被覆材に用いられる

　工業的には，塩化ビニルはエチレンを原料にしてつくられています。

$$\underset{\text{H}}{\overset{\text{H}}{\text{C}}}=\underset{\text{H}}{\overset{\text{H}}{\text{C}}} \xrightarrow[\text{付加}]{\text{Cl}_2} \underset{\text{Cl}\;\;\text{H}}{\overset{\text{H}\;\;\text{Cl}}{\text{H-C-C-H}}} \xrightarrow[\text{-HCl}]{\text{脱塩化水素}} \underset{\text{H}}{\overset{\text{H}}{\text{C}}}=\underset{\text{H}}{\overset{\text{Cl}}{\text{C}}}$$

1,2-ジクロロエタン

［縮合重合］

名称

n HO–CH$_2$–CH$_2$–OH + n HO–$\overset{\displaystyle O}{\underset{\displaystyle \|}{C}}$–〈ベンゼン環〉–$\overset{\displaystyle O}{\underset{\displaystyle \|}{C}}$–OH

エチレングリコール　　　　　　テレフタル酸

$\longrightarrow$ $\left[\text{O–CH}_2\text{–CH}_2\text{–O–}\overset{\displaystyle O}{\underset{\displaystyle \|}{C}}\text{–}〈\text{ベンゼン環}〉\text{–}\overset{\displaystyle O}{\underset{\displaystyle \|}{C}} \right]_n$ + $2n$ H$_2$O

③ポリエチレンテレフタラート

例

n H$_2$N–(CH$_2$)$_6$–NH$_2$ + n HO–$\overset{\displaystyle O}{\underset{\displaystyle \|}{C}}$–(CH$_2$)$_4$–$\overset{\displaystyle O}{\underset{\displaystyle \|}{C}}$–OH

$\longrightarrow$ $\left[\text{NH–(CH}_2)_6\text{–NH–}\overset{\displaystyle O}{\underset{\displaystyle \|}{C}}\text{–(CH}_2)_4\text{–}\overset{\displaystyle O}{\underset{\displaystyle \|}{C}} \right]_n$ + $2n$ H$_2$O

⑤ナイロン 66

例

［開環重合］

名称

n H$_2$C$\begin{array}{l}\text{CH}_2\text{–CH}_2\text{–C=O} \\ \text{CH}_2\text{–CH}_2\diagdown\text{N–H}\end{array}$ $\longrightarrow$ $\left[\overset{\displaystyle O}{\underset{\displaystyle \|}{C}}\text{–(CH}_2)_5\text{–}\overset{\displaystyle H}{\underset{}{N}} \right]_n$

ε-カプロラクタム　　　　　　②ナイロン 6

例

問2 それぞれの物質名は次のとおりです。

(あ) $\left[\begin{array}{c}\text{CH}_2\text{–CH} \\ \quad\text{CN}\end{array} \right]_n$ 　(い) $\left[\begin{array}{c}\text{CH}_2\text{–CH} \\ \quad\text{OCOCH}_3\end{array} \right]_n$ 　(う)答 $\left[\begin{array}{c}\quad\text{CH}_3 \\ \text{CH}_2\text{–C} \\ \quad\text{COOCH}_3\end{array} \right]_n$

ポリアクリロニトリル　　　ポリ酢酸ビニル　　　　ポリメタクリル酸メチル

　ポリメタクリル酸メチルは非結晶構造の多い物質で，透明度が高いので，有機ガラスとして水槽や航空機の窓に使われています。

答

　問1　下線部 a：(名称) 付加重合　(例) ①，④
　　　　下線部 b：(名称) 縮合重合　(例) ③，⑤
　　　　下線部 c：(名称) 開環重合　(例) ②
　問2　(う)

　合成高分子化合物は用途によって合成樹脂, 合成繊維, 合成ゴムなどに分類される。合成樹脂には, 加熱すると軟化し, 冷却すると再び硬化する　ア　性樹脂と加熱により硬化する　イ　性樹脂がある。　ア　性樹脂は成形・加工はしやすいが, 機械的強度や耐熱性などは高くない。一方,　イ　性樹脂は硬く, 耐熱性には優れるが, 一度硬化すると加熱しても再び軟化することはない。このため, いったん, <u>重合反応を低い重合度の段階で止めることで液状または粉末状の中間生成物を得る。</u>この中間生成物を加熱したり, 硬化剤を加えて加熱することにより重合反応をさらに進め,　ウ　構造を形成して硬化させることで成形・加工する。

　合成高分子化合物は身の回りのさまざまな用途に利用されるようになった。その一方で, 合成高分子化合物は自然界では分解されにくいため, 廃棄処理が問題となっている。現在では, 合成高分子化合物の製品には法律で識別マークが付けられ, 使用後には回収されてリサイクルが行われている。リサイクルの方法には, 融かしてもう一度製品として用いる　エ　リサイクルや, 単量体や分子量の小さな化合物まで分解して再び原料として利用する　オ　リサイクルなどがある。

問1　文中の　ア　～　オ　に当てはまる最も適切な語句を記せ。

問2　下線部の例として, フェノール樹脂の合成ではフェノールとホルムアルデヒドを酸触媒または塩基触媒を用いて反応させることで中間生成物を得る。それぞれの触媒を用いたときに生成する中間生成物の名称を記せ。

問3　尿素樹脂とメラミン樹脂はそれぞれホルムアルデヒドと何を重合して得られるか。その構造式を右の (例) にならって記せ。　（群馬大）

(例)

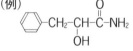

精　講　合成樹脂と熱に対する性質

分類	特徴	代表例
熱可塑性樹脂	鎖状のポリマーからなり, 加熱するとやわらかくなる。	ポリエチレン, PET, ナイロン
熱硬化性樹脂	立体網目状のポリマーで, 一度硬化すると加熱してもやわらかくならない。	フェノール樹脂, 尿素樹脂, メラミン樹脂, アルキド樹脂

リサイクル（再生利用）

製品リサイクル	製品をそのまま再利用する。
マテリアルリサイクル	製品を加熱して融かして，再び成形し用いる。
ケミカルリサイクル	製品を加熱などの化学処理によって分解し，生成物を回収して，原料として再利用する。
サーマルリサイクル	燃料に用いて，生じる熱エネルギーを利用する。

Point 112

合成樹脂の熱に対する性質は，ポリマーの分子構造と結びつけて理解すること。

問1　ア：鎖状の分子鎖をもつポリマーからできた合成樹脂は，加熱するとやわらかくなり，<u>熱可塑性樹脂</u>といいます。
　　　ア：粘土のように力を加えると変形し，力を除いても変形したままになる性質

　　イ，ウ：<u>立体網目状</u>構造をもつポリマーで，一度硬化すると加熱してもやわらかくならず，さらに加熱すると分解してしまう合成樹脂を<u>熱硬化</u>性樹脂とよびます。
　　　　　　　　　　　　　　　　　　　　　　　　　　　　　　　　　　　ウ

　　エ，オ：上の（精講）参照のこと。

問2　フェノールとホルムアルデヒドを酸触媒または塩基触媒とともに加熱して，<u>ノボラック</u>や<u>レゾール</u>という低い重合度の物質をつくります。これに硬化剤（レゾールでは不要）や着色剤を加えて，型に入れて加圧したり加熱したりすると，重合が進んで立体網目状構造をもつフェノール樹脂（ベークライト）が得られます。

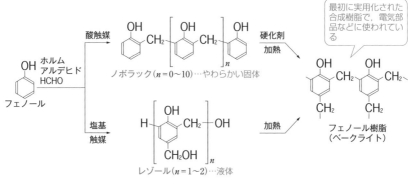

この重合は**付加と縮合を繰り返して進む反応**なので，**付加縮合**といいます。

第3章　有機化学

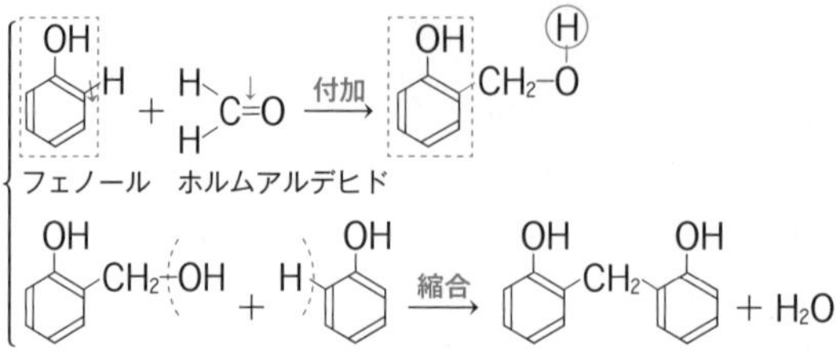
付加
フェノール
ホルムアルデヒド
縮合

問 3　アミノ基を2つ以上もつ尿素やメラミンを付加縮合させると，**尿素樹脂**（ユリア樹脂）や**メラミン樹脂**が得られます。ともに立体網目状の構造をもつ熱硬化性樹脂であり，総称して，アミノ樹脂ともいいます。

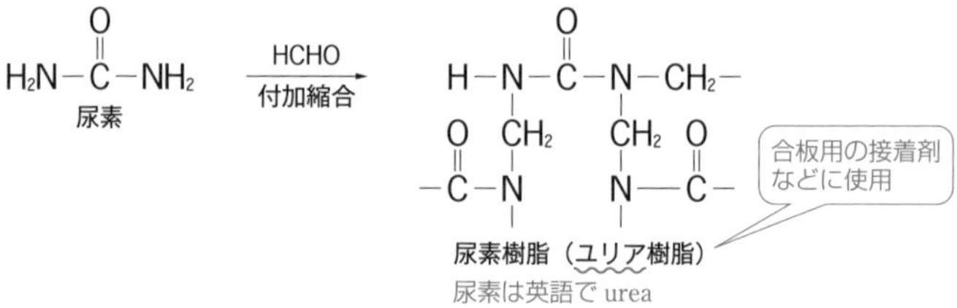
尿素
HCHO
付加縮合
合板用の接着剤
などに使用
尿素樹脂（ユリア樹脂）
尿素は英語で urea

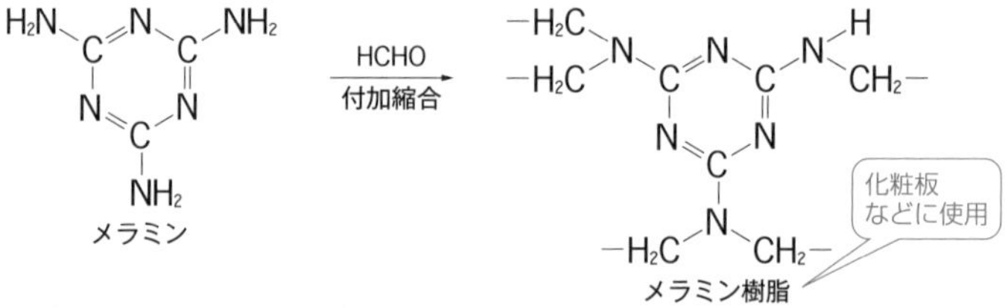
メラミン
HCHO
付加縮合
化粧板
などに使用
メラミン樹脂

他にも無水フタル酸とグリセリンの縮合重合によって得られるグリプタル樹脂などのアルキド樹脂も熱硬化性樹脂の代表例です。
三次元網目状ポリエステル

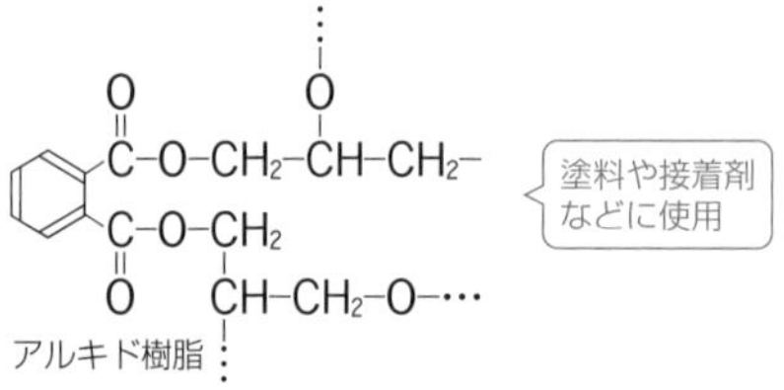
塗料や接着剤
などに使用
アルキド樹脂

答

問 1　**ア**：熱可塑　**イ**：熱硬化　**ウ**：立体網目状　**エ**：マテリアル
オ：ケミカル

問 2　**酸触媒**：ノボラック　**塩基触媒**：レゾール

問 3　**尿素樹脂**：$H_2N-C(=O)-NH_2$　**メラミン樹脂**：

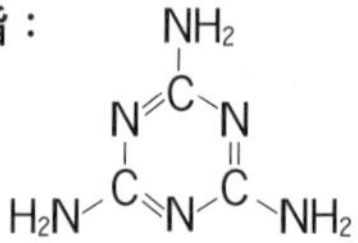

65 天然繊維と化学繊維　　　　　　　　　　　　　　　　　〈化学〉

　衣料として用いられる繊維には天然繊維と ア がある。天然繊維は植物繊維と動物繊維に分類される。植物繊維である木綿の主成分は イ である。 イ は ウ が脱水縮合して結びついた多糖類である。動物繊維の例として，羊毛と絹が挙げられる。羊毛は エ とよばれるタンパク質からできている。絹はカイコのまゆ糸からつくられる。まゆ糸は オ と カ という2種類のタンパク質からなる。まゆ糸の カ を熱水などで溶かすことにより絹糸が得られる。

問1　文章中の ア ～ カ に，適切な語句を入れよ。

問2　 ア の1種で，アジピン酸とヘキサメチレンジアミンが縮合重合して生じるポリアミドをとくに何とよぶか，答えよ。

問3　 イ を原料とする再生繊維は何とよばれるか，答えよ。

問4　羊毛にはパーマネントウェーブと同様のカールがみられる。この原因となるアミノ酸の名称と分子間の結合様式を答えよ。　　　　　　　（香川大）

 繊維

　　繊維には，天然繊維と化学繊維があります。

　天然繊維には，植物からとれる植物繊維と動物からとれる動物繊維があり，
　　　　　　　　　　　　木綿(絹)，麻など　　　　　　　　羊毛，絹など
化学繊維には，パルプなどのセルロースを繊維として再生してつくる再生繊維，
　　　　　　　　　　　　　　　　　　　　銅アンモニアレーヨン，ビスコースレーヨンなど
セルロースの構造の一部を化学変化させてつくる半合成繊維，石油から合成し
　　　　　　　　　　　　　　　　　　アセテート繊維など
てつくる合成繊維があります。
ナイロン66，ポリエチレンテレフタラートなど

解 説

問1　繊維は次のように分類できます。

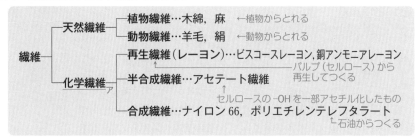

木綿は植物のワタから，麻は植物のアサからとれます。木綿や麻の主成分は<u>セルロース</u>（イ）で，セルロースは<u>β-グルコース</u>（ウ）が脱水縮合して結びついた多糖類です。

セルロース[$C_6H_7O_2(OH)_3$]$_n$ の構造　　　　　β-グルコース $C_6H_{12}O_6$

β-グルコースどうしから H_2O がとれてつながった構造をもっている

羊毛は羊の体毛から，絹（シルク）はカイコのまゆ糸からつくられます。羊毛は<u>ケラチン</u>（エ）とよばれるタンパク質からできていて，硫黄Sを多く含んでいるために燃やすと強い臭いを発生します。また，絹をつくるまゆ糸は<u>フィブロイン</u>（オ）と<u>セリシン</u>（カ）という2種類のタンパク質からなり，このまゆ糸を合わせてつくった生糸からセリシンを熱水などで溶かすことにより絹糸がつくられます。

セリシン
この部分を一部熱水
などで除いている
フィブロイン
〈生糸の断面〉

問2　化学繊維の1種であるナイロン66（➡p.310）は，アミド結合を利用して分子間で多数の水素結合を形成し，強度に優れた繊維です。

$$\left[\overset{O}{\underset{\text{||}}{C}}-(CH_2)_4-\overset{O}{\underset{\text{||}}{C}}-\overset{H}{\underset{|}{N}}-(CH_2)_6-\overset{H}{\underset{|}{N}} \right]_n$$
ナイロン66

問3　セルロースを適切な溶液に溶かし，繊維として再生させたものをレーヨンといいます。

問4　毛髪はおもに羊毛と同じケラチンとよばれるタンパク質からできており，髪型はジスルフィド結合 –S–S– によって保たれています。この –S–S– 結合を還元剤を含むパーマ液で –SH HS– に還元し，新しい髪型にしてから酸化剤で –S–S– にもどすことでその形を固定することができます。

$$2R\text{–}S\text{–}H \underset{\text{還元}}{\overset{\text{酸化}}{\rightleftharpoons}} R\text{–}S\text{–}S\text{–}R + 2H^+ + 2e^-$$

これがパーマネントウェーブの原理で，羊毛のカールも同じ原理で説明されます。

このカールの原因となる –S–S– 結合は，システインのもつ –SH が酸化されることでつくられています。

HS–CH$_2$–CH–COOH
　　　　　|
　　　　 NH$_2$　　システイン（α-アミノ酸）

答

問1　ア：化学繊維　　イ：セルロース　　　ウ：β-グルコース
　　　　エ：ケラチン　　オ：フィブロイン　　カ：セリシン
問2　ナイロン66（または6,6-ナイロン）　　**問3**　レーヨン
問4　アミノ酸：システイン　　　結合様式：ジスルフィド結合

41 化学繊維

次の文章を読み，下の問いに答えよ。

化学繊維は，再生繊維，半合成繊維，合成繊維に分類される。 ア は再生繊維である。セルロースは水には溶けないが，これを水酸化ナトリウムと反応させた後， イ と反応させるとビスコースとよばれる粘い液体が得られる。ビスコースを細孔から凝固液中に押し出し，高速で引っ張ると丈夫な糸になる。この糸を ア という。 ウ はビスコースからつくったセルロースの膜である。 エ は半合成繊維とよばれ，セルロースのヒドロキシ基の一部を酢酸エステルにしたものである。合成繊維の一種である オ は，以下のようにしてつくることができる。酢酸ビニルを付加重合してポリ酢酸ビニルとし，これを水酸化ナトリウムで加水分解して カ を得る。 カ を紡糸した後，ホルムアルデヒド水溶液で処理すると オ を得ることができる。

(1) ア ～ カ に適切な物質名を記せ。

(2) 下線部において 1.00 kg のポリ酢酸ビニルを得るには何 mol の酢酸ビニルを重合する必要があるか。小数第 1 位まで求めよ。H＝1.00，C＝12.0，O＝16.0 とする。

（熊本大）

第3章 有機化学

木材からパルプとして得られる繊維の短いセルロースを

①塩基性の溶液に溶かし➡②希硫酸などの酸の中で長い繊維として再生

します。①で，使用する塩基が水酸化ナトリウム NaOH であればビスコースレーヨン，シュワイツァー試薬であれば銅アンモニアレーヨン（キュプラ）です。

<u>水酸化銅（Ⅱ）Cu(OH)₂ を濃アンモニア水に溶かした溶液</u>

❶ ビスコースレーヨン

セルロースを水酸化ナトリウム NaOH 水溶液に浸し，二硫化炭素 CS₂ と反応させてから，水酸化ナトリウム水溶液に加えるとビスコースとよばれる橙赤色のコロイド溶液になります。ビスコースを細孔から希硫酸 H₂SO₄ 中に押し出すとビスコースレーヨンという繊維が得られます。また，薄い膜状に再生するとセロハン（セルロースの膜）になります。

❷ 銅アンモニアレーヨン（キュプラ）

　セルロースをシュワイツァー試薬（$Cu(OH)_2$を濃アンモニア水に溶かした溶液）に溶かし，細孔から希硫酸中に押し出して得られる繊維を**銅アンモニアレーヨン（キュプラ）**といいます。

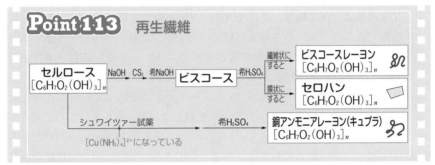

Point113　再生繊維

（半合成繊維）

　パルプなどから得られる**セルロース $[C_6H_7O_2(OH)_3]_n$ のもつヒドロキシ基 –OH の一部を化学変化させてつくられる繊維を半合成繊維**といい，半合成繊維の代表例として**アセテート繊維**があります。

❶ アセテート繊維

　セルロースのもつヒドロキシ基 –OH の一部をアセチル化し，酢酸エステル

$-O-\overset{\overset{O}{\|}}{C}-CH_3$ にしたものを**アセテート繊維**といいます。

セルロース
$[C_6H_7O_2(OH)_3]_n$
　→（無水酢酸 $(CH_3CO)_2O$）→
トリアセチルセルロース
$[C_6H_7O_2(OCOCH_3)_3]_n$

　→（部分的に加水分解 H_2O）→
アセテート繊維
$[C_6H_7O_2(OH)(OCOCH_3)_2]_n$
ジアセチルセルロース

（合成繊維）

　石油から得られる小さな分子を重合させてつくった繊維を合成繊維といいます。合成繊維には，ナイロン（ナイロン 66（➡p.310）など），ポリエステル（ポリエチレンテレフタラート（➡p.309）など），ビニロン（➡解説）などがあります。

解＝説

(1)　**ア〜エ**：セルロースを水酸化ナトリウム NaOH 水溶液に浸し，二硫化炭素_イCS₂ と反応させ，水酸化ナトリウム水溶液に加えるとビスコースとなります。これを希硫酸中で糸状にしたものがビスコースレーヨン_ア，膜状にしたものがセロハン_ウです。セルロースのヒドロキシ基 –OH の一部を酢酸エステルにしたものはアセテート繊

維_エです (➡p. 317)。

オ, カ：合成繊維であるビニロン_オは, 以下のようにつくります。

まず, 酢酸ビニルを付加重合してポリ酢酸ビニルとし, これを NaOH 水溶液で加水分解 (けん化) してポリビニルアルコール_カを得ます。

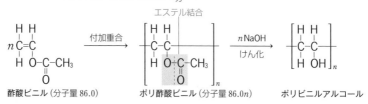

酢酸ビニル (分子量 86.0)　ポリ酢酸ビニル (分子量 86.0n)　ポリビニルアルコール

次に, ポリビニルアルコールの多数ある −OH の一部をホルムアルデヒドと反応させる (アセタール化) とビニロンを得ることができます。

···CH₂−CH−CH₂−CH··· $\xrightarrow[\substack{−H_2O \\ アセタール化}]{+HCHO}$ ···CH₂−CH−CH₂−CH−CH₂−CH···

ポリビニルアルコール　　　　　　　　　ビニロン

(2) 酢酸ビニル (分子量 86.0) の付加重合によりポリ酢酸ビニル (分子量 86.0n) を得ることができます。

$$n\,CH_2=CH \xrightarrow{付加重合} \left[CH_2-CH\right]_n$$
$$OCOCH_3 \qquad\qquad OCOCH_3$$

この係数関係からポリ酢酸ビニル$\boxed{1\,\text{mol}}$を得るには$\boxed{n\,\text{[mol]}}$の酢酸ビニルを付加重合する必要があるとわかります。よって, 1.00 kg のポリ酢酸ビニルを得るには,

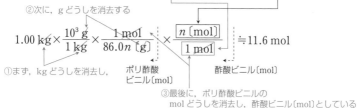

の酢酸ビニルを付加重合する必要があります。

答
(1) **ア**：ビスコースレーヨン　**イ**：二硫化炭素　**ウ**：セロハン
エ：アセテート (繊維)　**オ**：ビニロン　**カ**：ポリビニルアルコール
(2) 11.6 mol

次の文章を読み，以下の設問に答えよ。原子量は，H＝1.0，C＝12，O＝16
とする。

ポリエステルは分子内にエステル結合を繰り返しもつ高分子化合物である。
代表的なポリエステルであるポリエチレンテレフタラート（PET）は，2価
アルコール　 a 　と2価カルボン酸　 b 　との　 ア 　重合によってつくら
れる。PET は　 イ 　性をもち，加熱・冷却により成型加工品をつくること
ができる。しかも，PET は軽量で強度が高いことから，飲料容器（PET ボ
トル）や繊維として現代生活に欠かせないものとなっている。

しかし，PET はその化学的安定性のため自然界ではほとんど分解される
ことはなく，さらに燃焼性が悪いことから衣類・カーペットなどに再生され
ている。

なお，ポリエステルの中には，ポリ乳酸のように自然界の微生物によって
分解される　 ウ 　性高分子とよばれるものもある。

問1　文章中の　 ア 　～　 ウ 　に適切な語句を記せ。

問2　化合物　 a 　および　 b 　の示性式を記せ。

問3　PET の繰り返し単位の分子量を整数値で求めよ。

問4　平均分子量が 3.84×10^4 の PET の平均重合度（重合体を構成する単
　　　量体の平均個数）の値を整数値で求めよ。

問5　PET を高収率で得るためには，化合物　 a 　と　 b 　の物質量を等
　　　しく用いなければならない。いま問4の平均重合度をもつ PET を1 mol
　　　つくるのに　 a 　と　 b 　はそれぞれ何 kg 必要か，小数第1位まで求
　　　めよ。

（法政大）

精　講　　　（ポリエステル）

分子内に多くのエステル結合 $-\overset{\text{O}}{\overset{\|}{\text{C}}}-\text{O}-$ をもつ高分子化合物を
ポリエステルという。

❶　ポリエチレンテレフタラート（PET）

テレフタル酸のカルボキシ基 –COOH とエチレングリコールのヒドロキシ
基 –OH との間の縮合重合により合成されます。

$$n\text{HO}\!-\!\underset{\parallel}{\overset{\text{O}}{\text{C}}}\!-\!\boxed{}\!-\!\underset{\parallel}{\overset{\text{O}}{\text{C}}}\!-\!\text{OH} \;+\; n\text{H}\!-\!\text{O}\!-\!(\text{CH}_2)_2\!-\!\text{O}\!-\!\text{H}$$

テレフタル酸 エチレングリコール

（H₂Oがとれる）

$$\xrightarrow{\text{縮合重合}}\; \left[\underset{\parallel}{\overset{\text{O}}{\text{C}}}\!-\!\boxed{}\!-\!\underset{\parallel}{\overset{\text{O}}{\text{C}}}\!-\!\text{O}\!-\!(\text{CH}_2)_2\!-\!\text{O}\right]_n \;+\; 2n\text{H}_2\text{O}$$

エステル結合　　ワイシャツなどに使う

ポリエチレンテレフタラート（PET）

（注） 繊維にしないで樹脂にすることもできます。ペットボトルですね。

❷ **ポリ乳酸**

　　エステル結合によって乳酸が多くつながった高分子化合物で，体内や微生物によって分解されるので<u>生分解性高分子</u>とよばれます。

$$\left[\text{O}\!-\!\underset{\underset{\text{CH}_3}{\mid}}{\overset{*}{\text{C}}}\text{H}\!-\!\underset{\text{O}}{\overset{\mid}{\text{C}}}\right]_n \qquad \text{HO}\!-\!\underset{\underset{\text{CH}_3}{\mid}}{\overset{*}{\text{C}}}\text{H}\!-\!\text{COOH}$$

ポリ乳酸　　　　　乳酸　　（C* は不斉炭素原子）

問1　PET は<u>縮合</u>重合によってつくられます。縮合重合とは，次のように分子どうしの間で水 H₂O のような簡単な分子がとれて次々と結びつく反応をいいます。

とれる！　とれる！　　　　　縮合重合でとれた!!

単量体（モノマー）　　　　　　　重合体（ポリマー）

　　合成樹脂（プラスチック）は，熱による性質の違いにより次のように分類することができます。PET は<u>熱可塑</u>性をもちます。

> プラスチック　┬ **熱可塑性樹脂**…加熱するとやわらかくなり，冷えると<u>固まる</u>
> （合成樹脂）　└ **熱硬化性樹脂**…加熱すると<u>硬くなる</u>

　　ポリ乳酸は<u>生分解</u>性高分子とよばれます。

問2　**a**：ヒドロキシ基 −OH の数が 2 個のものを 2 価アルコールといいます。
　　　　b：カルボキシ基 −COOH の数が 2 個のものを 2 価カルボン酸といいます。

問3　PET の繰り返し単位は

ここは C₆H₄ です

$$-\underset{\parallel}{\overset{\text{O}}{\text{C}}}\!-\!\boxed{}\!-\!\underset{\parallel}{\overset{\text{O}}{\text{C}}}\!-\!\text{O}\!-\!(\text{CH}_2)_2\!-\!\text{O}\!-\quad\text{つまり}\quad -\underset{\parallel}{\overset{\text{O}}{\text{C}}}\!-\!\text{C}_6\text{H}_4\!-\!\underset{\parallel}{\overset{\text{O}}{\text{C}}}\!-\!\text{O}\!-\!(\text{CH}_2)_2\!-\!\text{O}\!-\; =\; \text{C}_{10}\text{H}_8\text{O}_4$$

となり，C＝12，H＝1.0，O＝16 より式量は，

$$\underset{\text{C}}{\underline{12\times10}}+\underset{\text{H}}{\underline{1.0\times8}}+\underset{\text{O}}{\underline{16\times4}}=192 \quad \text{となります。}$$

第3章 有機化学

問 4 一般に合成高分子化合物の重合度は一定ではなく，さまざまな分子量をもつポリマーが混在しています。そこで分子量や重合度は平均値で表されます。問題中のPET は平均分子量が 3.84×10^4 であり，平均重合度を n とすると次の式が成り立ちます。

$$\left[\underbrace{\overset{O}{\underset{\parallel}{C}} - \bigcirc - \overset{O}{\underset{\parallel}{C}} - O - (CH_2)_2 - O}_{192} \right]_n = 3.84 \times 10^4 \quad \text{より，}$$

$$192n = 3.84 \times 10^4$$

となり，$n = 200$ と求められます。

問 5 次の反応式から，平均重合度 n の PET 1 mol をつくるのに □a□ のエチレングリコール (分子量 62) は n 〔mol〕，□b□ のテレフタル酸 (分子量 166) も n 〔mol〕必要であるとわかりますね。

$$n\text{HOOC}-\bigcirc-\text{COOH} + n\text{HO}-(CH_2)_2-\text{OH}$$

テレフタル酸　　　　　　　エチレングリコール

$$\longrightarrow \left[\overset{O}{\underset{\parallel}{C}} - \bigcirc - \overset{O}{\underset{\parallel}{C}} - O - (CH_2)_2 - O \right]_n + 2n\text{H}_2\text{O}$$

PET

　問 4 の平均重合度は $n = 200$ だったので，□a□ のエチレングリコールは 200 mol，□b□ のテレフタル酸も 200 mol 必要であり，その質量は，

□a□ **エチレングリコール** $\quad 200 \, \cancel{\text{mol}} \times \dfrac{62 \, \cancel{\text{g}}}{1 \, \cancel{\text{mol}}} \times \dfrac{1 \, \text{kg}}{10^3 \, \cancel{\text{g}}} = 12.4 \, \text{kg}$

　　HO-(CH$_2$)$_2$-OH
　　（分子量 62）

□b□ **テレフタル酸** $\quad 200 \, \cancel{\text{mol}} \times \dfrac{166 \, \cancel{\text{g}}}{1 \, \cancel{\text{mol}}} \times \dfrac{1 \, \text{kg}}{10^3 \, \cancel{\text{g}}} = 33.2 \, \text{kg}$

　　HOOC-$\bigcirc$-COOH
　　（分子量 166）

と求められます。

答

　　問 1　**ア**：縮合　　**イ**：熱可塑　　**ウ**：生分解

　　問 2　**a**：HOCH$_2$CH$_2$OH　　**b**：HOOC-$\bigcirc$-COOH

　　問 3　192　　**問 4**　200　　**問 5**　**a**：12.4 kg　　**b**：33.2 kg

実戦 基礎問

42 ビニロン 〈化学〉

次の文章を読み，下の問いに答えよ。

化合物**A**と酢酸との付加反応から得られる化合物**B**を付加重合させ，ついで加水分解すると，ポリビニルアルコールが得られる。ポリビニルアルコールはホルムアルデヒドとの□□□□化反応によってビニロンに変換することができる。

(1) 文中の□□□□に当てはまる最も適当な語句を記せ。

(2) 化合物**A**，**B**の構造式を記せ。 （立教大）

解 説

ビニロンは，1939年桜田一郎により開発された国産初の合成繊維です。ビニルアルコールが不安定なので酢酸ビニルから合成します。

Step 1 アセチレンに酢酸を付加すると酢酸ビニルが得られ，これを付加重合させます。

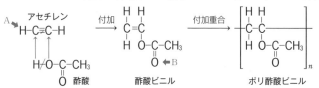

（**注**） 工業的にはエチレンを原料にして酢酸と酸素から酢酸ビニルを合成します。

Step 2 ポリ酢酸ビニルをけん化（加水分解）して，ポリビニルアルコールをつくります。ポリビニルアルコールは多数の -OH を有するため水によく溶けます。

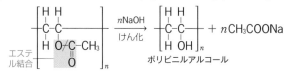

Step 3 ポリビニルアルコールの -OH をホルムアルデヒドで一部アセタール化してビニロンにします。 "C−O−C−O−C 構造"

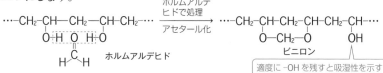

答

(1) アセタール (2) 化合物**A**：H−C≡C−H 化合物**B**：$CH_2=CH-O-\overset{O}{\underset{\|}{C}}-CH_3$

第3章 有機化学

43 イオン交換樹脂 <化学>

電解質溶液中のイオンの分離や分析を行うためにイオン交換樹脂が用いられる。代表的な陽イオン交換樹脂および陰イオン交換樹脂の構造を，それぞれ図1および図2に示す。

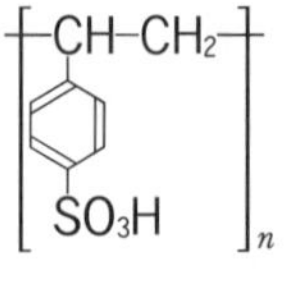

陽イオン交換樹脂
図1

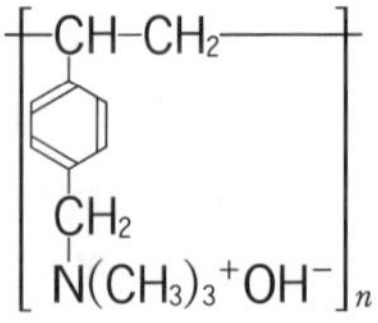

陰イオン交換樹脂
図2

図1に示す陽イオン交換樹脂を，円筒状容器（カラム）につめ $NaCl$ 水溶液を通した場合，樹脂中のスルホ基の H^+ が水溶液中の Na^+ で置換されて H^+ が遊離するため，流出液が酸性を示す。$NaCl$ 水溶液を流し続けると，すべてのスルホ基の H^+ が Na^+ に置き換わり，その後の流出液は中性に変わる。このように，イオン交換樹脂が交換できるイオンの量には上限がある。

問1 $CaCl_2$ 水溶液を図1の陽イオン交換樹脂をつめたカラムに通し，その流出液をさらに図2の陰イオン交換樹脂をつめたカラムに通すと，下部からは塩を含まない純粋な水（脱イオン水）が得られる。それぞれのカラムで起こるイオン交換の反応式を示せ。ただし，図中の[　]で囲まれた部分を $R-SO_3H$ および $R'-N(CH_3)_3OH$ とせよ。

問2 図2の陰イオン交換樹脂中の OH^- が Cl^- で置換された樹脂がある。これを図2の陰イオン交換樹脂に再生する方法を 25 字以内で述べよ。

（東北大）

精 講　（イオン交換樹脂）

スチレンと p-ジビニルベンゼンの共重合体に，イオン交換機能をもつ官能基をベンゼン環に導入することによって，陽イオン交換樹脂や陰イオン交換樹脂をつくることができます。

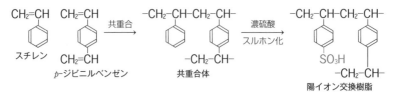

陽イオン交換樹脂をつめたカラム（筒状容器）の上部から，例えば塩化ナトリウム $NaCl$ 水溶液を通すと，スルホ基 $-SO_3H$ の H^+ が Na^+ に置き換わり，下から塩酸 HCl が流出します。

このことを利用して，水溶液中の陽イオンを H^+ と交換することができます。

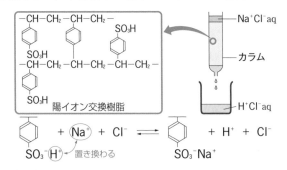

解説

問1　$CaCl_2$ 水溶液を陽イオン交換樹脂に通すと，Ca^{2+} が陽イオン交換樹脂に吸着され，代わりに H^+ が流出します。また，Cl^- は吸着されず，そのまま流出します。

$$\text{樹脂表面}\!\!-\!\!\begin{matrix}SO_3^- H^+ \\ SO_3^- H^+\end{matrix} + Ca^{2+} \rightarrow \text{樹脂表面}\!\!-\!\!\begin{matrix}SO_3^- \\ SO_3^-\end{matrix}Ca^{2+} + 2H^+$$

$2R\text{-}SO_3H + CaCl_2 \longrightarrow (R\text{-}SO_3)_2Ca + 2H^+Cl^-$　（Cl^- は吸着されない）

次に流出液（H^+Cl^- 水溶液）を陰イオン交換樹脂に通すと，Cl^- が陰イオン交換樹脂に吸着され，代わりに OH^- が流出します。

$R'\text{-}N(CH_3)_3OH + H^+Cl^- \longrightarrow R'\text{-}N(CH_3)_3Cl + H^+ + OH^-$　（H^+ は吸着されない）

よって，$CaCl_2$ は H^+ と OH^-，つまり H_2O になって流出することになります。

問2　$NaOH$ のような強塩基の水溶液を通せば，OH^- が吸着され Cl^- が流出します。

$R'\text{-}N(CH_3)_3^+Cl^- + Na^+OH^- \longrightarrow R'\text{-}N(CH_3)_3OH + Na^+Cl^-$

その後，樹脂に付着した $NaOH$ 水溶液を純水で洗います。なお，純水にはイオンがほとんど存在しないので，イオン交換はほとんど起こりません。

問1　陽イオン交換樹脂：$2R\text{-}SO_3H + CaCl_2 \longrightarrow (R\text{-}SO_3)_2Ca + 2HCl$
　　　陰イオン交換樹脂：$R'\text{-}N(CH_3)_3OH + HCl \longrightarrow R'\text{-}N(CH_3)_3Cl + H_2O$
問2　水酸化ナトリウム水溶液を通した後，純水で洗う。

次の文章を読み下の問いに答えよ。

ゴムの木の樹皮から得られる乳濁液に，酸を加えて凝固させると天然ゴム（生ゴム）が得られる。天然ゴムは右の〔Ⅰ〕で表される高分子化合物である。〔Ⅰ〕は ア が イ 重合して生じる。①天然ゴムに ウ を混合して加熱すると，弾性，機械的安定性，耐薬品性などに優れたゴムとなる。これは，〔Ⅰ〕の分子間に ウ 原子による エ 構造ができるからである。一方，天然ゴムの構造を模倣して，耐油性，耐熱性などにおいて天然ゴムよりも優れた性質をもつ，②クロロプレンゴム（ポリクロロプレン）や③構造の一部が〔Ⅱ〕で表される合成ゴムも製品化されている。

$$〔Ⅰ〕\left[CH_2-C=CH-CH_2\right]_n$$
$$\underset{}{}CH_3$$

$$〔Ⅱ〕\cdots-CH_2-CH=CH-CH_2-CH-CH_2-\cdots$$

問1 ア の化合物名と構造式を示せ。

問2 イ ～ エ に入る適切な語句を示せ。また，下線部①の操作の名称を書け。

問3 下線部②の構造を〔Ⅰ〕にならって示せ。

問4 下線部③の合成ゴムは2種類の化合物A（分子量104），B（分子量54）を混ぜて共重合させたもので自動車用タイヤなどに用いられている。化合物A，Bの名称と構造式を示せ。ただし，H＝1.0，C＝12 とする。 （千葉大）

精 講 ゴム

ジエン系モノマーを付加重合させると次のようになります。このうちゴム弾性が大きいのは，1,4位で付加重合し，かつシス形のものです。

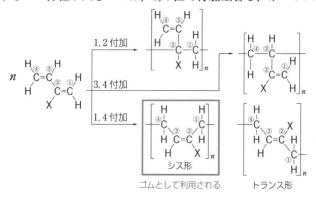

ゴムとして利用される   トランス形

天然ゴム（生ゴム）の主成分はシス形ポリイソプレンです。

シス形のポリマーは C=C の両端で のように曲がりながら分子鎖が伸びているため，力をかけて伸ばしても丸まったような形に戻ろうとし，ゴム弾性を示します。

（加硫）

天然ゴム（生ゴム）や合成ゴムに対し，**硫黄を加えて加熱すると，硫黄によって分子間が架橋され**，ゴムの強度が増します。この操作を**加硫**といいます。

$$-CH_2-CH=C-CH_2- \qquad -CH_2-CH=C-CH-$$
$$X \qquad\qquad\qquad X \quad S$$

←強度が増したゴムを弾性ゴムという

$$-CH_2-CH=C-CH_2- \qquad -CH_2-CH=C-CH-$$
$$X \qquad\qquad\qquad X$$

〔加硫〕

また 30～40% を硫黄によって加硫すると，非常に硬い黒色樹脂状の化合物が生じます。これを**エボナイト**といいます。

Point 115

ゴムは，
$$\begin{array}{c} -CH_2 \quad CH_2- \\ H/C=C\backslash X \end{array}$$
のような構造をもつ。

（合成ゴム）

ジエン系ゴム ←「ジ」は2個，「エン」は C=C を表す

$$\begin{array}{c} H\ H \qquad H \\ C=C-C=C \\ H\ \ X\ H \end{array} \xrightarrow{\text{付加重合}} \left[\begin{array}{c} H\quad X \\ C=C \\ CH_2\quad CH_2 \end{array} \right]_n$$

←シス形のものがゴム弾性あり

-X	単量体（モノマー）	重合体（ポリマー）	用　途
-H	1,3-ブタジエン	ポリブタジエン	合成ゴム
-Cl	クロロプレン	ポリクロロプレン	合成ゴム
-CH₃	イソプレン	ポリイソプレン	天然ゴム（生ゴム）

$$n\,CH_2=CH-CH=CH_2 + m\,CH_2=CH \xrightarrow{\text{共重合}} (CH_2-CH=CH-CH_2)_n (CH_2-CH)_m$$
$$X \qquad\qquad\qquad\qquad\qquad\qquad X$$

1,3-ブタジエン

2種以上の単量体を重合することを共重合という

-X	名　称	
⬡	スチレン-ブタジエンゴム（SBR）	←styrene-butadiene rubber
-C≡N	アクリロニトリル-ブタジエンゴム（NBR）	←nitrile butadiene rubber

第3章　有機化学

問1，2のイ　天然ゴム（生ゴム）はポリイソプレンです。ゴムの木の樹皮から得たラテックスとよばれる乳濁液に酸を加えて固めたものです。

これは<u>イソプレン</u>ア が<u>付加</u>イ 重合してできたポリマーと考えられます。

$$CH_2=CH-C=CH_2 \xrightarrow{\text{付加重合}} \left[CH_2-CH-C-CH_2\right]_n$$
$$\qquad\quad CH_3 \qquad\qquad\qquad\qquad CH_3$$

イソプレンの構造式　　　　　　　ポリイソプレン

問2のウ，エ　天然ゴムに<u>硫黄</u>ウ を混合して加熱すると（<u>加硫</u>），<u>架橋</u>エ 構造ができ，強度の優れたゴムになります。

問3，4　構造式は（精講）参照のこと。スチレン（分子量104），1, 3-ブタジエン（分子量54）を共重合させてつくるスチレン-ブタジエンゴム（略称 SBR）は，ベンゼン環をもつため機械的強度が大きく，耐摩耗性に優れていて，タイヤなどに用いられています。

　なお，アクリロニトリルと1, 3-ブタジエンの共重合によって得られるアクリロニトリル-ブタジエンゴム（略称 NBR）は，シアノ基 $-C{\equiv}N$ に極性があり，耐油性が大きく，パッキンやホースに使われています。

$$\cdots-CH_2-CH-CH_2-CH=CH-CH_2-\cdots$$
$$\qquad\quad C{\equiv}N$$

アクリロニトリルブタジエンゴム

問1　化合物名：イソプレン　　構造式：$CH_2=CH-C=CH_2$
$$\qquad\qquad\qquad\qquad\qquad\qquad\qquad\qquad\qquad CH_3$$

問2　イ：付加　　ウ：硫黄　　エ：架橋　　操作の名称：加硫

問3　$\left[CH_2-CH-C-CH_2\right]_n$　　**問4**　A：スチレン　　B：1, 3-ブタジエン
$$\qquad\qquad\qquad\quad Cl$$

$$\qquad\qquad\qquad CH_2=CH \qquad\qquad CH_2=CH-CH=CH_2$$

　我々は生活をより豊かにするために，いろいろな機能性高分子化合物（樹脂）を開発してきた。ここでは，次の３つの機能性樹脂について考えてみる。

　高吸水性樹脂は，水の吸収力が非常に強く，樹脂の立体網目状構造内に多量の水を保持することができる。この樹脂は化合物Aに，少量の適切な物質を加えて重合させて得ることができる。この樹脂は多量の水を吸収・保持できるので，紙おむつや土壌保水剤などに用いられている。

　導電性樹脂は，金属に近い電気伝導性を示す。適量の触媒を用いて，化合物Bを付加重合させると，膜状の高分子化合物を得ることができる。これに微量の ア を添加すると，銅に近い電気伝導性をもつ樹脂が得られることを発見したのは， イ らである。このような樹脂は携帯電話や電子機器の部品などに用いられている。

　生分解性樹脂は，土中の微生物などにより，比較的容易に分解される。乳酸を縮合重合してできる高分子化合物Cはこのような性質をもっている。また，Cからつくられる手術糸は，体内で一定期間が経過すると分解・吸収されるので，抜糸する必要がない。

問1 文中の化合物 A，B の名称および ア ， イ に最も適するものを，次の①〜⑫から選べ。

①　アクリル酸ナトリウム　②　イソプレン　③　塩化ビニル
④　アセチレン　　　　　⑤　エチレン　⑥　プロペン（プロピレン）
⑦　水素　　　　　　　　⑧　キセノン　⑨　ヨウ素
⑩　野依良治　　　　　　⑪　鈴木章　　⑫　白川英樹

問2 下線部の理由として，次の記述(a)〜(d)のうち最も適する組み合わせはどれか。下の①〜④から選べ。

(a)　立体網目状構造内の官能基が，水分子と水和するから。
(b)　立体網目状構造内の官能基が，水分子と反発するから。
(c)　立体網目状構造の内側は，外側よりイオン濃度が低くなるから。
(d)　立体網目状構造の内側は，外側よりイオン濃度が高くなるから。
　　①　(a)と(c)　　②　(a)と(d)　　③　(b)と(c)　　④　(b)と(d)

問3 高分子化合物Cの構造式を，右の（例）にならって記せ。ただし，立体異性体の構造は考慮しなくてよい。

（例）

$$\left[\begin{array}{c} CH_2-CH \\ | \\ OH \end{array}\right]_n$$

（福岡大）

第3章　有機化学

精 講 　機能性高分子化合物

　　　　特殊な機能をもたせた高分子化合物を機能性高分子化合物と
いい，さまざまなものが開発されています。

名称	性質	例
導電性高分子	金属に近い電気伝導性を示す。	$\left[CH=CH\right]_n$ ポリアセチレン
生分解性高分子	生体内の酵素や微生物によって 分解され，環境にやさしい。	$\begin{array}{c}CH_3\\\left[C-CH-O\right]_n\\O\end{array}$ ポリ乳酸 $\left[C-CH_2-O\right]_n$ ポリグリコール酸
吸水性高分子	水を短時間に吸水・保水して， 膨らむ。	$\left[CH_2-CH\right]_n$ 　　　COONa ポリアクリル酸ナトリウム

Point 116 　上の表にある機能性高分子化合物は，性質，具体
例の名称および構造式を記憶しましょう。

解 説

問1，2 　アセチレンを触媒を用いて付加重合すると，単結合と二重結合が交互に連
続したポリアセチレンが得られます。

$$n\ H-C\equiv C-H \xrightarrow[\substack{(Ti や Al を含む\\チーグラー・ナッタ触媒\\を利用)}]{付加重合} \left[CH=CH\right]_n$$

アセチレン　　　　　　　　　　　　　　　　　　ポリアセチレン
　　　　問1B

　　白川英樹博士らは，ポリアセチレンの薄膜にヨウ素を加えると金属に近い電気伝
　　　　　　問1イ
導性を示すことを発見し，ノーベル化学賞を受賞しました。
補足 　野依良治博士は，鏡像異性体をつくり分ける不斉合成の研究，鈴木章博士は，芳香
　　　　　　⑩　　　　　　　　　　　　　　　　　　　　　　　　　⑪
族化合物の炭素どうしをつなぐクロスカップリング反応の研究でノーベル化学賞を受賞
しています。

　　アクリル酸ナトリウムの付加重合によって，ポリアクリル酸ナトリウムが得られ
ます。

$$n\ CH_2=CH \xrightarrow{付加重合} \left[CH_2-CH\right]_n$$
　　　　COONa　　　　　　　　　　COONa
アクリル酸ナトリウム　　　　　ポリアクリル酸ナトリウム
　　　　問1A

330

ポリアクリル酸ナトリウムの架橋体は，紙おむつや保冷剤に使われている代表的な吸水性ポリマーです。吸水すると –COONa の部分が –COO⁻ と Na⁺ に電離します。すると，–COO⁻ どうしが電気的に反発し，立体網目状構造内の空間が広がっていきます。

$$\left[\begin{array}{c} CH_2-CH \\ | \\ COONa \end{array}\right]_n -CH_2-CH-\left[\begin{array}{c} CH_2-CH \\ | \\ COONa \end{array}\right.$$

ポリアクリル酸ナトリウム（架橋体）

X 架橋

簡略化 → COONa X / COONa → 吸水 → 反発

Na⁺ H₂O COO⁻ / H₂O X / COO⁻ / H₂O Na⁺

　また，イオンの濃度は内側が外側より高いので，外側から内側へとさらに水が浸
　　　　　　　　　　　　　　　　　問2(d)
透し，ポリマーの官能基が水和することで，多量の水を内部にためることができる
　　　　　　　　　　問2(a)
のです。

問3　乳酸やグリコール酸の縮合重合体であるポリ乳酸やポリグリコール酸は代表的な生分解性高分子です。

$$n\,HO-\underset{O}{\overset{CH_3}{C}}-CH-OH \xrightarrow{縮合重合} \left[\begin{array}{c} CH_3 \\ | \\ C-CH-O \\ || \\ O \end{array}\right]_n + n\,H_2O$$

乳酸　　　　　　　　ポリ乳酸

$$n\,HO-\underset{O}{C}-CH_2-OH \xrightarrow{縮合重合} \left[\begin{array}{c} C-CH_2-O \\ || \\ O \end{array}\right]_n + n\,H_2O$$

グリコール酸　　　　ポリグリコール酸

補足　長い分子鎖のポリ乳酸を合成したいときは，乳酸の環状二量体であるジラクチドを開環重合します。
　　　　　　　　　　　　　　　　　　　　　環状ジエステル

$$\frac{n}{2} \;\; ジラクチド \xrightarrow{開環重合} \left[\begin{array}{c} CH_3 \\ | \\ C-CH-O \\ || \\ O \end{array}\right]_n$$

ジラクチド　　　　　ポリ乳酸

　一般に合成高分子化合物は自然界で分解されにくい性質をもちます。しかし，生分解性高分子は生体内の酵素や微生物によって，最終的には水や二酸化炭素にまで分解されるという特徴があります。

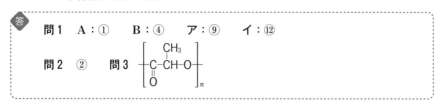

答

問1　A：①　　B：④　　ア：⑨　　イ：⑫

問2　②　　問3 $\left[\begin{array}{c} CH_3 \\ | \\ C-CH-O \\ || \\ O \end{array}\right]_n$

第3章　有機化学

③ ある大学の体験入学で，次のような話を聞いた。

ベンゼン環に官能基を1つもつ物質に置換反応を行うと，オルト (*o*-)，メタ (*m*-)，パラ (*p*-) の位置で反応が起こる可能性がある。どの位置で反応が起こるかは，最初に結合している官能基の影響を強く受ける。例えば次のように，フェノールをある反応条件でニトロ化すると，おもに*o*-ニトロフェノールと*p*-ニトロフェノールが生成し，*m*-ニトロフェノールは少ししか生成しない。したがって，ベンゼン環に結合したヒドロキシ基は*o*-や*p*-の位置で置換反応を起こしやすい官能基といえる。

o-ニトロフェノール　*p*-ニトロフェノール　*m*-ニトロフェノール
（少ししか生成しない）

一般に，*o*-や*p*-の位置で置換反応を起こしやすい官能基をもつ物質には次のものがある。

一方，*m*- の位置で置換反応を起こしやすい官能基をもつ物質には次のものがある。

このことを利用すれば，目的の化合物を効率よくつくることができる。

　この情報をもとに，除草剤の原料である*m*-クロロアニリンを，次のようにベンゼンから化合物 A，B を経て効率よく合成する実験を計画した。

ベンゼン　　　　　　　　　　　　　　　　　　　　　　　　*m*-クロロアニリン

操作1〜3として最も適当なものを，次の①〜⑥のうちからそれぞれ1つずつ選べ。
① 濃硫酸を加えて加熱する。
② 固体の水酸化ナトリウムと混合して加熱融解する。
③ 鉄を触媒にして塩素を反応させる。　　④ 光をあてて塩素を反応させる。
⑤ 濃硫酸と濃硝酸を加えて加熱する。
⑥ スズと塩酸を加えて反応させた後，水酸化ナトリウム水溶液を加える。

（共通テスト試行調査）

解 答

答　問1　④　　問2　a　1：③　　2：②　　b：⑤
　　問3　④　　問4　③

解説　問1　〈与えられたデータ〉　　　　　　　　〈求める値〉

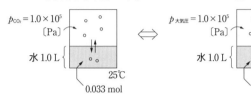

　ヘンリーの法則より，溶解した CO_2 の物質量は，圧力（混合気体の場合は分圧）と水の体積に比例するから，

$$n = \underset{\text{mol (CO}_2)}{\underline{0.033}} \times \frac{\overset{\text{大気の全圧}}{\overline{1.0 \times 10^5}} \times \overset{\text{大気中の CO}_2 \text{のモル分率}}{\left(\dfrac{0.040}{100}\right)} \text{Pa (CO}_2)}{1.0 \times 10^5 \text{ Pa (CO}_2)} \times \frac{1.0 \text{ L (水)}}{1.0 \text{ L (水)}}$$

$$= 1.32 \times 10^{-5} \fallingdotseq \underline{1.3 \times 10^{-5} \text{ mol}}$$

問2
$$\begin{cases} H_2CO_3 \rightleftharpoons H^+ + HCO_3^- & \cdots(1) \\ HCO_3^- \rightleftharpoons H^+ + CO_3^{2-} & \cdots(2) \end{cases}$$

a　化学平衡の法則より，$K_1 = \dfrac{[H^+][HCO_3^-]}{[H_2CO_3]}$

$$K_2 = \frac{[H^+][CO_3^{2-}]}{[HCO_3^-]} = [H^+] \times \frac{\boxed{[CO_3^{2-}]}^{\boxed{1}}}{\boxed{[HCO_3^-]}^{\boxed{2}}} \quad \cdots(3)$$

b　式(3)の両辺の常用対数をとると，

$$\log_{10} K_2 = \log_{10}[H^+] + \log_{10}\frac{[CO_3^{2-}]}{[HCO_3^-]}$$

さらに，両辺を -1 倍する。

$$\underset{\text{p}K_2\text{と表す}}{\underline{-\log_{10} K_2}} = \underset{\text{pHと表す}}{\underline{-\log_{10}[H^+]}} - \log_{10}\frac{[CO_3^{2-}]}{[HCO_3^-]} \quad \cdots(4)$$

$[HCO_3^-] = [CO_3^{2-}]$ となるときは $\dfrac{[CO_3^{2-}]}{[HCO_3^-]} = 1$ なので，式(4)より $\text{p}K_2 = \text{pH}$ が成立するから，**図1**で $[HCO_3^-] = [CO_3^{2-}]$ となる pH の値を探せばよい。その値が $\text{p}K_2$ に一致する。

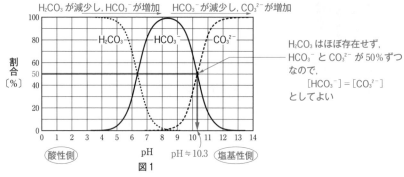

H₂CO₃ が減少し, HCO₃⁻ が増加　　HCO₃⁻ が減少し, CO₃²⁻ が増加

H₂CO₃ はほぼ存在せず, HCO₃⁻ と CO₃²⁻ が 50% ずつなので,
$[HCO_3^-] = [CO_3^{2-}]$ としてよい

酸性側　　pH　pH ≒ 10.3　塩基性側

図1

よって, $pK_2 = \underline{10.3}$

問3 $pH = -\log_{10}[H^+]$ なので, $[H^+] = 10^{-pH}$ と表せる。

pH が 8.17 から 8.07 に低下したとき, 水素イオン濃度が x 倍になったとすると,

$$x = \frac{10^{-8.07}}{10^{-8.17}} = 10^{8.17-8.07} = 10^{0.100}$$

$x = 10^{0.100}$, すなわち $\log_{10}x = 0.100$ の x の値を**表1**から求めればよい。

表1

数	0	1	2	3	4	5	6	7	8	9
1.0	0.000	0.004	0.009	0.013	0.017	0.021	0.025	0.029	0.033	0.037
1.1	0.041	0.045	0.049	0.053	0.057	0.061	0.064	0.068	0.072	0.076
1.2	0.079	0.083	0.086	0.090	0.093	0.097	0.100	0.104	0.107	0.111

設問文の指示に従って読み取ると, $0.100 = \log_{10}\underline{1.26}$ なので, $x = 1.26 ≒ \underline{1.3}$

問4

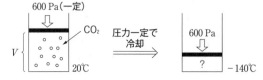

600 Pa（一定）

CO₂

圧力一定で冷却

600 Pa

V

20℃　　?　−140℃

図2に CO₂ の状態図が与えられているので, 600 Pa のもとで温度を 20℃ から
$6 \times 10^2 Pa$
−140℃ まで変化させたときの容器内の状態を調べる。縦軸が対数で表されている
$m \times 10^n$ の1つ上の目盛りは $(m+1) \times 10^n$
点に注意すること。

図2より, CO₂ は 600 Pa, 20℃ では気体である。600 Pa
に保って冷却していくとき, CO₂ が理想気体であるとする
と, シャルルの法則より,

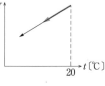

$$V = \frac{nRT}{\underbrace{p}_{一定}} = k(t+273) \quad (k : 定数) \quad \cdots ①$$

V

20　t〔℃〕

すなわち, V は t に対し直線的に変化する。

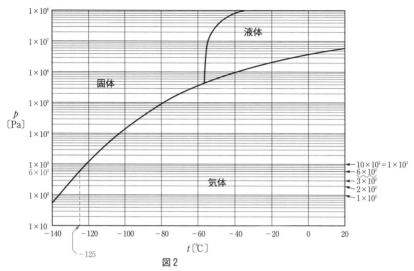

図 2

　図 2 より，600 Pa では約 −125℃ までは①が成立する。−125℃ まで冷却されると，CO_2 は気体から固体に変化する。冷却しても熱が放出されるので，気体と固体
ドライアイス
が共存している間は温度が一定に保たれたまま，体積が大幅に減少する。

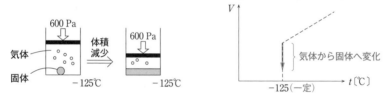

　すべて固体になると，冷却にともなって温度は下がっていくが，固体の体積はほとんど変化しない。

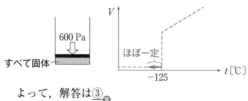

　よって，解答は③_答

第2章　**無機化学**

②　**答**　**問1**　①　　**問2**　④　　**問3**　④

解説　**問1**　p.21 参照。
問2　p.36 参照。

問3 下線部(2)は，次のように解釈できる。

水に	電荷の偏りの起こりやすさ
溶けにくい	似ているものどうし（電荷の偏りの起こりやすさが同程度）
溶けやすい	似ていないものどうし

　表1から，イオンの電荷の偏りの起こりやすさを判断して，この考え方が適用できるか確認すればよい。

① Mg^{2+}，Ca^{2+} ともに偏りが起こりにくい陽イオンである。F^- も偏りが起こりにくい陰イオンなので，MgF_2 と CaF_2 が水に溶けにくいことは説明できる。

② 硫化水素を通じた後に塩基性にしていくと，S^{2-} と OH^- が増加する。Al^{3+} は偏りが起こりにくい陽イオンである。陰イオンは S^{2-} が偏りが起こりやすいのに対し，OH^- は偏りが起こりにくい。よって，Al^{3+} が S^{2-} ではなく，OH^- と結びつき $Al(OH)_3$ の沈殿が生じたことは説明できる。

③ Ag^+，S^{2-}，I^- すべて偏りが起こりやすいイオンなので，Ag_2S や AgI が水に溶けにくいことは説明できる。

④ SO_4^{2-} は偏りが起こりにくい陰イオンである。Mg^{2+} は偏りが起こりにくく，Cu^{2+} は中間の陽イオンなので，$MgSO_4$ と $CuSO_4$ がともに水に溶けやすい事実は，この考え方で説明できない。

第3章 　**有機化学**

3　**答**　操作1：⑤　　操作2：③　　操作3：⑥

解説　3つの操作で，原料のベンゼンから目的の m-クロロアニリンを合成する。
　まず，ベンゼン → クロロベンゼン，ベンゼン → アニリン　を合成するときには，

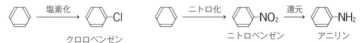

クロロベンゼン　　　　　　　　　　　ニトロベンゼン　　　アニリン

の経路を利用したことを思い出すとよい。各操作で利用した試薬を選択肢から選ぶと，塩素化＝③，ニトロ化＝⑤，ニトロベンゼンの還元＝⑥となる。
　　　　p.270 参照　　　　　　　　　　p.280 参照
　次に置換基の位置を m-にするために，問題文に与えられた情報を利用する。
『アニリンやクロロベンゼンは o- や p- の位置で置換反応を起こすのに対し，ニトロベンゼンは m- の位置で置換反応を起こす。』
　そこで，最初にニトロベンゼンを合成し，次に m-の位置にクロロ基を導入する。最後に，ニトロ基を還元してアミノ基にすればよい。

ベンゼン　　　　ニトロ化　　　　m- の位置で反応　　　還元後，弱塩基の遊離　　　m- クロロアニリン

〔化学［化学基礎・化学］基礎問題精講(五訂版)〕鎌田真彰・橋爪健作